软件开发视频大讲堂

Visual C++ 从入门到精通

（第5版）

明日科技　编著

清华大学出版社

北京

内 容 简 介

《Visual C++ 从入门到精通（第 5 版）》从初学者的角度出发，以通俗易懂的语言，配合丰富多彩的实例，详细介绍了使用 Visual C++ 6.0 进行程序开发需要掌握的知识。全书共分 20 章，包括 Visual C++ 6.0 集成开发环境，C++ 语言基础，语句，面向过程程序设计，面向对象程序设计，对话框应用程序设计，常用控件，菜单，工具栏和状态栏，高级控件，自定义 MFC 控件，文本、图形、图像处理，文档与视图，打印技术，文件与注册表操作，ADO 编程，动态链接库，多线程程序设计，网络套接字编程，图像处理系统。书中所有知识都结合具体实例进行介绍，涉及的程序代码给出了详细的注释，可以使读者轻松领会 Visual C++ 6.0 程序开发的精髓，快速提高开发技能。另外，本书除了纸质内容之外，配书资源包中还给出了海量开发资源库，主要内容如下。

- ☑ 微课视频讲解：总时长 17 小时，共 97 集
- ☑ 实例资源库：881 个实例及源码详细分析
- ☑ 模块资源库：15 个经典模块开发过程完整展现
- ☑ 项目案例资源库：15 个企业项目开发过程完整展现
- ☑ 测试题库系统：616 道能力测试题目
- ☑ 面试资源库：371 个企业面试真题
- ☑ PPT 电子教案

本书可作为软件开发入门者的自学用书，也可作为高等院校相关专业的教学参考书，还可供开发人员查阅、参考。

本书封面贴有清华大学出版社防伪标签，无标签者不得销售。

版权所有，侵权必究。举报：010-62782989，beiqinquan@ tup.tsinghua.edu.cn。

图书在版编目（CIP）数据

Visual C++ 从入门到精通 / 明日科技编著. —5 版. —北京：清华大学出版社，2019（2024.2重印）
（软件开发视频大讲堂）
ISBN 978-7-302-53586-7

I. ① V… II. ①明… III. ① C 语言 - 程序设计 IV. ① TP312.8

中国版本图书馆 CIP 数据核字（2019）第 180545 号

责任编辑：贾小红
封面设计：刘　超
版式设计：文森时代
责任校对：马军令
责任印制：杨　艳

出版发行：清华大学出版社
　　　　网　　址：https://www.tup.com.cn，https://www.wqxuetang.com
　　　　地　　址：北京清华大学学研大厦 A 座　　　　　　邮　　编：100084
　　　　社 总 机：010-83470000　　　　　　　　　　　　邮　　购：010-62786544
　　　　投稿与读者服务：010-62776969，c-service@tup.tsinghua.edu.cn
　　　　质量反馈：010-62772015，zhiliang@tup.tsinghua.edu.cn
印 装 者：三河市铭诚印务有限公司
经　销：全国新华书店
开　本：203mm×260mm　　　印　张：36.75　　　字　数：1158 千字
版　次：2008 年 9 月第 1 版　　2019 年 11 月第 5 版　　印　次：2024 年 2 月第 3 次印刷
定　价：99.80 元

产品编号：080597-02

如何使用本书开发资源库

在学习《Visual C++ 从入门到精通（第 5 版）》时，随书资源包提供了"Visual C++ 开发资源库"系统，可以帮助读者快速提升编程水平和解决实际问题的能力。本书和 Visual C++ 开发资源库配合学习流程如图 1 所示。

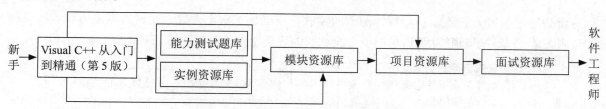

图 1 图书与开发资源库配合学习流程图

打开资源包的"Visual C++ 开发资源库"文件夹，运行"Visual C++ 开发资源库 .exe"程序，即可进入"Visual C++ 开发资源库"系统，主界面如图 2 所示。

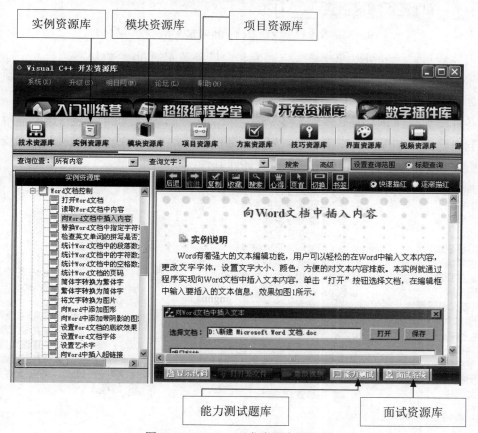

图 2 Visual C++ 开发资源库主界面

在学习本书某一章节时，可以配合实例资源库的相应章节，利用大量热点实例和关键实例巩固所学编程技能，提高编程兴趣和信心；也可以配合能力测试题库的对应章节进行测试，检验学习成果，具体流程如图 3 所示。

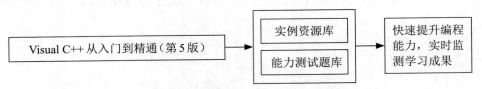

图 3 使用实例资源库和能力测试题库

对于数学逻辑能力和英语基础较为薄弱的读者，或者想了解个人数学逻辑思维能力和编程英语基础的读者，本书提供了数学及逻辑思维能力测试和编程英语能力测试供练习和测试，如图 4 所示。

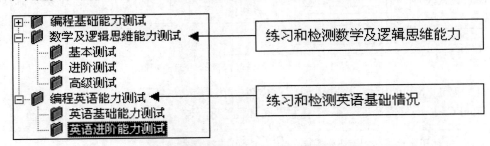

图 4 数学及逻辑思维能力测试和编程英语能力测试目录

本书学习完成后，读者可以配合模块资源库和项目资源库的 30 个模块和项目，全面提升个人综合编程技能和解决实际开发问题的能力，为成为 Visual C++ 软件开发工程师打下坚实基础。具体模块和项目目录如图 5 所示。

万事俱备，该到软件开发的主战场上接受洗礼了。面试资源库提供了大量国内外软件企业的常见面试真题，同时还提供了程序员职业规划、程序员面试技巧、企业面试真题汇编和虚拟面试系统等精彩内容，是程序员求职面试的绝佳指南。面试资源库具体内容如图 6 所示。

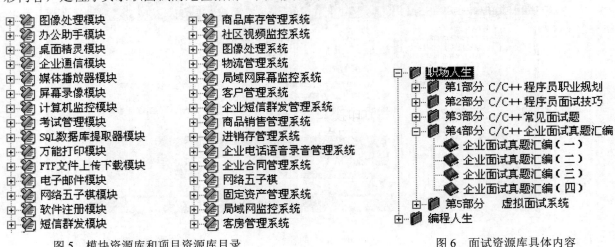

图 5 模块资源库和项目资源库目录　　　　　　图 6 面试资源库具体内容

前　言

Preface

丛书说明："软件开发视频大讲堂"丛书（第 1 版）于 2008 年 8 月出版，因其编写细腻，易学实用，配备海量学习资源和全程视频等，在软件开发类图书市场上产生了很大反响，绝大部分品种在全国软件开发零售图书排行榜中名列前茅，2009 年多个品种被评为"全国优秀畅销书"。

"软件开发视频大讲堂"丛书（第 2 版）于 2010 年 8 月出版，第 3 版于 2012 年 8 月出版，第 4 版于 2016 年 10 月出版。十年锤炼，打造经典。丛书迄今累计重印 500 多次，销售 200 多万册。不仅深受广大程序员的喜爱，还被百余所高校选为计算机、软件等相关专业的教学参考用书。

"软件开发视频大讲堂"丛书（第 5 版）在继承前 4 版所有优点的基础上，进一步修正了疏漏，优化了图书内容，更新了开发环境和工具，并根据读者建议替换了部分学习视频。同时，提供了从"入门学习→实例应用→模块开发→项目开发→能力测试→面试"等各个阶段的海量开发资源库，使之更适合读者学习、训练、测试。为了方便教学，还提供了教学课件 PPT。

Visual C++ 6.0 是由 Microsoft 公司推出的基于 Windows 环境的一种面向对象的可视化编程语言。利用 Visual C++ 6.0 可以开发出具有良好的交互功能、兼容性和扩展性的应用程序。利用 Visual C++ 6.0 不但可以开发数据库管理系统，还可以开发集声音、动画、视频为一体的多媒体应用程序和网络应用程序，这使得 Visual C++ 6.0 成为目前应用最广泛的编程语言之一。

本书内容

本书提供了从入门到编程高手所必需的各类知识，共分 4 篇。

第 1 篇：基础知识。本篇介绍了 Visual C++ 6.0 集成开发环境、C++ 语言基础、语句、面向过程程序设计以及面向对象程序设计，并结合大量的图示、实例、视频等，使读者快速掌握 Visual C++ 语言，为以后的编程奠定坚实的基础。

第 2 篇：核心技术。本篇介绍对话框应用程序设计，常用控件，菜单，工具栏和状态栏，高级控件，自定义 MFC 控件，文本、图形、图像处理，文档与视图等内容。学习完本篇，读者将能够开发一些小型应用程序。

第 3 篇：高级应用。本篇主要介绍打印技术、文件与注册表操作、ADO 编程、动态链接库、多线程程序设计和网络套接字编程等内容。学习完本篇，读者将能够开发数据库应用程序、多线程程序和网络程序等。

第 4 篇：项目实战。本篇通过一个完整、大型的图像处理系统，运用软件工程的设计思想，学习如何进行软件项目的开发。书中按照编写"开发背景→需求分析→系统设计→公共模块设计→主窗体设计→图像旋转模块设计→图像缩放模块设计→图像水印效果模块设计→ PSD 文件浏览模块设计→照片版式处理模块设计→开发技巧与难点分析"的流程进行介绍，带领读者一步一步亲身体验开发项目的全过程。

本书的大体结构如下图所示。

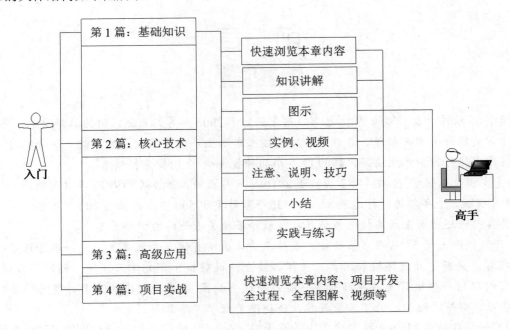

本书特点

- ❑ **由浅入深，循序渐进**：本书以初中级程序员为对象，先从 C++ 语言基础学起，再学习 Visual C++ 的核心技术，然后学习 Visual C++ 的高级应用，最后学习开发一个完整项目。讲解过程中步骤详尽、版式新颖，在操作的内容图片上以 ❶❷❸……的编号 + 内容的方式进行标注，使读者在阅读时一目了然，从而快速把握书中内容。

- ❑ **微课视频，讲解详尽**：为便于读者直观感受程序开发的全过程，书中大部分章节都配备了教学微视频，使用手机扫描正文小节标题一侧的二维码，即可观看学习，能快速引导初学者入门，感受编程的快乐和成就感，进一步增强学习的信心。

- ❑ **实例典型，轻松易学**：通过例子学习是最好的学习方式。本书通过"一个知识点、一个例子、一个结果、一段评析、一个综合应用"的模式，透彻详尽地讲述了实际开发中所需的各类知识。另外，为了便于读者阅读程序代码，快速提高编程技能，书中几乎每行代码都提供了注释。

- ❑ **精彩栏目，贴心提醒**：本书根据需要在各章使用了很多"注意""说明"和"技巧"等小栏目，以让读者在学习过程中更轻松地理解相关知识点及概念，更快地掌握个别技术的应用技巧。

- ❑ **应用实践，随时练习**：书中几乎每章都提供了"实践与练习"，读者通过独立思考和解决问题，重新回顾、熟悉所学的知识，举一反三，打造超强实战能力。

读者对象

- ☑ 初学编程的自学者
- ☑ 大中专院校的老师和学生
- ☑ 编程爱好者
- ☑ 相关培训机构的老师和学员

☑ 毕业设计的学生　　　　　　　　　☑ 初、中级程序开发人员

☑ 程序测试及维护人员　　　　　　　☑ 参加实习的"菜鸟"程序员

读者服务

学习本书时，请先扫描封底的权限二维码（需要刮开涂层）获取学习权限，然后即可免费学习书中的所有线上线下资源。本书所附赠的各类学习资源，读者可登录清华大学出版社网站（www.tup.com.cn），在对应图书页面下获取其下载方式。也可扫描图书封底的"文泉云盘"二维码，获取其下载方式。

为了方便解决本书疑难问题，读者朋友可加我们的企业 QQ：4006751066（可容纳 10 万人），也可以登录 www.mingrisoft.com 留言，我们将竭诚为您服务。

致读者

本书由明日科技 Visual C++ 程序开发团队组织编写，明日科技是一家专业从事软件开发、教育培训以及软件开发教育资源整合的高科技公司，其编写的教材既注重选取软件开发中的必需、常用内容，又注重内容的易学、方便以及相关知识的拓展，深受读者喜爱。其编写的教材多次荣获"全行业优秀畅销品种""中国大学出版社优秀畅销书"等奖项，多个品种长期位居同类图书销售排行榜的前列。在编写本书的过程中，我们始终本着科学、严谨的态度，力求精益求精，但错误、疏漏之处在所难免，敬请广大读者批评指正。

感谢您购买本书，希望本书能成为您编程路上的领航者。

"零门槛"编程，一切皆有可能。

祝读书快乐！

编　者

2019 年 6 月

V

目 录

contents

第 1 篇　基础知识

第 2 篇　核心技术

第 3 篇　高级应用

第 4 篇　项目实战

资源包"开发资源库"目录

第 1 大部分　实例资源库

（881 个完整实例分析，资源包路径：开发资源库 / 实例资源库）

第 2 大部分　模块资源库

（15 个经典模块，资源包路径：开发资源库 / 模块资源库）

第 3 大部分　项目资源库

（15 个企业开发项目，资源包路径：开发资源库 / 项目资源库）

第 4 大部分　能力测试资源库

（616 道能力测试题目，资源包路径：开发资源库 / 能力测试）

第 5 大部分　面试系统资源库

（371 道面试真题，资源包路径：开发资源库 / 面试系统）

基础知识

　　本篇介绍了 Visual C++ 6.0 集成开发环境、C++ 语言基础、语句、面向过程程序设计以及面向对象程序设计等基础开发知识，并结合大量的图示、实例、视频等，读者可快速掌握 Visual C++ 语言，为以后的编程奠定坚实的基础。

第 1 章

Visual C++ 6.0 集成开发环境

（ 视频讲解：30 分钟）

Visual C++ 6.0 是由 Microsoft 公司推出的可视化开发环境，是 Windows 旗下最优秀的程序开发工具之一。利用 Visual C++ 6.0 可以开发出具有良好交互功能、兼容性和扩展性的应用程序。

本章致力于使读者了解 Visual C++ 6.0 的开发环境，掌握 Visual C++ 6.0 集成开发环境中各部分的应用，知道如何设置需要的开发环境，并能编写一个简单的应用程序。

通过阅读本章，您可以：

▶▶ 了解 Visual C++ 6.0 的特点

▶▶ 掌握 Visual C++ 6.0 开发环境中各部分的应用

▶▶ 掌握定制 Visual C++ 6.0 开发环境的方法

▶▶ 掌握应用程序的创建流程

1.1　Visual C++ 6.0 概述

视频讲解

　　Visual C++ 6.0 是由 Microsoft 公司推出的基于 Windows 系统的可视化集成开发环境。同其他可视化集成开发环境一样，Visual C++ 6.0 集程序的代码编辑、编译、连接和调试等功能于一体，再加上 Microsoft 公司为 Visual C++ 6.0 开发的功能强大的 MFC（Microsoft Foundation Class，微软基础类库），使 Visual C++ 6.0 成为开发 Windows 应用程序的最佳选择。

　　Visual C++ 6.0 提供了对面向对象技术的支持，利用类将与用户界面设计有关的 Windows API 函数封装起来，通过 MFC 类库的方式提供给开发人员，大大提高了程序代码的可重用性；Visual C++ 6.0 还提供了功能强大的应用程序生成向导（App Wizard），能够帮助用户自动生成一个应用程序框架，用户只要在该框架的适当位置添加代码就可以得到一个满意的应用程序。

1.2　Visual C++ 6.0 开发环境介绍

视频讲解

　　在使用 Visual C++ 6.0 开发应用程序之前，需要了解 Visual C++ 6.0 的集成开发环境。本节将主要介绍 Visual C++ 6.0 的集成开发环境。

1.2.1　熟悉 Visual C++ 6.0 IDE 开发环境

　　Visual C++ 6.0 IDE（Integrated Development Environment）开发环境拥有友好的可视化界面，并且布局非常紧凑，如图 1.1 所示。

　　从图 1.1 中可以看出，Visual C++ 6.0 IDE 开发环境由标题栏、菜单栏、工具栏、工作区窗口、编辑窗口、输出窗口和状态栏 7 部分组成。下面介绍各部分的具体功能。

- ☑ 标题栏：显示当前项目名称和当前编辑文件的名称。
- ☑ 菜单栏：是 Visual C++ 6.0 的核心部分，所有的操作命令都可以在这里找到。默认的菜单栏相当于一个工具栏，因为它可以拖曳到开发环境的任意位置。
- ☑ 工具栏：通常包括一些常用的工具按钮。除了在图 1.1 中可以看到的 Standard、WizardBar 和 Bulid MinBar 外，Visual C++ 6.0 还提供了 Edit、Debug 等 12 个工具栏。右击工具栏，可以弹出相关的工具栏快捷菜单。
- ☑ 工作区窗口：该窗口包括类视图（ClassView）、资源视图（ResourceView）和文件视图（FileView）3 个选项卡。
- ☑ 编辑区窗口：用于显示当前编辑的 C++ 程序文件及资源文件。
- ☑ 输出窗口：当编译、链接程序时，输出窗口会显示编译和链接的信息。如果进入程序调试状态，主窗口还将弹出一些调试窗口。
- ☑ 状态栏：用于显示当前的操作状态或所选择命令的提示信息等。

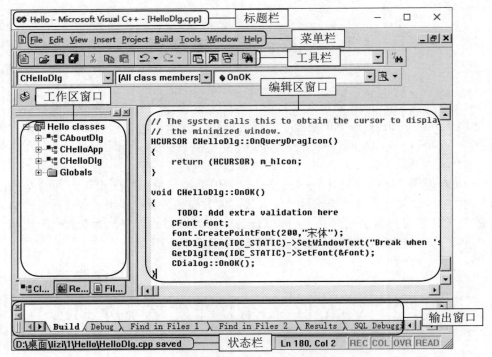

图 1.1　Visual C++ 6.0 IDE 开发环境

1.2.2　Visual C++ 6.0 IDE 菜单介绍

Visual C++ 6.0 IDE 集成开发环境的菜单栏中包括 File、Edit、View、Insert、Project、Build、Tools、Window 和 Help 9 个菜单，下面对这些菜单进行介绍。

1．File 菜单

File 菜单中包含用于对文件进行各种操作的命令，如图 1.2 所示。

图 1.2　File 菜单

File 菜单中各命令的功能说明如表 1.1 所示。

表 1.1　File 菜单中各命令的功能说明

命　　令	功　能　说　明
New	创建新的文件、工程和工作区
Open	打开一个已存在的文件、工程和工作区
Close	关闭当前打开的文件
Open Workspace	打开一个已存在的工作区（Workspace）
Save Workspace	保存当前打开的工作区（Workspace）
Close Workspace	关闭当前打开的工作区（Workspace）
Save	保存当前打开的文件
Save As	将当前文件另存为一个新文件名
Save All	保存所有打开的文件
Page Setup	为打印文件的页面进行设置（打印机安装后有效）
Print	打印文件的全部或选定的部分（打印机安装后有效）
Recent Files	最近打开的文件列表，用户可以查看或重新打开
Recent Workspaces	最近使用的工作区（Workspace），用户可以查看或重新打开
Exit	退出开发环境

技巧

使用 Open 和 Open Workspace 命令都可以打开工程，但是使用 Open 命令打开工程时包括所有的文件类型，没有直接使用 Open Workspace 命令打开方便。

2．Edit 菜单

Edit 菜单中包含所有与文件编辑有关的命令（如复制、粘贴等操作），如图 1.3 所示。
Edit 菜单中各命令的功能说明如表 1.2 所示。

表 1.2　Edit 菜单中各命令的功能说明

命　　令	功　能　说　明
Undo	撤销上一次的编辑操作。即使保存了文件，这个操作仍然有效
Redo	恢复被取消的编辑操作
Cut	将所选择的内容剪切掉，移到剪贴板中
Copy	将所选内容复制到剪贴板中
Paste	在当前位置插入剪贴板中最新一次的内容
Delete	删除被选择的内容
Select All	选择当前窗口中的全部内容
Find	查找指定的字符串
Find in Files	在多个文件中查找指定字符串
Replace	替换指定字符串
Go To	可将光标移到指定的位置
Bookmarks	设置书签或书签导航，方便以后查找

	命　令	功　能　说　明
Advanced	Incremental Search	开始向前搜索
	Format Selection	对选择对象进行快速缩排
	Untabify Selection	在选择对象中用空格代替跳格
	Tabify Selection	在选择对象中用跳格代替空格
	Make Selection Uppercase	把选择部分改成大写
	Make Selection Lowercase	把选择部分改成小写
	a-b View Whitespace	显示或隐藏空格点
	Breakpoints	编辑程序中的断点
	List Members	显示出全部关键字
	Type Info	显示变量、函数或方法的语法
	Parameter Info	显示函数的参数
	Complete Word	给出相关关键字的全称

3．View 菜单

View 菜单用来改变窗口的显示方式，如图 1.4 所示。

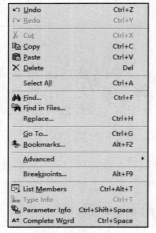

图 1.3　Edit 菜单

图 1.4　View 菜单

View 菜单中各命令的功能说明如表 1.3 所示。

表 1.3　View 菜单中各命令的功能说明

命　令	功　能　说　明
ClassWizard	打开类向导，用于编辑应用程序的类
Resource Symbols	浏览和编辑资源文件中的符号
Resource Includes	编辑修改资源文件名及预处理指令
Full Screen	在窗口的全屏幕方式和正常方式之间进行切换
Workspace	激活工作区窗口
Output	激活输出窗口
Debug Windows	激活调试窗口
Refresh	刷新选中区域
Properties	激活属性页窗口

注意

只有在调试状态下才能通过 Debug Windows 命令激活相应的调试窗口。

4. Insert 菜单

Insert 菜单用于执行向当前工程中插入类、资源和文件等操作，如图 1.5 所示。

Insert 菜单中各命令的功能说明如表 1.4 所示。

表 1.4　Insert 菜单中各命令的功能说明

命　　令	功　能　说　明
New Class	在工程中添加新类
New Form	在工程中添加新表单
Resource	创建各种新资源
Resource Copy	对选中的资源进行复制
File As Text	在当前源文件中插入一个文件
New ATL Object	在工程中添加一个新的 ATL 对象

5. Project 菜单

Project 菜单用于管理项目和工作区，如图 1.6 所示。

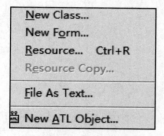

图 1.5　Insert 菜单

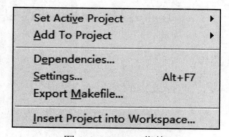

图 1.6　Project 菜单

Project 菜单中各命令的功能说明如表 1.5 所示。

表 1.5　Project 菜单中各命令的功能说明

命　　令	功　能　说　明
Set Active Project	选择指定的项目为工作区中的活动项目
Add To Project	用于添加文件、文件夹、数据链接和部件
Dependencies	编辑工程组件
Settings	对工程进行编译及调试的设置
Export Makefile	以 Makefile 形式输出可编译项目
Insert Project into Workspace	将已存在的工程插入到工作区窗口中

6. Build 菜单

Build 菜单中包含的命令用于编译、创建、调试及执行应用程序，如图 1.7 所示。

Build 菜单中各命令的功能说明如表 1.6 所示。

表 1.6　Build 菜单中各命令的功能说明

命　　令		功　能　说　明
Compile		用于编译当前源代码编辑窗口中的源文件
Build		用于生成一个工程，即编译、链接当前工程中所包含的所有文件
Rebuild All		编译和连接工程及资源
Batch Build		一次编译和连接多个工程
Clean		用于删除当前项目中所有中间文件及输出文件
Start Debug	Go	开始或继续调试程序
	Step Into	单步运行调试
	Run to Cursor	运行程序到光标所在行
	Attach to Process	连接正在运行的进程
Debugger Remote Connection		用于编辑远程调试链接设置
Execute		运行程序
Set Active Configuration		选择激活的工程及配置
Configurations		编辑工程的配置
Profile		选择该命令，可以检查代码的执行情况

注意

在调试状态下，Build 菜单会被替换成 Debug 菜单。

7. Tools 菜单

Tools 菜单用于选择或定制集成开发环境中的一些实用工具，如图 1.8 所示。

图 1.7　Build 菜单

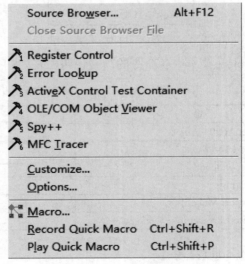

图 1.8　Tools 菜单

Tools 菜单中各命令的功能说明如表 1.7 所示。

表 1.7　Tools 菜单中各命令的功能说明

命　令	功　能　说　明
Source Browser	启动源代码浏览器
Close Source Browser File	关闭打开的浏览信息数据库
Visual Component Manager	激活可视化组件管理器
Register Control	启动寄存器控制器
Error Lookup	启动错误查找器
ActiveX Control Test Container	启动 ActiveX 控件测试器
OLE/COM Object Viewer	启动 OLE/COM 对象查看器
Spy++	启动 Spy++ 工具包
MFC Tracer	启动 MFC 跟踪器
InstallShield Wizard	为应用程序创建安装项目
Customize	定制 Tools 菜单和工具栏
Options	可以对集成开发环境的各项进行设置
Macro	创建和编辑宏
Record Quick Macro	记录宏
Play Quick Macro	运行宏

8. Window 菜单

Window 菜单用于进行窗口布局的调整、窗口间的跳转、窗口的打开和关闭等操作，如图 1.9 所示。Window 菜单中各命令的功能说明如表 1.8 所示。

表 1.8　Window 菜单中各命令的功能说明

命　令	功　能　说　明
New Window	为当前文档打开另一窗口
Split	将窗口拆分为多个窗口
Docking View	启动或关闭 Docking View 模式
Close	关闭当前窗口
Close All	关闭所有打开的窗口
Next	激活下一个未停放的窗口
Previous	激活上一个未停放的窗口
Cascade	将所有打开的窗口重叠地排列
Tile Horizontally	将工作区中所有打开的窗口纵向平铺
Tile Vertically	将工作区中所有打开的窗口横向平铺
Windows	管理当前打开的窗口

9. Help 菜单

Help 菜单为 Visual C++ 6.0 提供了大量详细的帮助信息，如图 1.10 所示。

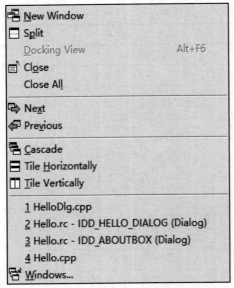

图 1.9　Window 菜单

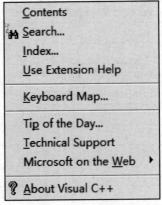

图 1.10　Help 菜单

Help 菜单中各命令的功能说明如表 1.9 所示。

表 1.9　Help 菜单中各命令的功能说明

命　　令	功　能　说　明
Contents	显示所有帮助信息的内容列表
Search	利用在线查询获得帮助信息
Index	显示在线文件的索引
Use Extension Help	开启或关闭 Extension Help 工具
Keyboard Map	显示所有键盘命令
Tip of the Day	显示 Tip of the Day 工具
Technical Support	显示 Visual Studio 的支持信息
Microsoft on the Web	显示 Microsoft 产品页
About Visual C++	显示版本的有关信息

说明

在用户编辑对话框资源时，还会出现 Layout 菜单，该菜单中的命令主要用于对控件大小和位置进行操作，在后面章节的应用中会进行介绍。

1.2.3　Visual C++ 6.0 IDE 工具栏介绍

工具栏是一种图形化的操作界面，与菜单栏一样也是开发环境的重要组成部分。工具栏中主要列出了在开发过程中经常使用的一些功能，具有直观和快捷的特点，熟练使用这些工具按钮将大大提高工作效率。在 Visual C++ 6.0 开发环境中包括 12 个标准工具栏，这些工具栏并不都显示在开发环境中，可以在工具栏上任意位置单击鼠标右键，然后在弹出的快捷菜单中选择要显示的工具栏，如图 1.11 所示。

下面介绍 3 个常用的工具栏。

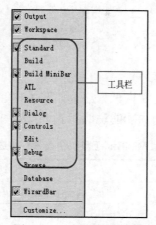

图 1.11　工具栏快捷菜单

1．Standard 工具栏

Standard 工具栏用于维护和编辑工作区的文本和文件，如图 1.12 所示。

图 1.12　Standard 工具栏

Standard 工具栏中各命令按钮的功能说明如表 1.10 所示。

表 1.10　Standard 工具栏中各命令按钮的功能说明

命 令 按 钮	功 能 说 明
	创建一个新的文件、项目和工作区
	打开一个已存在的文件、项目和工作区
	保存当前打开的文件
	保存所有打开的文件
	将所选择的内容剪切掉，移到剪贴板中
	将所选的内容复制到剪贴板中
	在当前位置粘贴剪贴板中最新的内容
	取消上一次的操作
	恢复被取消的操作
	激活工作区窗口，用来管理工程中的文件和资源
	激活输出窗口，用来显示编译、调试和查找的信息
	管理当前打开的窗口
	在所有窗口中查找指定的字符串
	在当前窗口中查找指定的字符串
	调用 MSDN

📚 **技巧**

通过 🔍 按钮可以调用 MSDN，但是搜索时需要输入要查询的内容。还有一种更简单的方法可以达到同样的效果，即在代码编辑器中选择要查询的内容，然后按 F1 键，即可快速调用 MSDN 进行搜索。

2. Build MiniBar 工具栏

Build MiniBar 工具栏用于运行程序和调试程序，如图 1.13 所示。

Build MiniBar 工具栏中各命令按钮的功能说明如表 1.11 所示。

表 1.11　Build MiniBar 工具栏中各命令按钮的功能说明

命 令 按 钮	功 能 说 明
	用于编译当前在源代码编辑窗口的源文件
	用于编译、链接当前工程中的文件，生成一个可执行文件
	终止编译或链接的程序
	运行程序
	开始或继续调试程序
	编辑程序中的断点

3. Debug 工具栏

Debug 工具栏用于调试程序，如图 1.14 所示。

图 1.13　Build MiniBar 工具栏

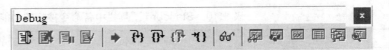

图 1.14　Debug 工具栏

Debug 工具栏中各命令按钮的功能说明如表 1.12 所示。

表 1.12　Debug 工具栏中各命令按钮的功能说明

命 令 按 钮	功 能 说 明	命 令 按 钮	功 能 说 明
	放弃当前的调试，重新开始调试		运行到光标
	终止调试，返回到编辑状态		弹出 QuickWatch 窗口
	暂停调试		显示 / 隐藏 Watch 窗口
	改变代码后调试		显示 / 隐藏 Variables 窗口
	显示将要运行的代码行		显示 / 隐藏 Registers 窗口
	单步执行程序，进入到函数内部		显示 / 隐藏 Memory 窗口
	单步执行程序，不进入到函数内部		显示 / 隐藏 Call Stack 窗口
	跳出当前函数		显示 / 隐藏 Disassembly 窗口

1.2.4　Visual C++ 6.0 工作区窗口介绍

Visual C++ 6.0 工作区窗口包括 ClassView（类视图）、ResourceView（资源视图）和 FileView（文件视图）3 个选项卡，下面分别进行介绍。

图 1.15　ClassView 选项卡

1．ClassView 选项卡

ClassView 选项卡用来显示当前工作区中所有的类、结构和全局变量，如图 1.15 所示。

ClassView 选项卡提供了工程中所有类的层次列表，通过展开各个节点可以显示类中包含的细节。在层次列表的每个项目前面都有一个图标，每个项目对应的图标含义如表 1.13 所示。

表 1.13　各项目对应的图标含义

图　标	含　义	图　标	含　义
	类		保护类成员变量
	保护类成员函数		私有类成员变量
	私有类成员函数		公有类成员变量
	公有类成员函数		

当用户双击类或其成员的图标时，光标自动定位到类或其成员定义的起始位置。在任意类名上单击鼠标右键，将弹出一个快捷菜单，其中各命令的功能如图 1.16 所示。

注意

当用户在头文件中手动添加函数声明，而没有设置函数的实现代码时，在当前类节点下也会显示函数名，但是双击时无法跳转到指定位置。

2．ResourceView 选项卡

ResourceView 选项卡在层次列表中列出了工程中用到的资源。图标、位图等都可以作为资源使用，如图 1.17 所示。

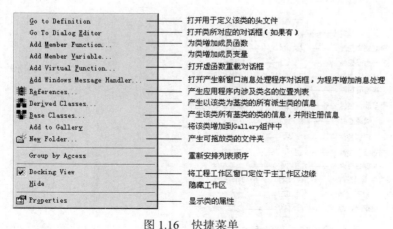

图 1.16　快捷菜单

图 1.17　Resour ceView 选项卡

在 ResourceView 选项卡中的节点上单击鼠标右键，在弹出的快捷菜单中选择 Insert 命令，将弹出 Insert Resource 对话框，如图 1.18 所示。

在 Insert Resource 对话框中，可以根据需要对资源进行操作。其中，New 按钮用于新建资源，Import 按钮用于导入资源，Custom 按钮用于定制资源，Cancel 按钮用于退出对话框。

3. FileView 选项卡

FileView 选项卡与 ClassView 选项卡非常相似，可以显示和编辑源文件和头文件，如图 1.19 所示。通过 FileView 选项卡更容易进入类定义的文件，使得打开资源文件和非代码文件更加简单。

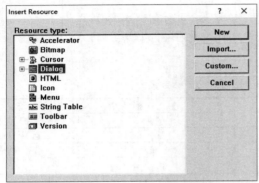
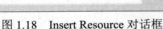

图 1.18　Insert Resource 对话框

图 1.19　FileView 选项卡

在 FileView 选项卡中双击某一文件，将在开发环境的编辑窗口中打开对应的文件窗口。

1.2.5　Visual C++ 6.0 控件面板介绍

控件是一个独立的程序模块，用户可以利用对话框编辑器通过交互操作来创建，然后通过控件的 ID 与程序相连，并进行调用。另外，用户也可以直接编写代码创建控件，但是需要编写大量的代码。使用控件不仅能使界面美观、标准，还可以大大减少编程的工作量。在 Visual C++ 6.0 的工具栏空白处单击鼠标右键，在弹出的快捷菜单中选择 Controls 命令将显示控件面板，如图 1.20 所示。

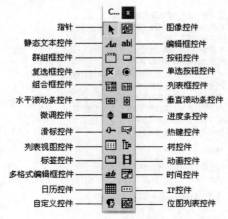

图 1.20　控件面板

1.2.6　Visual C++ 6.0 输出窗口介绍

Visual C++ 6.0 输出窗口位于开发环境的下部，在执行编译、连接和调试等操作时将显示相关的信息，如图 1.21 所示。

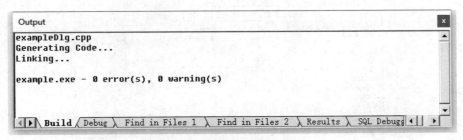

图 1.21　输出窗口

在输出窗口中，数据根据不同的操作显示在不同的选项卡中。各选项卡的功能如表 1.14 所示。

表 1.14　输出窗口中各选项卡的功能

选 项 卡	功 能	选 项 卡	功 能
Build	显示编译和连接结果	Find in Files 2	显示在文件查找中得到的结果
Debug	显示调试信息	Results	显示结果
Find in Files 1	显示在文件查找中得到的结果	SQL Debugging	显示 SQL 调试信息

说明

用户在进行编译、调试、查找等操作时，输出窗口会根据操作自动选择相应的选项卡进行显示，如果用户在编译过程中出现错误，只要双击错误信息，代码编辑器就会跳转到相应的错误代码处。

视频讲解

1.3　设置自己的开发环境

1.3.1　自定义工具栏

Visual C++ 6.0 为用户提供了 12 个预定的工具栏，此外用户还可以根据需要自己定义工具栏。自定义工具栏的步骤如下。

（1）在 Visual C++ 6.0 开发环境中选择 Tools/Customize 命令，在打开的 Customize 对话框中选择 Toolbars 选项卡，如图 1.22 所示。

（2）单击 New 按钮，弹出 New Toolbar 对话框，在 Toolbar name 编辑框中输入工具栏名称，如图 1.23 所示。

（3）单击 OK 按钮，创建一个工具栏，新创建的工具栏名称为"工具栏"，如图 1.24 所示。

（4）在 Customize 对话框中选择 Commands 选项卡，在 Category 组合框中选择一个目录，如图 1.25 所示。

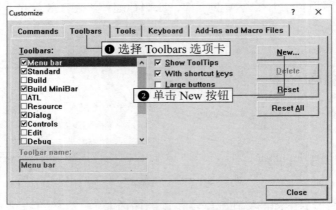

图 1.22　Customize 对话框

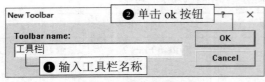 

图 1.23　New Toolbar 对话框　　　　　　图 1.24　新建工具栏

（5）在 Buttons 栏中会显示相应的按钮图标，利用鼠标将其中的按钮拖动到新建的工具栏窗口中。根据需要在不同的目录中选择工具栏按钮，将这些按钮都拖动到工具栏窗口以后，单击 Close 按钮，就完成了新工具栏的创建。新创建的工具栏如图 1.26 所示。

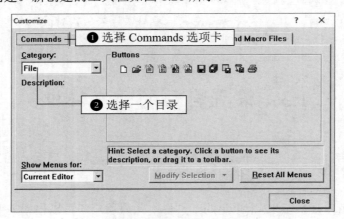

图 1.25　Commands 选项卡

图 1.26　新创建的工具栏

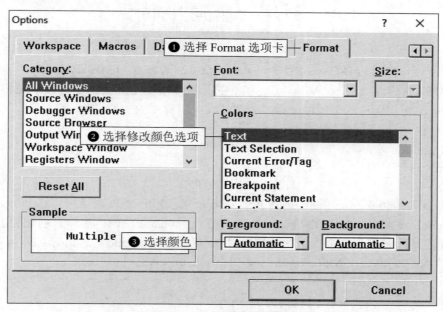

说明

如果用户想删除自己创建的工具栏，可以在 Customize 对话框中选择 Toolbars 选项卡，在工具栏列表框中选择要删除的工具栏，然后单击右侧的 Delete 按钮进行删除。

1.3.2　自定义代码编辑窗口

在 Tools 菜单中包含了许多编辑选项，合理地设置这些选项可以提高程序的编译速度，使程序代码更易于阅读和理解，程序开发更加得心应手。用户可以设置代码编辑器中字体的大小、颜色等信息，其中最主要也是开发人员经常设置的是数字、字符串和注释的颜色。下面就以设置这些信息为例来介绍如何自定义代码编辑窗口，步骤如下。

（1）在 Visual C++ 6.0 开发环境中选择 Tools/Options 命令，在打开的 Options 对话框中选择 Format 选项卡，如图 1.27 所示。

图 1.27　Options 对话框

（2）在 Category 列表框中选择 Source Windows 选项；在 Colors 列表框中选择 Comment 选项，表示设置注释的颜色。在 Foreground 组合框中设置注释的字体颜色，用户可以选择自己喜欢的颜色，本例选择绿色。另外，还可以为注释设置背景色，方法是在 Background 组合框中选择一种颜色，但是通常情况下不要设置背景色，否则代码编辑器会显得很凌乱。

（3）在 Colors 列表框中选择 Number 选项，表示设置数字的颜色。同样，在 Foreground 组合框中设置数字的颜色，本例选择蓝色。

（4）在 Colors 列表框中选择 String 选项，表示设置字符串的颜色。在 Foreground 组合框中为字符串选择一种颜色，本例选择红色。

（5）单击 OK 按钮完成设置，如图 1.28 所示。

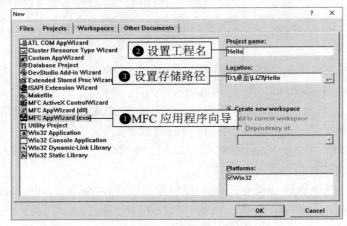

图 1.28　代码编辑窗口

视频讲解

1.4　创建一个简单的程序

【**例 1.1**】　一个简单的 **MFC** 应用程序。（实例位置：资源包 **\TM\sl\1\1**）

通过前面的学习，读者已经对 Visual C++ 6.0 的开发环境有了大致的了解。下面将制作一个简单的 MFC 应用程序，希望通过这个程序使读者了解开发应用程序的一般过程。

1.4.1　创建工程

（1）在 Visual C++ 6.0 开发环境中选择 File/New 命令，弹出 New 对话框。在 Projects 选项卡中选择 MFC AppWizard[exe]（MFC 应用程序向导）选项，在 Project name 编辑框中输入创建的工程名"Hello"，在 Location 编辑框中设置工程文件存放的位置为 "D:\ 桌面 \LIZI\Hello"，如图 1.29 所示。

（2）单击 OK 按钮，弹出 MFC AppWizard-Step 1 窗口，如图 1.30 所示。

图 1.29　New 对话框

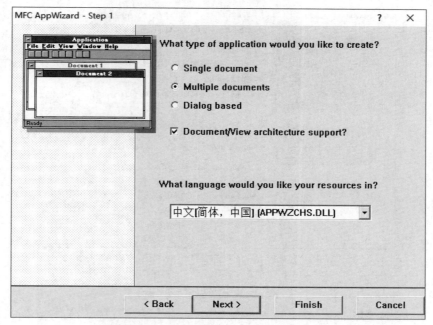

图 1.30　MFC AppWizard-Step 1 窗口

在 MFC AppWizard-Step 1 窗口中可以指定生成框架的类型。

☑　Single document：生成单文档应用程序框架。

☑　Multiple documents：生成多文档应用程序框架。

☑　Dialog based：生成基于对话框的应用程序框架。

☑　Document/View architecture support：选中该复选框，允许生成文档 / 视图和非文档 / 视图结构程序。

（3）本例选中 Dialog based 单选按钮，创建一个基于对话框的应用程序。单击 Next 按钮，弹出 MFC AppWizard-Step 2 of 4 窗口，如图 1.31 所示。

MFC AppWizard-Step 2 of 4 窗口中各选项介绍如下。

☑　About box：生成"关于"对话框。

☑　Context-sensitive Help：生成支持上下文的帮助文件。

☑　3D controls：生成具有 3D 效果的程序界面。

☑　Automation：支持其他应用程序中实现的对象，自己的应用程序也可供 Automation 客户使用。

☑　ActiveX Controls：支持 ActiveX 控件。

☑　Windows Sockets：支持基于 TCP/IP 协议的网络通信。

☑　Please enter a title for your dialog：设置应用程序主窗口的标题。

说明

如果用户没有其他的设置，可以直接单击 Finish 按钮完成创建。

（4）单击 Next 按钮，弹出 MFC AppWizard-Step 3 of 4 窗口，如图 1.32 所示。

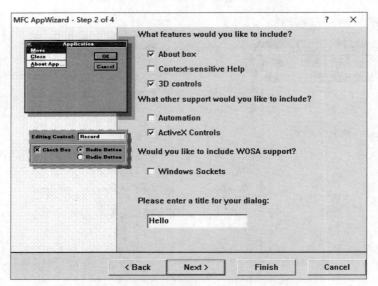

图 1.31　MFC AppWizard-Step 2 of 4 窗口

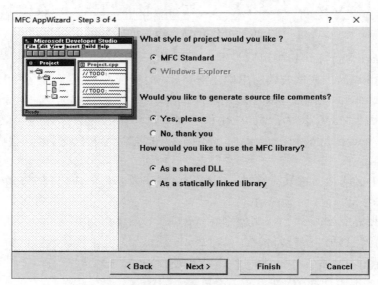

图 1.32　MFC AppWizard-Step 3 of 4 窗口

MFC AppWizard-Step 3 of 4 窗口中的各选项含义如下。

☑　MFC Standard：标准 MFC 项目。

☑　Windows Explorer："Windows 资源管理器"风格项目。

☑　Yes，please：在源文件中添加注释。

☑　No，thank you：不添加注释。

☑　As a shared DLL：共享动态链接库。

☑　As a statically linked library：静态链接库。

（5）单击 Next 按钮，弹出 MFC AppWizard-Step 4 of 4 窗口，如图 1.33 所示。

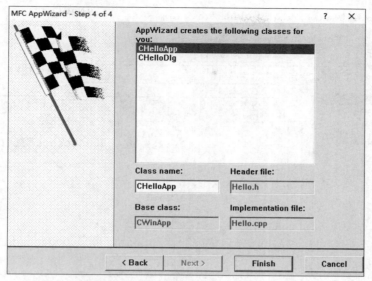

图 1.33　MFC AppWizard-Step 4 of 4 窗口

（6）在 MFC AppWizard-Step 4 of 4 窗口中确定类的名称及所在文件的名称。单击 Finish 按钮，弹出 New Project Information 窗口，如图 1.34 所示。

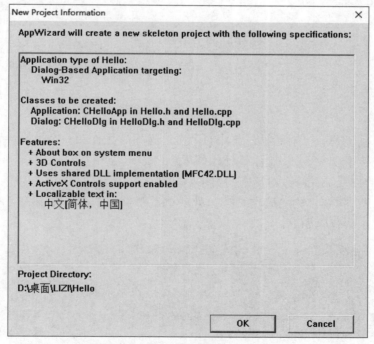

图 1.34　New Project Information 窗口

（7）在 New Project Information 窗口中显示了将要创建工程的文件清单，单击 OK 按钮完成工程的创建。创建的工程如图 1.35 所示。

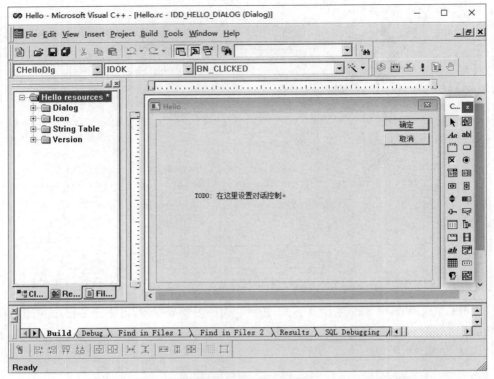

图 1.35　创建的工程

1.4.2　编辑程序

工程创建后会自动创建一个对话框，其中有两个"按钮"控件和一个"静态正文"控件，这是程序自动生成的控件。接下来实现新工程的编辑，步骤如下。

（1）调整控件的位置，并修改对话框的大小，如图 1.36 所示。

（2）单击"确定"按钮，为"确定"按钮处理单击事件，在该事件中为"静态正文"控件设置显示的文本和字体大小。代码如下：

```
void CHelloDlg::OnOK()
{
    CFont font;                                              // 声明字体对象
    font.CreatePointFont(200," 宋体 ");                     // 创建字体
    GetDlgItem(IDC_STATIC)->SetWindowText("Visual C++ 真强大 ");   // 设置静态文本控件的显示文本
    GetDlgItem(IDC_STATIC)->SetFont(&font);                 // 设置静态文本控件的显示字体
    //CDialog::OnOK();                                       // 注释掉程序生成的退出代码
}
```

（3）按 F7 键编译程序，按 F5 键执行程序，单击"确定"按钮。程序运行结果如图 1.37 所示。

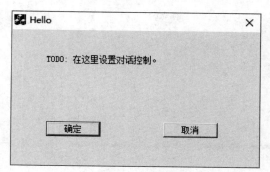

图 1.36　对话框

图 1.37　程序运行结果

1.5　小　　结

　　本章主要讲解 Visual C++ 6.0 集成开发环境，对开发环境中的各个部分作了详细讲解，从中读者可以初步了解 Visual C++ 6.0。最后通过创建一个简单的应用程序，向读者演示使用 Visual C++ 6.0 开发应用程序的整个过程。俗话说，"工欲善其事，必先利其器"，只有熟练掌握了开发环境这个利器，才能在以后的程序开发中事半功倍。

第2章

C++ 语言基础

（📹 视频讲解：1 小时 40 分钟）

  C++ 语言诞生于 20 世纪 80 年代初，它在 C 语言的基础上提供了面向对象功能，可以说 C++ 语言是 C 语言的扩展。C++ 语言集面向对象和面向过程于一身，因此它既适合于传统的面向过程程序开发，也适用于面向对象程序开发。本章将详细介绍 C++ 语言的基础知识。

  通过阅读本章，您可以：

▶▶ 了解 C++ 文件的结构

▶▶ 了解 C++ 语言的基本要素

▶▶ 掌握 C++ 语言的数据类型

▶▶ 熟悉 C++ 语言的基本运算符

▶▶ 应用 C++ 语言的表达式

视频讲解

2.1　C++ 文件结构

C++ 程序主要包含两个文件，即头文件和源文件，本节主要介绍 C++ 头文件和源文件的构成以及一些注意事项。

2.1.1　头文件的构成

在 C++ 语言中，头文件通常以 .h 为扩展名。在头文件中通常包含 3 部分内容，即版权与版本的声明、宏定义和函数、类信息的声明。也可以这样理解，头文件就像是一个人的名片一样，名片是对人的介绍，而头文件是对文件所包含内容的介绍。这里单独介绍一些宏定义。在创建 MFC 应用程序时，类向导会为每个头文件添加宏定义。例如：

```
#if !defined(AFX_BOOKMANAGEDLG_H__B8BA674C_92B2_42D6_8FC8_153FFD6FE32A__INCLUDED_)
#define AFX_BOOKMANAGEDLG_H__B8BA674C_92B2_42D6_8FC8_153FFD6FE32A__INCLUDED_
```

宏定义的目的是防止头文件被重复引用。当编译器编译头文件时，判断当前宏是否被定义，如果没有定义，则定义宏，并编译头文件，否则略过当前头文件。

在开发应用程序时，头文件的编写应遵守以下原则。

（1）引用头文件

使用 <> 格式引用系统的头文件。例如：

```
#include <stdio.h>
```

使用 "" 格式引用自定义头文件。例如：

```
#include "syslog.h"
```

对于以 <> 格式引用的头文件，编译器会在系统库文件目录下搜索头文件，它不会搜索当前工程下的目录。对于以 "" 格式引用的头文件，编译器首先在当前工程目录下搜索头文件，然后再搜索系统库文件目录。采用上述做法的好处是：① 可以让其他开发人员知道引用的头文件是系统头文件还是自定义的头文件；② 能够提高编译器的性能。

（2）头文件中只提供声明信息

C++ 语言允许使用内联函数（第 4 章 4.1.6 节将详细介绍），将函数的声明和实现放在一起。但是，这样做不容易形成统一风格，建议在头文件中只提供声明信息，在源文件中提供实现信息，使程序的逻辑结构更加清晰。

2.1.2　源文件的构成

C++ 语言的源文件通常以 .cpp 为扩展名。源文件中通常包含 3 部分内容，即源文件版权、版本的声明、对头文件的引用以及系统功能的实现代码。

在开发应用程序时，通常将头文件和源文件分别存储在不同的目录下，这样有利于文件的管理。通常，开发人员习惯将头文件存储在 Include 目录下，将源文件存储在 Source 目录下，这是一条约定俗成的规则，但不是必须的。

视频讲解

2.2　C++ 语言基本要素

程序设计语言的基本要素包括标识符、关键字、常量和变量等。本节将介绍 C++ 语言的基本要素。如果读者熟悉 C 语言，可以跳过本节。

2.2.1　标识符

在 C++ 语言中，变量、常量、函数、标签和用户定义的各种对象，被称为标识符。标识符由一个或多个字符构成。字符可以是字母、数字或下划线，但是标识符的首字符必须是字母或下划线，而不能是数字。例如，下面的标识符均是合法的。

maxAge, num, _sex

而下面的标识符是非法的。

1maxAge, nu!m

在 C++ 语言中，标识符是区分大小写的。例如，"value" 和 "Value" 是两个不同的标识符。此外，标识符不能与 C/C++ 的关键字同名。

注意

C++ 语言中标识符的长度可以是任意的，但是通常情况下，前 1024 个字符是有意义的，这与 C 语言不同。在 C 语言中，标识符也可以是任意长度，但是在外部链接进程中调用该标识符时，通常前 6 个字符是有效的，如被多个文件共享的全局函数或变量。如果标识符不用于外部进程链接，通常前 31 个字符是有效的。

2.2.2　关键字

关键字是 C++ 编译器内置的有特殊意义的标识符，用户不能定义与关键字相同的标识符。C++ 语言的关键字如表 2.1 所示。

表 2.1　C++ 语言关键字

_asm	else	main	struct
_assume	enum	_multiple_inheritance	switch
auto	_except	_single_inheritance	template
_based	explicit	_virtual_inheritance	this
bool	extern	mutable	thread
break	false	naked	throw
case	_fastcall	namespace	true
catch	_finally	new	try
_cdecl	float	noreturn	_try
char	for	operator	typedef
class	friend	private	typeid
const	goto	protected	typename
const_cast	if	public	union
continue	inline	register	unsigned
_declspec	_inline	reinterpret_cast	using declaration, using directive
default	int	return	uuid
delete	_int8	short	_uuidof
dllexport	_int16	signed	virtual
dllimport	_int32	sizeof	void
do	_int64	static	volatile
double	_leave	static_cast	wmain
dynamic_cast	long	_stdcall	while

2.2.3　常量

　　常量，顾名思义，其值在运行时是不能改变的，但是在定义常量时可以设置初始值。在 C++ 中，可以使用 const 关键字来定义一个常量。例如，下面的代码定义了一个 MAX_VALUE 常量。

```
const int MAX_VALUE = 100;
```

　　对于常量，编译器会将其放置在一个只读的内存区域，其值不能被修改，但是可以应用在各种表达式中。如果用户试图修改常量，编译器将提示错误。

　　使用常量的最大好处是灵活。当程序中有多处需要使用一个常数值时，可以使用常量代替。当需要改动常数值时，只需要改动常量的值即可。此外，在定义函数时，如果在函数体中不需要修改参数值，建议将参数的类型定义为常量，这样当用户不小心在函数体内修改了参数值，编译器将提示错误信息。

2.2.4　变量

　　其值可以改变的量称为"变量"。变量提供了一个具有名称（变量名）的存储区域，使得开发人员可以通过名称来对存储区域进行读写。与常量不同的是，变量可以在程序中被随意赋值。对于每一个变量，都具有两个属性，也就是通常所说的左值和右值。所谓左值，是指变量的地址值，即存储变量值的内存地址。右值是指变量的数据值，即内存地址中存储的数据。

在程序中定义变量时，首先是变量的数据类型（2.3 节将详细介绍），然后是变量名。如下面的代码定义了两个变量：

```
int min = 0 ;
char *pch ;
```

在定义变量时，可以对变量进行初始化，即为其设置初始值。例如，上面的代码定义了一个 min 整型变量，并将其初始化为 0。在初始化变量时，可以将变量初始化为自身。例如：

```
int min = min;
```

这样做虽然是合法的，但也是"愚蠢"和不明智的。在初始化变量时，可以进行隐式初始化。例如：

```
int min(10);
```

当一条语句定义多个变量时，可以为多个变量同时指定初始值，并且后续变量可以利用之前变量作为初始值。例如：

```
int min = 10 , max = min+50;
```

 说明

在用一条语句定义多个变量时，变量之间用逗号分隔，在最后一个变量定义结束后，以分号结束语句。

在定义变量时需要指定数据类型，对于 C++ 内置的数据类型（2.3 节将详细介绍）编译器会提供特殊的构造函数（第 5 章将详细介绍）。用户可以利用不同数据类型的构造函数来初始化变量。例如：

```
int min = int();           // 初始化 min 为 0
double max = double();      // 初始化 max 为 0.0
```

2.2.5 变量的存储类型

在 C++ 语言中，变量通常有 4 种存储类型，分别为 extern、static、register 和 auto，下面分别进行介绍。

1．extern 存储类型

在介绍 extern 存储类型之前，先来澄清一个概念——变量的声明和定义。变量的声明是告知编译器变量的名称和数据类型；变量的定义将为变量分配存储区域。通常情况下，变量的声明也被认为是变量的定义，但是可以使用 extern 关键字只声明而不定义变量。例如：

```
extern int var;
```

那么只声明而不定义变量有何好处呢？通常应用程序可能包含许多文件，如果在一个文件中定义一个全局变量，可能需要在其他文件中进行访问，那么在其他文件中即可使用 extern 关键字只声明而不定义全局变量，extern 关键字将告诉编译器变量的名称和类型，而变量的定义来源于前一个文件，这样即可在其他文件中共享全局变量。例如，在一个文件中定义一个整型的全局变量 var。

```
int var = 0 ;
```

而在另一个文件中通过使用 extern 关键字声明全局变量 var，在该文件中即可访问全局变量 var。

```
extern int var;
```

2．static 存储类型

static 存储类型表示变量在函数或文件内是"持久性"变量，通常也称之为静态变量。静态变量分为局部静态变量和全局静态变量。当使用 static 关键字标识一个局部变量（在函数内部定义的变量）时，该变量将被分派在一个持久的存储区域，当函数调用结束时，变量并不被释放，依然保留其值。当下一次调用函数时，将应用之前的变量值。这一点类似于全局变量，但是与全局变量不同的是，局部静态变量的作用域为当前的函数，它不能被外界函数或文件访问。可以认为局部静态变量是一个在函数调用后保留其值的局部变量。下面的代码演示了局部静态变量的作用。

【例 2.1】　局部静态变量的作用。（实例位置：资源包 \TM\sl\2\1）

```
void TestStaticVar()
{
    static int slocal = 10;                  // 定义一个局部静态变量
    printf("%d\n",slocal);                   // 输出变量
    slocal++;                                // 自加 1
}
void main()
{
                                             // 连续 3 次调用 TestStaticVar 函数
    TestStaticVar();
    TestStaticVar();
    TestStaticVar();
}
```

> **说明**
> printf 函数用于将格式化数据写入标准输出流。其语法格式如下：
> int printf(const char *format [, argument]...);
> 其中，format 表示输出格式；argument 表示要输出的变量，以逗号分隔变量。

执行上述代码，结果如图 2.1 所示。

上述代码 3 次调用了 TestStaticVar 函数，在每次函数调用结束后，局部静态变量 slocal 都将保留，并且对于局部静态变量只初始化一次，因此每次调用 TestStaticVar 函数输出的值都是不同的。

对于全局静态变量，其作用域仅限于当前定义的文件，不能够被其他文件使用 extern 关键字访问。可以认为全局静态变量只是半

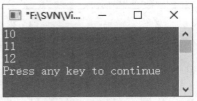

图 2.1　局部静态变量

个全局变量（不能够被其他文件共享）。

3．register 存储类型

在定义变量时，使用 register 关键字，表示变量将被放置在 CPU 的寄存器中。与普通变量不同的是，访问 register 变量要比访问普通变量快得多。register 变量只能用于局部变量或作为函数的形式参数，而不能定义全局的 register 变量。如下面的代码定义了一个 register 变量。

```
register int slocal = 10;
```

4．auto 存储类型

变量的存储方式主要有两种，即静态存储和动态存储。全局变量、静态变量均属于静态存储，而普通的局部变量属于动态存储。auto 关键字表示变量将被动态存储。默认情况下的局部变量均属于 auto 变量（也被称为自动变量）。定义一个全局的 auto 变量是非法的，因为全局变量属于静态存储，与 auto 变量是相互冲突的。

视频讲解

2.3　数　据　类　型

C++ 语言中常用的数据类型包括数值类型、字符类型、数组类型、布尔类型、枚举类型、结构体类型、共用体类型、指针类型、引用类型和自定义类型。本节将详细介绍这些数据类型。

2.3.1　数值类型

C++ 语言中数值类型主要分为整型和实型（浮点类型）两大类。其中，整型按符号划分，可以分为有符号和无符号两大类；按长度划分，可以分为普通整型、短整型和长整型 3 类，如表 2.2 所示。

表 2.2　整型类型

类　　型	名　　称	字　节　数	范　　围
[signed] int	有符号整型	4	−2147483648 ～ 2147483647
Unsigned [int]	无符号整型	4	0 ～ 4294967295
[signed]short	有符号短整型	2	−32768 ～ 32767
Unsigned short [int]	无符号短整型	2	0 ～ 65535
[signed] long [int]	有符号长整型	4	−2147483648 ～ 2147483647
Unsigned long [int]	无符号长整型	4	0 ～ 4294967295

　说明

表格中的 [] 为可选部分。例如，[signed] long [int] 可以简写为 long。

实型主要包括单精度型、双精度型和长双精度型，如表 2.3 所示。

表 2.3　实型类型

类　型	名　称	字　节　数	范　围
float	单精度型	4	1.2e-38 ～ 3.4e38
double	双精度型	8	2.2e-308 ～ 1.8e308
long double	长双精度型	8	2.2e-308 ～ 1.8e308

在程序中使用实型数据时需要注意以下几点。

（1）实数的相加

实型数据的有效数字是有限制的，如单精度 float 的有效数字是 6 ～ 7 位，如果将数字 86041238.78 赋值给 float 类型，显示的数字可能是 86041240.00，个位数 "8" 被四舍五入，小数位被忽略。如果将 86041238.78 与 5 相加，输出的结果为 86041245.00，而不是 86041243.78。

（2）实数与零的比较

在开发程序的过程中，经常会进行两个实数的比较，此时尽量不要使用 "=="或"!=" 运算符，而应使用 ">="或"<=" 之类的运算符，许多程序开发人员在此经常犯错。例如：

```
float fvar = 0.00001;
if (fvar == 0.0)
…
```

上述代码并不是高质量的代码，如果程序要求的精度非常高，可能会产生未知的结果。通常在比较实数时需要定义实数的精度。例如：

【例 2.2】　利用实数精度进行实数比较。（实例位置：资源包 \TM\sl\2\2）

```
void main()
{
    float eps = 0.0000001;// 定义 0 的精度
    float fvar = 0.00001;
    if (fvar >= -eps && fvar <= eps)
        printf(" 等于零 !\n",fvar);
    else
        printf(" 不等于零 !\n",10);
}
```

2.3.2　字符类型

在 C++ 语言中，字符数据使用 "' '" 来表示，如 'A''B''C' 等。定义字符变量可以使用 char 关键字。例如：

```
char c= 'a';
char ch = 'b';
```

在计算机中字符是以 ASCII 码的形式存储的，因此可以直接将整数赋值给字符变量。例如：

```
char ch = 97;
printf("%c\n",ch);
```

输出结果为"a"，因为 97 对应的 ASCII 码为"a"。

2.3.3　数组类型

数组是指具有相同数据类型的一组元素的集合，数组中的元素是按顺序存储在内存中的。数组按维数划分，可以分为一维数组、二维数组和多维数组。

1.　一维数组

在 C++ 语言中，一维数组的定义格式如下：

数组类型　数组名称 [数组长度];

例如，下面的代码定义了一个具有 10 个元素的整型数组。

int array[10];

在定义数组后，还需要访问数组中的元素。数组元素是通过数组名和下标来访问的，例如：

array[1] = 1;

上面的代码将数组 array 中的第 2 个元素值设置为 1。

> **注意**
>
> 数组的下标是从 0 开始的。array 数组共包含 10 个元素，下标分别为 0、1、2、…、9。如果出现 array[10]，将会导致数组访问越界，发生意想不到的后果。编译器并不能识别此类错误，因此在访问数组元素时一定要谨慎，不要发生数组访问越界的情况。

在定义数组时，用户可以直接为数组赋初值。例如：

int array[10] = {0,1,2,3,4,5,6,7,8,9};

也可以只对部分元素赋初值。例如：

int array[10] = {0,1,2,3,4};

上面的代码只对 array 数组的前 5 个元素设置了初值。注意，不能给数组提供超过数组长度的初始值，例如下面的代码是不能通过编译的，将提示太多的初始值。

int array[10] = {0,1,2,3,4,5,6,7,8,9,10};

如果将数组元素全部初始化为 0，用户可以简写为：

int array[10]= {0};

但是上述方式不能够将全部数组元素初始化为其他的值，例如将全部数组元素初始化为 1。

int array[10]= {1};

上面的代码将导致第 1 个数组元素的值为 1，其他数组元素的值为 0。

如果需要对数组全部元素进行初始化，可以省略数组长度，但是数组下标符号 "[]" 不能省略。例如：

```
int array[] = {0,1,2,3,4,5,6,7,8,9};
```

2．二维数组

在 C++ 语言中，二维数组的定义格式如下：

数组类型　数组名 [常量表达式][常量表达式]；

例如：

```
int array[3][4];
```

二维数组元素也是通过数组名和下标来访问的。例如：

```
array[1][2] = 10;
```

可以认为二维数组是一个特殊的一维数组，只是数组中的每一个元素又是一个一维数组。例如，array[3][4] 可以认为是一个一维数组 array[3]，其中的每一个元素又是一个包含 4 个元素的一维数组。

在定义二维数组时也可以直接进行初始化。例如：

```
int array[3][4] = { {1,2,3,4}, {5,6,7,8}, {9,10,11,12} };
```

用户也可以在一个大括号内直接初始化所有的元素。例如：

```
int array[3][4] = { 1,2,3,4,5,6,7,8,9,10,11,12};
```

但是并不提倡该方法，因为如果数组元素过多，将很难界定每一个元素。

与一维数组类似，二维数组也可以只对部分元素进行初始化。例如：

```
int array[3][4] = { {1},{2},{3} };
```

结果是对每一行第 1 个元素赋值，其他元素为 0。

对于二维数组，还可以只对某一个元素或某一行赋值。例如：

```
int array[3][4] = { {1},{2,1},{3,5,8,9} };
int array[3][4] = { {1},{},{3,5,8,9} };            // 略过第 2 行，对第 3 行赋值
```

在定义二维数组时，如果需要提供全部元素的初始值，可以省略第一维的长度，但是不能省略第二维的长度。例如：

```
int array[][4] = {1,2,3,4,5,6,7,8,9,10,11, 12};
int array[][4] = {1,2,3,4,5,6,7,8,9,10,11};
```

📢注意

最后一行代码，只提供了 11 个元素的初始值，但是数组 array 却包含 12 个元素，最后一个元素被初始化为 0。

2.3.4 布尔类型

在逻辑判断中，结果通常只有真和假两个值。C++ 语言中提供了布尔类型 bool 来描述真和假。bool 类型共有两个取值，分别为 true 和 false。顾名思义，true 表示真，false 表示假。在程序中，bool 类型被作为整数类型对待，false 表示 0，true 表示 1。将 bool 类型赋值给整型是合法的，反之，将整型赋值给 bool 类型也是合法的。例如：

```
bool ret;
int  var = 3;
ret = var;              //ret=true
var = ret;              //var=1
```

2.3.5 枚举类型

在开发程序时，一个对象可能会存在多个状态。例如，Oracle 数据库具有关闭、打开、装载、卸载等状态。如果直接在程序中使用 0 表示关闭状态，1 表示打开状态……会使得代码难以阅读。有些用户定义了有意义的常量来表示各个状态，但是在涉及具体函数调用时，无法限制只允许使用 "0、1、2、3"。

枚举类型提供了解决上述问题的最好方法。枚举类型提供了一组常量的集合。在定义函数时，将函数参数设置为枚举类型，这样可以限制调用函数必须提供枚举类型中的某个常量，而不能随意输入一个整数。在 C++ 语言中，可以使用 enum 关键字定义枚举类型。定义格式如下：

```
enum < 枚举类型名 >{< 常量 1>,< 常量 2>,…,< 常量 n>};
```

使用 enum 关键字定义一个枚举类型，例如：

```
enum InstanceState {CLOSE, OPEN, MOUNT, UNMOUNT};
```

在定义枚举类型时，可以为各个常量提供一个整数值，如果没有提供整数值，默认第 1 个常量值为 0，第 2 个常量值为 1，以此类推。例如上面的代码中，CLOSE 常量的值为 0，OPEN 的值为 1……下面为枚举类型设置常量值。例如：

```
enum InstanceState {CLOSE = 1, OPEN, MOUNT = 4, UNMOUNT};
```

在上面的代码中，将枚举常量 CLOSE 设置为 1，MOUNT 设置为 4。那么 OPEN 和 UNMOUNT 的值是多少呢？由于没有为 OPEN 和 UNMOUNT 提供常数值，它们的值应为前一个常量值加 1，即 OPEN 和 UNMOUNT 的值分别为 2 和 5。下面来演示一下枚举类型的实际应用。

【例 2.3】应用枚举类型。（实例位置：资源包 \TM\sl\2\3）

```
enum InstanceState {CLOSE = 1, OPEN, MOUNT = 4, UNMOUNT};        // 定义数据库的状态
void OracleOpt(InstanceState state)                              // 定义一个函数
{
    switch (state)                                               // 判断状态
    {
    case CLOSE:                                                  // 判断是否为关闭状态
```

```
            {
                printf(" 关闭数据库 !\n");              // 输出信息
                break;
            }
        case OPEN:                                       // 判断是否为打开状态
            {
                printf(" 打开数据库 !\n");              // 输出信息
                break;
            }
        case MOUNT:                                      // 判断是否为挂起状态
            {
                printf(" 挂起数据库 !\n");              // 输出信息
                break;
            }
        case UNMOUNT:                                    // 判断是否为卸载状态
            {
                printf(" 卸载数据库 !\n");              // 输出信息
                break;
            }
        default:
            break;
    }
}
void main()
{
    InstanceState state = CLOSE;                         // 定义一个枚举类型变量
    OracleOpt(state);                                    // 调用函数
    //OracleOpt(0);                                      // 错误的函数调用，不能将整型转换为枚举类型
}
```

2.3.6　结构体类型

结构体是一组变量的集合。与数组不同，结构体中的变量可以有各种类型。通常将一组密切相关的信息组合为一个结构体，以描述一个对象。例如，描述学生信息，包括姓名、性别、年龄、地址等信息，可以定义一个结构体来描述学生的所有信息。

【例 2.4】 定义结构体类型。

```
const int MAX_CHAR = 128;
struct Student
{
    char name[MAX_CHAR];                                 // 姓名
    char sex[MAX_CHAR];                                  // 性别
    unsigned int age;                                    // 年龄
    char addr[MAX_CHAR];                                 // 地址
};
```

其中，关键字 struct 用于声明一个结构体类型。结构体中的变量被称为成员，如 name、sex 等。

注意

在声明结构体时，不要忘记末尾的分号。

在声明一个结构体后，可以定义一个结构变量。在 C 语言中定义结构变量的语法格式如下：

struct 结构体类型　结构体类型变量；

例如，下面的代码采用 C 语言的形式定义结构体变量。

struct Student stdnt;

在 C++ 语言中定义结构体变量的格式与定义普通变量的格式相同。例如：

Student stdnt;

当定义一个结构体变量时，编译器将为变量分配足够的空间以容纳结构体中所有的成员。在声明结构体类型时，也可以直接定义结构体变量。例如：

【例 2.5】 定义结构体类型时直接定义结构体变量。

```cpp
const int MAX_CHAR = 128;
struct Student
{
    char name[MAX_CHAR];        // 姓名
    char sex[MAX_CHAR];         // 性别
    unsigned int age;           // 年龄
    char addr[MAX_CHAR];        // 地址
} stdnt;
```

上述代码在声明结构体 Student 的同时，定义了一个结构体变量 stdnt。此外，在定义结构体时，如果只需要定义一次结构体变量（在其他地方不需要定义该类型的结构体变量），可以不写结构体类型的名称，而只给出结构体变量。例如：

```cpp
struct
{
    char name[MAX_CHAR];        // 姓名
    char sex[MAX_CHAR];         // 性别
    unsigned int age;           // 年龄
    char addr[MAX_CHAR];        // 地址
} stdnt;
```

在使用结构体时，需要访问结构体中的各个成员。可以使用 "." 符号来访问结构体中的成员。例如：

```cpp
Student stdnt;
stdnt.age = 10;
```

两个整型变量可以相互赋值，那么两个结构体变量能否直接赋值呢？答案是可以的。观察如下代码。

【例 2.6】 结构体变量之间的赋值。（实例位置：资源包 \TM\sl\2\4）

```
const int MAX_CHAR = 128;
struct Student
{
    char name[MAX_CHAR];          // 姓名
    char sex[MAX_CHAR];           // 性别
    unsigned int age;             // 年龄
    char addr[MAX_CHAR];          // 地址
};

void main()
{
    Student stdnt;                // 定义一个结构体变量
    stdnt.age = 10;               // 为结构体成员赋值
    Student another;              // 再次定义一个结构体变量
    another = stdnt;              // 直接为结构体变量赋值
    printf("%d\n",another.age);   // 输出结构体成员信息
}
```

执行上述代码，结果如图 2.2 所示。

从图 2.2 中可以发现，another 变量的 age 成员与 stdnt 变量的 age 成员是相同的；不仅如此，这两个变量的其他成员数据也相同。

在定义结构体变量时，编译器会为变量分配足够的空间以容纳结构体的所有成员。如果定义如下的一个结构体变量，编译器将为其分配多大的空间呢？

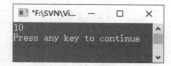

图 2.2　结构体变量赋值

```
struct ByteAlign
{
    double  memOne;
    char    memTwo;
    int     memThree;
};
```

分析结构体成员，其中 memOne 类型为 double，占用 8 个字节；memTwo 类型为 char，占用 1 个字节；memThree 类型为 int，占用 4 个字节。在定义结构体 ByteAlign 的变量时，应分配 13 个字节。但实际使用 sizeof 函数测试时，发现结构体 ByteAlign 的变量占用了 16 个字节。究竟是如何多出 3 个字节的呢？这涉及结构体的字节对齐问题。编译器在为结构体变量分配空间时，保证下一个成员的偏移量应为该成员数据类型长度的整数倍。分析一下 ByteAlign 结构在内存中的简单布局。首先为 memOne 成员分配空间，假设起始位置从 0 开始，memOne 成员将占用 0、1、2、3、4、5、6、7 共 8 个字节。接下来为成员 memTwo 分配空间，由于 char 类型占用 1 个字节，因此，memTwo 将占据 8 的位置，因为当前位置 8 与 4 是整除的。接下来为 memThree 成员分配空间，该成员为 int 类型，占用 4 个字节。当前位置为 9，并不是 4 的整数倍，因此需要空出 3 个字节（9、10、11），memTree 从 12 的位置开始分配 4 个字节的空间。这样就导致了实际分配的大小与"理论上"的大小不一致。

在开发应用程序时，有时需要在一个字节中表示多项内容。例如，在描述 IP 协议的首部时，其

首部长度占 4 位（bit），版本号占 4 位，在定义描述 IP 协议首部的结构体时，该如何实现呢？与其他计算机语言不同，C/C++ 语言提供了位域，允许用户单独访问一位数据。例如，下面的代码定义了一个 IP 结构体，用于描述首部长度和版本号。

```
typedef struct HeadIP
{
    unsigned char  headerlen:4;        //首部长度，占 4 位
    unsigned char  version:4;          //版本，占 4 位
}
```

其中，headerlen 成员类型为无符号字符型，理应占 1 个字节（8 位），通过使用位域符号"："和长度 4，headerlen 成员只占了"半"个字节——4 位。在定义位域字段时，也可以不指定成员名称，这样可以预留一些空间。例如：

```
struct FieldZone
{
    unsigned char: 4;
    unsigned char memTwo:2;
    unsigned char memThree:1;
};
```

用户在访问 memTwo 成员时，将直接从一个字节的第 5 位开始读取数据。

2.3.7 共用体类型

共用体类型提供了一种机制，使得多个变量（共用体中的成员）可以共享同一个内存地址。下面的代码定义了一个共用体类型 unType。

【例 2.7】 定义共用体类型。

```
union unType
{
    char cdata;
    int  idata;
};
```

定义共用体与定义结构体类似，只是关键字不同，共用体使用 union 关键字。在共用体 unType 中，成员 cdata 与 idata 的内存起始位置相同，如图 2.3 所示。

由于共用体成员共用内存空间，因此如果视图改变了一个共用体成员的值，其他成员的值也会发生改变。但是，对于共用体来说，通常一次只需要使用一个成员。当定义一个共用体变量时，编译器会根据共用体成员中占用最多内存空间的变量分配空间，这样使得共用体中的所有成员都能够

图 2.3 共用体成员内部布局示意图

获得足够的空间。例如，定义一个 unType 类型的变量 tg，编译器将为其分配 4 个字节的空间，因为 idata 需要 4 个字节的空间，cdata 只需要 1 个字节的空间。

> **注意**
>
> 共用体的内存空间可以用来存放数种不同类型的成员，但是在某一时刻只有一个成员起作用，起作用的成员是最后一次存放的成员。

2.3.8　指针类型

在 C++ 语言的数据类型中，指针类型是最难掌握的，也是最重要的数据类型之一。灵活地应用指针，能够提高代码的执行效率。在介绍指针之前，先来回顾一下变量的属性。变量具有左值和右值两个属性，即变量的地址和变量的实际数据。指针是用来存放变量的地址的，即指针的值能够存储变量的地址。直接使用变量时，就称之为直接访问，而通过指针获得变量地址进行使用的方式被称为间接访问。这就像将一个物品放在银行的保险箱里，如果将钥匙带在身上，需要时直接打开保险箱拿东西，这就是直接访问。而为了安全起见，将保险箱的钥匙锁在家中的抽屉里，当你要拿东西时，首先要回家取得保险箱的钥匙，然后再使用钥匙打开保险箱，这就相当于用指针调用变量的地址所进行的间接访问。

如果一个指针存储了变量的地址，那么通过指针就能够访问到变量的值，因为变量的值是存储在变量的地址上的。假设有变量 var，指向变量 var 的指针为 pavr，如图 2.4 所示描述了指针与变量的关系。

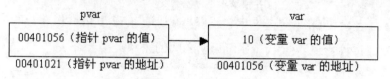

图 2.4　指针与变量的关系

在 C++ 中，定义指针的语法格式如下：

```
数据类型 * 指针变量名；
```

例如，下面的代码定义了一个整型的指针变量。

```
int *pvar;
```

只定义一个指针变量是没有意义的，还需要为指针变量赋值。指针变量的值应该是一个有意义的地址（通常是某个变量的地址），而不是数据。如何将变量的地址赋值给指针变量呢？C++ 中可以使用"&"运算符来获得变量的地址。下面的代码演示了通过"&"运算符获得变量地址，并将其赋值为指针变量。

```
int ivar = 10;              // 定义整型变量
int *pi;                    // 定义整型指针变量
pi = &ivar;                 // 将其赋值为 ivar 的地址
int *pvar = &ivar;          // 定义整型指针变量，将其初始化为 ivar 的地址
```

当指针被赋予一个有效的变量地址后，如何通过指针访问或修改变量的数据呢？在指针变量前使用"*"运算符，即可直接访问变量的数据。

【例 2.8】 使用"*"运算符访问指针数据。（实例位置：资源包 \TM\sl\2\5）

```
void main()
{
    int ivar = 10;                      // 定义整型变量
    int *pvar = &ivar;                  // 定义整型指针变量，将其初始化为 ivar 的地址
    *pvar = 8;                          // 修改指针变量指向地址的值
    printf("ivar = %d\n",ivar);         // 输出变量值
    printf("pvar = %d\n",*pvar);        // 输出指针变量值
}
```

执行代码，结果如图 2.5 所示。

分析上述代码，首先定义了一个整型变量 ivar，将其初始化为 10；然后定义一个指针变量 pvar，将其初始化为 ivar 的地址；接着修改指针变量指向的地址上的数据；最后输出变量 ivar 的值和指针变量 pvar 的值。从图 2.5 中可以发现，变量 ivar 的值为 8，表明通过指针变量修改了 ivar 的值。

指针变量不仅可以指向简单的变量，还可以指向数组变量。例如：

```
int iarray[5] = {1,2,3,4,5};            // 定义一个整型数组
int *pvar = &iarray[0];                 // 定义一个整型指针变量，将其指向数组中的第 1 个元素
```

在上面的代码中，&iarray[0] 表示获取数组中第 1 个元素的地址，即数组的首地址。对于数组来说，数组名同样表述数组的首地址，因此下面的代码与上述两行代码是完全相同的。

```
int iarray[5] = {1,2,3,4,5};            // 定义一个整型数组
int* pvar = iarray;                     // 定义一个整型指针变量，将其指向数组中的第 1 个元素
```

图 2.6 描述了当前指针变量 pvar 与数组 iarray 之间的关系。

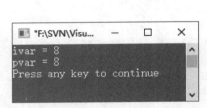

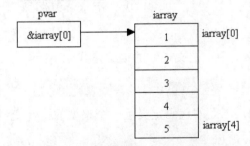

图 2.5　使用指针变量修改数据　　　　图 2.6　指针变量 pvar 与数组 iarray 之间的关系

当一个指针变量指向一个数组后，通过指针变量即可访问该数组中的每一个元素。例如，下面的代码利用指针输出数组中的每一个元素。

【例 2.9】 使用指针变量输出数组元素。（实例位置：资源包 \TM\sl\2\6）

```
void main()
{
    int iarray[5] = {1,2,3,4,5};            // 定义一个数组，并进行初始化
    int *pvar = iarray;                     // 定义一个指针变量，将其指向数组首地址
    for(int i=0; i<5;i++)                   // 循环语句，用于遍历数组元素
    {
        printf(" 数组元素 [%d]= %d\n",i,*pvar);    // 利用指针变量输出数组元素
```

```
    pvar = pvar + 1;                              // 移动指针，使其指向下一个元素
    }
}
```

执行上述代码，结果如图 2.7 所示。

在上述代码中，注意 "pvar = pvar + 1;" 语句，该语句的作用是使指针指向数组中的下一个元素，而不是简单地将指针地址加 1 或将指针值加 1。语句 "pvar = pvar + 1;" 是移动指针 pvar 指向的地址，移动量不是 1 个字节，而是 1 个数组元素的大小，更准确地说应该是指针 pvar 的类型（这里为 int 类型）的大小。

在开发程序时，如果需要使用一组指针，可以定义一个指针数组。例如，下面的代码定义了一个整型的指针数组。

```
int *parray[5];
```

对于指针数组来说，数组中的每一个变量均是一个指针变量。下面的代码演示了指针数组的应用。

【例 2.10】 利用指针数组存储数据。 （实例位置：资源包 \TM\sl\2\7）

```
void main()
{
    int *parray[5];                               // 定义一个指针数组
    int iarray[5] = {9,8,7,6,5};                  // 定义一个整型数组
    for(int i=0; i<5;i++)                         // for 循环
    {
        parray[i] = & iarray[i];                  // 为指针数组中的元素赋值
        printf(" 数组元素 [%d]= %d\n",i,*parray[i]); // 输出指针数组元素中的数据值
    }
}
```

执行上述代码，结果如图 2.8 所示。

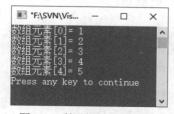

图 2.7　利用指针遍历数组

图 2.8　指针数组应用

在定义指针时，也可以使用 const 关键字。例如：

```
int ivar = 10;                                    // 定义一个整型变量
const int *pvar = &ivar;                          // 定义一个整型常量的指针，并进行初始化
```

对于指针 pvar 来说，用户不能够修改 pvar 指向的值，但是可以修改 pvar 指向的地址。例如：

```
int ivar = 10;                                    // 定义一个整型变量
const int *pvar = &ivar;                          // 定义一个指针常量，对其进行初始化
//*pvar = 20;                                     // 错误的代码，不能修改指针常量的数据
int inum = 5;                                     // 再次定义一个整型变量
```

```
pvar = &inum;                              // 修改指针常量指向的地址
```

在使用 const 关键字定义指针时，也可以将 const 关键字放置在指针变量的前面，但是指针变量的性质发生了改变。观察如下代码：

```
int ivar = 10;                             // 定义一个整型常量
int * const pvar = &ivar;                  // 定义一个指向整型的常量指针
*pvar = 20;                                // 修改指针指向的数据
int inum = 5;                              // 定义一个整型变量
//pvar = &inum;                            // 错误的代码，不能够修改常量指针指向的地址
```

上面的代码定义了一个常量指针 pvar，使用户不能够修改 pvar 指向的地址，但是可以修改 pvar 指向的数据。

在定义指针时也可以同时使用两个 const 关键字。例如：

```
int ivar = 10;                             // 定义一个整型变量
const int * const pvar = &ivar;            // 定义一个常量指针常量
```

在上面的代码中，用户既不能修改 pvar 指向的地址，也不能修改 pvar 指向的数据。例如：

```
//*pvar = 20;                              // 非法的代码，不能够修改 pvar 指向的数据
int inum = 5;                              // 定义一个整型变量
//pvar = &inum;                            // 非法的代码，不能够修改 pvar 指向的地址
```

2.3.9　引用类型

引用可以认为是一个"别名"，即目标的代名词。当定义一个引用时，需要为其指定一个对象，即目标。此时，引用就成了目标的代名词，操作引用与操作实际的目标对象是相同的。定义引用的格式如下：

```
数据类型 & 引用名称 = 目标对象 ;
```

下面的代码定义了一个引用对象。

```
int ivar = 10;                             // 定义一个整型变量
int &rvar = ivar;                          // 定义一个引用对象
```

在定义引用对象后，即可使用引用对象操作目标对象。

【例 2.11】 使用引用对象代替目标对象。（实例位置：资源包 \TM\sl\2\8）

```
void main()
{
    int ivar = 10;                         // 定义一个整型变量
    int &rvar = ivar;                      // 定义一个引用对象
    rvar = 5;                              // 设置引用对象数据
    printf("ivar = %d\n",ivar);            // 输出变量 ivar
    printf("rvar = %d\n",rvar);            // 输出变量 rvar
}
```

执行上述代码，结果如图 2.9 所示。

从图 2.9 中可以看到，通过设置引用变量的值，修改了变量 ivar 的值。在程序中如果对引用对象进行取地址，返回的将是目标的地址，因为引用是目标的代名词。

【例 2.12】　访问引用对象的地址。（实例位置：资源包 \TM\sl\2\9）

```
void main()
{
    int ivar = 10;                              // 定义一个整型变量
    int &rvar = ivar;                           // 定义一个引用对象
    printf("ivar 的地址 = %d\n",&ivar);         // 输出整型变量的地址
    printf("rvar 的地址 = %d\n",&rvar);         // 输出引用对象的地址
}
```

执行上述代码，结果如图 2.10 所示。

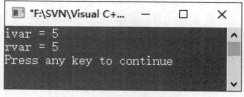

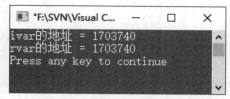

图 2.9　使用引用操作对象　　　　　图 2.10　对引用对象进行取地址

说明

　　从图 2.10 中可以发现，变量 ivar 的地址与 rvar 的地址相同，对引用对象进行取地址运算，其实就是对目标对象进行取地址运算。

2.3.10　自定义类型

在 C++ 语言中，用户可以使用 typedef 关键字自定义数据类型。自定义数据类型并不是真的创建新的数据类型，而是为已存在的数据类型定义一个新的名称。自定义类型的语法格式如下：

typedef 数据类型 新的名称 ;

例如，下面的代码定义了一个 UINT 数据类型。

typedef unsigned int UINT;

当定义完新的数据类型后，就可以像定义普通数据类型变量一样定义新数据类型的变量。例如，下面的代码定义了一个 UINT 类型的变量。

UINT ivar = 10;

在程序中使用自定义类型的好处是能够提高程序的移植性。同一种数据类型，在不同机器或不同操作系统上，其长度或性质可能是不同的。如果程序中统一使用了自定义类型，在修改程序时，只需要修改自定义类型的基类型即可，代码的其他地方不需要改动。

视频讲解

2.4 运 算 符

C++ 语言中常用的运算符有赋值运算符、算术运算符、关系运算符、逻辑运算符、自增自减运算符、位运算符、sizeof 运算符、new 和 delete 运算符等。本节将详细介绍 C++ 语言中的运算符。

2.4.1 赋值运算符

赋值运算符是程序开发中最基本的运算符。C++ 语言中最常用的赋值运算符为"="。在前面几节的示例中，多处使用了赋值运算符。本节将详细讨论赋值运算符。

首先介绍一下赋值与初始化的区别。赋值和初始化均使用"="运算符，但是初始化只有在定义变量时进行，并且只有一次，而赋值则可以进行多次。

在使用赋值运算符时，应该保证赋值运算符左右两边的表达式数据类型兼容。例如，下面的赋值语句是错误的。

```
char* cvar;          // 定义一个字符指针
int ivar = 10;       // 定义一个整型变量
//cvar = ivar;       // 错误的代码，不能够将整型变量赋值给字符指针
```

下面的代码是合法的，因为实型数据将被隐式转换为整型。

```
int ivar = 10.55;    // 定义一个整型变量，对其进行初始化
printf("%d\n",ivar); // 输出变量
```

在上面的代码中，虽然 10.55 为实数，但是它能够自动地转换为整数，因此不会出现错误。

此外，在使用赋值运算符时，应保证赋值运算符的左边是一个"可读写地址"的表达式。例如，下面的赋值语句是非法的。

```
int ivar = 10;       // 定义一个整型变量
100 = ivar;          // 非法的赋值语句
```

在使用赋值运算符时，可以在一条语句中为多个变量赋值。例如：

```
int ivar;            // 定义一个整型变量 ivar
int jvar = ivar = 10; // 定义一个整型变量 jvar，并对 jvar 和 ivar 赋值
```

在上述代码中，变量 jvar 和 ivar 的值均为 10。

在 C++ 语言中，赋值运算符除了"="外，还有"+=""-=""*=""/="和"%="等。下面以"+="赋值运算符为例介绍这些运算符的使用。

"+="运算符表示将运算符左边的表达式与右边的表达式相加，再赋值给左边的表达式。例如：

```
int ivar = 10;       // 定义一个整型变量
ivar +=5;            // 使变量自加 5 再赋给 ivar
```

上述代码执行后，变量 ivar 的值将为 15。

说明

　　代码 "ivar +=5;" 等价于 "ivar = ivar + 5;"。

　　"−=" "*=" "/=" 和 "%=" 等运算符与 "+=" 运算符用法基本相同，详细描述如表 2.4 所示。

表 2.4　C++ 赋值运算符

赋值运算符	示　　例	结　　果	描　　述
=	int ivar = 10;	ivar 等于 10	简单赋值
+=	int ivar = 10; ivar +=5;	ivar 等于 15	将左边的表达式与右边的表达式相加，再赋值给左边的表达式
−=	int ivar = 10; ivar −=5;	ivar 等于 5	将左边的表达式与右边的表达式相减，再赋值给左边的表达式
*=	int ivar = 10; ivar *=5;	ivar 等于 50	将左边的表达式与右边的表达式相乘，再赋值给左边的表达式
/=	int ivar = 10; ivar /=5;	ivar 等于 2	将左边的表达式与右边的表达式相除，再赋值给左边的表达式
%=	int ivar = 10; ivar %=5;	ivar 等于 0	将左边的表达式与右边的表达式取模，再赋值给左边的表达式

2.4.2　算术运算符

　　算术运算通常为加、减、乘、除和取模 5 种，在 C++ 语言中对应的运算符如表 2.5 所示。

表 2.5　C++ 算术运算符

算术运算符	描　　述	算术运算符	描　　述
+	加法运算	/	除法运算
−	减法运算	%	取模（求余）运算
*	乘法运算		

　　算术运算符在程序中经常被使用，使用方法也比较简单，下面主要介绍除法运算。当两个整数相除时，其结果仍为整数，小数部分被舍弃。例如：

```
int ivar = 11/4;                    // 定义一个整型变量 ivar
int jvar = 11/5;                    // 定义一个整型变量 jvar
```

　　在上面的代码中，变量 ivar 与 jvar 的值将相同，均为 2。有些读者可能会认为 11/4 的结果为实数，只是将其截取了小数赋值给整型变量 ivar，这种理解是不正确的。观察如下代码：

　　【例 2.13】两个整数相除的结果。（实例位置：资源包 \TM\sl\2\10）

```
void main()
{
    float fvar = 11/4;              // 定义一个实型变量 fvar
    printf("%f\n",fvar);            // 输出 fvar
}
```

执行上述代码，结果如图 2.11 所示。

从图 2.11 中可以发现，变量 fvar 的值为 2.000000，而不是 2.75000。因为两个整数相除，结果仍为整数。这是许多初学者编写代码时经常犯的错误。如果对上述代码稍加修改，将整数 4 修改为实数 4.0，结果将发生改变。因为整数与实数相除或两个实数相除，结果将为实数。

【例 2.14】 整数与实数相除的结果。（实例位置：资源包 \TM\sl\2\11）

```
void main()
{
    float fvar = 11/4.0;          // 定义一个实型变量
    printf("%f\n",fvar);          // 输出变量 fvar
}
```

执行上述代码，结果如图 2.12 所示。

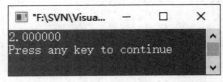

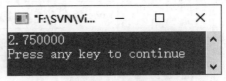

图 2.11　整数相除　　　　　　　　　　　　图 2.12　整数与实数相除

从图 2.12 中可以发现，变量 fvar 的值为 2.750000。

2.4.3　关系运算符

关系运算属于一种简单的逻辑运算，程序设计语言通常包含 6 种关系运算，即大于、小于、等于、大于等于、小于等于和不等于。C++ 中对应的关系运算符如表 2.6 所示。

表 2.6　C++ 关系运算符

关系运算符	描　　述	关系运算符	描　　述
>	大于	>=	大于等于
<	小于	<=	小于等于
==	等于	!=	不等于

对于关系运算来说，表达式的值只有真和假。若为真，则表达式的值为 1；若为假，则表达式的值为 0。例如：

```
int iret = 5 > 4;          // 定义一个整型变量，将其初始化为关系表达式 5>4 的值
printf("%d\n",iret);       // 输出变量 iret
```

执行上述代码，iret 的值将为 1，因为关系表达式"5 > 4"的值为真，即 1。关系表达式可以由多个关系运算符构成。

```
int ivar = 10;             // 定义一个整型变量 ivar
int jvar = 9;              // 定义一个整型变量 jvar
```

```
int nvar = 8;                        // 定义一个整型变量 nvar
int iret = ivar > jvar > nvar;       // 定义一个整型变量 iret，将其赋值为关系表达式的值
```

观察最后一行代码，关系表达式由两个关系运算符"＞"构成。对于关系运算符来说，其结合性（有关运算符的结合性可参考 2.4.9 节）由左到右，因此关系表达式"ivar ＞ jvar ＞ nvar"首先比较"ivar ＞ jvar"，其结果为 1，然后进行"1 ＞ nvar"比较，其结果为 0，最后将 0 赋值给变量 iret，因此代码"int iret = ivar ＞ jvar ＞ nvar;"执行后，其值为 0。

注意

将变量值代入最后一行代码"int iret = 10 ＞ 9 ＞ 8;"，初学者一看"10 ＞ 9 ＞ 8"很容易将表达式的值当成真值，这是初学者经常犯的错误。

2.4.4　逻辑运算符

逻辑运算符用于连接关系表达式，以构成复杂的逻辑表达式。C++ 中共有 3 种逻辑运算符，分别为"&&""||"和"!"。其中"&&"表示逻辑与运算，即当两个表达式同时为真，其结果为真，否则为假。"||"表示逻辑或运算，即当两个表达式中有一个表达式为真，其结果为真，否则为假。"!"表示逻辑非运算，即当表达式的值为真，其结果为假；当表达式的值为假，其结果为真。表 2.7 描述了逻辑运算符的运算方式。

表 2.7　逻辑运算符真值表

逻辑运算符	表达式 1	表达式 2	结　果
&&	真	真	真
&&	真	假	假
&&	假	真	假
&&	假	假	假
||	真	真	真
||	真	假	真
||	假	真	真
||	假	假	假
!	真		假
!	假		真

技巧

表 2.7 看起来有些复杂，尤其是"&&"和"||"运算符，记起来非常容易乱，其实可以用一句话来概括这两个运算符，那就是"都真才真，都假才假"，前半句用来形容"&&"运算符，后半句用来形容"||"运算符。

在逻辑表达式中通常可以包含多个逻辑运算符。例如：

```
int ivar = 10;                                          // 定义一个整型变量 ivar
int jvar = 8;                                           // 定义一个整型变量 jvar
int nvar = 9;                                           // 定义一个整型变量 nvar
int mvar = 11;                                          // 定义一个整型变量 mvar
int iret = ivar > jvar && nvar > mvar || mvar > ivar;  // 定义一个整型变量 iret, 将其赋值为逻辑表达式
```

分析最后一行代码，首先进行"ivar > jvar"比较，结果为 1；然后进行"nvar > mvar"比较，结果为 0，接着进行"1"和"0"的与（&&）运算，结果为 0；进行"mvar > ivar"比较，结果为 1，最后进行"0"和"1"的或（||）运算，结果为 1；将 1 赋值给变量 iret。因此，执行最后一行代码后，iret 的值为 1。

需要说明的是，最后一行代码并不是规范的代码，因为用户要事先熟知各种运算符的结合性和优先级，否则很难确定代码的执行顺序。如果使用"()"对最后一行代码进行分解，则会使代码更加清晰。例如：

```
int iret = ( (ivar > jvar) && (nvar > mvar) ) || (mvar > ivar);
```

通过使用"()"，用户可以非常清楚地了解代码的执行顺序。

2.4.5　自增自减运算符

为了方便进行加 1 和减 1 操作，C++ 提供了自增和自减运算符，即"++"和"--"。自增自减运算符分为前置运算和后置运算。下面通过代码来演示自增和自减运算符的应用。

【例 2.15】　后置自增运算符。（实例位置：资源包 \TM\sl\2\12）

```
void main()
{
    int ivar = 10;                 // 定义一个整型变量 ivar
    int jvar = ivar++;             // 定义一个整型变量 jvar, 对其进行初始化
    printf("ivar = %d\n",ivar);    // 输出变量 ivar
    printf("jvar = %d\n",jvar);    // 输出变量 jvar
}
```

执行上述代码，结果如图 2.13 所示。

在上述第 2 行代码中使用了后置自增运算符，使 ivar 的值加 1。对于后置运算符来说，先进行赋值操作，然后才使变量 ivar 的值自动加 1。因此，上述代码运行后，变量 ivar 的值为 11，而变量 jvar 的值为 10。如果将第 2 行中的后置自增运算符改为前置自增运算符，运行结果就不同了。

【例 2.16】　前置自增运算符。（实例位置：资源包 \TM\sl\2\13）

```
void main()
{
    int ivar = 10;                 // 定义一个整型变量 ivar
    int jvar = ++ivar;             // 定义一个整型变量 jvar, 对其进行初始化
    printf("ivar = %d\n",ivar);    // 输出变量 ivar
    printf("jvar = %d\n",jvar);    // 输出变量 jvar
}
```

执行上述代码，结果如图 2.14 所示。

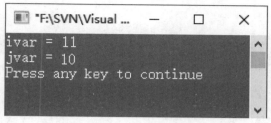

图 2.13　后置自增运算

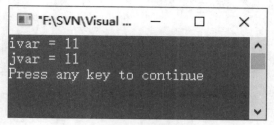

图 2.14　前置自增运算

在上述第 2 行代码中使用了前置运算符，首先使变量 ivar 的值加 1，然后将其赋值给变量 jvar，因此 jvar 的值为 11。

 说明

对于自增运算符 "++" 来说，"变量 ++" 和 "++ 变量" 都等价于 "变量 = 变量 +1"，区别只在于是先执行加 1 的运算，还是后进行加 1 的运算。

自增自减运算符不仅可以应用于数值型变量，还可以应用于指针变量。在开发程序时，通常使用自增运算符来实现指针遍历数组。观察如下代码：

【例 2.17】　使用指针遍历数组。（实例位置：资源包 \TM\sl\2\14）

```cpp
void main()
{
    int iarray[5] = {5,4,3,2,1};              // 定义一个整型数组
    int *pvar = iarray;                       // 定义一个整型指针，将其初始化为数组的首地址
    for (int i=0; i<5; i++)                    // for 循环
    {
        printf("iarray[%d]= %d\n",i,*pvar++); // 先输出指针数据，然后利用 ++ 使指针指向下一个元素
    }
}
```

执行上述代码，结果如图 2.15 所示。

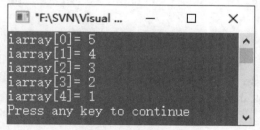

图 2.15　指针遍历数组

在上述代码中，"*pvar++" 表达式先输出指针 pvar 的数据，然后进行 "++" 运算，使指针指向下一个元素。

2.4.6　位运算符

在计算机系统中，所有数据均以二进制的形式表示。数据存储是以字节为单位，一个字节包含 8 位，每一位可以表示为 0 或 1。本节介绍的位运算符是指能够对二进制数据中的位进行运算的符号。C++ 中主要包含 6 种位运算符，如表 2.8 所示。

表 2.8　C++ 位运算符

位 运 算 符	描　　述	位 运 算 符	描　　述
&	按位与运算	~	按位取反运算
|	按位或运算	<<	左移运算
^	按位异或运算	>>	右移运算

下面分别进行介绍。

1．按位与运算——&

按位与运算是指两个相应的二进位均为 1，则结果为 1，否则结果为 0。即 0&0 结果为 0，0&1 结果为 0，1&0 结果为 0，1&1 结果为 1。例如，将 10 和 12 进行运算，即"10&12"。数字 10 对应的二进制数为"00001010"，数字 12 对应的二进制数为"00001100"。10&12 运算过程如图 2.16 所示。

从图 2.16 中可以发现，10&12 运算结果为 8。

在开发程序中，按位与运算通常有其特殊的用途。例如，将某个字节数据清零，可以将该字节的数据与 0 进行按位与运算，其结果将为 0。因为任何数与 0 进行与运算，结果必然为 0。此外，与运算还可以将一个字节中的某些位保留下来。例如，对于二进制数 00001110，想要保留其 1、3、5、7 位，则可以将该二进制数与"01010101"二进制数（该二进制数 1、3、5、7 位为 1，其他位为 0）进行按位与运算，获得的结果为"00000100"，也就是说当前数的第 3 位数字为 1，其他 1、5、7 位数字都为 0。

2．按位或运算——|

按位或运算是指两个相应的二进位只要有一个结果为 1，则结果为 1，否则结果为 0。即 0|0 结果为 0，0|1 结果为 1，1|0 结果为 1，1|1 结果为 1。例如，将 10 和 12 进行或运算，即"10|12"。其运算过程如图 2.17 所示。

从图 2.17 中可以发现，"10 | 12"的运算结果为 14。

根据按位或运算的性质可知，如果要将某一个字节数据中的某一位或几位设置为 1，通过按位或运算可以非常方便地实现。例如，要将"00001010"后 4 位设置为 1，将其与"00001111"二进制数（后 4 位全为 1）进行按位或运算即可。

3．按位异或运算——^

按位异或运算是指两个相应的二进位均相同，则结果为 0，否则结果为 1。即 0^0 结果为 0，0^1 结果为 1，1^0 结果为 1，1^1 结果为 0。例如，将 10 和 12 进行异或运算，即"10^12"。其运算过程如图 2.18 所示。

	00001010	（10）
&	00001100	（12）
	00001000	（8）

图 2.16　按位与运算

	00001010	（10）
|	00001100	（12）
	00001110	（14）

图 2.17　按位或运算

	00001010	（10）
^	00001100	（12）
	00000110	（6）

图 2.18　按位异或运算

从图 2.18 中可以发现，"10^12"的运算结果为 6。在实际应用中，通常利用按位异或运算来实现二进位的反转。例如，将二进制数"00001010"的后 4 位反转，可以将其与"00001111"二进制数（后 4 位均为 1）进行按位异或运算，所得结果为"00000101"。此外，还可以利用按位异或运算实现两个变量值的互换（不使用中间变量）。首先分析一下异或运算的性质：

☑　任何数据与 0 进行按位异或运算，结果仍为数据本身。

☑　变量与自身进行按位异或运算，结果为 0。

☑　按位异或运算具有交换性，即 a^b^c 等于 a^c^b，还等于 b^a^c 等。

下面通过一个实例演示如何使用按位异或运算实现两个变量值的互换。

【例 2.18】　使用按位异或运算实现两个变量值的互换。（实例位置：资源包 \TM\sl\2\15）

```
void main()
{
    int ivar = 5;                        // 定义一个变量 ivar，初始值为 5
    int jvar = 4;                        // 定义一个变量 jvar，初始值为 4
    printf(" 转换前 ivar= %d\n",ivar);    // 输出变量 ivar
    printf(" 转换前 jvar= %d\n",jvar);    // 输出变量 jvar
    ivar = ivar ^ jvar;                  // ivar 与 jvar 进行按位异或运算，结果赋值给 ivar
    jvar = jvar ^ ivar;                  // jvar 与 ivar 进行按位异或运算，结果赋值给 jvar
    ivar = ivar ^ jvar;                  // ivar 与 jvar 进行按位异或运算，结果赋值给 ivar
    printf(" 转换后 ivar= %d\n",ivar);    // 输出 ivar
    printf(" 转换后 jvar= %d\n",jvar);    // 输出 jvar
}
```

执行上述代码，结果如图 2.19 所示。

分析上述黑体部分代码。首先观察黑体部分第 2 行代码"jvar = jvar ^ ivar;"，根据上一行代码将"ivar"替换为"ivar ^ jvar"，那么第 2 行代码"jvar = jvar ^ ivar;"转换为"jvar = jvar ^ ivar ^ jvar;"。由于异或运算具有交换性，因此也可以写为"jvar=jvar ^ jvar^ ivar;"。由于变量与自身进行按位异或运算结果为 0，因此第 2 行代码又可以转换为"jvar = 0 ^ ivar;"。根据任何数据与 0 进行按位异或运算，结果仍为数

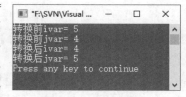

图 2.19　交换变量

据本身，最终第 2 行代码的结果为"jvar = ivar"。接着分析黑体部分第 3 行代码，根据第 1 行代码和第 2 行代码，可以将第 3 行代码转换为"ivar = ivar ^ jvar ^ jvar^ ivar ^ jvar;"，即"ivar = ivar ^ ivar ^ jvar ^ jvar ^ jvar;"，等价于"ivar =0^ jvar;"，最终"ivar = jvar"。

上面的分析对于初学者来说或许有些复杂，不过不要急，还有一种简单的方法可以解释清楚，那就是直接代入数据。虽然不能通过代入数据的结果来证明两个变量交换值的原理，但是，想必读者看过具体的计算以后，可以更好地理解上面的分析。下面就将实例中的数据"00000100"（4）和"00000101"

（5）代入计算：

第一步：ivar = 00000101 ^ 00000100，结果 ivar = 00000001（1）。

第二步：jvar = 00000100 ^ 00000001，结果 jvar = 00000101（5）。

第三步：ivar = 00000001 ^ 00000101，结果 ivar = 00000100（4）。

通过以上 3 步，确实实现了两个变量的数值交换。

4．按位取反运算——～

取反运算符"～"用于对一个二进制数按位取反，即将 0 转换为 1，将 1 转换为 0。例如，对二进制数"00001010"取反，结果为"11110101"。

5．左移运算符——<<

左移运算符用于将一个数的二进制位左移若干位，右边补 0。例如，将 10 左移两位，表示为：

```
int iret = 10 << 2;
```

其结果 iret 等于 40。因为 10 的二进制数为"00001010"，左移 2 位后，表示为"00101000"，即 40。实际上，左移一位，表示乘以 2；左移两位，表示乘以 22，即乘以 4，以此类推。

在使用左移运算符时，有时会出现移出界的情况。例如：

```
char cvar = 129 ;            // 定义一个字符变量
cvar = cvar << 2 ;           // 将 129 左移两位
```

上述代码执行后，cvar 对应的数值将为 4。因为 129 对应的二进制数为"01000001"，将其左移两位为"00000100"，7、8 位"01"溢出，被舍弃，因此 cvar 的值为 4。

6．右移运算符——>>

右移运算符与左移运算符相反，是将一个数的二进制位右移若干位。例如，将 10 右移两位，表示为：

```
int iret = 10 >> 2;
```

其结果 iret 等于 2。因为 10 对应的二进制数为"00001010"，右移 2 位后为"00000010"，即十进制数 2。

位运算符还可以与赋值运算符"="组合，形成位运算赋值运算符，如"&=" "|=" "^="等。以"&="为例，"ivar &= jvar"实际上等价于"ivar = ivar & jvar"。具体运算过程前文已经介绍，这里不再赘述。

2.4.7　sizeof 运算符

sizeof 运算符用于返回变量、对象或者数据类型的字节长度。例如：

```
int ivar = 10;                  // 定义一个整型变量
int size = sizeof(ivar);        // 获取 ivar 的大小，为 4
int typesize = sizeof(int);     // 获取 int 类型的大小，为 4
```

sizeof 运算符还可以用于数组。例如：

```
int iarray[5] = {1,2,3,4,5};                // 定义一个整型数组
int arraysize = sizeof(iarray);             // 获取数组的大小，为 20
```

在上述代码中，arraysize 的值为 20，因为数组中共有 5 个元素，每个元素占 4 个字节。

使用 sizeof 运算符在确定数组大小时，需要注意的是对字符串常量的测试。例如，测试字符串"Hello"的长度，其长度为 6，因为对于字符串常量来说，系统会自动添加"\0"字符作为结束标记。例如，下面的赋值操作将出现错误。

```
char carray[5]= "Hello";                    // 错误的代码，数组溢出
```

因为字符串常量"Hello"需要占用 6 个字节空间，因此在编译时会出现数组溢出的错误。如果改为如下代码，就不会出现问题了。

```
char carray[6]= "Hello";
```

通常，用户会采用如下方式将字符串常量赋值为数组：

```
char carray[]= "Hello";
```

此时，数组 carray 的长度为 6。

如果用户使用的是 32 位的操作系统，当 sizeof 运算符测试指针的长度时，无论指针是何种类型及指针指向什么数据，指针的长度均为 4，因为指针是按 32 位寻址的，长度为 4 个字节。这一点对于 C++ 的初学者很重要。许多公司的面试题中经常会出现类似如下的代码：

```
int iarray[5] = {1,2,3,4,5};                // 定义一个数组
int *parray = iarray;                       // 定义一个整型指针，指向数组 iarray
int size = sizeof(parray);                  // 获取指针的长度
```

要求确定 size 的值，这里 size 的值应为 4。如果以数组作为函数参数，在函数中测试数组参数的长度时，其值为 4，因为调用函数时需要传递数组名，而在传递数组名时实际传递的是数组的首地址，也可以认为是一个指针。

【例 2.19】　判断参数中数组名的大小。

```
void OutputString(char cdata[])             // 定义一个函数

    int size = sizeof(cdata);               // 确定 cdata 的大小
}
void main()
{
    OutputString("One World,One Dream!");   // 调用 OutputString 函数
}
```

在上面的代码中，变量 size 的值为 4，因为语句"int size = sizeof(cdata);"中的 cdata 被认为是一个指针。

注意

　　作为参数传递的数组其实是以指针的形式传递的，所以在使用 sizeof 获得数组参数的长度时是 4，而不是数字长度。

2.4.8　new 和 delete 运算符

在介绍 new 和 delete 运算符之前，先来介绍一下 C++ 应用程序数据的存储方式。对于 C++ 应用程序来说，数据主要有两种存储方式，即栈存储和堆存储。栈存储通常用于存储占用空间小、生命周期短的数据，如局部变量和函数参数等。本节之前的实例中，除了静态变量和全局变量外，其他的所有变量均属于栈存储方式。堆存储通常用于存储占用空间大、生命周期长的数据，如静态变量和全局变量等。除静态变量和全局变量外，用户可以使用 new 运算符在堆中开辟一个空间，使变量存储在堆中。例如：

```
int *pvar = new int;              // 定义一个整型指针，调用 new 运算符在堆中为其分配内存
*pvar = 10;                       // 设置指针的值
printf("pvar= %d\n",*pvar);       // 输出指针值
delete pvar;                      // 释放指针指向的堆空间
```

在上述代码中，调用 new 运算符在堆中开辟了 4 字节的空间，将地址指向指针 pvar，接着设置指针 pvar 的数据，然后输出数据，最后调用 delete 运算符释放 pvar 指向的堆空间。

注意

对于手动分配的堆空间，在使用后一定要释放堆空间，否则会出现内存泄漏。

在使用 new 运算符分配堆空间时，还可以进行初始化。例如：

```
int *pvar = new int(10);          // 定义一个整型指针，调用 new 运算符在堆中分配空间，并初始化堆数据为 10
```

此时，pvar 指向的数据为 10。

使用 new 运算符，还可以为数组动态分配空间。例如：

```
int *pvar = new int[5];           // 定义一个整型指针，调用 new 在堆中分配数组空间，将首地址赋值为指针 pvar
```

使用 new 运算符为数组分配空间时，不能够对数组进行初始化，除非变量是一个对象，并且对象的类型（类）提供了默认的构造函数。此外，delete [] 用来释放使用 new 运算符为数组分配的空间。例如：

```
int *pvar = new int[5];
delete [] pvar;
```

说明

在上面的代码中，如果使用 "delete pvar;" 语句来释放 pvar 指针指向的数组空间，也是可以的，不会出现内存泄漏。不过在开发程序时并不提倡这么做，因为对于简单的基础数据类型（上述代码为 int 类型），没有提供析构函数，使用 "delete pvar;" 语句释放数组时不会出现内存泄漏；但是对于类对象数组来说，这样做是不行的，必须使用 "delete []" 形式来释放 new 运算符分配的数组空间。

2.4.9　结合性与优先级

运算符具有结合性和优先级两个属性，这两个属性描述的是语句的执行顺序。所谓结合性是指表达式的整体计算方向，即从左向右或从右向左。以"int iret=x+y+z;"语句为例，由于算术运算符的结合性从左向右，即表达式的整体计算方向从左向右，因此语句中"x+y+z"的计算方式首先计算"x+y"，然后结果再与"z"相加。而赋值运算符的计算方向是从右向左，即将右边的结果赋值给左边，因此将"x+y+z"的结果赋值为 iret，而不是将 iret 赋值给"x+y+z"。优先级表示的是运算符的优先执行顺序。在数学中，表达式"x+y*z"的计算方式是先计算"y*z"，然后将结果与"x"相加。在计算机中，为了符合人们的计算习惯，同样规定了"*"运算符的优先级高于"+"运算符，因此，表达式"x+y*z"在程序中的执行顺序与在数学中的计算方式是相同的。表 2.9 描述了 C++ 运算符的优先级和结合性。

表 2.9　C++ 运算符的优先级和结合性

运　算　符	描　　　述	优　先　级	结　合　性
()	圆括号	1	从左向右
[]	下标符号		
->	对象或结构体指针运算符		
.	对象或结构体对象运算符		
!	逻辑非运算	2	从右向左
~	按位取反运算符		
++	自增运算符		
--	自减运算符		
-	负号运算符		
*	指针运算符		
&	取地址运算符		
sizeof	长度运算符		
*	乘法运算符	3	从左向右
/	除法运算符		
%	求余运算符		
+	加法运算符	4	从左向右
-	减法运算符		
<<	左移运算符	5	从左向右
>>	右移运算符		
<	关系运算符：小于	6	从左向右
<=	关系运算符：小于等于		
>	关系运算符：大于		
>=	关系运算符：大于等于		
==	关系运算符：等于	7	从左向右
!=	关系运算符：不等于		
&	按位与运算符	8	从左向右
^	按位异或运算符	9	从左向右
|	按位或运算符	10	从左向右
&&	逻辑与运算符	11	从左向右
||	逻辑或运算符	12	从左向右

运 算 符	描 述	优 先 级	结 合 性
?	三目元条件运算符	13	从右向左
:	三目元条件运算符		
=			
+=			
−=			
*=			
/=			
%=	赋值运算符	14	从右向左
>>=			
<<=			
&=			
^=			
|=			
,	逗号运算符	15	从左向右

说明

同一优先级的运算符，运算次序由结合性决定。

视频讲解

2.5 表 达 式

将运算符和运算对象连接起来，符合 C++ 语法规则的式子称为 C++ 表达式。根据运算符的不同，表达式可以分为算术表达式、关系表达式、逻辑表达式等。这样的表达式在前面几节已经介绍过，本节主要介绍 C++ 中两个特殊的表达式，即逗号表达式和三目元表达式。

2.5.1 逗号表达式

C++ 语言中提供了一种特殊的表达式，即逗号表达式。所谓逗号表达式，是指使用逗号运算符将两个表达式连接起来。例如：

```
10 * 5 , 8 * 9
```

对于逗号表达式来说，其运算过程为：先计算表达式 1，即"10 * 5"，然后再计算表达式 2，即"8 * 9"。整个表达式的值为表达式 2 的值，也就是最右边表达式的值（如果有多个表达式使用逗号连接）。观察如下代码：

```
int iret = 2;                      // 定义一个整型变量，初始化为 2
iret = 3*5 ,iret*4;                // 将 iret 赋值为逗号表达式
```

在上面的代码中，iret 的值将为 15，有些读者可能感到意外，逗号表达式的结果不应该是表达式 2 的值吗？ iret 的值应为 8。实际上赋值运算符（=）的优先级高于逗号运算符（,），因此，先计算"3 * 5"，将其赋值给 iret，再计算 iret*4。分析一下下面的代码：

```
int iret = 2;                        // 定义一个整型变量，初始化为 2
int var = (iret = 3*5 ,iret*4);      // 定义一个整型变量，初始化为逗号表达式
```

分析变量 var 的值，var 的最终结果为 60。因为变量 iret 的值为 15，计算"15*4"即 60。

逗号表达式通常应用于 for 语句中，在 for 循环语句中修改循环变量，详细内容参见 3.4.1 节。

2.5.2　三目元表达式

在 C++ 语言中提供了唯一的一个三目元表达式，它是由条件运算符和变量构成的。在开发程序时，经常编写如下形式的 if 语句（有关 if 语句的详细介绍参见 3.3.1 节）。

```
if (x > y)                           // if 语句判断 x 是否大于 y
{
    max = x;                         // 如果 x 大于 y，则 max 等于 x
}
else                                 // 如果 x 不大于 y
{
    max = y;                         // max 等于 y
}
```

对于上面的代码，可以使用三目元表达式将其改写为一行代码。

```
max = (x > y)? x : y;
```

三目元表达式主要由"?"和":"运算符构成。其中，"?"运算符前面是一个关系表达式，后面的"x:y"表示条件表达式。整个语句的执行过程为：首先判断关系表达式"x > y"的真假，如果为真，则整个三目元表达式的结果为 x；如果关系表达式为假，则整个三目元表达式的结果为 y。

视频讲解

2.6　程序编码规范

俗话说，"没有规矩，不成方圆"，程序编码也不例外。通常每个软件公司都有一套自己的编码规则，这样既有利于形成自己的风格，又有利于公司内部人员的沟通和交流。本节将介绍程序编码的一些注意事项和通用规则。

2.6.1　合理使用注释

注释是用于帮助程序员阅读程序的一种语言结构，它不会对程序的功能产生任何影响，也不会增加可执行代码的长度，因为编译器在编译代码时会将注释过滤掉。在程序中注释通常有两个作用：一

是对代码进行简要解释；二是标注文件的版权、作者、版本号等信息。例如，下面的注释是许多开发人员标注文件采用的通用格式。

```
/*
*Copyright (c) 2019 XXX 公司
*All rights reserved.
*
* 文件名称：SysLog.h
* 摘    要：实现系统登录功能
*
* 当前版本：1.0
* 作    者：XXX
* 完成日期：2019-03-12
*
*/
```

在 C++ 语言中，注释有两种，一种是行注释"//"，另一种是语句注释"/*…*/"。例如：

```
/*************************************************
函数名称：   main
功能描述：   应用程序主函数，程序运行时的入口
参数说明：   argc 表示参数 argv 的元素个数
            argv 表示命令行参数
*************************************************/
int main(int argc, char* argv[])
{
    // 输出 Hello World! 语句
    printf("Hello World!\n");
    /*
    int number = 10;
    printf("%d\n",number);
    */
    return 0;
}
```

行注释"//"只注释当前行，语句注释"/*…*/"能够注释掉"/*"与"*/"之间的语句。

 注意

在使用语句注释时，需要注意"/*"与"*/"并不能按层次对应。

例如，下面的注释是非法的。

```
/*  外层注释
int number = 10;
printf("%d\n",number);
/*  内层注释
int num = 20;
printf("%d\n",num);
*/  内层注释
```

```
int age = 20;
printf("%d\n",age);
*/   外层注释
```

在上面的代码中，外层注释 "/*" 是与内层注释 "*/" 匹配的，而不是与外层注释 "*/" 匹配。因此，代码 "int age = 20; printf("%d\n" ,age)" 没有被注释掉，外层注释 "*/" 成了代码的一部分，代码不能够被编译。

此外，在使用注释时还应注意以下事项。

（1）不可过多地使用注释

注释只是对代码的简要说明，并不是文档，注释过多，会让人感觉眼花缭乱，有些喧宾夺主的"味道"。如果代码简洁、清楚，则不需要使用注释。例如：

```
int age = 20;  // 定义一个整型变量，初始化为 20
```

上面的代码注释显得多此一举了。但是本书中出现的代码多数都标有注释，其目的一是使页面更加工整，连读多行注释，突然一段代码没有注释，页面显得有些凌乱；二是使读者通过注释中的文字描述来理解代码的作用。实际上，用户在开发程序时没有必要这么做（每行都标有注释）。

（2）代码与注释同时进行

在写代码后马上写注释，甚至在写代码前，应先写注释。此外，修改代码的同时修改注释，使注释与代码的功能对应。

（3）注释要简洁、准确

在写注释时，不要写得过长，将代码的语义描述清楚即可。注释一定要准确，不要产生歧义，错误的注释会适得其反，使其他开发人员产生误解。

（4）注释位置要适当

注释通常放置在代码的上方或右方，不要放置在代码的下方，让人误以为是下行代码的注释。

（5）较长的代码要分段注释

在写某个函数时，如果代码较长，层次结构比较复杂，则要在每层结束后添加注释标识。例如：

```
if (...)
{
    if (...)
    {
            for (...)
            {

            }   // for 语句结束
    }           // if 语句结束
}               // if 语句结束
```

2.6.2　统一代码缩进

在编写代码时要统一代码的缩进，如确定每一层的代码缩进为几个空格或一个 tab 制表位，这样编写出的代码既工整又利于阅读。例如：

```
void COprManage::OnBtAdd()
{
    …
    if (pApp->m_DataManage.m_pRecord->RecordCount>0)
    {
        pApp->m_DataManage.m_pRecord->Close();
        MessageBox(" 该用户已存在 "," 提示 ");
    }
    else                              // 插入数据
    {
        pApp->m_DataManage.m_pRecord->Close();
        sql.Format("insert into tb_userInfo values ( '%s','%s')",user,pass);
        try
        {
            pApp->m_DataManage.m_pConnect->Execute((_bstr_t)sql,NULL,-1);
            MessageBox(" 操作成功 "," 提示 ");
            ClearText();            // 清空编辑框文本
            LoadOperatorInfo();     // 刷新信息
        }
        catch(...)
        {
            MessageBox(" 操作失败 ");
        }
    }
}
```

技巧

在 Visual C++ 6.0 开发环境中，选择一段代码，然后按 Alt+F8 键可以根据缩进情况对齐凌乱的代码。

2.6.3　代码换行

在开发程序时，有时一行代码会很长。例如：

```
if (Condition1 > Condition2) && (Conditon3 > Condition4) &&(Condition1 < Condition4)&&(Condition4 > Condition5)
{
    …
}
```

在书写代码时，对于长代码应将其分成多行显示。例如，将上述代码转换为如下格式，让人产生一目了然的感觉。

```
if (Condition1 > Condition2) && (Conditon3 > Condition4)
    && (Condition1 < Condition4)
```

```
        && (Condition4 > Condition5)
{
    ...
}
```

在分行时，应保证在低优先级运算符处分行，运算符放在新行的开始位置，拆分的新行要按一定规则缩进。

2.6.4　合理使用空格

空格在程序中不起任何作用，但是合理地使用空格会使代码更易于阅读和理解。如下是笔者总结的空格使用规则。

（1）关键字之后使用空格

在程序中使用关键字时，关键字之后建议保留一个空格，以突出显示关键字。例如：

```
if ( x > y )
{
    ...
}
```

if 关键字与"("之间添加空格以示区分关键字。

（2）逗号之后应添加空格

在定义函数时，如果函数有多个参数，各个参数之间需要使用","分隔。例如：

```
int Add(int num1, int num2, int num3)
{
    return num1 + num2 + num3 ;
}
```

（3）赋值运算符、关系运算符和算术运算符等二目元运算符前后加空格

对于二目元运算符，为了使表达式更清晰，应在运算符前后添加空格。例如：

```
int one = 10;
int two = 20;
int tree = one + two;
```

但是，对于 for 语句和 if 语句，为了使表达式更紧凑，可以适当地去掉空格。例如：

```
int ret = 0;
for(int i=0 ; i<10 ; i++)
{
    ret += i;
}
```

（4）","")"和";"号向前紧跟，与前边的标识符之间不留空格

当程序代码中出现","")"和";"等符号时，与前边的标识符之间不留空格。例如：

```
int Add(int num1, int num2, int num3)
```

2.6.5　命名规则

提到命名规则，不得不说的是微软公司的"匈牙利命名规则"。其主导思想是在变量或函数名前加前缀，以增强对程序的理解。例如，定义一个变量 int x，如果采用"匈牙利命名规则"，应写为"int ix"，其中前缀 i 表示整型。

使用"匈牙利命名规则"的最大缺点是烦琐，因此许多开发人员并不赞同使用"匈牙利命名规则"。本节笔者不会定义一套命名规则，因为很难定义适合于所有开发人员的命名规则。这里只介绍一些通用的命名规则。

（1）标识符命名应直观、易懂

标识符的命名应该让人望文知意，而不应该不着边际。标识符的命名应采用英文单词、英文单词的缩写或英文单词的组合，而不要以汉语拼音来命名标识符。例如，"int MaxValue;"不要定义为"int zdz;"，让人难以理解。

（2）标识符的命名不要太长

标识符的名称需要体现其含义，但是名称不能太长。例如，"int LacaoTemporaryValue;"应写为"int TmpValue"。对于一些局部变量，可以使用单个的字母作为标识符的名称，如"int i, j, m, n;"等。

（3）标识符的区分不要以大小写来区分

众所周知，C++ 语言是区分大小写的。但是，在命名标识符时，不要以此来区分不同的标识符，那样容易让人误解。例如，下面两个函数的命名并不是好的习惯，在调用时很容易误解。

```
void Function();
void function();
```

（4）程序中不要出现同名的全局变量和局部变量

当出现全局变量与局部变量同名时，全局变量被隐藏，而不会产生编译错误，但是容易让人误解。

（5）变量的命名应采用名词或形容词 + 名词的形式

在命名变量时，建议以名词或形容词 + 名词的形式。例如：

```
int value;
int oldValue;
int newValue
```

（6）函数的命名应使用动词或动词 + 名词的形式

对于全局函数或类成员函数，应使用动词或动词 + 名词的形式。例如：

```
void SetValue
int GetValue
```

（7）标识符的命名尽量不使用数字编号

许多程序开发人员在命名标识符时，使用数字编号区分变量。例如：

```
int num1, num2, num3, num4;
```

这并不是好的命名习惯，除非逻辑上确实需要编号，否则不要使用类似的命名习惯。

（8）类和函数名首字母应大写

在命名类和函数名时，首字母应大写。如果类或函数名由多个单词构成，每个单词的首字母都应大写。例如：

```
class  UserInfo
char *GetUserName()
```

（9）局部变量和参数首字母应小写

在命名局部变量或函数参数时，首字母应小写。例如：

```
int vluae
int maxValue
```

（10）常量的所有字母应大写

对于常量，所有字母应大写。如果常量由多个单词构成，单词间用下画线分隔。例如：

```
const int MAX;
const int MAX_VALUE;
```

2.7　小　　结

本章详细介绍了 C++ 语言的基本要素、数据类型、运算符和表达式等。希望通过本章的学习，读者能够熟练掌握 C++ 的基础知识，理解书中涉及的 C++ 语言的一些特性和高级用法，积累 C++ 语言的开发经验。

2.8　实践与练习

1．不使用库函数，复制源字符串到目标字符串中，即实现 strcpy 函数的功能。（答案位置：资源包 \ TM\sl\2\16）

2．写一个函数，接收一个字符串作为输入参数，将其逆序输出。（答案位置：资源包 \TM\sl\2\17）

3．使用冒泡法对数组元素排序。（答案位置：资源包 \TM\sl\2\18）

4．利用数组输出 Fibonacci 数列。（答案位置：资源包 \TM\sl\2\19）

注意

由于第 2 章涉及的内容较少，建议读者看完后面第 3、4 章的内容后再做这些练习。

第 **3** 章

语句

（■ 视频讲解：27 分钟）

　　语句是程序执行的最小单位，通常由表达式加一个分号构成。从结构上划分，C++ 语句主要分为简单语句和复合语句两种；从功能上划分，C++ 语句可以分为分支语句、循环语句和跳转语句 3 种。本章将详细介绍 C++ 语句的相关知识。

　　通过阅读本章，您可以：

▶▶　了解 C++ 语句的构成

▶▶　使用分支语句设计逻辑条件判断

▶▶　掌握各种循环语句在程序开发中的应用

▶▶　应用跳转语句改变代码的执行顺序

3.1 语句的构成

视频讲解

C++ 语句通常由表达式和分号构成。例如：

```
int ivar = 10; // 定义一个整型变量，初始化为 10
```

但是，也可以只由分号构成。例如：

```
;
```

上面的语句只有分号，该语句被称为空语句。空语句不执行任何功能，只是在语法格式上要求使用语句时才使用空语句。例如：

```
while ((*pdst++ = *psrc++) != '\0')
    ;
```

在上面的代码中，while 语句中已经包含了逻辑功能，但是 while 语句要求必须有循环体，此时可以使用空语句作为 while 语句的循环体。在程序中连续地出现空语句（由于不小心）是合法的。例如：

```
int ivar = 10;                  // 定义一个整型变量，初始化为 10
;                               // 空语句
;                               // 空语句
;                               // 空语句
int array[10] = {0};            // 定义一个整型数组，初始化为 0
```

在上述代码中，出现了不必要的空语句，虽然不会对程序产生任何影响，但是会增加代码的长度，不利于用户阅读，因此应该避免出现连续的空语句。

视频讲解

3.2 复合语句

复合语句也被称为语句块，是由 "{" "}" 符号和多条语句构成的。在开发程序时，单一的一条语句不能完成一项逻辑功能，通常将多条语句组合为复合语句来实现。例如：

【例 3.1】 使用复合语句。

```
if (x > y)
{                               // 开始一个复合语句
    printf("x 大于 y\n");
    printf(" 表达式的值为真 \n");
}                               // 复合语句结束
else
{                               // 开始一个复合语句
    printf("x 不大于 y\n");
    printf(" 表达式的值为假 \n");
}                               // 复合语句结束
```

在使用 "{" 和 "}" 符号设计复合语句时，复合语句中也可以不包含代码，此时的复合语句与空语句的作用是相同的。例如：

```
{}
```

上述代码定义了一个空复合语句。在程序中可以使用空复合语句来代替空语句，在使用复合语句时，需要注意 "}" 符号之后没有分号。例如，下面的复合语句是非法的。

```
{
    printf("x 大于 y\n");
    printf(" 表达式的值为真 \n");
};
```

在使用复合语句时，需要注意的是在复合语句中定义的变量，其作用域范围为当前定义变量处到复合语句的结束。分析下面的代码：

```
{                              // 复合语句开始
    int ivar = 1;              // 定义一个整型变量
}                              // 复合语句结束
printf("%d\n",ivar);          // 错误的代码，ivar 没有标识
```

在上述代码中，在复合语句中定义了变量 ivar，但是在复合语句之外访问了变量 ivar，因此会出现编译错误。如果将上述代码修改为如下形式，则不会出现编译错误。

```
int ivar = 0;                  // 定义一个整型变量 ivar，初始化为 0
{
    int ivar = 1;              // 定义一个整型变量 ivar，初始化为 1
    printf("%d\n",ivar);      // 输出语句
}
printf("%d\n",ivar);          // 输出语句
```

在上述代码中，定义了两个同名的整型变量 ivar，其中在复合语句中输出的 ivar 值为 1，在复合语句之外输出的 ivar 值为 0。在复合语句内部定义了与外部同名的变量时，其复合语句内部的变量将取代外部变量。

 注意

尽量不要在同一段代码中的复合语句内外定义同名的变量，虽然这样是合法的，但是不利于程序的阅读，也容易出现逻辑错误。

对于复合语句来说，复合语句是可以嵌套的。

【例 3.2】 复合语句中变量的作用域。

```
int ivar = 0;                  // 定义一个整型变量 ivar，初始化为 0
{                              // 外层复合语句
    int ivar = 1;              // 定义一个整型变量 ivar，初始化为 1
    {                          // 内层复合语句
        ivar = 2;              // 设置 ivar 的值为 2
        printf("%d\n",ivar);  // 内层复合语句输出 ivar
```

```
        }
}
printf("%d\n",ivar);                    // 输出 ivar
```

在上面的代码中，内层复合语句输出的 ivar 值为 2，而复合语句之外的输出语句输出的 ivar 值为 0。对于内层嵌套的复合语句来说，它访问的变量是外层复合语句中定义的变量 ivar（其值初始化为 1）。

3.3　分　支　语　句

视频讲解

C++ 语言中提供了两种分支语句，即 if 语句和 switch 语句。其中，if 语句多用于单分支条件判断，switch 语句用于多分支条件判断。本节将详细介绍这两种分支语句。

3.3.1　if 语句

if 语句通常用于单分支条件判断。其简单的语法格式如下：

```
if ( 表达式 ) 语句 1;
else 语句 2;
```

其中，else 部分的语句是可选的。if 语句的执行过程为：首先判断表达式的真假，如果为真，则执行语句 1，否则执行 else 部分的语句（如果存在 else 语句）。例如，下面的 if 语句均是合法的。

```
if (ivar == jvar)                       // 简单的 if 语句，没有 else 子句
    printf("ivar 等于 jvar\n");
if (ivar > jvar)                        // 包含 else 子句的 if 语句
    printf("ivar 大于 jvar\n");
else
    printf("ivar 不大于 jvar\n");
```

📢注意

在 if 语句的表达式中，有时在使用 "==" 运算符时，程序员很容易将 "==" 运算符写成 "=" 运算符，由于这两个运算符都是合法的，因此编译器无法检测到这样的错误。在编程时一定要谨慎使用 "==" 运算符，否则将给您带来无尽的烦恼。

使用上述的 if 语句只能进行简单的逻辑条件判断。考虑如下的一种情况：学生成绩大于 60 的为及格、大于 80 的为良、大于 90 的为优秀，如何在程序中判断学生成绩呢？分析如下代码。

```
int ivar = 80;                          // 定义一个整型变量，初始化为 80
if (ivar < 60)                          // 区域判断
    printf(" 不及格 \n");               // 输出信息
if (ivar >= 60 && ivar < 80)            // 区域判断
```

```
        printf(" 及格 \n");                              // 输出信息
if (ivar >= 80 && ivar < 90)                           // 区域判断
        printf(" 良 \n");                               // 输出信息
if (ivar >=90)                                         // 区域判断
        printf(" 优秀 \n");                             // 输出信息
```

在上面的代码中存在多个缺点：（1）代码执行效率较低，因为程序会逐一执行每一个 if 语句，例如，如果 ivar 的值为 59。当程序执行完"if(ivar < 60)"语句后，还需要执行"if (ivar >= 60 && ivar < 80)""if (ivar >= 80 && ivar < 90)"等 if 语句。（2）判断条件比较复杂，上述代码中使用了多个区域判断。图 3.1 描述了上述代码的执行情况。

在 C++ 中，if 语句除了提供 else 子句外，还提供了 else if 子句。使用 else if 子句时，if 语句的执行过程为：首先判断 if 条件表达式的真假，如果为真，则执行 if 部分的语句，然后整个 if 语句结束。如果为假，则继续判断 else if 语句中表达式的真假；如果为真，则执行 else if 部分的语句，if 语句结束，否则继续向下判断。下面的代码使用 else if 子句对之前的学生成绩判断代码做了修改。

【例 3.3】 成绩等级判断。

```
int ivar = 80;                                         // 定义一个整型变量，初始化为 80
if (ivar >=90)                                         // 区域判断，是否大于等于 90
        printf(" 优秀 \n");                             // 输出信息
else if (ivar >=80)                                    // 判断是否大于等于 80
        printf(" 良 \n");                               // 输出信息
else if (ivar >= 60)                                   // 判断是否大于 60
        printf(" 及格 \n");                             // 输出信息
else                                                   // 小于 60
        printf(" 不及格 \n");                           // 输出信息
```

从上述代码可以看出，通过使用 else if 语句，不但提高了代码执行效率，还简化了区域判断的条件，使代码更加简洁。图 3.2 描述了上述代码的执行情况。

为了描述复杂的逻辑条件，if 语句还允许嵌套，即 if 语句中包含 if 语句。例如，下面的代码利用嵌套的 if 语句来进一步判断成绩是否进行了确认。

【例 3.4】 嵌套的 if 语句。

```
int ivar = 100;                                        // 定义一个整型变量，初始化为 100
bool checked = true;                                   // 定义一个布尔类型变量，初始化为 true
if (ivar >= 90)                                        // 外层 if 语句
{
    if (checked)                                       // 内层 if 语句
    {
            printf(" 成绩优秀，已经确认 \n");           // 输出语句
    }
    else                                               // 内层 else 语句
    {
            printf(" 成绩优秀，没有确认 \n");           // 输出语句
    }
}
```

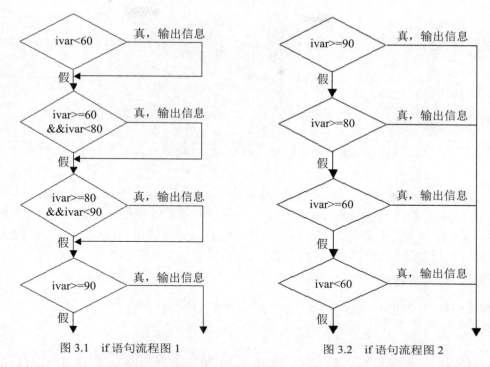

图 3.1 if 语句流程图 1 图 3.2 if 语句流程图 2

对于上述代码，还可以修改为如下形式。但是，用户在开发程序时，建议使用上述代码格式。

```
int ivar = 100;                              // 定义一个整型变量，初始化为 10
bool checked = true;                         // 定义一个布尔类型变量，初始化为 true
if (ivar >= 90)                              // 外层条件判断
    if (checked)                             // 内层条件判断
        printf(" 成绩优秀，已经确认 \n");      // 输出信息
    else
        printf(" 成绩优秀，没有确认 \n");      // 输出信息
```

在上面的代码中注意 else 子句，这里 else 子句是与 "if (checked)" 语句对应的，即采用就近原则，else 子句与其之前最近的 if 语句对应，尽管没有使用复合语句分隔。

3.3.2 switch 语句

switch 语句用于多分支条件判断，它能够测试一组有序类型（整型、字符型和枚举型等）的数据。当发现匹配的常量时，它将执行与该常量关联的语句。

switch 语句的语法格式如下：

```
switch ( 表达式 )
{
    case 常量 1:
            语句 ;
            break;
    case 常量 2:
```

```
            语句；
                break;
    case 常量 3:
            语句；
                reak;
    …
    default:
            语句；
}
```

其中，表达式必须是有序类型，不能是实数或字符串类型。表达式逐一与 case 语句部分的常量匹配，如果发现有常量与表达式相匹配，则执行当前 case 部分的语句，直到遇到 break 语句位置，或者到达 switch 语句的末尾（没有遇到 break 语句）。当表达式没有发现与之匹配的常量，将执行 default 部分的代码。default 语句是可选的，如果代码中没有提供 default 语句，并且没有常量与表达式匹配，switch 语句将不执行任何动作。下面的代码利用 switch 语句判断数据库的当前状态。

【例 3.5】 使用 switch 语句判断数据库的状态。（实例位置：资源包 \TM\sl\3\1）

```
enum state {close,open,mount,unmount};          // 定义一个枚举类型
int main(int argc, char* argv[])
{
    state dbste =close;                         // 定义一个枚举变量，进行初始化
    switch (dbste)                              // 测试表达式的值

    case close:                                 // 与 close 常量匹配
        printf("close\n");                      // 输出信息
        break;                                  // switch 语句终止
    case open:                                  // 与 open 常量匹配
        printf("open\n");                       // 输出信息
        break;                                  // switc 语句终止
    case mount:                                 // 与 mount 常量匹配
        printf("mount\n");                      // 输出信息
        break;                                  // switch 语句终止
    case unmount:                               // 与 unmount 常量匹配
        printf("unmount\n");                    // 输出信息
        break;                                  // switch 语句终止
    default:                                    // 默认匹配
        printf("none\n");                       // 输出信息
        break;                                  // switch 语句终止
    }
    return 0;
}
```

执行上述代码，结果如图 3.3 所示。

在 switch 语句中，如果需要对各个常量进行相同的处理，则可以将多个 case 语句组织在一起，使用一个执行语句。

【例 3.6】 在 switch 语句中对多个常量进行相同的处理。（实例位置：资源包 \TM\sl\3\2）

```
enum state {close,open,mount,unmount};          // 定义一个枚举类型
```

```
int main(int argc, char* argv[])
{
    state dbste =mount;                              // 定义一个枚举变量
    switch (dbste)
    {
    case open:                                       // 对 open、mount 和 unmount 进行相同的处理
    case mount:
    case unmount:
        printf("open\n");                            // 输出信息
        break;
    default:                                         // 默认匹配
        printf("none\n");                            // 输出信息
        break;
    }
    return 0;
}
```

switch 语句中的 break 语句属于跳转语句，也可以用于循环语句中。在 switch 语句中，当遇到 break 语句时，程序将跳转到 switch 语句之后的下一行代码处。如果在 switch 语句中没有使用 break 语句，当表达式与某个常量匹配时，将执行当前 case 语句代码，并且继续向下执行 case 语句的代码，直到遇到 break 语句或者 switch 语句结束。观察如下代码：

【例 3.7】 switch 语句的执行顺序。（实例位置：资源包 \TM\sl\3\3）

```
enum state {close,open,mount,unmount};              // 定义一个枚举类型
int main(int argc, char* argv[])
{
    state dbste =close;                              // 定义一个枚举变量
    switch (dbste)                                   // switch 语句
    {
    case close:                                      // 匹配 close 常量
        printf("close\n");                           // 输出信息
    case open:                                       // 匹配 open 常量
        printf("open\n");                            // 输出信息
    default:                                         // 默认匹配
        printf("none\n");;                           // 输出信息
    }
    return 0;
}
```

执行上述代码，结果如图 3.4 所示。

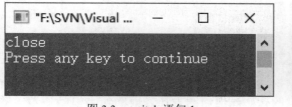

图 3.3　switch 语句 1

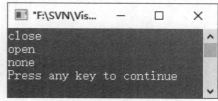

图 3.4　switch 语句 2

由于在 switch 语句中没有使用 break 语句，当表达式 dbste 与 close 常量匹配时，没有遇到 break 语句，

并且 switch 语句没有结束，因此继续向下执行，执行了其后的所有 switch 语句。

> **注意**
>
> 在开发程序时，这通常不是预期的结果，因此在编写 switch 语句时，除非程序需要，否则不要遗忘 break 语句。

视频讲解

3.4　循　环　语　句

C++ 语言中主要提供了 3 种循环语句，分别为 for 语句、while 语句和 do while 语句。其中，for 语句用于根据循环次数来执行循环，而 while 语句和 do while 语句用于根据条件的真假来执行循环。本节将详细介绍这 3 种循环语句。

3.4.1　for 语句

for 语句是根据预知的循环次数来执行循环。其通用的语法格式如下：

```
for ( 变量初始赋值 , 循环结束条件 , 变量递增 )
循环体 ;
```

例如，下面的代码利用 for 循环语句输出数组中的元素。

【例 3.8】　利用 for 循环语句输出数组中的元素。

```
int iarray[5] = {1,2,3,4,5};        // 定义一个整型数组
for(int i=0; i<5; i++)              // 利用 for 循环遍历数组中的元素
{
    printf("%d\n",iarray[i]);       // 输出数组元素
}
```

对于 for 循环语句来说，其中的变量初始赋值、循环结束条件、变量递增每一项均可以省略，但是必须保证循环能够结束，即不能出现死循环。例如，下面的 for 循环语句省略了变量的初始赋值。

【例 3.9】　省略 for 语句中的变量初始赋值。

```
int iarray[5] = {1,2,3,4,5};        // 定义一个整型数组
int i = 0;                          // 定义一个整型变量，初始值为 0
for(; i<5; i++)                     // for 循环语句，省略了变量初始赋值
{
    printf("%d\n",iarray[i]);       // 输出数组元素
}
```

在上面的代码中，for 语句中省略了变量的初始赋值，因为在之前的代码中已经为变量赋值了。但要注意的是，for 语句的变量初始赋值后面的分号不能省略。

下面代码中的 for 语句省略了循环结束条件。

【例 3.10】 for 语句中省略循环结束条件。

```
int iarray[5] = {1,2,3,4,5};          // 定义一个整型数组
int i = 0;                            // 定义一个整型变量，初始值为 0
for(; ; i++)                          // for 循环语句，省略了变量初始赋值和循环结束条件
{
    if (i >=5)                        // 设置循环结束条件
        break;                        // 退出循环
    printf("%d\n",iarray[i]);         // 输出数组元素
}
```

对于 for 语句来说，可以同时省略变量初始赋值、循环结束条件和变量递增。

【例 3.11】 for 语句中省略变量递增。

```
int iarray[5] = {1,2,3,4,5};          // 定义一个整型数组
int i = 0;                            // 定义一个整型变量，初始值为 0
for(; ; )                             // for 循环语句，省略了变量初始赋值、循环结束条件和变量递增
{
    if (i >=5)                        // 设置循环结束条件
        break;                        // 退出循环
    printf("%d\n",iarray[i]);         // 输出数组元素
    i++;                              // 修改循环变量
}
```

说明

虽然在使用 for 循环语句时，其中的变量初始赋值、循环结束条件和变量递增每一项均可以省略，但是笔者并不建议读者这样做，因为这种写法在逻辑中很容易出现错误，并且当循环出现问题时，检查错误将更加费时。

在上述代码中使用了 break 语句来终止循环。该语句还可以应用于 switch 语句，3.3.2 节中曾作了介绍，此处不再赘述。在循环语句中，可以使用 break 语句来终止循环，也可以使用 continue 语句来结束本次循环。下面通过两段代码来演示 break 语句和 continue 语句的作用及其区别。break 语句的应用代码如下。

【例 3.12】 break 语句在循环中的作用。 （实例位置：资源包 \TM\sl\3\4）

```
int main(int argc, char* argv[])
{
    int iarray[5] = {1,2,3,4,5};      // 定义一个整型数组
    for(int i=0; i<5; i++)            // 利用 for 循环遍历数组
    {
        if (i == 2)                   // 判断当前循环变量是否为 2
            break;                    // 结束循环
        printf("%d\n",iarray[i]);     // 输出数组元素
    }
    return 0;
}
```

执行上述代码，结果如图 3.5 所示。

continue 语句的应用代码如下。

【例 3.13】 continue 语句在循环中的作用。（实例位置：资源包 \TM\sl\3\5）

```
int main(int argc, char* argv[])
{
    int iarray[5] = {1,2,3,4,5};          // 定义一个整型数组
    for(int i=0; i<5; i++)                // 利用 for 循环遍历数组
    {
        if (i == 2)                       // 判断当前循环变量是否为 2
            continue;                     // 结束本次循环，进入下一次循环
        printf("%d\n",iarray[i]);         // 输出数组元素
    }
    return 0;
}
```

执行上述代码，结果如图 3.6 所示。

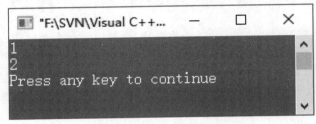

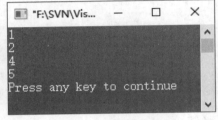

图 3.5　break 语句应用　　　　　　图 3.6　continue 语句应用

分析上述两段代码。当循环语句中遇到 break 语句时将结束循环，因此第一段代码只执行了两次循环；当循环变量 i 的值为 2 时，终止循环，因此只输出了如图 3.5 所示的两个元素。而 continue 语句用于结束本次循环，进入下一次循环，因此在第二段代码中，当循环变量 i 的值为 2 时，结束了本次循环，进入下一次循环，导致没有输出数组中的第 3 个元素，因而出现了如图 3.6 所示的结果。

在 2.5.1 节中笔者曾经提到逗号表达式的一个主要应用是在 for 语句中修改循环变量。下面的代码演示了逗号表达式在 for 循环语句中的应用。

【例 3.14】 逗号表达式在 for 循环语句中的应用。

```
int i = 0;                                // 定义一个整型变量，初始化为 0
int j = 0;                                // 定义一个整型变量，初始化为 0
int sum = 0;                              // 定义一个整型变量，初始化为 0
for( i=0,j = 100; i< j; i++,j--)          // for 循环语句，应用逗号表达式
{
    sum += i + j;                         // 累加求和
}
```

在使用 for 语句时，应该注意的一个问题是循环变量的作用范围。对于微软的 C++ 编译器来说，循环变量的作用范围为当前定义循环处至当前函数或复合语句的结束。对于其他公司的 C++ 编译器来说，其循环变量的作用范围可能仅限于循环语句内。例如，下面的代码在 Visual C++ 6.0 中是合法的。

【例 3.15】 循环变量的作用范围。

```
int main(int argc, char* argv[])
{
```

```
        for (int i=0; i<3; i++)                          // 循环变量 i 的作用范围为当前函数结束
        {
                …                                        // 进行其他操作
        }
        printf("%d",i);                                  // 输出 i
        return 0;
}
```

而下面的代码在 Visual C++ 6.0 中是非法的。

【例 3.16】 循环变量在复合语句中的作用范围。

```
int main(int argc, char* argv[])
{
        {                                                // 复合语句开始
                for (int i=0; i<3; i++)
                {
                    …                                    // 进行其他操作
                }
        }                                                // 复合语句结束
        printf("%d",i);
        return 0;
}
```

上述代码中，循环语句位于一个复合语句内，因此循环变量 i 在复合语句结束时就失效了。因此，在复合语句之外访问循环变量 i，将出现标识符没有定义的错误。

3.4.2 while 语句

与 for 循环语句不同的是，while 循环语句根据表达式的真假来判断是否进行循环，即当表达式的值为真时执行循环，当表达式的值为假时退出循环。while 语句的语法格式如下。

```
while ( 表达式 )
语句 ;
```

下面利用 while 语句来计算 1 ～ 100 的累加和。

【例 3.17】 使用 while 语句累计求和。

```
int sum = 0;                                     // 定义一个整型变量，初始值为 0
int i = 0;                                       // 定义一个整型变量，初始值为 0
while (i <=100)                                  // while 循环语句
{
        sum +=i;                                 // 累加求和
        i++;                                     // i 自加 1
}
```

注意

在使用 while 循环语句时，一定要设置循环结束条件，否则将进入死循环，这是许多初学者经常犯的错误。在上述代码中，如果不执行 "i++;" 语句使 i 自加 1，程序将进入死循环。

3.4.3　do while 语句

do while 循环语句与 while 语句类似，只是它先执行一次循环体，然后才根据表达式的真假来判断循环是否结束。do while 语句的语法格式如下。

```
do
循环体；
while ( 表达式 );
```

下面利用 do while 语句来实现 1 ～ 100 的累加求和。

【例 3.18】　使用 do while 语句累计求和。

```
int sum = 0;                              // 定义一个整型变量，初始值为 0
int i = 0;                                // 定义一个整型变量，初始值为 0
do                                        // 开始 do while 循环
{
    sum +=i;                              // 累加求和
    i++;                                  //i 自加 1
}
while (i <=100);                          // 循环结束条件
```

注意

在程序中使用 do while 语句时，不要忘记 while 语句部分在末尾要添加分号。

do while 语句与 while 语句都是根据表达式的真假来判断是否结束循环，那这两个语句之间有什么区别呢？下面笔者举一个例子，假设有甲、乙两个人，甲习惯在吃东西前先看一下食品是否在保质期以内，而乙则是急性子，每次都是先打开食品，吃一口以后才看看食品是否过期。以循环语句来说，甲相当于 while 语句，乙相当于 do while 语句，吃东西相当于循环体，查看食品保质期相当于循环条件，通过上面的条件得知，甲在吃东西前先查看保质期，如果没过期则可以放心食用，如果过期则不会吃；而乙不同，乙在查看保质期时已经吃了一口，如果食品没过期则继续食用，但是如果食品已经过期，乙也无法改变已经吃了过期食品的事实。笔者举这个示例不是说 while 语句比 do while 语句好，只是要提醒读者，在使用 do while 语句时，一定要谨慎，以免发生不可挽回的后果。

3.4.4　嵌套循环语句

所谓嵌套循环语句，是指循环语句中还包含有循环语句。例如，在 for 语句中还可以包含 for 语句、while 语句和 do while 语句，while 语句同样也可以包含 for 语句和 do while 语句等。在程序中使用嵌套循环，可以实现复杂的逻辑操作，如开发人员经常使用嵌套循环语句来访问二维数组中的元素。

【例 3.19】　使用嵌套循环语句访问二维数组。（实例位置：资源包 \TM\sl\3\6）

```
int main(int argc, char* argv[])
{
```

```
    int iarray[3][4] = {{1,2,3,4},{5,6,7,8},{9,10,11,12}};    // 定义一个二维数组
    for (int i=0; i<3; i++)                                    // 外层循环
    {
        for (int j=0; j<4; j++)                                // 内层循环
        {
            printf("%8d",iarray[i][j]);                        // 输出数组元素
        }
        printf("\n");                                          // 换行
    }
    return 0;
}
```

执行上述代码，结果如图 3.7 所示。

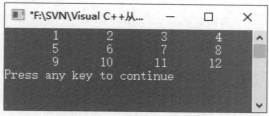

图 3.7　嵌套循环语句

视频讲解

3.5　跳　转　语　句

所谓跳转语句，是指能够影响程序执行顺序的语句。C++ 语言中主要提供了 5 种跳转语句，分别为 break 语句、continue 语句、goto 语句、return 语句和 exit 语句。其中，break 语句和 continue 语句在介绍 for 循环语句时已经作了介绍，本节主要介绍 goto 语句、return 语句和 exit 语句。

3.5.1　goto 语句

goto 语句又称为无条件跳转语句，用于改变语句的执行顺序。goto 语句的一般语法格式如下：

```
goto 标号；
```

其中，标号是用户自定义的一个标识符，以分号结束。下面利用 goto 语句实现 1～100 的累加求和。

【例 3.20】　使用 goto 语句实现循环。

```
int ivar = 0 ;                    // 定义一个整型变量，初始化为 0
int num = 0;                      // 定义一个整型变量，初始化为 0
label:                            // 定义一个标签
    ivar++;                       // ivar 自加 1
    num += ivar;                  // 累加求和
```

```
if (ivar <100)                    // 判断 ivar 是否小于 100
{
    goto label;                   // 转向标签
}
```

上述代码中，利用标签实现了原始的循环功能。当语句执行到"if (ivar <100)"时，如果条件为真，则不停地转到标签定义处。

注意

这是一种古老的跳转语句，它会使程序的执行顺序变得混乱，CPU 需要不停地进行跳转，效率比较低，因此在开发程序时要慎用 goto 语句。

在使用 goto 语句时，应注意标签的定义。在定义标签时，其后不能紧接着出现"}"符号。例如，下面的代码是非法的。

```
int ivar = 0 ;                    // 定义一个整型变量，初始化为 0
int num = 0;                      // 定义一个整型变量，初始化为 0
{
    …                            // 其他操作
    label:                        // 定义一个标签
}
```

在上述代码中，定义标签时，其后没有执行代码了，所以出现编译错误。如果程序中出现上述情况，可以在标签后添加一个空语句，以解决编译错误。例如：

```
int ivar = 0 ;                    // 定义一个整型变量，初始化为 0
int num = 0;                      // 定义一个整型变量，初始化为 0
{
    …                            // 其他操作
    label:                        // 定义一个标签
    ;                            // 添加空语句，解决编译错误
}
```

在使用 goto 语句时还应注意，goto 语句不能越过复合语句之外的变量定义的语句。例如，下面的 goto 语句是非法的。

```
goto label;                       // 跳转到标签
int i = 10;                       // 声明一个变量，初始化为 10
label:                            // 定义标签
    printf("goto\n");             // 输出信息
```

在上述代码中，goto 语句试图越过变量 i 的定义，导致编译错误。解决上述问题的方法是将变量的声明放在复合语句中。例如，下面的代码是合法的。

```
goto label;                       // 跳转到标签
{
    int i = 10;                   // 声明一个变量，初始化为 10
}
label:                            // 定义标签
    printf("goto\n");             // 输出信息
```

3.5.2 return 语句

return 语句用于退出当前函数（有关函数的介绍参见 4.1 节）的执行。当程序在当前函数中执行时，遇到 return 语句将退出当前函数的执行，返回到函数的调用处继续执行，如果当前函数是主函数（main 函数），则退出应用程序。下面的代码演示了 return 语句的应用。

【例 3.21】 使用 return 语句提前结束函数。

```
bool ValidateData(const int price)
{
    if (price > 10000 || price < 10)        // 判断价格是否合法
    {
        printf(" 价格错误 \n");             // 价格不合法
        return false;                        // 退出函数
    }
    printf(" 验证通过 \n");                 // 验证成功
    return true;                             // 退出函数
}
```

在上述代码中，如果价格错误，将通过"return false;"语句提前结束函数。其中，false 表示函数 ValidateData 的返回值，类型为 bool。如果函数没有返回值，应只使用 return 语句。

【例 3.22】 使用 return 语句提前结束无返回值函数。

```
void OutputInfo(const char* pchData)
{
    if (strlen(pchData) > 50)               // 判断字符串的长度
    {
        printf(" 数据过长 \n");             // 输出错误信息
        return;                              // 退出函数
    }
    else                                     // 字符串合格
    {
        printf("%s\n",pchData);             // 输出字符串
    }
}
```

📢 注意

在使用 return 语句提前结束函数时，需要注意如果代码之前在堆中分配了内存，则在 return 语句之前应释放内存，以防止产生内存泄漏。

【例 3.23】 使用 return 语句时注意内存泄漏问题。

```
void ReturnDemo(int min)
{
    int * pArray = new int[5];              // 在堆中构造一个整型数组
    for(int i=0; i<5; i++)                  // 设置数组元素值
```

```
    {
        pArray[i] = i;
    }
    if (pArray[0] > min)                 // 进行数据比较
    {
        delete [] pArray;                // 释放数组空间
        return;                          // 退出函数
    }
    else
    {
        pArray[0] = min;                 // 设置数组元素
    }
    delete [] pArray;                    // 释放数组元素
}
```

3.5.3 exit 语句

exit 语句用于终止当前调用的进程，通常用于结束当前的应用程序。实际上，exit 是一个退出当前调用进程的函数，它包含一个整型参数，标识进程退出代码。它与 return 语句不同，return 语句只是退出当前调用的函数，除非当前函数是应用程序的主函数，return 语句才结束当前调用进程；而 exit 语句直接结束当前调用进程，无论当前函数是否为应用程序主函数。下面的代码演示了 exit 语句的作用。

【例 3.24】 使用 exit 语句结束应用程序。

```
void ExitDemo(const int ret)
{
    if (ret==0)                          // 判断参数是否等于 0
        exit(ret);                       // 结束应用程序
    else                                 
        return;                          // 退出当前函数
}
```

当调用 ExitDemo 函数传递一个 0 值时，将结束当前应用程序；传递一个非零值时，则 ExitDemo 函数不会进行任何操作。

3.6 小　　结

本章介绍了 C++ 语言语句的构成、复合语句、分支语句、循环语句和跳转语句的相关知识，熟练地掌握这些语句可以解决各种复杂的逻辑操作。

3.7 实践与练习

1. 编写一组程序，判断某一年是否为闰年。（答案位置：资源包 \TM\sl\3\7）
2. 编写一组程序，描述如下的数学函数，输入 x，输出 y。（答案位置：资源包 \TM\sl\3\8）

$$y = \begin{cases} x & (x < 1) \\ 5x-1 & (1 \leqslant x < 30) \\ 10x-5 & (x \geqslant 30) \end{cases}$$

3. 编写一组程序，输出 1000 以内的素数。（答案位置：资源包 \TM\sl\3\9）
4. 编写一组程序，对数组中的元素逆序排列。（答案位置：资源包 \TM\sl\3\10）

第 **4** 章

面向过程程序设计

（▶️ 视频讲解：**49** 分钟）

C++ 不属于纯粹的面向对象语言，使用 C++ 语言还可以进行面向过程的程序开发。本章将介绍有关面向过程程序设计的相关知识，包括函数各种形式的定义、调用方法，以及函数模板、异常处理在程序中的使用。

通过阅读本章，您可以：

▶▶ 定义和使用函数

▶▶ 设计递归函数

▶▶ 理解命名空间的使用

▶▶ 定义函数模板

视频讲解

4.1　函　　数

通常一个应用程序需要包含多个子功能模块，其中每一个子功能都可以由函数来实现。对于 C++ 语言来说，应用程序主要由一个主函数（main 函数）和其他函数构成，其中主函数负责调用其他函数。对于函数来说，它可以调用自身（递归调用）或其他函数，也可以被其他函数调用。

如果说将一个程序比做一间公司的话，那么主函数（main 函数）就是公司的董事会，也就是领导层，而其他策划、生产、销售等部门就是负责单一功能的函数，各个部门之间相互协调又各司其职，使公司的运作和管理更加流畅。而在程序中，每个函数完成一项功能，当程序出现问题时，只要根据功能就可以判断出是哪个函数出现了问题，使程序更加容易修改；由于函数可以完成指定的功能，因此也增强了可移植性。

读者通过上述的比喻可以了解函数在程序中所处的位置，从而更好地体会函数的存在价值。本节将详细介绍有关函数的相关知识。

4.1.1　定义和调用函数

1. 定义函数

对于 C++ 语言来说，定义函数的一般格式如下。

```
返回值类型　函数名（参数列表）
{
    函数体；
}
```

通常函数都有一个返回值，当函数结束时，将返回值返回给调用该函数的语句。但是，函数也可以没有返回值，即返回值类型为 void。函数名可以是任何合法的标识符。函数的参数列表是可选的，如果函数不需要参数，则可以省略参数列表，但是参数列表两边的括号不能省略。函数体描述的是函数的功能，主要由一条或多条语句构成。函数也可以没有函数体，此时的函数称为空函数。空函数不执行任何动作。在开发程序时，当前可能不需要某个功能，但是将来可能需要，此时可以定义一个空函数，在需要时为空函数添加实现代码。如果函数有返回值，通常在函数体的末尾使用 return 语句返回一个值，其类型必须与函数定义时的返回值类型相同或兼容。下面定义一个简单的求和函数，用于计算两个数的和。

【例 4.1】 定义简单求和函数。

```
int sum(int x, int y)
{
    int ret = x + y;            // 定义一个整型变量，初始化为 x + y
    return ret;                 // 返回 ret
}
```

在上面的代码中，定义了一个临时变量 ret，用于记录参数 x 与 y 的和，然后返回 ret。对于 return 语句来说，还可以直接返回一个表达式，表达式的结果将作为函数的返回值。例如：

```
int sum(int x, int y)
{
    return x + y;                    // 返回 x 与 y 的和
}
```

为了更清晰地描述函数的返回值，可以在函数体中将返回的表达式使用括号括起来。例如：

```
int sum(int x, int y)
{
    return (x + y);                  // 返回 x+y
}
```

下面再编写一个函数，用于输出十进制数的十六进制形式。

```
void Hex(int number)
{
    printf("%x\n",number);           // 输出十进制数的十六进制形式
}
```

在上面的代码中定义了一个无返回值的 Hex 函数，用于输出十进制数的十六进制形式。众所周知，在定义同种类型的多个变量时，可以使用一条语句来定义。例如：

```
int ivar,jvar,mvar;
```

但是在定义函数参数时，如果多个参数具有相同的类型，则需要分别定义，不允许整体定义。例如，下面的函数定义是非法的。

```
int sum(int x, y)                    // 非法的函数定义，参数 y 必须单独定义 int y
{
    return x + y;                    // 返回 x 与 y 的和
}
```

注意

在定义函数时，如果函数不是 void 类型，则一定要在函数中加入 return 语句。

2. 调用函数

函数调用的一般格式如下：

```
函数名（实际参数）;
```

下面以调用 Hex 函数为例，介绍函数调用的方法。

```
Hex(1000);                           // 调用 Hex 函数，传递参数为 1000
```

在调用函数时，如果函数有参数，注意实际参数的类型应与函数定义时的参数类型相同或兼容。对于没有参数的函数，在调用函数时只需要写函数名和括号即可。下面的代码演示了无参函数的定义

及调用。

```
void ExitApp()                          // 定义一个无参函数
{
    exit(0);                            // 退出应用程序
}
ExitApp();                              // 调用无参函数
```

注意

在调用无参函数时，注意不要遗忘括号，这是许多初学者经常犯的错误。

对于具有返回值的函数，在调用函数时，需要获得函数的返回值。下面的代码演示了如何调用具有返回值的函数以及如何应用函数的返回值。

【例 4.2】　调用具有返回值的函数。（实例位置：资源包 \TM\sl\4\1）

```
int sum(int x, int y)
{
    return x + y;                       // 返回 x 与 y 的和
}
int main(int argc, char* argv[])
{
    int ret;                            // 定义一个整型变量
    ret = sum(10,20);                   // 调用 sum 函数，将返回值赋值为 ret
    printf(" 结果：%d\n",ret);          // 输出 ret
    return 0;
}
```

在调用函数时，如果当前函数处于被调用函数的下方，则需要对被调用函数进行前置声明。例如，下面的函数调用将是非法的。

【例 4.3】　非法的函数调用。

```
int main(int argc, char* argv[])
{
    int ret;                            // 定义一个整型变量
    ret = sum(10,20);                   // 调用 sum 函数，导致 sum 标识符没有声明
    printf(" 结果：%d\n",ret);          // 输出 ret
    return 0;
}
int sum(int x, int y)
{
    return x + y;                       // 返回 x 与 y 的和
}
```

在上述代码中，main 函数调用了 sum 函数，但是 sum 函数的定义处于 main 函数的下方，导致了 sum 标识符没有声明的错误。为什么会出现这种问题呢？其实很简单，假设有甲、乙两人，甲相当于编译器，乙相当于被调用的函数，而你就相当于主函数，这时，上述代码就好比你在和甲先生聊天时说到了乙先生，而甲、乙两人还不认识，甲先生自然会发出疑问，也就是在程序编译中发送的标识符有没有什么错误。为了解决上述问题，只要在你和甲先生聊天前先介绍一下乙先生的信息，这样就不

会有问题发生了，如果体现在上述程序中，就是对 sum 函数进行前置声明，即在 main 函数的上方声明 sum 函数。例如：

【例 4.4】 前置声明函数。（实例位置：资源包 \TM\sl\4\2）

```
int sum(int x, int y);                              // 前置声明 sum 函数
int main(int argc, char* argv[])
{
    int ret;                                        // 定义一个整型变量
    ret = sum(10,20);                               // 调用 sum 函数，将返回值赋值为 ret
    printf(" 结果：%d\n",ret);                      // 输出 ret
    return 0;
}
int sum(int x, int y)
{
    return x + y;                                   // 返回 x 与 y 的和
}
```

> **注意**
>
> 在对函数进行声明时，注意不要忘记在括号后面加上分号，这是许多初学者容易忽视的地方。

4.1.2　设置默认值参数

在调用有参函数时，如果经常需要传递同一个值到调用函数，则可以在定义函数时为参数设置一个默认值。这样在调用函数时便可以省略一些参数，此时程序将采用默认值作为函数的实际参数。下面的代码定义了一个具有默认值参数的函数。

【例 4.5】 创建默认值参数的函数。

```
void OutputInfo(const char* pchData = "One world,one dream!")
{
    printf("%s\n",pchData);                         // 输出信息
}
```

下面来调用 OutputInfo 函数，其中一条语句利用参数的默认值调用函数，另一条语句直接为函数传递实际参数。

```
int main(int argc, char* argv[])
{
    OutputInfo();                                   // 利用默认值作为函数实际参数
    OutputInfo("Beijing 2008 Olympic Games!");      // 直接传递实际参数
    return 0;
}
```

运行程序，效果如图 4.1 所示。

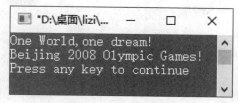

图 4.1　默认值参数

从图 4.1 中可发现,调用函数时如果不设置参数,具有默认值参数的函数会自动按照默认值来运行,而在调用函数时设置了参数,函数则会按照设置的参数值来运行。

在定义函数默认值参数时,如果函数具有多个参数,应保证默认值参数出现在参数列表的右方,没有默认值的参数出现在参数列表的左方,即默认值参数不能出现在非默认值参数的左方。例如,下面的函数定义是非法的。

【例 4.6】　非法的默认值参数。

```
int GetMax(int x,int y=10 ,int z)        // 非法的函数定义,默认值参数 y 出现在参数 z 的左方
{
    if (x < y)                           // x 与 y 进行比较
        x = y;                           // 赋值
    if (x < z)                           // x 与 z 进行比较
        x = z;                           // 赋值
    return x;                            // 返回 x
}
```

在上述代码中,默认值参数 y 出现在非默认值参数 z 的左方,导致了编译错误。正确的做法是将默认值参数放置在参数列表的右方。例如:

```
int GetMax(int x,int y ,int z=10)        // 定义默认值参数
{
    if (x < y)                           // x 与 y 进行比较
        x = y;                           // 赋值
    if (x < z)                           // x 与 z 进行比较
        x = z;                           // 赋值
    return x;                            // 返回 x
}
```

4.1.3　设置数组参数

在编写函数参数时,可以使用数组作为函数参数。例如,编写一个函数,按从小到大的顺序输出 10 个整数。如果每一个整数定义一个参数时需要定义 10 个参数,那么,输出 100 个整数呢?可以想象编写参数列表多么麻烦。如果使用数组作为函数参数,则可以大大节省编写参数列表的时间。下面的代码演示了使用数组作为函数参数。

【例 4.7】　使用数组作为函数参数。（实例位置：资源包 \TM\sl\4\3）

```
void Sort(int array[10])                 // 定义一个排序函数
{
```

```
        int itemp = 0;                              // 定义一个临时变量
        for(int i=0; i<10; i++)                     // 利用冒泡法排序
        {
            for(int j=0; j<10-i;j++)
            {
                if (array[j]>array[j+1])            // 交换数组元素
                {
                    itemp = array[j];
                    array[j] = array[j+1];
                    array[j+1] = itemp;
                }
            }
        }
        printf(" 排序之后： ");
        for(i=0; i<10; i++)                         // 输出排序后的结果
        {
            printf("%4d",array[i]);
        }
}
int main(int argc, char* argv[])
{
    int iarray[10] = {10,9,8,7,6,5,4,3,2,1};        // 定义一个整型数组

    printf(" 原始数据： ");                          // 输出原始数据
    for(int i=0; i<10; i++)
    {
        printf("%4d",iarray[i]);            }
    printf("\n");                                   // 输出换行
    Sort(iarray);                                   // 对数组元素进行排序
    printf("\n");
    return 0;
}
```

执行上述代码，结果如图 4.2 所示。

在定义数组参数时，也可以不指定大小。在调用数组参数的函数时，C++ 编译器不对数组的长度进行检查，它只是将数组的首地址传递给了函数，因此可以对 Sort 函数进行修改，使其更具有灵活性。

图 4.2　数组参数

说明

参数按引用方式传递，在 4.1.4 节中将详细介绍参数的传递方式。

【例 4.8】　使用动态数组作为函数参数。

```
void Sort(int array[] ,int len)                     // 数组参数不指定长度
{
    int itemp = 0;                                  // 定义一个临时变量
```

```
    for(int i=0; i<len; i++)                        // 使用冒泡法排序
    {
        for(int j=0; j<len-i;j++)
        {
            if (array[j]>array[j+1])                // 交换数组元素
            {
                itemp = array[j];
                array[j] = array[j+1];
                array[j+1] = itemp;
            }
        }
    }
    printf(" 排序之后：");
    for(i=0; i<len; i++)                            // 输出排序后的结果
    {
        printf("%4d",array[i]);
    }
}
```

在上述代码中，函数 Sort 可以对任意长度的数组进行排序，增强了灵活性。这里不是通过显示指定数组的长度，而是通过另一个参数标识数组的长度。但是有些读者可能会考虑，如何通过数组参数来限制函数调用时必须传递指定长度的数组呢？如函数包含一个 10 个元素的数组参数，如果用户只传递 8 个或 11 个元素的数组，该如何禁止用户的传递呢？换句话说，如何让编译器知道此类错误呢？解决的方法是使用数组的引用作为函数的参数。当数组的引用作为函数参数时，数组的长度将作为参数的一部分。下面仍以 Sort 函数为例，使用数组的引用作为函数参数。

【例 4.9】　使用数组的引用作为函数参数。

```
void Sort(int (&array)[10])                        // 定义一个排序函数，使用数组引用作为参数
{
    int itemp = 0;                                  // 定义一个临时变量
    for(int i=0; i<10; i++)                         // 利用冒泡法排序
    {
        for(int j=0; j<10-i;j++)
        {
            if (array[j]>array[j+1])                // 交换数组元素
            {
                itemp = array[j];
                array[j] = array[j+1];
                array[j+1] = itemp;
            }
        }
    }
    printf(" 排序之后：");
    for(i=0; i<10; i++)                             // 输出排序后的结果
    {
        printf("%4d",array[i]);
    }
}
```

注意

在上述代码中注意 Sort 函数的定义，其中 "int (&array)[10]" 中的括号是不可省略的。如果省略了括号， "[]" 运算符的优先级高于 "&" 运算符，便成了引用数组，而在 C++ 语言中定义引用数组是非法的。

写成 "int (&array)[10]" 的格式是合法的，表示定义一个引用对象，它可以指向（严格地说应该是取代）具有 10 个元素的数组。这里回忆一下指针数组的定义。

```
int *parray[5];                              // 定义一个指针数组
```

这里如果对 "*parray" 使用括号括起来，其性质就变了。例如：

```
int (*parray)[5];                            // 定义一个整型指针，可以指向 5 个元素的整型数组
```

上述代码实际定义了一个整型指针，可以指向具有 5 个元素的数组。这与 "int (&array)[10]" 是类似的， "int (&array)[10]" 表示定义一个引用，指向具有 10 个元素的整型数组。因此，以 "int (&array)[10]" 形式定义函数参数列表，编译器会强制检查数据元素的个数，如果不为 10，会显示编译错误。对于上述的 Sort 函数，如果采用如下方式调用，将是非法的。

```
int iarray[8] = {10,9,8,7,6,5,4,3};          // 定义一个包含 8 个元素的数组
Sort(iarray);                                // 调用 Sort 函数，导致编译错误
```

正确的调用方式为：

```
int iarray[10] = {10,9,8,7,6,5,4,3,2,1};     // 定义一个包含 10 个元素的数组
Sort(iarray);                                // 调用 Sort 函数
```

4.1.4 设置指针 / 引用参数

除了数组可以作为函数参数外，指针和引用也可以作为函数参数。在介绍指针和引用参数之前，先来介绍一下函数参数的传递方式。在 C++ 语言中，函数参数的传递方式主要有两种，分别为值传递和引用传递。所谓值传递，是指在函数调用时，将实际参数的值复制一份传递到调用函数中。这样，如果在调用函数中修改了参数的值，其改变不会影响到实际参数的值。下面的例子演示了函数的按值传递方式。

【例 4.10】 按值方式传递参数。（实例位置：资源包 \TM\sl\4\4）

```
void ValuePass(int var)                      // 定义一个函数
{
    var = 10;                                // 设置参数值
    printf("%d\n",var);                      // 输出参数值
}
int main(int argc, char* argv[])
{
    int ivar = 5;                            // 定义一个整型变量
```

```
    ValuePass(ivar);                                    // 调用 ValuePass 函数，处理 ivar 作为实际参数
    printf("%d\n",ivar);                                // 输出 ivar
    return 0;
}
```

执行上述代码，结果如图 4.3 所示。

从图 4.3 中可以发现，在调用 ValuePass 函数后，虽然在函数中修改了参数的值，但在函数调用后，变量 ivar 的值仍为 5。

而引用传递则恰恰相反，如果函数按引用方式传递，在调用函数中修改了参数的值，其改变会影响到实际参数。下面的代码演示了使用指针作为函数参数，此时函数采用引用传递方式。

【例 4.11】 按引用方式传递参数。（实例位置：资源包 \TM\sl\4\5）

```
void ValuePass(int *var)                               // 定义一个函数，使用指针类型作为参数
{
    if (var != NULL)                                   // 判断指针对象是否为空
    {
        *var = 10;                                     // 设置参数的值
        printf("%d\n",*var);                           // 输出参数
    }
}
int main(int argc, char* argv[])
{
    int ivar = 5;                                      // 定义一个变量，设置初值为 5
    ValuePass(&ivar);                                  // 调用 ValuePass 函数
    printf("%d\n",ivar);                               // 输出变量 ivar
    return 0;
}
```

执行上述代码，结果如图 4.4 所示。

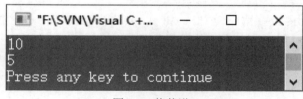

图 4.3　值传递

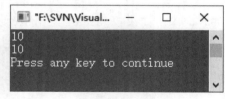

图 4.4　引用传递

从图 4.4 中可以发现，当调用 ValuePass 函数修改参数的值为 10 时，变量 ivar 的值也随之改变了。之所以发生改变，是因为调用 ValuePass 函数时将变量 ivar 的地址传了过去，这样函数的参数与变量 ivar 的地址是相同的，因此修改了参数的值必然会影响到变量 ivar 的值。

技巧

　　函数的值传递和引用传递是如何区分的呢？实际上，通常在定义函数时，如果参数为数组、指针或引用类型，则函数采用引用传递方式，否则采用值传递方式。

下面以引用类型为例来演示函数引用参数的传递。

【例 4.12】 使用引用类型作为函数参数。（实例位置：资源包 \TM\sl\4\6）

```
void ValuePass(int &var)                              // 定义一个函数，使用引用类型作为参数
{
    var = 10;                                         // 设置参数的值
    printf("%d\n",var);                               // 输出参数
}
int main(int argc, char *argv[])
{
    int ivar = 5;                                     // 定义一个变量，设置初值为 5
    ValuePass(ivar);                                  // 调用 ValuePass 函数
    printf("%d\n",ivar);                              // 输出变量 ivar
    return 0;
}
```

运行上述代码，结果与图 4.4 所示是相同的。使用指针或引用作为函数参数，均采用引用方式传递。那么在开发程序时究竟应该使用指针还是使用引用类型作为函数参数呢？实际上，使用指针和引用类型作为函数参数各有优缺点，视具体环境而定。对于引用类型，引用必须被初始化为一个对象，并且不能使它再指向其他对象，因为对引用赋值实际上是对目标对象赋值。这是引用类型的缺点，但也是引用类型的优点，因为在函数中不用验证引用参数的合法性。例如，下面的函数调用是非法的。

```
void ValuePass(int &var)                              // 定义一个函数，使用引用类型作为参数
{
    var = 10;                                         // 设置参数的值
    printf("%d\n",var);                               // 输出参数
}
int main(int argc, char* argv[])
{
    ValuePass(0);                                     // 非法的函数调用
    return 0;
}
```

上述代码中，如果 ValuePass 采用指针作为函数参数，使用 "ValuePass(0);" 语句调用是合法的，但是却带来了隐患，因为 0 被认为是空指针，对空指针操作必然会导致地址访问错误。因此对于指针对象作为函数参数，函数体中需要验证指针参数是否为空。这是使用指针类型作为函数参数的缺点。但是，使用指针对象作为函数参数，用户可以随意修改指针参数指向的对象，这是引用类型参数所不能的。

4.1.5 省略号参数

在本章和其他章节的代码中多次使用了 printf 函数输出信息。当在程序中调用该函数时，其参数列表会显示省略号，如图 4.5 所示。

省略号参数代表的含义是函数的参数是不固定的，可以传递一个或多个参数。对于 printf 函数来说，可以输出一项信息，也可以同时输出多项信息。例如：

```
printf("%d\n",2008);                                  // 输出一项信息
printf("%s-%s-%s\n","Beijing","2008","Olympic Games"); // 输出多项信息
```

那么如何在程序中定义省略号参数函数呢？可以按如下方式定义：

```
void OutputInfo(int num,...)                              // 定义省略号参数函数
```

对于上述方式的函数，在编写函数体时需要一一读取用户传递的实际参数。可以使用 va_list 类型和 va_start、va_arg、va_end 3 个宏读取传递到函数中的参数值。下面以一个具体的示例介绍省略号参数函数的定义及使用。

【例 4.13】 定义省略号形式的函数参数。（实例位置：资源包 \TM\sl\4\7）

```
void OutputInfo(int num,...)                              // 定义一个省略号参数函数
{
    va_list arguments;                                   // 定义 va_list 类型变量
    va_start(arguments,num);
    while(num--)                                          // 读取所有参数的数据
    {
        char* pchData = va_arg(arguments,char*);         // 获取字符串数据
        int iData = va_arg(arguments,int);               // 获取整型数据
        printf("%s\n",pchData);                          // 输出字符串
        printf("%d\n",iData);                            // 输出整数
    }
    va_end(arguments);
}

int main(int argc, char* argv[])
{
    OutputInfo(2,"Beijing",2022," 冬季奥运会 ",2022);      // 调用 OutputInfo 函数
    return 0;
}
```

执行上述代码，结果如图 4.6 所示。

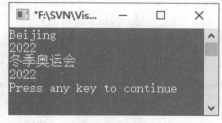

```
printf("%d\n",*var);
        int printf (const char *, ...)
```

图 4.5　省略号参数　　　　　　　　　图 4.6　省略号参数执行结果

 说明

要使用 va_list 类型和 va_start、va_arg、va_end 3 个宏，需要引用 cstdarg 头文件。

4.1.6　内联函数

所谓内联函数，是指对于程序中出现函数调用的地方，如果函数是内联函数，编译器则直接将函

数代码复制到函数调用的地方，这样省去了跳转到函数定义的地方执行代码，然后再返回到调用函数处的一个过程，提高了程序的执行效率。内联函数最大的一个缺点是增加了程序代码，可以想象一下，如果一个内联函数有上千行的代码，程序中多次出现该函数的调用，执行程序的代码将是多么庞大。但是，对于代码较少、经常需要调用的函数，将其定义为内联函数，则可以显著提高程序执行效率。在 C++ 语言中，可以使用 inline 关键字定义内联函数。例如：

```
inline void Demo()                          // 定义一个内联函数
{
    printf( "This is a inline function!\n");    // 输出信息
}
```

对于使用 inline 关键字声明的内联函数，程序不一定将函数作为内联函数对待。可以认为 inline 关键字只是对编译器的一个建议，编译器是否将其作为内联函数依赖于编译器的优化机制。对于微软的 C++ 编译器来说，可以使用 _forceinline 关键字强制编译器将该函数作为内联函数。

注意

> 在调用内联函数时，每次都会将函数代码复制到被调用函数处，这样会导致应用程序变大、执行速度变慢。对于经常使用的、代码较少的函数，可以使用内联函数；对于代码较多的函数，不应该使用内联函数。

4.1.7 重载函数

所谓重载函数，是指多个函数具有相同的函数名称，而参数类型或参数个数不同。函数调用时，编译器以参数的类型及个数来区分调用哪个函数。例如，下面的代码定义了两个重载函数。

【例 4.14】 定义重载函数。（实例位置：资源包 \TM\sl\4\8）

```
int Add(int x ,int y)                       // 定义第 1 个重载函数
{
    printf(" 整型参数被调用 \n");              // 输出信息
    return x + y;                           // 设置函数返回值
}
double Add(double x,double y)               // 定义第 2 个重载函数
{
    printf(" 实数参数被调用 \n");              // 输出信息
    return x + y;                           // 设置函数返回值
}
int main(int argc, char* argv[])
{
    int ivar = Add(5,2);                    // 调用第 1 个 Add 函数
    float fvar = Add(10.5,11.4);            // 调用第 2 个 Add 函数
    return 0;
}
```

执行上述代码，结果如图 4.7 所示。

从图 4.7 中可以发现，语句"int ivar=Add(5,2);"调用的是第 1 个 Add 函数，而语句"float fvar=Add(10.5,11.4);"调用的是第 2 个 Add 函数。考虑这样一种情况，再定义一个 Add 函数，其参数类型为 float 类型，那么"float fvar = Add(10.5,11.4);"语句将调用哪个函数呢？

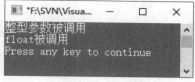

图 4.7　重载函数

```
float Add(float x,float y)                    // 定义第 3 个重载函数
{
    printf(" 浮点参数被调用 \n");            // 输出信息
    return x + y;                             // 设置函数返回值
}
```

答案是调用第 2 个 Add 函数，如果改为如下的调用形式，则调用第 3 个重载函数。

```
float f var = Add(10.5f,11.4f);               // 调用第 3 个 Add 函数
```

在定义重载函数时，应注意以下几点。

（1）函数的返回值类型不作为区分重载函数的一部分。

下面的函数重载是非法的。

```
int Add(int x ,int y)                         // 定义一个重载函数
{
    return x + y;
}
double Add(int x,int y)                       // 定义一个重载函数
{
    return x + y;
}
```

（2）对于普通的函数参数来说，const 关键字不作为区分重载函数的标识。

下面的函数重载是非法的。

```
bool Validate(const int x)                    // 定义一个重载函数
{
    return (x > 0) ? true : false;
}
bool Validate(int x)                          // 定义一个重载函数
{
    return (x > 0) ? true : false;
}
```

但是如果参数的类型是指针或引用类型，const 关键字则将作为重载函数的标识。因此，下面的函数重载是合法的。

```
bool Validate(const int *x)                   // 定义一个重载函数
{
    return (*x > 0) ? true : false;
}
```

```
bool Validate(int *x)                              // 定义一个重载函数
{
    return (*x > 0) ? true : false;
}
```

（3）参数的默认值不作为区分重载函数的标识。

下面的函数重载是非法的。

```
bool Validate(int x = 20)                          // 定义一个重载函数
{
    return (x > 0) ? true : false;
}
bool Validate(int x)                               // 定义一个重载函数
{
    return (x > 0) ? true : false;
}
```

（4）使用 typedef 自定义类型不作为重载的标识。

当函数使用了 typedef 自定义类型作为参数类型时，如果另一个函数的参数类型与自定义类型的原始类型相同，则函数的重载是非法的。例如：

```
typedef int INT;                                   // 自定义一个类型
bool Validate(INT x )                              // 定义一个重载函数
{
    return (x > 0) ? true : false;
}
bool Validate(int x)                               // 定义一个重载函数
{
    return (x > 0) ? true : false;
}
```

上述代码的函数重载是非法的，因为 typedef 不是创建新的数据类型，所以编译器认为上面的两个函数属于同一个函数，不能区分重载函数。

（5）局部域中声明的函数将隐藏而不是重载全局域中的函数。

下面的代码定义了 3 个重载函数，但是在主函数内部前置声明了第 3 个重载函数，此时第 3 个重载函数将隐藏而不是重载其他函数。下面代码中主函数 main 中的函数调用是非法的。

```
bool Validate(float x )                            // 定义第 1 个重载函数
{
    printf(" 浮点参数函数 \n");                      // 输出信息
    return (x > 0) ? true : false;
}
bool Validate(int x)                               // 定义第 2 个重载函数
{
    printf(" 整型参数函数 \n");                      // 输出信息
    return (x > 0) ? true : false;
}
int main(int argc, char* argv[])                   // 主函数
{
```

```
    bool Validate(double x);              // 前置声明第 3 个重载函数
    Validate(10.5f);                      // 试图调用第 1 个重载函数，导致错误，因为第 1 个函数被隐藏了
    return 0;
}
bool Validate(double x)                   // 定义第 3 个重载函数
{
    printf(" 实型参数函数 \n");            // 输出信息
    return (x > 0) ? true : false;
}
```

上述代码中，在 main 函数内部（独立域）前置声明了第 3 个重载函数，这将导致第 1 个、第 2 个函数被隐藏，语句 "Validate(10.5f);" 试图调用第 1 个重载函数，导致编译错误。为了能够访问被隐藏的函数，需要使用域运算符 "::"。在 main 函数中将 "Validate(10.5f);" 语句修改为 "::Validate(10.5f);" 语句即可通过编译。有关域运算符的相关知识参见 4.2 节。

4.1.8　函数递归调用

函数递归是指函数直接或间接调用其本身。递归的直接调用是指在函数体中再次调用该函数。递归的间接调用是指函数调用另一个函数，而被调用函数又调用了第一个函数。在编写程序时，使用递归可以简化问题的求解方法。例如，下面的代码利用递归求 n 的阶乘。

【例 4.15】　利用递归求 n 的阶乘。

```
typedef unsigned int UINT;            // 自定义类型
int factorial(const UINT n)           // 定义递归函数
{
    if (n == 0 || n == 1)             // 递归结束条件
            return 1;
    else
    {
            return  n * factorial(n-1);   // 直接调用本身
    }
}
```

在上述代码中，factorial 函数实现了计算 n 的阶乘。以 n 等于 4 为例，4! 等于 4*3!，3! 等于 3*2!，…，1! 等于 1。当计算 4 的阶乘时，只要知道 3 的阶乘就可以了，4*3! 等于 4!。同理，计算 3 的阶乘，只要知道 2 的阶乘就可以了，以此类推。1 的阶乘为 1，知道了 1 的阶乘，就可以计算 2 的阶乘，知道 2 的阶乘就可以计算 3 的阶乘……

对于递归函数来说，必须具有终止条件，无限制的递归将导致程序崩溃。对于上述 factorial 函数来说，递归的终止条件是 n 等于 1 或等于 0。

注意

递归函数会增加系统的额外开销，导致程序性能下降，因此开发程序时应尽量避免使用递归。

在上面的递归函数中，如果传递一个很大的数，会导致堆栈溢出，因为每调用一个函数，系统便

会为函数的参数分配堆栈空间。上述的递归函数 factorial 完全可以用连续乘积的方式实现。

【例 4.16】 利用循环求 n 的阶乘。

```
typedef unsigned int UINT;              // 自定义类型
long factorial(const UINT n)            // 定义函数
{
    long ret = 1;                       // 定义结果变量
    for(int i=1; i<=n; i++)             // 累计乘积
    {
            ret *= i;
    }
    return ret;                         // 返回结果
}
```

4.1.9　函数指针

对于 C++ 语言来说，函数名实际上是指向函数的指针。理解这一点，就可以定义一个普通的函数指针，使其指向某一类型的函数。例如，下面的代码定义了一个指向具有两个整型参数的函数指针。

```
int (*ptfun)(int,int);
```

也可以使用 typedef 定义一个函数指针类型，然后定义该类型的变量。例如：

```
typedef int (*ptfun)(int,int);
ptfun fun;
```

当定义了一个函数指针后，可以将已经定义的函数（函数的返回值、参数个数、参数类型必须与函数指针定义的形式相同）赋值给函数指针，通过函数指针调用指向的函数。例如：

【例 4.17】 使用函数指针调用函数。

```
typedef int (*ptfun)(int,int);          // 定义一个函数指针类型
int sum(int x,int y)                    // 定义一个求和函数
{
    return x + y;
}
void main(){

ptfun fun;                              // 定义一个函数指针变量
fun = sum;                              // 将函数 sum 赋值给函数指针变量
int ret = fun(10,20);                   // 通过函数指针变量调用 sum 函数
cout<< ret <<endl;
}
```

对于函数指针来说，它指向的函数必须与函数指针定义的函数形式相同，即返回值类型相同、参数类型相同、参数个数相同。这与函数重载是不同的，函数重载不以函数的返回值类型为依据，但是函数指针则不同，如果将上面的 sum 函数的返回值类型修改为 double 类型，则上述代码将无法编译。

在程序中使用函数指针的好处是增强程序的灵活性。例如，编写一个通用的函数，实现两个数的加、

减、乘、除操作。

【例 4.18】　使用函数指针指向不同的函数。（实例位置：资源包 \TM\sl\4\9）

```
typedef int (*ptfun)(int,int);          // 定义一个函数指针
int Invoke(int x,int y,ptfun fun)        // 定义一个通用的功能函数
{
    return fun(x,y);
}
int sum(int x,int y)                     // 定义求和函数
{
    return x + y;
}
int sub(int x,int y)                     // 定义减法函数
{
    return x - y;
}
int mul(int x,int y)                     // 定义乘法函数
{
    return x * y;
}
int divi(int x,int y)                    // 定义除法函数
{
    return x / y;
}
int main(int argc, char* argv[])         // 主函数
{
    ptfun pfun;                          // 定义函数指针变量
    pfun = sum;                          // 为函数指针变量赋值
    int ret = Invoke(20,10,pfun);        // 调用 Invoke 函数
    pfun = mul;                          // 为函数指针变量赋值
    ret = Invoke(20,10,pfun);            // 调用 Invoke 函数
    return 0;
}
```

上述代码的 main 函数中，同样的"Invoke(20,10,pfun);"语句，由于 pfun 指向了不同的函数，因此 Invoke 函数实现的功能也不相同。如果用户的程序有改动，例如需要实现两个数的求余运算，只需要再编写一个求余函数，将其赋值给 pfun 函数指针，Invoke 函数则无须进行任何改动。

对于指针变量来说，用户可以定义指针数组；对于函数指针，用户也可以定义函数指针数组。例如，下面的代码定义了一个函数指针数组。

```
int (*ptfun[4])(int,int);
```

下面列举一个示例，通过遍历函数指针数组来调用不同的函数。

【例 4.19】　通过遍历函数指针数组来调用不同的函数。（实例位置：资源包 \TM\sl\4\10）

```
int sum(int x,int y)                     // 定义求和函数
{
    return x + y;
}
```

```
int sub(int x,int y)                    // 定义减法函数
{
     return x - y;
}
int mul(int x,int y)                    // 定义乘法函数
{
     return x * y;
}
int divi(int x,int y)                   // 定义除法函数
{
     return x / y;
}
int main(int argc, char* argv[])        // 主函数
{
     int (*ptfun[4])(int,int);          // 定义函数指针数组
     ptfun[0] = sum;                    // 为数组中的元素赋值
     ptfun[1] = sub;
     ptfun[2] = mul;
     ptfun[3] = divi;
     for(int i=0; i<4; i++)             // 利用循环遍历数组
     {
          int ret = ptfun[i](30,10);    // 调用当前函数指针指向的函数
          printf("%d\n",ret);           // 输出结果
     }
     return 0;
}
```

执行上述代码，结果如图 4.8 所示。

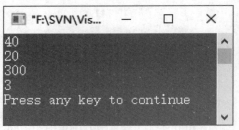

图 4.8　函数指针数组

视频讲解

4.2　作用域和生命期

作用域和生命期描述了常量、变量、函数等对象的适用范围。当程序代码中的这些对象超出了其适用范围时将出现编译错误，这经常出现在面向过程的程序开发中。本节将介绍有关对象的作用域和生命期的相关知识。

4.2.1　局部作用域

　　局部作用域描述的是函数体中变量、常量等对象的作用范围。每个函数都有一个独立的局部作用域,在函数体中定义的变量、常量,对外部函数是不可见的,因为它处于函数的局部作用域中。对于函数体中出现的复合语句,也有其独立的局部作用域,在其中定义的对象,复合语句之外是不能访问的。例如:

```
int main(int argc, char* argv[])
{
    printf(" 局部作用域 \n");              // 输出语句
    {                                      // 复合语句,有其自己的作用域
        int ivar = 10;                     // 定义一个局部变量,处于复合语句的作用域中
    }
    printf("%d",ivar);                     // 访问 ivar 错误,ivar 超出了作用范围,其作用范围是在复合语句中
    return 0;
}
```

　　在上述代码中,变量 ivar 的作用范围处于复合语句的作用域中,因此语句"printf("%d",ivar);"访问变量 ivar 是非法的。

　　对于处于同一局部作用域的对象来说,对象是不允许重名的。例如:

```
int main(int argc, char* argv[])
{
    int ivar = 5;                          // 定义一个局部整型变量
    char  ivar;                            // 错误的定义,定义一个字符变量
    int argc;                              // 错误的定义,与参数 argc 同名
    {
        int ivar = 10;                     // 正确的定义,处于复合语句的局部作用域中
        int argc = 20;                     // 正确的定义,处于复合语句的局部作用域中
    }
    return 0;
}
```

　　在上述代码中,语句"char ivar;"定义的变量与整型变量 ivar 同名,并且处于同一局部作用域中,因此出现编译错误。同样,语句"int argc;"与参数 arge 同名,并且处于同一局部作用域中,因此也出现了编译错误。对于函数参数来说,其作用域为函数的局部作用域。复合语句部分定义的两个变量是合法的,它们虽然与变量 ivar 和函数参数同名,但是处于不同的局部作用域。

> **注意**
>
> 　　在定义变量时,即使不在同一局部作用域,也不要定义同名的变量。在开发程序的过程中,同名的变量很容易被混淆,一旦程序出现错误,阅读起来会很复杂。

　　下面介绍一下编译器对局部作用域内变量命名解析的过程。当编译器在当前代码处发现变量名时,它将在当前的局部作用域内搜索变量的定义,如果没有发现变量的定义,则向外一层的局部作用域搜索变量的定义,直到搜索完局部作用域。如果还没有发现变量的定义,则会出现标识符没有定义的错

误。如果在嵌套局部作用域的外层和内部作用域定义了同名的变量，对于内部的局部作用域变量来说，它将隐藏外层局部作用域中的变量。例如：

【例 4.20】 隐藏外部局部作用域中的变量。

```
int main(int argc, char* argv[])
{
    int ivar = 5;
    {                                    // 复合语句，有其自己的作用域
        int ivar = 10;                   // 定义一个局部变量，处于复合语句的作用域中
        printf("%d\n",ivar);             // ivar 等于 10
    }
    printf("%d\n",ivar);                 // ivar 等于 5
    return 0;
}
```

在上述代码中，复合语句中的 printf 函数输出的 ivar 值为 10，而外层的 printf 函数输出的 ivar 值为 5。在复合语句中，定义的变量 ivar（值为 10）隐藏了外部局部作用域定义的变量 ivar（值为 5）。

下面对上述代码稍加修改，分析输出结果。

```
{
    int ivar = 5;
    {                                    // 复合语句，有其自己的作用域
        printf("%d\n",ivar);             // ivar 等于 5
        int ivar = 10;                   // 定义一个局部变量，处于复合语句的作用域中
        printf("%d\n",ivar);             // ivar 等于 10
    }
    printf("%d\n",ivar);                 // ivar 等于 5
    return 0;
}
```

在上面的复合语句中，两次调用了 printf 函数（黑体部分代码），第 1 次调用 printf 函数输出的 ivar 值为 5，因为在当前复合语句的局部作用域内没有发现变量 ivar 的定义，编译器在外层的局部作用域中发现了 ivar 的定义。而第 2 个 printf 函数输出的 ivar 值为 10，因为编译器在复合语句的局部作用域中直接发现了变量 ivar 的定义。

4.2.2 全局作用域

全局作用域是指函数、变量、常量等对象的作用范围是整个应用程序，这些对象在整个应用程序中都是可用的。在全局作用域内定义的对象被称为全局对象。例如，在全局作用域内定义的函数被称为全局函数，在全局作用域内定义的变量称为全局变量。

说明

全局对象的生命期开始于应用程序的运行，结束于应用程序的退出。

下面以定义全局变量为例，介绍全局对象的定义。全局变量的定义与局部变量的定义相同，只是在函数外部进行定义。例如：

```
int VAR = 10;                              // 定义全局变量
```

对于全局变量来说，如果没有进行初始化，其存储区为 0。因此，对于整型的全局变量，如果没有进行初始化，其值为 0。但是，对于局部变量来说，如果没有进行初始化或赋值，其值是不可预见的。此外，在整个应用程序中，一个全局变量只能定义一次，不能重名。

如果在函数内部定义了一个与全局变量同名的局部变量，则全局变量被隐藏，如果需要访问全局变量，需要使用域运算符"::"。

【例 4.21】 使用域运算符访问被隐藏的全局变量。（实例位置：资源包 \TM\sl\4\11）

```
int VAR = 10;                              // 定义全局变量
int main(int argc, char* argv[])
{
    int VAR = 5;                           // 定义局部变量
    printf("%d\n",VAR);                    // 输出局部变量
    printf("%d\n",::VAR);                  // 访问全局变量
    return 0;
}
```

执行上述代码，结果如图 4.9 所示。

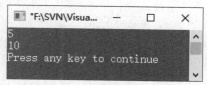

图 4.9　访问隐藏的全局变量

　说明

至于在当前文件中访问其他文件中的全局变量，可以使用 extern 关键字进行声明，可参考第 2.2.5 节。

4.2.3　定义和使用命名空间

在一个应用程序的多个文件中可能会存在同名的全局对象，这样会导致应用程序的链接错误。使用命名空间是消除命名冲突的最佳方式。命名空间的定义格式如下。

```
namespace 名称
{
    常量、变量、函数等对象的定义
}
```

例如，下面的代码定义了两个命名空间。

【例 4.22】 定义命名空间。（实例位置：资源包 \TM\sl\4\12）

```
namespace Output                                  // 定义一个命名空间 Output
{
    const int MAXLEN = 128;                       // 定义一个常量
    int ivar = 10;                                // 定义一个整型变量
    void PutoutText(const char* pchData)          // 定义一个输出函数
    {
        if (pchData != NULL)                      // 判断指针是否为空
        {
            printf("PutoutText 命名空间：%s\n",pchData);  // 输出数据
        }
    }
}
namespace Windows                                 // 定义一个命名空间 Windows
{
    typedef unsigned int UINT;                    // 自定义一个类型
    void PutoutText(const char* pchData)          // 定义一个输出函数
    {
        if (pchData != NULL)                      // 判断指针是否为空
        {
            printf("Windows 命名空间：%s\n",pchData);  // 输出数据
        }
    }
}
```

如果使用命名空间中的对象，需要在对象前使用命名空间名作为前缀。例如，下面的函数调用是非法的。

```
PutoutText("Welcome to CHINA!");
```

应使用命名空间作为前缀。上述代码应修改为：

```
Output::PutoutText("Welcome to CHINA!");
```

如果需要访问同一个命名空间中的多个对象，可以使用 using 命令引用整个命名空间对象，这样就不必在每个对象前添加命名空间前缀了。例如：

```
using namespace Output;                           // 引用命名空间
PutoutText("Welcome to CHINA!");                  // 访问 Output 命名空间中的函数
```

using 命令的作用域是从当前引用处到当前作用域的结束。如果将 using 命令放置在复合语句中，在复合语句结束时，using 命令的作用域也随之结束了。例如，下面的函数调用是非法的，因为 using 命令的作用域已经结束了。

```
int main(int argc, char* argv[])
{
    {                                             // 复合语句
        using namespace Output;                   // 引用命名空间
    }
    PutoutText("Welcome to CHINA!");              // 非法的函数访问
```

```
    return 0;
}
```

如果在函数中定义的局部变量与命名空间中的变量同名时，命名空间中的变量将被隐藏。例如：

```
int main(int argc, char* argv[])
{
    int ivar = 5;                              // 定义一个局部变量
    using namespace Output;                    // 使用 Output 命名空间
    PutoutText("Welcome to CHINA!");           // 访问命名空间中的 PutoutText 函数
    printf("%d\n",ivar);                       // ivar 的值为 5
    printf("%d\n",Output::ivar);               // ivar 的值为 10
    return 0;
}
```

上述代码中局部变量 ivar 隐藏了命名空间 Output 中的变量，因此第 1 个 printf 函数输出的值为 5。为了访问被隐藏的 Output 命名空间中的变量 ivar，需要使用命名空间作为前缀，如 "Output::ivar"，尽管前文已经使用 using 命令引用命名空间 Output。

如果程序中使用 using 命令，同时还引用多个命名空间，并且命名空间中存在相同的函数，将导致歧义，出现编译错误。例如：

```
int main(int argc, char* argv[])
{
    using namespace Output;                    // 引用 Output 命名空间
    using namespace Windows;                   // 引用 Windows 命名空间
    PutoutText("Welcome to CHINA!");           // 产生歧义，两个命名空间中均出现了 PutoutText 函数
    return 0;
}
```

解决的方法是必须使用具体命名空间进行区分。例如：

```
Windows::PutoutText("Welcome to CHINA!");
```

对于同一个命名空间，可以在多个文件中定义。此时，各个文件中的对象将处于同一个命名空间中。例如，在 main.cpp 头文件中定义了一个命名空间 Output。

【例 4.23】　在多个文件中定义命名空间。

```
namespace Output                               // 定义一个命名空间 Output
{
    const int MAXLEN = 128;                    // 定义一个常量
    int ivar = 10;                             // 定义一个整型变量
    void PutoutText(const char* pchData)       // 定义一个输出函数
    {
        if (pchData != NULL)                   // 判断指针是否为空
        {
            printf("PutoutText 命名空间：%s\n",pchData);    // 输出数据
        }
    }
}
```

在 login.cpp 头文件中还可以定义 Output 命名空间。例如：

```
namespace Output                                        // 定义一个命名空间 Output
{
    void Demo()                                         // 定义一个函数
    {
        printf("This is a  function!\n");
    }
}
```

此时，命名空间 Output 中的内容为两个文件 Output 命名空间内容的"总和"。

> **注意**
>
> 如果在 login.cpp 文件的 Output 命名空间中定义一个整型变量 ivar 将是非法的，因为它与 main.cpp 文件中 Output 命名空间中的变量同名。

在定义命名空间时，通常在头文件中声明命名空间中的函数，在源文件中定义命名空间中的函数，将程序的声明与实现分开。例如，在头文件中声明命名空间中的函数。

```
namespace Output
{
    void Demo();                                        // 声明函数
}
```

在源文件中定义函数。

```
void Output::Demo()                                     // 定义函数
{
    printf("This is a  function!\n");
}
```

在源文件中定义函数时，注意要使用命名空间名作为前缀，表明实现的是命名空间中定义的函数，否则将是定义一个全局函数。

类似于复合语句，命名空间也可以嵌套。例如，下面的代码定义了一个嵌套的命名空间。

【例 4.24】 定义嵌套的命名空间。

```
namespace Windows                                       // 定义一个命名空间 Windows
{
    typedef unsigned int UINT;                          // 自定义一个类型
    int ivar = 10;
    void PutoutText(const char* pchData)                // 定义一个输出函数
    {
        if (pchData != NULL)                            // 判断指针是否为空
        {
            printf("Windows 命名空间 : %s\n",pchData);  // 输出数据
        }
    }
    namespace GDI                                       // 定义一个嵌套的命名空间
    {
```

```
            int ivar = 5;                        // 定义一个整型变量
            void WriteText(const char* pchMsg)   // 定义一个函数
            {
                    printf("%s\n",pchMsg);       // 输出信息
            }
    }
}
```

在上述代码中，Windows 命名空间中又定义了一个命名空间 GDI，如果在程序中要访问 GDI 命名空间中的对象，可以使用外层的命名空间和内层的命名空间作为前缀。例如：

```
Windows::GDI::WriteText("2008");              // 调用 GDI 命名空间中的函数
```

用户也可以直接使用 using 命令引用嵌套的 GDI 命名空间。例如：

```
using namespace Windows::GDI;                 // 引用嵌套的 GDI 命名空间
WriteText("2008");                            // 调用 GDI 命名空间中的函数
```

在上述代码中，"using namespace Windows::GDI;"语句只是引用了嵌套在 Windows 命名空间中的 GDI 命名空间，并没有引用 Windows 命名空间，因此试图访问 Windows 命名空间中定义的对象是非法的。例如：

```
using namespace Windows::GDI;
PutoutText("Beijing");                        // 错误的访问，无法访问 Windows 命名空间中的方法
```

> **注意**
>
> using 命令用于引用一个命名空间中所有的命名空间对象，容易和正在编写的程序中的局部变量发生冲突，导致命名空间中的变量被隐藏，所以不建议过多地使用 using 命令。

在使用 namespace 关键字定义命名空间时，也可以不指定命名空间的名称，此时的命名空间称为未命名的命名空间。

【例 4.25】　定义未命名的命名空间。

```
namespace                                     // 定义一个未命名的命名空间
{
    typedef unsigned int UINT;                // 自定义一个类型
    int ivar = 10;
    void PutoutText(const char* pchData)      // 定义一个输出函数
    {
            if (pchData != NULL)              // 判断指针是否为空
            {
                    printf(" 未命名空间 : %s\n",pchData);   // 输出数据
            }
    }
}
```

对于未命名的命名空间来说，其最大特点就是命名空间中的对象只适用于当前文件，各个文件之间不能相互访问定义在各自未命名空间中的对象。这一特点使得未命名空间中的对象与全局静态（static）对象（对于全局静态对象来说，只属于半个全局对象，它只能在当前文件中使用）所起的作

用相同。多数 C++ 编译器都支持命名空间，使得越来越多的开发程序更愿意使用未命名的命名空间来代替全局静态对象。对于未命名的命名空间来说，访问其中定义的对象与访问普通的全局对象是相同的。例如：

```
PutoutText("Beijing");                                          // 访问未命名空间中的对象
```

注意

　　在定义未命名的命名对象时，注意其中的对象不能与全局对象同名或相同（函数可以重名，表示函数重载，但是参数列表不能完全相同）。

例如，下面的代码是非法的。

```
namespace                                                       // 定义一个未命名空间
{
    typedef unsigned int UINT;                                  // 自定义一个类型
    int ivar = 10;
    void PutoutText(const char* pchData)                        // 定义一个输出函数
    {
        if (pchData != NULL)                                    // 判断指针是否为空
        {
            printf("Windows 命名空间 : %s\n",pchData);          // 输出数据
        }
    }
}
void PutoutText(const char* pchMsg)
{
    if (pchData != NULL)                                        // 判断指针是否为空
    {
        printf(" 全局函数 : %s\n",pchMsg);                      // 输出数据
    }
}
```

在上述代码中，全局函数 PutoutText 与未命名空间中的 PutoutText 函数声明格式（函数原型）相同，导致编译器产生了歧义。如果将未命名空间定义为有名称的命名空间（如 namespace windows），则不会出现错误。

视频讲解

4.3　函　数　模　板

　　函数模板提供了一种机制，使函数的返回值、参数类型能够被参数化，而函数体保持不变。这极大地增强了函数的灵活性。例如，编写一个函数，能够实现两个整数相加，返回值为整数；能够实现两个实数相加，返回值为实数……使用函数模板可以轻易地实现这样的一个函数。本节将详细介绍有关函数模板的相关知识。

4.3.1　定义和使用函数模板

C++ 语言提供了 template 关键字用于定义模板。下面以编写一个求和函数为例介绍如何使用 template 定义函数模板。

```
template <class type>                              // 定义一个模板类型
type Sum(type xvar,type yvar)                      // 定义函数模板
{
    return xvar + yvar;
}
```

其中，template 为关键字，表示定义一个模板（可以是函数模板或类模板，类模板将在第 5 章进行介绍）。尖括号 <> 表示模板参数。模板参数主要有两种，一种是模板类型参数，另一种是模板非类型参数。上述代码中定义的模板使用的是模板类型参数，模板类型参数使用关键字 class 或 typedef 开始（本例使用的是 class，也可以使用 typedef 代替。在定义函数模板时，class 与 typedef 关键字的作用是相同的），其后是一个用户定义的合法的标识符（本例为 type，也可以是其他合法标识符）。模板非类型参数与普通参数定义相同，它通常为一个常数，如标识数组的长度。

在定义完函数模板后，需要在程序中调用函数模板。下面的代码演示了 Sum 函数模板的调用。

```
int iret = Sum(10,20);                             // 实现两个整数的相加
double dret = Sum(10.5,20.5);                       // 实现两个实数的相加
```

如果采用如下形式调用 Sum 函数模板，将会出现错误。

```
int iret = Sum(10.5,20);                           // 错误的调用
double dret = Sum(10,20.5);                         // 错误的调用
```

在上述代码中，为函数模板传递了两个类型不同的参数，编译器产生了歧义。如果用户在调用函数模板时显示标识模板类型，就不会出现错误了。例如：

```
int iret = Sum<int>(10.5,20);                      // 正确地调用函数模板
double dret = Sum<double>(10,20.5);                // 正确地调用函数模板
```

下面再定义一个函数模板，实现获取数组元素的最大值。

【例 4.26】　定义函数模板，获取数组元素的最大值。

```
template <class type,int len>                      // 定义一个模板类型
type Max(type array[len])                          // 定义函数模板
{
    type ret = array[0];                           // 定义一个变量
    for(int i=1; i<len; i++)                        // 遍历数组元素
    {
        ret = (ret > array[i])? ret : array[i];    // 比较数组元素大小
    }
    return ret;                                    // 返回最大值
}
```

上述代码定义了一个函数模板 Max，其中模板参数使用了模板类型参数 type 和模板非类型参数

len。下面的代码演示了函数模板 Max 的调用。

```
int array[5] = {1,2,3,4,5};          // 定义一个整型数组
int iret = Max<int,5>(array);        // 调用函数模板 Max
double dset[3] = {10.5,11.2,9.8};    // 定义实数数组
double dret = Max<double,3>(dset);   // 调用函数模板 Max
```

4.3.2　重载函数模板

函数可以重载，同样，函数模板也可以重载。下面的代码定义了两个重载的函数模板。

【例 4.27】 定义重载的函数模板。（实例位置：资源包 \TM\sl\4\13）

```
template <class type>                // 定义一个模板类型
type Sum(type xvar,type yvar)        // 定义一个重载的函数模板
{
    return xvar + yvar;              // 返回两个数之和
}
template <class type>                // 定义一个模板类型
type Sum(type array[],int len)       // 定义一个重载的函数模板
{
    type ret = 0;                    // 定义一个变量
    for(int i=0; i<len; i++)         // 利用循环累计求和
    {
        ret += array[i];
    }
    return ret;                      // 返回结果
}
```

上述代码中定义了两个重载的函数模板 Sum，第 1 个 Sum 函数模板实现了两个数的求和运算，第 2 个 Sum 函数模板实现了数组元素的求和运算。下面的代码演示了重载函数模板的调用。

【例 4.28】 调用重载的函数模板。（实例位置：资源包 \TM\sl\4\13）

```
int main(int argc, char* argv[])
{
    int iret = Sum(10,20);           // 调用第 1 个重载的函数模板，实现两个数的求和运算
    printf(" 整数之和 : %d\n",iret);  // 输出结果
    int array[5]= {1,2,3,4,5};       // 定义一个整型数组
    int ret = Sum(array,5);          // 调用第 2 个重载的函数模板，实现数组元素的求和运算
    printf(" 数组元素之和：%d\n",ret); // 输出结果
    return 0;
}
```

执行上述代码，结果如图 4.10 所示。

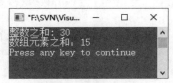

图 4.10　重载函数模板

4.4　小　　结

本章详细介绍了有关函数的相关知识，包括各种形式函数的定义及调用，此外还介绍了对象的作用域和生命期、函数模板等知识。在开发面向过程的应用程序时，用户需要熟练地掌握函数的编写及应用，同时需要清楚地了解对象的作用范围，而本章介绍的相关知识正是进行面向过程程序开发必须掌握的基本知识，希望读者能够熟练掌握并灵活运用。

4.5　实践与练习

1．编写一个动态参数的函数，使函数能够适应不同的参数个数。（答案位置：资源包 \TM\sl\4\14）

2．编写一个函数，利用指针作为参数，实现两个数的互换。（答案位置：资源包 \TM\sl\4\15）

3．用 C++ 语言编写一个递归函数，遍历指定目录下的所有文件。（答案位置：资源包 \TM\sl\4\16）

4．编写一个函数模板，实现对各种数据类型数组进行从小到大排序。（答案位置：资源包 \TM\sl\4\17）

第 5 章

面向对象程序设计

（ 视频讲解：1 小时 17 分钟）

  C++ 语言在 C 语言的基础上提供了面向对象的功能，使用 C++ 语言既可以开发面向过程的应用程序，也可以开发面向对象的应用程序。第 4 章介绍了 C++ 语言面向过程程序开发的相关知识，本章将介绍 C++ 语言提供的面向对象功能。

  通过阅读本章，您可以：

▶▶ 理解类和对象的概念

▶▶ 定义并实例化类对象

▶▶ 实现运算符重载

▶▶ 理解多重集成和嵌套类

▶▶ 定义和使用类模板

▶▶ 编写异常处理语句

5.1　类　和　对　象

视频讲解

面向对象最大的特征就是提出了类和对象的概念。在以面向对象的方式开发应用程序时，将遇到的各种事物抽象为类，类中包含数据和操作数据的方法，用户通过实例化类对象来访问类中的数据和方法。举例来说，杯子是一个类，那么茶杯是该类的对象，酒杯也是该类的对象，玻璃杯、塑料杯同样都是杯子类的对象。本节将介绍有关类和对象的相关知识。

5.1.1　类的定义

C++ 语言中类和结构体类似，其中可以定义数据和方法。C++ 语言提供了 class 关键字定义类，其语法格式如下。

```
class  类名
{
    数据和方法的定义
};
```

类的定义包含两部分，即类头和类体。类头由 class 关键字和类名构成；类体由一组大括号 "{}" 和一个分号 ";" 构成。类体中通常定义类的数据和方法，其中数据描述的是类的特征（也被称为属性）；方法实际上是类中定义的函数，描述的是类的行为。下面的代码定义了一个 CUser 类。

【例 5.1】　定义一个 CUser 类。

```
class CUser                              // 定义一个类
{
    char m_Username[128];                // 定义数据成员
    char m_Password[128];                // 定义数据成员
    bool Login()                         // 定义方法
    {
        if (strcmp(m_Username,"MR")==0 && strcmp(m_Password,"KJ")==0)
        {
            printf(" 登录成功 !\n");
            return true;
        }
        else
        {
            printf(" 登录失败 !\n");
            return false;
        }
    }
};
```

上述代码定义了一个 CUser 类，其中包含两个数据成员和一个方法。对于方法的定义，直接放在了类体中；此外，也可以将方法放在类体的外面进行定义。

【例 5.2】 将方法放置在类体之外。

```
class CUser                              // 定义一个类
{
    char m_Username[128] ;               // 定义数据成员
    char m_Password[128];                // 定义数据成员
    bool Login();                        // 定义方法
};
bool CUser::Login()                      // 实现 CUser 类中的 Login 方法
{
    if (strcmp(m_Username,"MR")==0 && strcmp(m_Password,"KJ")==0)
    {
        printf(" 登录成功 !\n");
        return true;
    }
    else
    {
        printf(" 登录失败 !\n");
        return false;
    }
}
```

当方法的定义放置在类体外时，方法的实现部分首先是方法的返回值，然后是方法名称和参数列表，最后是方法体。

说明

当方法的定义放置在类体外时，方法名称前需要使用类名和域限定符 ":：" 来标记方法属于哪一个类。

注意

在定义类的数据成员时，注意不能像定义不同变量一样进行初始化。

例如，下面的类定义是错误的。

【例 5.3】 不能直接对类数据成员进行初始化。

```
class CUser
{
    char m_Username[128] = {0};          // 不能直接对类数据成员进行初始化
    char m_Password[128] = {0};          // 不能直接对类数据成员进行初始化
    bool Login()
    {
        if (strcmp(m_Username,"MR")==0 && strcmp(m_Password,"KJ")==0)
        {
            printf(" 登录成功 !\n");
            return true;
        }
        else
```

```
            {
                printf(" 登录失败 !\n");
                return false;
            }
        }
};
```

5.1.2　类成员的访问

类成员主要是指类中的数据成员和方法（方法也被称为成员函数）。在定义类时，类成员是具有访问限制的。C++ 语言提供了 3 个访问限定符用于标识类成员的访问，分别为 public、protected 和 private。public 成员也被称为公有成员，该成员可以在程序的任何地方进行访问。protected 成员被称为保护成员，该成员只能在该类和该类的派生类（子类）中访问，除此之外，程序的其他地方不能访问保护成员。private 成员被称为私有成员，该成员只能在该类中访问，派生类以及程序的其他地方均不能访问私有成员。如果在定义类时没有指定访问限定符，默认为 private，如 5.1.1 节中定义的 CUser 类。

下面重新定义 CUser 类，将各个成员设置为不同的访问级别。

【例 5.4】　设置类成员的不同访问级别。

```
class CUser                                    // 定义一个 CUser 类
{
private:                                        // 私有成员定义
    char m_Username[128] ;                      // 定义数据成员
    char m_Password[128];                       // 定义数据成员
public:                                         // 公有成员定义
    void SetUsername(const char *pUsername)     // 公有方法，设置用户名称
    {
        if (pUsername != NULL)                  // 判断参数是否为空
        {
            strcpy(m_Username,pUsername);
        }
    }
    char* GetUsername()const                    // 公有方法，获取用户名称
    {
        return (char*)m_Username;               // 返回用户名
    }
    void SetPassword(const char *pPassword)     // 公有方法，设置密码
    {
        if (pPassword != NULL)                  // 判断参数是否为空
        {
            strcpy(m_Password,pPassword);
        }
```

```
        }
        char* GetPassword()const                        // 公有方法，获取用户密码
        {
            return (char*)m_Password;
        }
        bool Login()                                     // 公有方法，验证用户密码
        {
            if (strcmp(m_Username,"MR")==0 && strcmp(m_Password,"KJ")==0)
            {
                printf(" 登录成功 !\n");
                return true;
            }
            else
            {
                printf(" 登录失败 !\n");
                return false;
            }
        }
};
```

在上述代码中，读者需要注意的是 GetUsername 方法的定义，在方法的最后使用了 const 关键字。在定义类方法时，如果不需要在方法中修改类的数据成员，建议在方法声明的最后使用 const 关键字，表示用户不能在该方法中修改类的数据成员。例如，如果在 GetUsername 方法中试图修改 m_Password成员或 m_Username 成员将是非法的。

```
char* GetPassword()const
{
    strcpy(m_Password,"KJ");                         // 错误的代码，不能在 const 方法中修改数据成员
    return (char*)m_Password;
}
```

如果类中包含有指针成员，在 const 方法中不可以重新为指针赋值，但是可以修改指针所指向地址中的数据。例如：

```
char* GetPassword()const                             // 假设 m_pData 为类 CUser 中的一个字符指针成员
{
    m_pData = (char*)m_Username;                      // 错误的代码，不能在 const 方法中修改成员数据
    m_pData[0] = 'K';                                // 正确的代码，可以修改指针指向的数据
    return (char*)m_Password;
}
```

在定义类后，需要访问类的成员。通常类成员（静态成员除外）的访问是通过对象实现的，对象被称为类的实例化。当程序中定义一个类时，并没有为其分配存储空间，只有当定义类的对象时，才分配存储空间。对象的定义与普通变量的定义是相同的，下面的代码定义了一个 CUser 类的对象 user。

```
CUser user;
```

定义了类的对象后，即可访问类的成员。例如：

```
CUser user;                                          // 定义一个对象
user.SetUsername("MR");                              // 调用 CUser 类的 SetUsername 方法
user.SetPassword("KJ");                              // 调用 CUser 类的 SetPassword 方法
user.Login();                                        // 调用 CUser 类的 Login 方法
```

类成员是具有访问权限的，如果类的外部访问私有或受保护的成员将出现访问错误。例如：

```
CUser user;
strcpy(user.m_Password,"KJ");                        // 错误的代码，不能访问 CUser 类的私有成员
```

上述代码试图访问 CUser 类的私有成员 m_Password，产生了编译错误。

在定义类对象时，也可以将类对象声明为一个指针。例如：

```
CUser *pUser;                                        // 声明一个 CUser 类对象指针
```

程序中可以使用 new 运算符来为指针分配内存。例如：

```
CUser *pUser = new CUser;
```

也可以写成如下形式：

```
CUser *pUser = new CUser();
```

说明

　　如果类对象被定义为指针，需要使用 "->" 运算符来访问类的成员，而不能使用 "." 运算符来访问。

例如：

```
CUser *pUser = new CUser();                          // 定义一个对象指针，并分配其内存
pUser->SetUsername("MR");                            // 使用 "->" 运算符访问类的 SetUsername 方法
pUser->SetPassword("KJ");                            // 使用 "->" 运算符访问类的 SetPassword 方法
pUser->Login();                                      // 使用 "->" 运算符访问类的 Login 方法
delete pUser;                                        // 释放为指针分配的内存
```

如果将类对象定义为常量指针，则对象只允许调用 const 方法。例如：

```
const CUser * pUser = new CUser;                     // 定义一个常量指针对象
pUser->SetPassword("KJ");                            // 错误的代码，不能调用非 const 方法
pUser->GetPassword();                                // 正确的语句，可以调用 const 方法
delete (CUser *)pUser;                               // 释放常量指针
```

5.1.3　构造函数和析构函数

　　每个类都具有构造函数和析构函数。其中，构造函数在定义对象时被调用，析构函数在对象释放时被调用。如果用户没有提供构造函数和析构函数，系统将提供默认的构造函数和析构函数。

1．构造函数

构造函数是一个与类同名的方法，可以没有参数、有一个参数或多个参数，但是构造函数没有返回值。如果构造函数没有参数，该函数被称为类的默认构造函数。下面的代码显式地定义了一个默认的构造函数。

【例 5.5】 定义默认的构造函数。（实例位置：资源包 \TM\sl\5\1）

```cpp
class CUser                              // 定义 CUser 类
{
private:
    char m_Username[128] ;               // 定义数据成员 m_Username
    char m_Password[128];                // 定义数据成员 m_Password
public:
    CUser()                              // 定义默认的构造函数
    {
        strcpy(m_Username,"MR");         // 为数据成员赋值
        strcpy(m_Password,"KJ");         // 为数据成员赋值
    }
    char* GetUsername()const             // 定义成员函数 GetUsername
    {
        return (char*)m_Username;
    }
    char* GetPassword()const             // 定义成员函数 GetPassword
    {
        return (char*)m_Password;
    }
};
```

> **说明**
>
> 如果用户为类定义了构造函数，无论是默认构造函数还是非默认构造函数，系统均不会提供默认的构造函数。

下面定义一个 CUser 类的对象，它将调用用户定义的默认构造函数。

```cpp
int main(int argc, char* argv[])
{
    CUser  user;                         // 定义 CUser 类对象
    printf("%s\n",user.GetPassword());   // 调用 GetPassword 方法输出 m_Password
    return 0;
}
```

执行上述代码，结果如图 5.1 所示。

从图 5.1 中可以发现，在定义 user 对象时，调用了默认的构造函数对数据成员进行了赋值。下面再定义一个非默认的构造函数，使用户能够在定义 CUser 类对象时为数据成员赋值。

【例 5.6】 定义非默认的构造函数。（实例位置：资源包 \TM\sl\5\2）

```cpp
class CUser                              // 定义 CUser 类
{
```

```
private:
    char m_Username[128] ;                                  // 定义数据成员 m_Username
    char m_Password[128];                                   // 定义数据成员 m_Password
public:
    CUser()                                                 // 定义默认的构造函数
    {
        strcpy(m_Username,"MR");
        strcpy(m_Password,"KJ");
    }
    CUser(const char *pUsername,const char *pPassword)      // 定义普通的构造函数
    {
        if (pUsername != NULL && pPassword != NULL)
        {
            strcpy(m_Username,pUsername);
            strcpy(m_Password,pPassword);
        }
    }
    char* GetUsername()const                                // 定义成员函数 GetUsername
    {
        return (char*)m_Username;
    }
    char* GetPassword()const                                // 定义成员函数 GetPassword
    {
        return (char*)m_Password;
    }
};
```

下面定义两个 CUser 对象，分别采用不同的构造函数。

```
int main(int argc, char* argv[])
{
    CUser  user;                                            // 调用默认构造函数定义 user 对象
    printf("%s\n",user.GetUsername());                      // 输出用户名
    CUser  Customer("SK","songkun");                        // 调用非默认构造函数定义 Customer 对象
    printf("%s\n",Customer.GetUsername());                  // 输出用户名
    return 0;
}
```

执行上述代码，效果如图 5.2 所示。

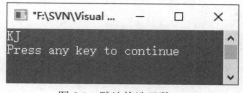

图 5.1　默认构造函数

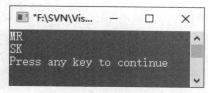

图 5.2　非默认构造函数

 说明

一个类可以包含多个构造函数，各个构造函数之间通过参数列表进行区分。

119

从图 5.2 所示的输出结果可以发现，语句 "CUser Customer("SK","songkun");" 调用了非默认的构造函数，通过传递两个参数初始化 CUser 类的数据成员。如果想要定义一个 CUser 对象的指针，并调用非默认构造函数进行初始化，可以采用如下形式。

```
CUser *pCustomer = new CUser("SK","songkun");                    // 调用非默认构造函数为指针分配空间
```

在定义常量或引用时，需要同时进行初始化。5.1.1 节中已经介绍了在类体中定义数据成员时，为其直接赋值是非法的，那么如果在类中包含常量或引用类型数据成员时该如何初始化呢？

类的构造函数通过使用 ":" 运算符提供了初始化成员的方法。

【例 5.7】 在构造函数中初始化数据成员。

```
class CBook                                                      // 定义一个类 CBook
{
public:
    char m_BookName[128];                                       // 定义数据成员
    const unsigned int m_Price;                                 // 定义常量数据成员
    int m_ChapterNum;
    CBook()                                                     // 定义默认的构造函数
        :m_Price(32) ,m_ChapterNum(15)                          // 对数据成员进行初始化
    {
        strcpy(m_BookName," 大学英语 ");
    }
};
```

上述代码在定义 CBook 类的构造函数时，对数据成员 m_Price 和 m_ChapterNum 进行了初始化。

✏️ 说明

编译器除了能够提供默认的构造函数外，还可以提供默认的复制构造函数。当函数或方法的参数采用按值传递时，编译器会将实际参数复制一份传递到被调用函数中，如果参数属于某一个类，编译器会调用该类的复制构造函数来复制实际参数到被调用函数。复制构造函数与类的其他构造函数类似，以类名作为函数的名称，但是其参数只有一个，即该类的常量引用类型。因为复制构造函数的目的是为函数复制实际参数，没有必要在复制构造函数中修改参数，因此参数定义为常量类型。

下面的代码为 CBook 类定义了一个复制构造函数。

【例 5.8】 定义复制构造函数。（实例位置：资源包 \TM\sl\5\3）

```
class CBook                                                      // 定义一个 CBook 类
{
public:
    char m_BookName[128];                                       // 定义数据成员 m_BookName
    const unsigned int m_Price;                                 // 定义数据成员 m_Price
    int m_ChapterNum;                                           // 定义数据成员 m_ChapterNum
    CBook()                                                     // 定义默认构造函数
        :m_Price(32),m_ChapterNum(15)                           // 初始化数据成员
```

```
    {
        strcpy(m_BookName," 大学英语 ");
        printf(" 构造函数被调用 \n");                          // 输出信息
    }
    CBook(const CBook &book)                                // 定义复制构造函数
        :m_Price(book.m_Price)                              // 初始化数据成员
    {
        m_ChapterNum = book.m_ChapterNum;                   // 复制 m_ChaperNum 成员数据
        strcpy(m_BookName,book.m_BookName);                 // 复制 m_BookName 成员数据
        printf(" 复制构造函数被调用 \n");                     // 输出信息
    }
};
```

下面定义一个函数，以 CBook 类对象为参数，演示在按值传递函数参数时调用了复制构造函数。

```
void OutputBookInfo(CBook book)                             // 定义一个函数，以 CBook 类对象为参数
{
    printf("%s\n",book.m_BookName);                         // 输出 m_BookName 成员数据
}
int main(int argc, char* argv[])
{
    CBook book;                                             // 定义一个 CBook 类对象 book
    OutputBookInfo(book);                                   // 调用 OutputBookInfo 方法
    return 0;
}
```

执行上述代码，结果如图 5.3 所示。

从图 5.3 中可以发现，执行 "CBook book;" 语句时调用了构造函数，输出了 "构造函数被调用" 的信息。执行 "OutputBookInfo(book);" 语句首先调用复制构造函数，输出 "复制构造函数被调用" 的信息，然后执行 OutputBookInfo 函数，输出 m_BookName 成员的信息。

注意

如果对 OutputBookInfo 函数进行修改，以引用类型作为函数参数，将不会执行复制构造函数。

【例 5.9】 引用类型作为函数参数。（实例位置：资源包 \TM\sl\5\4）

```
void OutputBookInfo(CBook &book)                            // 以 CBook 引用类型作为参数
{
    printf("%s\n",book.m_BookName);                         // 输出信息
}
int main(int argc, char* argv[])
{
    CBook book;                                             // 定义一个 CBook 类对象 book
    OutputBookInfo(book);                                   // 调用 OutputBookInfo 方法
    return 0;
}
```

执行上述代码，结果如图 5.4 所示。

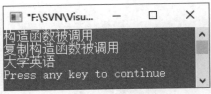
图 5.3　复制构造函数 1

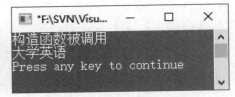
图 5.4　复制构造函数 2

从图 5.4 中可以发现，复制构造函数没有被调用。因为 OutputBookInfo 函数是以引用类型作为参数，函数参数按引用的方式传递，直接将实际参数的地址传递给函数，不涉及复制参数，所以没有调用复制构造函数。

技巧

> 编写函数时，尽量按引用的方式传递参数，这样可以避免调用复制构造函数，极大地提高了程序的执行效率。

2. 析构函数

在介绍完构造函数后，下面介绍一下析构函数。析构函数在对象超出作用范围或使用 delete 运算符释放对象时被调用，用于释放对象占用的空间。如果用户没有显式地提供析构函数，系统会提供一个默认的析构函数。析构函数也是以类名作为函数名，与构造函数不同的是，在函数名前添加一个"~"符号，标识该函数是析构函数。析构函数没有返回值，甚至 void 类型也不可以；析构函数也没有参数，因此不能够重载。这是析构函数与普通函数最大的区别。下面为 CBook 类添加一个析构函数。

【例 5.10】 定义析构函数。（实例位置：资源包 \TM\sl\5\5）

```
~CBook()                                // 定义一个析构函数
{
    m_ChapterNum = 0;                   // 设置成员变量
    memset(m_BookName,0,128);           // 设置成员变量的存储空间数据为 0
    printf(" 析构函数被调用 \n");        // 输出析构函数调用信息
}
```

为了演示析构函数的调用情况，定义一个 CBook 类对象。

```
int main(int argc, char* argv[])
{
    CBook book;                         // 定义一个 CBook 类对象
    printf(" 定义一个 CBook 类对象 \n"); // 输出信息
    return 0;
}
```

执行上述代码，结果如图 5.5 所示。

上述代码中定义了一个 CBook 对象 book，当执行"CBook book;"语句时将调用构造函数输出"构造函数被调用"的信息；然后执行"printf(" 定义一个 CBook 类对象 \n");"语句输出一行信息；最后在函数结束时，也就是 book 对象超出了作用域时调用析构函数释放 book 对象，因此输出了"析构函数被调用"的信息。

图 5.5　析构函数

5.1.4　内联成员函数

在定义函数时，可以使用 inline 关键字将函数定义为内联函数。在定义类的成员函数时，也可以使用 inline 关键字将成员函数定义为内联成员函数。

说明

其实对于成员函数来说，如果其定义是在类体中，即使没有使用 inline 关键字，该成员函数也被认为是内联成员函数。

例如，定义一个内联成员函数。

【例 5.11】　定义内联成员函数。

```
class CUser                                    // 定义一个 CUser 类
{
private:
    char m_Username[128];                      // 定义数据成员
    char m_Password[128];
public:
    char* GetUsername()const                   // 内联成员函数
    {
        return (char*)m_Username;              // 返回结果
    }
};
```

在上述代码中，GetUsername 函数即为内联成员函数，因为函数的定义处于类体中。此外，还可以使用 inline 关键字表示函数为内联成员函数。

【例 5.12】　使用 inline 关键字定义内联成员函数。

```
class CUser                                    // 定义一个 CUser 类
{
private:
    char m_Username[128];                      // 定义数据成员
    char m_Password[128];
public:
    inline char* GetUsername()const;           // 定义一个内联成员函数
};
char* CUser::GetUsername()const                // 实现内联成员函数
{
    return (char*)m_Username;
}
```

此外，还可以在类成员函数的实现部分使用 inline 关键字标识函数为内联成员函数。例如：

```
class CUser                                    // 定义一个 CUser 类
{
private:
    char m_Username[128];                      // 定义数据成员
```

```
    char m_Password[128];
public:
    char* GetUsername()const;                          // 定义成员函数
};
inline char* CUser::GetUsername()const                 // 函数为内联成员函数
{
    return (char*)m_Username;                          // 设置返回值
}
```

说明

对于内联成员函数来说，程序会在函数调用的地方直接插入函数代码，如果函数体语句较多，将会导致程序代码膨胀。因此，将类的析构函数定义为内联成员函数，可能会导致潜在的代码膨胀。

分析下面的代码（假设 CBook 类的析构函数为内联成员函数）。

【例 5.13】 将类的析构函数定义为内联成员函数，可能会导致潜在的代码膨胀。

```
int main(int argc, char* argv[])
{
    CBook book;                                        // 定义一个 CBook 类对象 book
    int state = 0;                                     // 定义一个整型变量
    switch(state)
    {
    case 0:                                            // 分支判断
        {
            printf("%s\n",book.m_BookName);            // 输出信息
            return 0;                                  // 函数结束
        }
    case 1:                                            // 分支判断
        {
            printf("%d\n",book.m_ChapterNum);          // 输出信息
            return 0;                                  // 函数结束
        }
    default:                                           // 默认情况
        return 0;                                      // 函数结束
    }
    return 0;
}
```

由于 CBook 类的析构函数是内联成员函数，因此上述代码在每一个 return 语句之前，析构函数均会被展开。因为 return 语句表示当前函数调用结束，所以 book 对象的生命期也就结束了，自然调用其析构函数。

根据上述分析，main 函数中 switch 语句的编写是非常不明智的，下面对其进行修改，将 return 语句替换为 break 语句。

【例 5.14】 switch 语句的注意事项。

```
int main(int argc, char* argv[])
{
```

```
        CBook book;                                        // 定义一个 CBook 类对象 book
        int state = 0;                                     // 定义一个整型变量
        switch(state)                                      // switch 语句
        {
        case 0:                                            // 分支判断
            {
                printf("%s\n",book.m_BookName);            // 输出信息
                break;                                     // 终止 switch 语句
            }
        case 1:                                            // 分支判断
            {
                printf("%d\n",book.m_ChapterNum);          // 输出信息
                break;                                     // 终止 switch 语句
            }
        default:                                           // 默认处理
            break;
        }
        return 0;
}
```

通过修改 switch 语句，避免了可能产生的代码膨胀，这也是使用 switch 语句应该注意的事项。

5.1.5　静态类成员

本节之前所定义的类成员都是通过对象来访问的，不能通过类名直接访问。如果将类成员定义为静态类成员，则允许使用类名直接访问。静态类成员是在类成员定义前使用 static 关键字标识。

【例 5.15】　定义静态数据成员。

```
class CBook
{
public:
    static unsigned int m_Price;                           // 定义一个静态数据成员
};
```

在定义静态数据成员时，通常需要在类体外部对静态数据成员进行初始化。例如：

```
unsigned int CBook::m_Price = 10;                          // 初始化静态数据成员
```

对于静态数据成员来说，不仅可以通过对象访问，还可以直接使用类名访问。例如：

```
int main(int argc, char* argv[])
{
    CBook book;                                            // 定义一个 CBook 类对象 book
    printf("%d\n",CBook::m_Price);                         // 通过类名访问静态数据成员
    printf("%d\n",book.m_Price);                           // 通过对象访问静态数据成员
    return 0;
}
```

在一个类中，静态数据成员是被所有的类对象所共享的。这就意味着无论定义多少个类对象，类

的静态数据成员只有一份；同时，如果某一个对象修改了静态数据成员，其他对象的静态数据成员（实际上是同一个静态数据成员）也将改变。

【例 5.16】 类对象共享静态数据成员。 （实例位置：资源包 \TM\sl\5\6）

```
int main(int argc, char* argv[])
{
    CBook book,vcbook;                      // 定义两个 CBook 对象
    book.m_Price = 20;                       // 修改静态数据成员
    printf("%d\n",book.m_Price);             // 输出静态数据成员
    printf("%d\n",vcbook.m_Price);           // 输出静态数据成员
    return 0;
}
```

执行上述代码，结果如图 5.6 所示。

由于静态数据成员 m_Price 被所有 CBook 类对象所共享，因此 Book 对象修改了 m_Price 成员，将影响到 vcBook 对象对 m_Price 成员的访问。

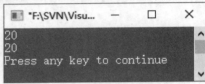

图 5.6　静态数据成员

对于静态数据成员，还需要注意以下几点。

（1）静态数据成员可以是当前类的类型，而其他数据成员只能是当前类的指针或引用类型。

在定义类成员时，对于静态数据成员，其类型可以是当前类的类型，而非静态数据成员则不可以，除非数据成员的类型为当前类的指针或引用类型。

【例 5.17】 静态数据成员可以是当前类的类型。

```
class CBook
{
public:
    static unsigned int m_Price ;
    CBook m_Book;                   // 非法的定义，不允许在该类中定义所属类的对象
    static CBook m_VCbook;          // 正确，静态数据成员允许定义类的所属类对象
    CBook *m_pBook;                 // 正确，允许定义类的所属类的指针类型对象
};
```

（2）静态数据成员可以作为成员函数的默认参数。

在定义类的成员函数时，可以为成员函数指定默认参数，其参数的默认值也可以是类的静态数据成员，但是普通的数据成员则不能作为成员函数的默认参数。

【例 5.18】 静态数据成员可以作为成员函数的默认参数。

```
class CBook                                 // 定义 CBook 类
{
public:
    static unsigned int m_Price ;           // 定义一个静态数据成员
    int m_Pages;                            // 定义一个普通数据成员
    void OutputInfo(int data = m_Price)     // 定义一个函数，以静态数据成员作为默认参数
    {
        printf("%d\n",data);                // 输出信息
    }
    void OutputPage(int page = m_Pages)     // 错误的定义，类的普通数据成员不能作为默认参数
```

```
    {
        printf("%d\n",page);                              // 输出信息
    }
};
```

在介绍完类的静态数据成员后，下面介绍类的静态成员函数。定义类的静态成员函数与定义普通的成员函数类似，只是在成员函数前添加 static 关键字。例如：

```
static void OutputInfo();                                 // 定义类的静态成员函数
```

类的静态成员函数只能访问类的静态数据成员，而不能访问普通的数据成员。例如：

```
class CBook                                               // 定义一个类 CBook
{
public:
    static unsigned int m_Price ;                         // 定义一个静态数据成员
    int m_Pages;                                          // 定义一个普通数据成员
    static void OutputInfo()                              // 定义一个静态成员函数
    {
        printf("%d\n",m_Price);                           // 正确的访问
        printf("%d\n",m_Pages);                           // 非法的访问，不能访问非静态数据成员
    }
};
```

在上述代码中，语句"printf("%d\n",m_Pages);"是错误的，因为 m_Pages 是非静态数据成员，不能在静态成员函数中访问。

📢 注意

静态成员函数不能定义为 const 成员函数，即静态成员函数末尾不能使用 const 关键字。

例如，下面静态成员函数的定义是非法的。

```
static void OutputInfo()const;                            // 错误的定义，静态成员函数不能使用 const 关键字
```

在定义静态成员函数时，如果函数的实现代码处于类体之外，则在函数的实现部分不能再标识 static 关键字。例如，下面的函数定义是非法的。

```
static void CBook::OutputInfo()                           // 错误的函数定义，不能使用 static 关键字
{
    printf("%d\n",m_Price);                               // 输出信息
}
```

上述代码如果去掉 static 关键字则是正确的。

```
void CBook::OutputInfo()                                  // 正确的函数定义
{
    printf("%d\n",m_Price);                               // 输出信息
}
```

5.1.6 隐藏的 this 指针

对于类的非静态成员，每一个对象都有自己的一份备份，即每个对象都有自己的数据成员和成员函数。

【例 5.19】 每一个对象都有自己的一份备份。（实例位置：资源包 \TM\sl\5\7）

```cpp
class CBook                              // 定义一个 CBook 类
{
public:
    int m_Pages;                         // 定义一个数据成员
    void OutputPages()                   // 定义一个成员函数
    {
        printf("%d\n",m_Pages);          // 输出信息
    }
};
int main(int argc, char* argv[])
{
    CBook vbBook,vcBook;                 // 定义两个 CBook 类对象
    vbBook.m_Pages = 512;                // 设置 vbBook 对象的成员数据
    vcBook.m_Pages = 570;                // 设置 vcBook 对象的成员数据
    vbBook.OutputPages();                // 调用 OutputPages 方法输出 vbBook 对象的数据成员
    vcBook.OutputPages();                // 调用 OutputPages 方法输出 vcBook 对象的数据成员
    return 0;
}
```

执行上述代码，结果如图 5.7 所示。

从图 5.7 中可以发现，vbBook 和 vcBook 两个对象均有自己的数据成员 m_Pages，在调用 OutputPages 成员函数时，输出的均是自己的数据成员。在 OutputPages 成员函数中只是访问了 m_Pages 数据成员，那么每个对象在调用 OutputPages 方法时是如何区分自己的数据成员的呢？答案是通过 this 指针。在每个类的成员函数（非静态成员函数）中都隐含包含一个 this 指针，指向被调用对象的指针，其类型为当前类类型的指针类型（在 const 方法中，为当前类类型的 const 指针类型）。当 vbBook 对象调用 OutputPages

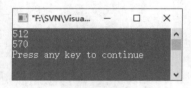

图 5.7 访问对象的数据成员

成员函数时，this 指针指向 vbBook 对象；当 vcBook 对象调用 OutputPages 成员函数时，this 指针指向 vcBook 对象。在 OutputPages 成员函数中，用户可以显式地使用 this 指针访问数据成员。例如：

```cpp
void OutputPages()
{
    printf("%d\n",this->m_Pages);        // 使用 this 指针访问数据成员
}
```

实际上，编译器为了实现 this 指针，在成员函数中自动添加了 this 指针用于对数据成员或方法的访问，类似于上面的 OutputPages 方法。

说明

　　为了将 this 指针指向当前调用对象，并在成员函数中能够使用，在每个成员函数中都隐含包含一个 this 指针作为函数参数，并在函数调用时将对象自身的地址隐含作为实际参数传递。

以 OutputPages 成员函数为例，编译器将其定义为：

```
void OutputPages(CBook* this)                        // 隐含添加 this 指针
{
    printf("%d\n",this->m_Pages);
}
```

　　在对象调用成员函数时，传递对象的地址到成员函数中。以 "vc.OutputPages();" 语句为例，编译器将其解释为 "vbBook.OutputPages(&vbBook);"。这样就使得 this 指针合法，并能够在成员函数中使用。

5.1.7　运算符重载

　　定义两个整型变量后，可以对两个整型变量进行加运算。如果定义两个类对象，它们能否进行加运算呢？答案是不可以。两个类对象是不能直接进行加运算的，因此下面的语句是非法的。

```
CBook vbBook,vcBook,vfBook;                           // 定义 3 个 CBook 对象
vfBook = vbBook + vcBook;                             // 错误的代码，不能进行 CBook 对象加运算
```

　　但是，如果对 "+" 运算符进行重载，则可以实现两个类对象的加运算。

说明

　　运算符重载是 C++ 语言提供的一个重要特性，允许用户对一些编译器提供的运算符进行重载，以实现特殊的含义。

　　下面以为 CBook 类添加运算符重载函数为例来演示如何进行运算符重载。
　　【例 5.20】　为类添加运算符重载函数。

```
class CBook                                           // 定义 CBook 类
{
public:
    int m_Pages;                                      // 定义一个数据成员
    void OutputPages()                                // 定义一个成员函数
    {
        printf("%d\n",m_Pages);                       // 输出信息
    }
    CBook operator+(const CBook &book)                // 定义 "+" 运算符重载函数
    {
        CBook bk;                                     // 定义一个 CBook 对象
        bk.m_Pages = m_Pages + book.m_Pages;          // 实现数据相加
```

```
        return bk;                                    // 返回结果
    }
};
```

在上述代码中，为 CBook 类实现了"+"运算符的重载。运算符重载需要使用 operator 关键字，其后是需要重载的运算符，参数及返回值根据实际需要来设置。通过为 CBook 类实现"+"运算符重载，允许用户实现两个 CBook 对象的加运算。例如：

```
CBook vbBook,vcBook,vfBook;                          // 定义 3 个 CBook 对象
vfBook = vbBook + vcBook;                            // 正确的代码，能够进行 CBook 对象加运算
```

如果用户想要实现 CBook 对象与一个整数相加，可以通过修改重载运算符的参数来实现。例如：

```
CBook operator+(const int page)                      // 实现 CBook 对象与整数相加
{
    CBook bk;                                        // 定义一个 CBook 对象
    bk.m_Pages = m_Pages + page;                     // 设置 bk 对象的 m_Pages 数据成员
    return bk;                                        // 返回结果
}
```

通过修改运算符的参数为整数类型，可以实现 CBook 对象与整数相加。如下面的代码是合法的：

```
CBook vbBook,vfBook;                                 // 定义两个 CBook 对象
vbBook.m_Pages = 10;                                 // 设置 vbBook 对象的 m_Pages
vfBook = vbBook + 10;                                // CBook 对象与 10 相加
vfBook.OutputPages();                                // 输出 vfBook 对象的 m_Pages
```

两个整型变量相加，用户可以调换加数和被加数的顺序，因为加法符合交换律。但是，通过重载运算符实现两个不同类型的对象相加则不可以，因此下面的语句是非法的。

```
vfBook = 10 + vbBook;                                // 非法的代码
```

对于"++"和"－－"运算符，由于涉及前置运算和后置运算，在重载这类运算符时如何区分是前置运算还是后置运算呢？默认情况下，如果重载运算符没有参数，则表示是前置运算。例如：

```
void operator++()                                    // 前置运算
{
    ++m_Pages;
}
```

如果重载运算符使用了整数作为参数，则表示是后置运算。此时的参数值可以被忽略，它只是一个标识，标识后置运算。

```
void operator++(int)                                 // 后置运算
{
    ++m_Pages;
}
```

默认情况下，将一个整数赋值给一个对象是非法的，可以通过重载赋值运算符"="将其变为合法的。例如：

```
void operator = (int page)                          // 重载赋值运算符
{
    m_Pages = page;
}
```

通过重载赋值运算符，可以进行如下形式的赋值。

```
CBook vbBook;                                        // 定义一个 CBook 对象
vbBook = 200;                                        // 利用重载赋值运算符进行赋值
```

此外，用户还可以通过重载构造函数将一个整数赋值给一个对象。例如：

【例 5.21】 通过重载构造函数将一个整数赋值给一个对象。

```
class CBook                                          // 定义一个 CBook 类
{
public:
    int m_Pages;                                     // 定义数据成员
    void OutputPages()                               // 定义成员函数
    {
        printf("%d\n",m_Pages);                      // 输出数据成员
    }
    CBook()                                          // 定义默认的构造函数
    {
        ;
    }
    CBook(int page)                                  // 定义一个重载的构造函数
    {
        m_Pages = page;                              // 为数据成员赋值
    }
};
```

上述代码定义了一个重载的构造函数，以一个整数作为函数参数，这样同样可以将一个整数赋值给一个 CBook 类对象。例如：

```
CBook vbBook;                                        // 定义一个 CBook 对象
vbBook = 200;                                        // 将 200 赋值给 vbBook 对象
```

语句 "vbBook = 200;" 将调用构造函数 CBook(int page) 重新构造一个 CBook 对象，将其赋值给 vbBook 对象。

说明

　　无论是重载赋值运算符还是重载构造函数，都无法实现反向赋值，即将一个对象赋值给一个整型变量。

为了实现将一个对象赋值给一个整型变量的功能，C++ 提供了转换运算符。

【例 5.22】 转换运算符。

```
class CBook                                          // 定义一个 CBook 类
```

```
{
public:
    int m_Pages;                                    // 定义一个数据成员
    void OutputPages()                              // 定义一个成员函数
    {
        printf("%d\n",m_Pages);                     // 输出数据成员
    }
    operator int()                                  // 实现转换运算符
    {
        return m_Pages;                             // 返回结果
    }
};
```

上述代码在定义 CBook 类时定义了一个转换运算符 int，用于实现将 CBook 类赋值给整型变量。转换运算符由关键字 operator 开始，其后是转换为的数据类型。在定义转换运算符时，注意 operator 关键字前没有数据类型，虽然转换运算符实际返回了一个转换后的值，但是不能指定返回值的数据类型。下面的代码演示了转换运算符的应用。

【例 5.23】 转换运算符的应用。（实例位置：资源包 \TM\sl\5\8）

```
int main(int argc, char* argv[])
{
    CBook vbBook;                                   // 定义一个 CBook 对象 vbBook
    vbBook.m_Pages = 300;                           // 为数据成员赋值
    int page = vbBook;                              // 将 vbBook 对象赋值为整型变量
    printf("page 的值为 %d\n",page);                // 输出整型变量
    return 0;
}
```

执行上述代码，结果如图 5.8 所示。

从图 5.8 中可以发现，语句"int page = vbBook;"是将 vbBook 对象的 m_Pages 数据成员赋值给了 page 变量，因此 page 变量的值为 300。

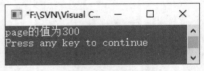

图 5.8 转换运算符

用户在程序中重载运算符时，需要遵守如下规则和注意事项。

（1）并不是所有的 C++ 运算符都可以重载。

C++ 中的大多数运算符都可以进行重载，但是"::""?"":"和"."运算符不能够被重载。

（2）运算符重载存在如下限制。

☑ 不能构建新的运算符。
☑ 不能改变原有运算符操作数的个数。
☑ 不能改变原有运算符的优先级。
☑ 不能改变原有运算符的结合性。
☑ 不能改变原有运算符的语法结构。

（3）运算符重载遵循以下基本准则。

☑ 一元操作数可以是不带参数的成员函数，或者是带一个参数的非成员函数。
☑ 二元操作数可以是带一个参数的成员函数，或者是带两个参数的非成员函数。
☑ "=""[]""->"和"()"运算符只能定义为成员函数。

☑　"->" 运算符的返回值必须是指针类型或者能够使用 "->" 运算符类型的对象。

☑　重载 "++" 和 "--" 运算符时，带一个 int 类型参数，表示后置运算，不带参数表示前置运算。

5.1.8　友元类和友元方法

类的私有方法，只有在该类中允许访问，其他类是不能访问的。在开发程序时，如果两个类的耦合度比较紧密，在一个类中访问另一个类的私有成员会带来很大的方便。C++ 语言提供了友元类和友元方法（或者称为友元函数）来实现访问其他类的私有成员。当用户希望另一个类能够访问当前类的私有成员时，可以在当前类中将另一个类作为自己的友元类，这样在另一个类中即可访问当前类的私有成员。

【例 5.24】　定义友元类。

```cpp
class CItem                                      // 定义一个 CItem 类
{
private:
    char m_Name[128];                            // 定义私有的数据成员
    void OutputName()                            // 定义私有的成员函数
    {
        printf("%s\n",m_Name);                   // 输出 m_Name
    }
public:
    friend  class  CList;                        // 将 CList 类作为自己的友元类
    void SetItemName(const char* pchData)        // 定义公有成员函数，设置 m_Name 成员
    {
        if (pchData != NULL)                     // 判断指针是否为空
        {
            strcpy(m_Name,pchData);              // 赋值字符串
        }
    }
    CItem()                                      // 构造函数
    {
        memset(m_Name,0,128);                    // 初始化数据成员 m_Name
    }
};
class CList                                      // 定义类 CList
{
private:
    CItem m_Item;                                // 定义私有的数据成员 m_Item
public:
    void OutputItem();                           // 定义公有成员函数
};
void CList::OutputItem()                         // OutputItem 函数的实现代码
{
    m_Item.SetItemName("BeiJing");               // 调用 CItem 类的公有方法
    m_Item.OutputName();                         // 调用 CItem 类的私有方法
}
```

在上述代码中，定义 CItem 类时使用了 friend 关键字将 CList 类定义为 CItem 类的友元，这样 CList 类中的所有方法就都可以访问 CItem 类中的私有成员了。在 CList 类的 OutputItem 方法中，语句 "m_Item.OutputName()" 演示了调用 CItem 类的私有方法 OutputName。

在开发程序时，有时需要控制另一个类对当前类的私有成员的访问。例如，只允许 CList 类的某个成员访问 CItem 类的私有成员，而不允许其他成员函数访问 CItem 类的私有数据，此时可以通过定义友元函数来实现。在定义 CItem 类时，可以将 CList 类的某个方法定义为友元方法，这样就限制了只有该方法允许访问 CItem 类的私有成员。

【例 5.25】 定义友元方法。（实例位置：资源包 \TM\sl\5\9）

```cpp
class CItem;                                  // 前导声明 CItem 类
class CList                                   // 定义 CList 类
{
private:
    CItem * m_pItem;                          // 定义私有数据成员 m_pItem
public:
    CList();                                  // 定义默认构造函数
    ~CList();                                 // 定义析构函数
    void OutputItem();                        // 定义 OutputItem 成员函数
};
class CItem                                   // 定义 CItem 类
{
friend void CList::OutputItem();              // 声明友元函数
private:
    char m_Name[128];                         // 定义私有数据成员
    void OutputName()                         // 定义私有成员函数
    {
        printf("%s\n",m_Name);                // 输出数据成员信息
    }
public:
    void SetItemName(const char* pchData)     // 定义公有方法
    {
        if (pchData != NULL)                  // 判断指针是否为空
        {
            strcpy(m_Name,pchData);           // 赋值字符串
        }
    }
    CItem()                                   // 构造函数
    {
        memset(m_Name,0,128);                 // 初始化数据成员 m_Name
    }
};
void CList::OutputItem()                      // CList 类的 OutputItem 成员函数的实现
{
    m_pItem->SetItemName("BeiJing");          // 调用 CItem 类的公有方法
    m_pItem->OutputName();                    // 在友元函数中访问 CItem 类的私有方法 OutputName
}
CList::CList()                                // CList 类的默认构造函数
{
    m_pItem = new CItem();                    // 构造 m_pItem 对象
```

```
}
CList::~CList()                               //CList 类的析构函数
{
    delete m_pItem;                          // 释放 m_pItem 对象
    m_pItem = NULL;                          // 将 m_pItem 对象设置为空
}
int main(int argc, char* argv[])             // 主函数
{
    CList list;                              // 定义 CList 对象 list
    list.OutputItem();                       // 调用 CList 的 OutputItem 方法
    return 0;
}
```

在上述代码中，定义 CItem 类时使用了 friend 关键字将 CList 类的 OutputItem 方法设置为友元函数，在 CList 类的 OutputItem 方法中访问了 CItem 类的私有方法 OutputName。执行上述代码，结果如图 5.9 所示。

> **注意**
>
> 对于友元函数来说，不仅可以是类的成员函数，还可以是一个全局函数。

下面的代码在定义 CItem 类时，将一个全局函数定义为友元函数，这样在全局函数中即可访问 CItem 类的私有成员。

【例 5.26】 将全局函数定义为友元函数。（实例位置：资源包 \TM\sl\5\10）

```
class CItem                                  // 定义 CItem 类
{
friend void OutputItem(CItem *pItem);        // 将全局函数 OutputItem 定义为友元函数
private:
    char m_Name[128];                        // 定义数据成员
    void OutputName()                        // 定义私有方法
    {
        printf("%s\n",m_Name);               // 输出信息
    }
public:
    void SetItemName(const char* pchData)    // 定义公有方法
    {
        if (pchData != NULL)                 // 判断指针是否为空
        {
            strcpy(m_Name,pchData);          // 赋值字符串
        }
    }
    CItem()                                  // 定义构造函数
    {
        memset(m_Name,0,128);                // 初始化数据成员
    }
};
void OutputItem(CItem *pItem)                // 定义全局函数
{
```

```
        if (pItem != NULL)                                  // 判断参数是否为空
        {
            pItem->SetItemName(" 同一个世界，同一个梦想 \n");   // 调用 CItem 类的公有方法
            pItem->OutputName();                            // 调用 CItem 类的私有方法
        }
}
int main(int argc, char* argv[])                            // 主函数
{
    CItem Item;                                             // 定义一个 CItem 类对象 Item
    OutputItem(&Item);                                      // 通过全局函数访问 CItem 类的私有方法
    return 0;
}
```

执行上述代码，结果如图 5.10 所示。

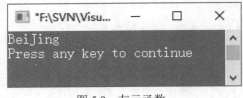
图 5.9　友元函数

图 5.10　全局友元函数

5.1.9　类的继承

继承是面向对象的主要特征（此外还有封装和多态）之一，它使一个类可以从现有类中派生，而不必重新定义一个新类。例如，定义一个员工类，其中包含员工 ID、员工姓名、所属部门等信息；再定义一个操作员类，通常操作员属于公司的员工，因此该类也包含员工 ID、员工姓名、所属部门等信息，此外还包含密码信息、登录方法等。如果当前已经定义了员工类，则在定义操作员类时可以从员工类派生一个新的员工类，然后向其中添加密码信息、登录方法等即可，而不必重新定义员工 ID、员工姓名、所属部门等信息，因为它已经继承了员工类的信息。下面的代码演示了操作员类是如何继承员工类的。

【例 5.27】　类的继承。（实例位置：资源包 \TM\sl\5\11）

```
#define MAXLEN 128                                          // 定义一个宏
class CEmployee                                             // 定义员工类
{
public:
    int m_ID;                                               // 定义员工 ID
    char m_Name[MAXLEN];                                    // 定义员工姓名
    char m_Depart[MAXLEN];                                  // 定义所属部门
    CEmployee()                                             // 定义默认构造函数
    {
        memset(m_Name,0,MAXLEN);                            // 初始化 m_Name
        memset(m_Depart,0,MAXLEN);                          // 初始化 m_Depart
        printf(" 员工类构造函数被调用 \n");                    // 输出信息
    }
void OutputName()                                           // 定义公有方法
```

136

```
{
        printf(" 员工姓名 : %s\n",m_Name);                  // 输出员工姓名
}
};
class COperator :public CEmployee                          // 定义一个操作员类，从 CEmployee 类派生而来
{
public:
        char m_Password[MAXLEN];                           // 定义密码
        bool Login()                                       // 定义登录方法
        {
                if (strcmp(m_Name,"MR")==0 &&               // 比较用户名
                        strcmp(m_Password,"KJ")==0)         // 比较密码
                {
                        printf(" 登录成功 !\n");             // 输出信息
                        return true;                        // 设置返回值
                }
                else
                {
                        printf(" 登录失败 !\n");             // 输出信息
                        return false;                       // 设置返回值
                }
        }
};
```

上述代码在定义 COperator 类时使用了 “:” 运算符，表示该类派生于一个基类；public 关键字表示派生的类型为公有型；其后的 CEmployee 表示 COperator 类的基类，也就是父类。这样，COperator 类将继承 CEmployee 类的所有非私有成员（private 类型成员不能被继承）。

说明

当一个类从另一个类继承时，可以有 3 种派生类型，即公有型（public）、保护型（protected）和私有型（private）。派生类型为公有型时，基类中的 public 数据成员和方法在派生类中仍然是 public，基类中的 protected 数据成员和方法在派生类中仍然是 protected。派生类型为保护型时，基类中的 public、protected 数据成员和方法在派生类中均为 protected。派生类型为私有型时，基类中的 public、protected 数据成员和方法在派生类中均为 private。

下面定义一个操作员对象，演示通过操作员对象调用操作员类的方法以及调用基类——员工类的方法。

```
int main(int argc, char* argv[])
{
        COperator optr;                                    // 定义一个 COperator 类对象
        strcpy(optr.m_Name,"MR");                          // 访问基类的 m_Name 成员
        strcpy(optr.m_Password,"KJ");                      // 访问 m_Password 成员
        optr.Login();                                      // 调用 COperator 类的 Login 方法
        optr.OutputName();                                 // 调用基类 CEmployee 的 OutputName 方法
        return 0;
}
```

执行上述代码，结果如图 5.11 所示。

注意

用户在父类中派生子类时，可能存在一种情况，即在子类中定义了一个与父类的方法同名的方法，称之为子类隐藏了父类的方法。

例如，重新定义 COperator 类，添加一个 OutputName 方法。

【例 5.28】 子类隐藏了父类的方法。（实例位置：资源包 \TM\sl\5\12）

```cpp
class COperator :public CEmployee          // 定义 COperator 类
{
public:
    char m_Password[MAXLEN];                // 定义数据成员
    void OutputName()                       // 定义 OutputName 方法
    {
        printf(" 操作员姓名 : %s\n",m_Name); // 输出操作员姓名
    }
    bool Login()                            // 添加成员函数
    {
        if (strcmp(m_Name,"MR")==0 &&       // 比较用户名
            strcmp(m_Password,"KJ")==0)      // 比较密码
        {
            printf(" 登录成功 !\n");         // 输出登录成功信息
            return true;                     // 返回结果
        }
        else
        {
            printf(" 登录失败 !\n");         // 输出登录失败信息
            return false;                    // 返回结果
        }
    }
};
```

定义一个 COperator 类对象，调用 OutputName 方法。

```cpp
int main(int argc, char* argv[])           // 主方法
{
    COperator optr;                         // 定义 COperator 对象
    strcpy(optr.m_Name,"MR");               // 设置 m_Name 数据成员
    optr.OutputName();                      // 调用 COperator 类的 OutputName 方法
    return 0;
}
```

执行上述代码，结果如图 5.12 所示。

图 5.11 访问父类方法

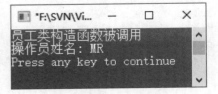

图 5.12 隐藏基类方法

从图 5.12 中可以发现，语句"optr.OutputName();"调用的是 COperator 类的 OutputName 方法，而不是 CEmployee 类的 OutputName 方法。如果用户想要访问父类的 OutputName 方法，需要显式使用父类名。例如：

```
COperator optr;                                    // 定义一个 COperator 类
strcpy(optr.m_Name,"MR");                          // 赋值字符串
optr.OutputName();                                 // 调用 COperator 类的 OutputName 方法
optr.CEmployee::OutputName();                      // 调用 CEmployee 类的 OutputName 方法
```

如果子类隐藏了父类的方法，则父类中所有同名的方法（重载方法）均被隐藏。因此，例 5.29 中黑体部分代码的访问是错误的。

【例 5.29】 如果子类隐藏了父类的方法，则父类中所有同名的方法均被隐藏。

```
#define MAXLEN 128                                 // 定义一个宏
class CEmployee                                    // 定义 CEmployee 类
{
public:
    int m_ID;                                      // 定义数据成员
    char m_Name[MAXLEN];                           // 定义数据成员
    char m_Depart[MAXLEN];                         // 定义数据成员
    CEmployee()
    {
        memset(m_Name,0,MAXLEN);                   // 初始化数据成员
        memset(m_Depart,0,MAXLEN);                 // 初始化数据成员
        printf(" 员工类构造函数被调用 \n");          // 输出信息
    }
    void OutputName()                              // 定义重载方法
    {
        printf(" 员工姓名：%s\n",m_Name);           // 输出信息
    }
    void OutputName(const char* pchData)           // 定义重载方法
    {
        if (pchData != NULL)                       // 判断参数是否为空
        {
            strcpy(m_Name,pchData);                // 复制字符串
            printf(" 设置并输出员工姓名：%s\n",pchData);  // 输出信息
        }
    }
};
class COperator :public CEmployee                  // 定义 COperator 类
{
public:
    char m_Password[MAXLEN];                        // 定义数据成员
    void OutputName()                               // 定义 OutputName 方法，隐藏基类的方法
    {
        printf(" 操作员姓名：%s\n",m_Name);          // 输出信息
    }
    bool Login()                                    // 定义 Login 方法
    {
```

```
            if (strcmp(m_Name,"MR")==0 &&              // 比较用户名
                strcmp(m_Password,"KJ")==0)            // 比较密码
            {
                printf(" 登录成功 !\n");               // 输出信息
                return true;                           // 设置返回值
            }
            else
            {
                printf(" 登录失败 !\n");               // 输出信息
                return false;                          // 设置返回值
            }
        }
};
int main(int argc, char* argv[])
{
    COperator optr;                                    // 定义 COperator 类对象
    optr.OutputName("MR");                             // 错误的代码，不能访问基类的重载方法
    return 0;
}
```

在上述代码中，CEmployee 类中定义了重载的 OutputName 方法，而在 COperator 类中又定义了一个 OutputName 方法，导致父类中的所有同名方法被隐藏。因此，语句 "optr.OutputName("MR");" 是错误的。如果用户想要访问被隐藏的父类方法，依然需要指定父类名称。例如：

```
COperator optr;                                        // 定义一个 COperator 对象
optr.CEmployee::OutputName("MR");                      // 调用基类中被隐藏的方法
```

在派生完一个子类后，可以定义一个父类的类型指针，通过子类的构造函数为其创建对象。例如：

```
CEmployee *pWorder = new COperator ();                 // 定义 CEmployee 类型指针，调用子类构造函数
```

如果使用 pWorder 对象调用 OutputName 方法，如执行 "pWorker->OutputName();" 语句，则执行的是 CEmployee 类的 OutputName 方法还是 COperator 类的 OutputName 方法呢？答案是调用 CEmployee 类的 OutputName 方法。编译器对 OutputName 方法进行的是静态绑定，即根据对象定义时的类型来确定调用哪个类的方法。由于 pWorker 属于 CEmployee 类型，因此调用的是 CEmployee 类的 OutputName 方法。那么是否有方法将 "pWorker->OutputName();" 语句改为执行 COperator 类的 OutputName 方法呢？通过定义虚方法可以实现这一点。

说明

在定义方法（成员函数）时，在方法的前面使用 virtual 关键字，该方法即为虚方法。使用虚方法可以实现类的动态绑定，即根据对象运行时的类型来确定调用哪个类的方法，而不是根据对象定义时的类型来确定调用哪个类的方法。

下面的代码修改了 CEmployee 类的 OutputName 方法，使其变为虚方法。

【例 5.30】 利用虚方法实现动态绑定。（实例位置：资源包 \TM\sl\5\13）

```
#define MAXLEN 128                                     // 定义一个宏
```

```
class CEmployee                         // 定义 CEmployee 类
{
public:
    int m_ID;                           // 定义数据成员
    char m_Name[MAXLEN];                // 定义数据成员
    char m_Depart[MAXLEN];              // 定义数据成员
    CEmployee()                         // 定义构造函数
    {
        memset(m_Name,0,MAXLEN);        // 初始化数据成员
        memset(m_Depart,0,MAXLEN);      // 初始化数据成员
    }
    virtual void OutputName()           // 定义一个虚方法
    {
        printf(" 员工姓名 : %s\n",m_Name);  // 输出信息
    }
};
class COperator :public CEmployee       // 从 CEmployee 类派生一个子类
{
public:
    char m_Password[MAXLEN];            // 定义数据成员
    void OutputName()                   // 定义 OutputName 虚方法
    {
        printf(" 操作员姓名 : %s\n",m_Name);  // 输出信息
    }
};
```

在上述代码中，CEmployee 类中定义了一个虚方法 OutputName，在子类 COperator 类中改写了 OutputName 方法，其中 COperator 类中的 OutputName 方法仍为虚方法，即使没有使用 virtual 关键字。下面定义一个 CEmployee 类型的指针，调用 COperator 类的构造函数构造对象。

```
int main(int argc, char* argv[])
{
    CEmployee *pWorker = new COperator();  // 定义 CEmployee 类型指针，调用 COperator 类构造函数
    strcpy(pWorker->m_Name,"MR");          // 设置 m_Name 数据成员信息
    pWorker->OutputName();                 // 调用 COperator 类的 OutputName 方法
    delete pWorker;                        // 释放对象
    return 0;
}
```

执行上述代码，结果如图 5.13 所示。

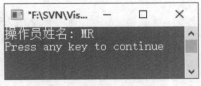

图 5.13　虚方法

从图 5.13 中可以发现，"pWorker->OutputName();" 语句调用的是 COperator 类的 OutputName 方法。

注意

在 C++ 语言中，除了能够定义虚方法外，还可以定义纯虚方法，也就是通常所说的抽象方法。一个包含纯虚方法的类被称为抽象类，抽象类是不能够被实例化的，通常用于实现接口的定义。

下面的代码演示了纯虚方法的定义。

```
#define MAXLEN 128                          // 定义一个宏
class CEmployee                             // 定义 CEmployee 类
{
public:
    int m_ID;                               // 定义数据成员
    char m_Name[MAXLEN];                    // 定义数据成员
    char m_Depart[MAXLEN];                  // 定义数据成员
    virtual void OutputName() = 0;          // 定义抽象方法
};
```

在上述代码中，为 CEmployee 类定义了一个纯虚方法 OutputName。纯虚方法的定义是在虚方法定义的基础上在末尾添加 "= 0"。包含纯虚方法的类是不能够实例化的，因此下面的语句是错误的。

```
CEmployee Worker;                           // 错误的代码，不能实例化抽象类
```

抽象类通常用于作为其他类的父类，从抽象类派生的子类如果也是抽象类，则子类必须实现父类中的所有纯虚方法。

【例 5.31】 实现抽象类中的方法。 （实例位置：资源包 \TM\sl\5\14）

```
class COperator :public CEmployee           // 定义 COperator 类，派生于 CEmployee 类
{
public:
    char m_Password[MAXLEN];                // 定义数据成员
    void OutputName()                       // 实现父类中的纯虚方法
    {
        printf(" 操作员姓名：%s\n",m_Name);   // 输出信息
    }
     COperator()                            // 定义 COperator 类的默认构造函数
    {
    strcpy(m_Name,"MR");                    // 设置数据成员 m_Name 信息
    }
};
class CSystemManager :public CEmployee       // 定义 CSystemManager 类
{
public:
    char m_Password[MAXLEN];                // 定义数据成员
    void OutputName()                       // 实现父类中的纯虚方法
    {
        printf(" 系统管理员姓名：%s\n",m_Name); // 输出信息
    }
     CSystemManager()                       // 定义 CSystemManager 类的默认构造函数
    {
```

```
            strcpy(m_Name,"SK");                        // 设置数据成员 m_Name 信息
    }
};
```

上述代码从 CEmployee 类派生了两个子类，即 COperator 和 CSystemManager。这两个类分别实现了父类的纯虚方法 OutputName。下面编写一段代码演示抽象类的应用。

```
int main(int argc, char* argv[])                        // 主函数
{
    CEmployee *pWorker;                                 // 定义 CEmployee 类型指针对象
    pWorker = new COperator();                          // 调用 COperator 类的构造函数为 pWorker 赋值
    pWorker->OutputName();                              // 调用 COperator 类的 OutputName 方法
    delete pWorker;                                     // 释放 pWorker 对象
    pWorker = NULL;                                     // 将 pWorker 对象设置为空
    pWorker = new CSystemManager();                     // 调用 CSystemManager 类的构造函数为 pWorker 赋值
    pWorker->OutputName();                              // 调用 CSystemManager 类的 OutputName 方法
    delete pWorker;                                     // 释放 pWorker 对象
    pWorker = NULL;                                     // 将 pWorker 对象设置为空
    return 0;
}
```

执行上述代码，结果如图 5.14 所示。

从图 5.14 中可以发现，同样的一条语句"pWorker->OutputName();"，由于 pWorker 指向的对象不同，其行为也不同。

下面分析一下子类对象的创建和释放过程。当从父类派生一个子类后，定义一个子类的对象时，它将依次调用父类的构造函数、当前类的构造函数来创建对象。在释放子类对象时，先调用的是当前类的析构函数，然后是父类的析构函数。下面的代码说明了这一点。

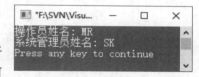

图 5.14　纯虚方法

【例 5.32】　子类对象的创建和释放过程。（实例位置：资源包 \TM\sl\5\15）

```
#define MAXLEN 128                                      // 定义一个宏
class CEmployee                                         // 定义 CEmployee 类
{
public:
    int m_ID;                                           // 定义数据成员
    char m_Name[MAXLEN];                                // 定义数据成员
    char m_Depart[MAXLEN];                              // 定义数据成员
    CEmployee()                                         // 定义构造函数
    {
        printf("CEmployee 类构造函数被调用 \n");         // 输出信息
    }
    ~CEmployee()                                        // 析构函数
    {
        printf("CEmployee 类析构函数被调用 \n");         // 输出信息
    }
};
class COperator :public CEmployee                       // 从 CEmployee 类派生一个子类
{
```

```
public:
    char m_Password[MAXLEN];                              // 定义数据成员
    COperator()                                           // 定义构造函数
    {
        strcpy(m_Name,"MR");                              // 设置数据成员
        printf("COperator 类构造函数被调用 \n");          // 输出信息
    }
    ~COperator()                                          // 析构函数
    {
        printf("COperator 类析构函数被调用 \n");          // 输出信息
    }
};
int main(int argc, char* argv[])                          // 主函数
{

    COperator optr;                                       // 定义一个 COperator 对象
    return 0;
}
```

执行上述代码，结果如图 5.15 所示。

从图 5.15 中可以发现，在定义 COperator 类对象时，调用的是父类 CEmployee 的构造函数，然后是 COperator 类的构造函数。子类对象的释放过程则与其构造过程恰恰相反，先调用自身的析构函数，然后再调用父类的析构函数。

图 5.15　构造函数调用顺序

在分析完对象的构建、释放过程后，考虑这样一种情况——定义一个基类类型的指针，调用子类的构造函数为其构建对象，当对象释放时，是先调用父类的析构函数还是先调用子类的析构函数，再调用父类的析构函数呢？答案是如果析构函数是虚函数，则先调用子类的析构函数，然后再调用父类的析构函数；如果析构函数不是虚函数，则只调用父类的析构函数。可以想象，如果在子类中为某个数据成员在堆中分配了空间，父类中的析构函数不是虚方法，上述情况将使子类的析构函数不会被调用，其结果是对象不能被正确地释放，导致内存泄漏的产生。因此，在编写类的析构函数时，析构函数通常是虚函数。

说明

前面所介绍的子类的继承方式属于单继承，即子类只从一个父类继承公有的和受保护的成员。与其他面向对象语言不同，C++ 语言允许子类从多个父类继承公有的和受保护的成员，称之为多继承。

例如，鸟能够在天空飞翔，鱼能够在水里游，而水鸟既能够在天空飞翔，又能够在水里游，则在定义水鸟类时，可以将鸟和鱼同时作为其基类。下面的代码演示了多继承的应用。

【例 5.33】 实现多继承。（实例位置：资源包 \TM\sl\5\16）

```
class CBird                                               // 定义鸟类
{
public:
    void FlyInSky()                                       // 定义成员函数
    {
```

```
            printf(" 鸟能够在天空飞翔 !\n");                    // 输出信息
        }
        void Breath()                                          // 定义成员函数
        {
            printf(" 鸟能够呼吸 !\n");                          // 输出信息
        }
};
class CFish                                                    // 定义鱼类
{
public:
        void SwimInWater()                                     // 定义成员函数
        {
            printf(" 鱼能够在水里游 !\n");                      // 输出信息
        }
        void Breath()                                          // 定义成员函数
        {
            printf(" 鱼能够呼吸 !\n");                          // 输出信息
        }
};
class CWaterBird: public CBird, public CFish                   // 定义水鸟，从鸟和鱼类派生
{
public:
        void Action()                                          // 定义成员函数
        {
            printf(" 水鸟既能飞又能游 !\n");                    // 输出信息
        }
};
int main(int argc, char* argv[])                               // 主函数
{
        CWaterBird waterbird;                                  // 定义水鸟对象
        waterbird.FlyInSky();                                  // 调用从鸟类继承而来的 FlyInSky 方法
        waterbird.SwimInWater();                               // 调用从鱼类继承而来的 SwimInWater 方法
        return 0;
}
```

执行上述代码，结果如图 5.16 所示。

上述代码定义了鸟类 CBird 和鱼类 CFish，然后从鸟类和鱼类派生了一个子类——水鸟类 CWaterBird，水鸟类自然继承了鸟类和鱼类所有公有和受保护的成员，因此 CWaterBird 类对象能够调用 FlyInSky 和 SwimInWater 方法。在 CBird 类中提供了一个 Breath 方法，在 CFish 类中同样提供了 Breath 方法，如果 CWaterBird 类对象调用 Breath 方法，

图 5.16　多继承

将会执行哪个类的 Breath 方法呢？答案是将会出现编译错误，编译器将产生歧义，不知道具体调用哪个类的 Breath 方法。为了让 CWaterBird 类对象能够访问 Breath 方法，需要在 Breath 方法前具体指定类名。例如：

```
waterbird.CFish::Breath();                                    // 调用 CFish 类的 Breath 方法
waterbird.CBird::Breath();                                    // 调用 CBird 类的 Breath 方法
```

145

在多继承中存在这样一种情况，假如 CBird 类和 CFish 类均派生于同一个父类，如 CAnimal 类，那么当从 CBird 类和 CFish 类派生子类 CWaterBird 时，在 CWaterBird 类中将存在两个 CAnimal 类的备份。能否在派生 CWaterBird 类时，使其只存在一个 CAnimal 基类？为了解决该问题，C++ 语言提供了虚继承的机制。下面的代码演示了虚继承的使用。

【例 5.34】 虚继承。（实例位置：资源包 \TM\sl\5\17）

```cpp
class CAnimal                                // 定义一个动物类
{
public:
    CAnimal()                               // 定义构造函数
    {
        printf(" 动物类被构造 !\n");          // 输出信息
    }
    void Move()                             // 定义成员函数
    {
        printf(" 动物能够移动 !\n");          // 输出信息
    }
};
class CBird : virtual public CAnimal         // 从 CAnimal 类虚继承 CBird 类
{
public:
    CBird()                                 // 定义构造函数
    {
        printf(" 鸟类被构造 !\n");            // 输出信息
    }
    void FlyInSky()                         // 定义成员函数
    {
        printf(" 鸟能够在天空飞翔 !\n");      // 输出信息
    }
    void Breath()                           // 定义成员函数
    {
        printf(" 鸟能够呼吸 !\n");            // 输出信息
    }
};
class CFish: virtual public CAnimal          // 从 CAnimal 类虚继承 CFish
{
public:
    CFish()                                 // 定义构造函数
    {
        printf(" 鱼类被构造 !\n");            // 输出信息
    }
    void SwimInWater()                      // 定义成员函数
    {
        printf(" 鱼能够在水里游 !\n");        // 输出信息
    }
    void Breath()                           // 定义成员函数
    {
        printf(" 鱼能够呼吸 !\n");            // 输出信息
    }
```

```
};
class CWaterBird: public CBird, public CFish          // 从 CBird 和 CFish 类派生子类 CWaterBird
{
public:
    CWaterBird()                                      // 定义构造函数
    {
        printf(" 水鸟类被构造 !\n");                   // 输出信息
    }
    void Action()                                     // 定义成员函数
    {
        printf(" 水鸟既能飞又能游 !\n");                // 输出信息
    }
};
int main(int argc, char* argv[])                      // 主函数
{
    CWaterBird waterbird;                             // 定义水鸟对象
    return 0;
}
```

执行上述代码，结果如图 5.17 所示。

在上述代码中，定义 CBird 类和 CFish 类时使用了关键字 virtual 从基类 CAnimal 派生而来。实际上，虚继承对于 CBird 类和 CFish 类没有多少影响，但是却对 CWaterBird 类产生了很大影响。CWaterBird 类中不再有两个 CAnimal 类的备份，而只存在一个 CAnimal 的备份，图 5.17 充分说明了这一点。

图 5.17 虚继承

通常在定义一个对象时，先依次调用基类的构造函数，最后才调用自身的构造函数。但是对于虚继承来说，情况有些不同。在定义 CWaterBird 类对象时，先调用基类 CAnimal 的构造函数，然后调用 CBird 类的构造函数，这里 CBird 类虽然为 CAnimal 的子类，但是在调用 CBird 类的构造函数时将不再调用 CAnimal 类的构造函数，此操作被忽略了，对于 CFish 类也是同样的道理。

 说明

在程序开发过程中，多继承虽然带来了很多方便，但是很少有人愿意使用它，因为多继承会带来很多复杂的问题，并且多继承能够完成的功能，通过单继承同样也可以实现。如今流行的 C#、Delphi 和 Java 等面向对象语言只采用了单继承，而没有提供多继承的功能是经过设计者充分考虑的。因此，读者在开发应用程序时，如果能够使用单继承实现，尽量不要使用多继承。

5.1.10 类域

在定义类时，每个类都存在一个类域，类的所有成员均处于类域中。当程序中使用点运算符（.）和箭头运算符（->）访问类成员时，编译器会根据运算符前面的对象的类型来确定其类域，并在其类域中查找成员。如果使用域运算符（::）访问类成员，编译器将根据运算符前面的类名来确定其类域，查找类成员。当用户通过对象访问一个不属于类成员的"成员"时，编译器将提示其"成员"没有在

类中定义，因为在类域中找不到该成员。

在类中如果有自定义的类型，则自定义类型的声明顺序是很重要的。在定义类的成员时如果需要使用自定义类型，通常将自定义类型放置在类成员定义的前方，否则将出现编译错误。例如，下面的类定义将是非法的。

【例 5.35】 自定义类型应放置在类成员定义的前方。

```
class CUser                              // 定义一个类
{
private:
    char m_Username[128];                // 定义数据成员
    char m_Password[128];                // 定义数据成员
    UINT m_Wage;                         // 非法的定义，自定义类型 UINT 当前没有定义
public:
    void SetWage(UINT wage)              // 非法的定义，自定义类型 UINT 当前没有定义
    {
        m_Wage = wage;
    }
    typedef unsigned int UINT;           // 自定义类型 UINT
};
```

上述代码中应将自定义类型 UINT 的定义放置在 m_Wage 数据成员定义的前方。下面的类定义是正确的。

```
class CUser                              // 定义一个类
{
private:
    typedef unsigned int UINT;           // 自定义类型 UINT
    char m_Username[128];                // 定义数据成员
    char m_Password[128];                // 定义数据成员
    UINT m_Wage;                         // 定义数据成员
public:
    void SetWage(UINT wage)              // 定义成员函数
    {
        m_Wage = wage;
    }
};
```

说明

如果在类中自定义了一个类型，在类域内该类型将被用来解析成员函数参数的类型名。

5.1.11 嵌套类

C++ 语言允许在一个类中定义另一个类，称之为嵌套类。例如，下面的代码在定义 CList 类时，在内部又定义了一个嵌套类 CNode。

【例 5.36】　定义嵌套类。

```
#define MAXLEN 128                              // 定义一个宏
class CList                                     // 定义 CList 类
{
public:
    class CNode                                 // 嵌套类为公有的
                                                // 定义嵌套类 CNode
    {
        friend class CList;                     // 将 CList 类作为自己的友元类
    private:
        int m_Tag;                              // 定义私有成员
    public:
        char m_Name[MAXLEN];                    // 定义公有数据成员
    };                                          // CNode 类定义结束
public:
    CNode m_Node;                               // 定义一个 CNode 类型数据成员
    void SetNodeName(const char *pchData)       // 定义成员函数
    {
        if (pchData != NULL)                    // 判断指针是否为空
        {
            strcpy(m_Node.m_Name,pchData);      // 访问 CNode 类的公有数据
        }
    }
    void SetNodeTag(int tag)                    // 定义成员函数
    {
        m_Node.m_Tag = tag;                     // 访问 CNode 类的私有数据
    }
};
```

在上述代码中，嵌套类 CNode 中不仅定义了一个私有成员 m_Tag，还定义了一个公有成员 m_Name。对于外围类 CList 来说，通常它不能够访问嵌套类的私有成员，虽然嵌套类是在其内部定义的。但是，上述代码在定义 CNode 类时将 CList 类作为自己的友元类，这便使得 CList 类能够访问 CNode 类的私有成员。

 说明

> 对于内部的嵌套类来说，只允许其在外围的类域中使用，在其他类域或者作用域中是不可见的。

例如，下面的定义是非法的。

```
int main(int argc, char* argv[])
{
    CNode node;                                 // 错误的定义，不能访问 CNode 类
    return 0;
}
```

上述代码在 main 函数的作用域中定义了一个 CNode 对象，导致 CNode 没有被声明的错误。对于 main 函数来说，嵌套类 CNode 是不可见的，但是可以通过使用外围的类域作为限定符来定义 CNode 对象。下面的定义是合法的。

```
int main(int argc, char* argv[])
{
    CList::CNode node;                              // 合法的定义
    return 0;
}
```

上述代码通过使用外围类域作为限定符访问到了 CNode 类。但是这样做通常是不合理的，也是有限制条件的。因为既然定义了嵌套类，通常不允许在外界访问，这违背了使用嵌套类的原则。其次，在定义嵌套类时，如果将其定义为私有的或受保护的，即使使用外围类域作为限定符，外界也无法访问嵌套类。

5.1.12　局部类

类的定义也可以放置在函数中，这样的类称为局部类。

【例 5.37】　定义局部类。

```
void LocalClass()                                   // 定义一个函数
{
    class CBook                                     // 定义一个局部类 CBook
    {
    private:
        int m_Pages;                                // 定义一个私有数据成员
    public:
        void SetPages(int page)                     // 定义公有成员函数
        {
            if (m_Pages != page)
                m_Pages = page;                     // 为数据成员赋值
        }
        int GetPages()                              // 定义公有成员函数
        {
            return m_Pages;                         // 获取数据成员信息
        }
    };
    CBook book;                                     // 定义一个 CBook 对象
    book.SetPages(300);                             // 调用 SetPages 方法
    printf("%d\n",book.GetPages());                 // 输出信息
}
```

上述代码在 LocalClass 函数中定义了一个 CBook 类，该类被称为局部类。对于局部类 CBook 来说，在函数之外是不能够被访问的，因为局部类被封装在了函数的局部作用域中。在局部类中，用户也可以再定义一个嵌套类，其定义形式与 5.1.11 节介绍的嵌套类完全相同，在此不再赘述。

视频讲解

5.2　类　模　板

函数模板为函数的参数、返回值等提供了动态参数化的机制，使用户能够动态设置函数的参数类

型和返回值类型；而类模板能够为类的数据成员、成员函数的参数、返回值提供动态参数化的机制，使用户可以方便地设计出功能更为灵活的类。本节将介绍有关类模板的相关知识。

5.2.1　类模板的定义及应用

在介绍类模板之前，先来设计一个简单的单向链表。链表的功能包括向尾节点添加数据、遍历链表中的节点、在链表结束时释放所有节点，代码如下。

【例 5.38】 定义单向链表。（实例位置：资源包 \TM\sl\5\18）

```cpp
class CNode                                // 定义一个节点类
{
public:
    CNode *m_pNext;                        // 定义一个节点指针，指向下一个节点
    int   m_Data;                          // 定义节点的数据
    CNode()                                // 定义节点类的构造函数
    {
        m_pNext = NULL;                    // 将 m_pNext 设置为空
    }
};
class CList                                // 定义链表类 CList 类
{
private:
    CNode *m_pHeader;                      // 定义头节点
    int   m_NodeSum;                       // 节点数量
public:
    CList()                                // 定义链表的构造函数
    {
        m_pHeader = NULL;                  // 初始化 m_pHeader
        m_NodeSum = 0;                     // 初始化 m_NodeSum
    }
    CNode* MoveTrail()                     // 移动到尾节点
    {
        CNode* pTmp = m_pHeader;           // 定义一个临时节点，将其指向头节点
        for (int i=1;i<m_NodeSum;i++)      // 遍历节点
        {
            pTmp = pTmp->m_pNext;          // 获取下一个节点
        }
        return pTmp;                       // 返回尾节点
    }
    void AddNode(CNode *pNode)             // 添加节点
    {
        if (m_NodeSum == 0)                // 判断链表是否为空
        {
            m_pHeader = pNode;             // 将节点添加到头节点中
        }
        else                               // 链表不为空
        {
            CNode* pTrail = MoveTrail();   // 搜索尾节点
```

```
            pTrail->m_pNext = pNode;                        // 在尾节点处添加节点
        }
        m_NodeSum++;                                        // 使链表节点数量加 1
    }
    void PassList()                                         // 遍历链表
    {
        if (m_NodeSum > 0)                                  // 判断链表是否为空
        {
            CNode* pTmp = m_pHeader;                        // 定义一个临时节点，将其指向头节点
            printf("%4d",pTmp->m_Data);                     // 输出节点数据
            for (int i=1;i<m_NodeSum;i++)                   // 遍历其他节点
            {
                pTmp = pTmp->m_pNext;                       // 获取下一个节点
                printf("%4d",pTmp->m_Data);                 // 输出节点数据
            }
        }
    }
    ~CList()                                                // 定义链表析构函数
    {
        if (m_NodeSum > 0)                                  // 链表不为空
        {
            CNode *pDelete = m_pHeader;                     // 定义一个临时节点，指向头节点
            CNode *pTmp = NULL;                             // 定义一个临时节点
            for(int i=0; i< m_NodeSum; i++)                 // 遍历节点
            {
                pTmp = pDelete->m_pNext;                    // 获取下一个节点
                delete pDelete;                             // 释放当前节点
                pDelete = pTmp;                             // 将下一个节点设置为当前节点
            }
            m_NodeSum = 0;                                  // 将 m_NodeSum 置为 0
            pDelete = NULL;                                 // 将 pDelete 置为空
            pTmp = NULL;                                    // 将 pTmp 置为空
        }
        m_pHeader = NULL;                                   // 将 m_pHeader 置为空
    }
};
```

下面定义一个链表对象，向其中添加节点，并遍历链表节点。

【例 5.39】 遍历单向链表。（实例位置：资源包 **\TM\sl\5\18**）

```
int main(int argc, char* argv[])
{
    CList list;                                             // 定义链表对象
    for(int i=0; i<5; i++)                                  // 利用循环向链表中添加 5 个节点
    {
        CNode *pNode = new CNode();                         // 构造节点对象
        pNode->m_Data = i;                                  // 设置节点数据
        list.AddNode(pNode);                                // 添加节点到链表
    }
    list.PassList();                                        // 遍历节点
```

```
    printf("\n");                                          // 输出换行
    return 0;
}
```

执行上述代码，结果如图 5.18 所示。

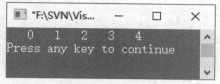

图 5.18 简单链表

分析上述代码中定义的链表类 CList，一个最大的缺陷就是链表不够灵活，其节点只能是 CNode 类型。为了让 CList 能够适应各种类型的节点，一个最简单的方法就是使用类模板。类模板的定义与函数模板类似，以关键字 template 开始，其后是由尖括号 <> 构成的模板参数。下面重新修改链表类 CList，以类模板的形式进行改写。

【例 5.40】 利用类模板设计链表类。（实例位置：资源包 \TM\sl\5\19）

```
template <class Type>                                      // 定义类模板
class CList                                                // 定义 CList 类
{
private:
    Type *m_pHeader;                                       // 定义头节点
    int   m_NodeSum;                                       // 节点数量
public:
    CList()                                                // 定义构造函数
    {
        m_pHeader = NULL;                                  // 将 m_pHeader 置为空
        m_NodeSum = 0;                                     // 将 m_NodeSum 置为 0
    }
    Type* MoveTrail()                                      // 获取尾节点
    {
        Type *pTmp = m_pHeader;                            // 定义一个临时节点，将其指向头节点
        for (int i=1;i<m_NodeSum;i++)                      // 遍历链表
        {
            pTmp = pTmp->m_pNext;                          // 将下一个节点指向当前节点
        }
        return pTmp;                                       // 返回尾节点
    }
    void AddNode(Type *pNode)                              // 添加节点
    {
        if (m_NodeSum == 0)                                // 判断链表是否为空
        {
            m_pHeader = pNode;                             // 在头节点处添加节点
        }
        else                                               // 链表不为空
        {
            Type* pTrail = MoveTrail();                    // 获取尾节点
            pTrail->m_pNext = pNode;                       // 在尾节点处添加节点
```

```
        }
        m_NodeSum++;                                    // 使节点数量加 1
    }
    void PassList()                                     // 遍历链表
    {
        if (m_NodeSum > 0)                              // 判断链表是否为空
        {
            Type* pTmp = m_pHeader;                     // 定义一个临时节点，将其指向头节点
            printf("%4d",pTmp->m_Data);                 // 输出头节点数据
            for (int i=1;i<m_NodeSum;i++)               // 利用循环访问节点
            {
                pTmp = pTmp->m_pNext;                   // 获取下一个节点
                printf("%4d",pTmp->m_Data);             // 输出节点数据
            }
        }
    }
    ~CList()                                            // 定义析构函数
    {
        if (m_NodeSum > 0)                              // 判断链表是否为空
        {
            Type *pDelete = m_pHeader;                  // 定义一个临时节点，将其指向头节点
            Type *pTmp = NULL;                          // 定义一个临时节点
            for(int i=0; i< m_NodeSum; i++)             // 利用循环遍历所有节点
            {
                pTmp = pDelete->m_pNext;                // 将下一个节点指向当前节点
                delete pDelete;                         // 释放当前节点
                pDelete = pTmp;                         // 将当前节点指向下一个节点
            }
            m_NodeSum = 0;                              // 设置节点数量为 0
            pDelete = NULL;                             // 将 pDelete 置为空
            pTmp = NULL;                                // 将 pTmp 置为空
        }
        m_pHeader = NULL;                               // 将 m_pHeader 置为空
    }
};
```

 注意

> 每个模板参数必须由 class 或 typename 标识，不能够利用一个 class 或 typename 关键字定义多个模板参数。

上述代码利用类模板对链表类 CList 进行了修改，实际上是在原来链表的基础上将链表中出现 CNode 类型的地方替换为模板参数 Type。下面再定义一个节点类 CNet，演示模板类 CList 是如何适应不同的节点类型的。

【例 5.41】 演示类模板适应不同的节点类型。（实例位置：资源包 \TM\sl\5\19）

```
class CNet                                             // 定义一个节点类
{
public:
```

```
    CNet *m_pNext;                                        // 定义一个节点类指针
    char   m_Data;                                        // 定义节点类的数据成员
    CNet()                                                // 定义构造函数
    {
        m_pNext = NULL;                                   // 将 m_pNext 置为空
    }
};
int main(int argc, char* argv[])
{
    CList<CNode> nodelist;                                // 构造一个类模板实例
    for(int n=0; n<5; n++)                                // 利用循环向链表中添加节点
    {
        CNode *pNode = new CNode();                       // 创建节点对象
        pNode->m_Data = n;                                // 设置节点数据
        nodelist.AddNode(pNode);                          // 向链表中添加节点
    }
    nodelist.PassList();                                  // 遍历链表
    printf("\n");                                         // 输出换行
    CList<CNet> netlist;                                  // 构造一个类模板实例
    for(int i=0; i<5; i++)                                // 利用循环向链表中添加节点
    {
        CNet *pNode = new CNet();                         // 创建节点对象
        pNode->m_Data = 97+i;                             // 设置节点数据
        netlist.AddNode(pNode);                           // 向链表中添加节点
    }
    netlist.PassList();                                   // 遍历链表
    printf("\n");                                         // 输出换行
    return 0;
}
```

执行上述代码，结果如图 5.19 所示。

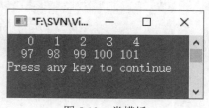

图 5.19　类模板

说明

　　类模板 CList 虽然能够使用不同类型的节点，但是对节点的类型是有一定要求的。节点类必须包含一个指向自身的指针类型成员 m_pNext，因为在 CList 中访问了 m_pNext 成员。节点类中必须包含数据成员 m_Data，其类型被限制为数字类型或有序类型。实际上 m_Data 成员可以是任意类型，只是在 CList 类的 PassList 方法中，笔者为了演示遍历链表节点，使用了"printf("%4d",pTmp->m_Data);"语句输出节点数据，导致 m_Data 只能是数字类型或有序类型。

5.2.2　定义类模板的静态数据成员

在类模板中用户也可以定义静态的数据成员，只是类模板中的每个实例都有自己的静态数据成员，而不是所有的类模板实例共享静态数据成员。为了说明这一点，笔者对类模板 CList 进行简化，向其中添加一个静态数据成员，并初始化静态数据成员。

【例 5.42】 在类模板中使用静态数据成员。（实例位置：资源包 \TM\sl\5\20）

```cpp
template <class Type>                              // 定义一个类模板
class CList                                        // 定义 CList 类
{
private:
    Type *m_pHeader;                               // 定义头节点
    int   m_NodeSum;                               // 节点数量
public:
    static int m_ListValue;                        // 定义静态数据成员
    CList()                                        // 定义构造函数
    {
        m_pHeader = NULL;                          // 将 m_pHeader 置为空
        m_NodeSum = 0;                             // 将 m_NodeSum 置为 0
    }
};
template <class Type>
int CList<Type>::m_ListValue = 10;                 // 初始化静态数据成员
```

下面定义两个类模板实例，分别设置并访问各自的静态数据成员。代码如下：

```cpp
int main(int argc, char* argv[])                   // 主函数
{
    CList<CNode> nodelist;                         // 实例化类模板
    nodelist.m_ListValue = 2022;                   // 设置静态数据成员
    CList<CNet> netlist;                           // 实例化类模板
    netlist.m_ListValue = 88;                      // 设置静态数据成员
    printf("%d\n",nodelist.m_ListValue);           // 输出静态数据成员
    printf("%d\n",netlist.m_ListValue);            // 输出静态数据成员
    return 0;
}
```

执行上述代码，结果如图 5.20 所示。

从图 5.20 中可以发现，类模板实例 nodelist 和 netlist 均有各自的静态数据成员。但是，对于同一类型的类模板实例，其静态数据成员是共享的。

【例 5.43】 同一类型的类模板实例，其静态数据成员是共享的。（实例位置：资源包 \TM\sl\5\21）

```cpp
int main(int argc, char* argv[])                   // 主函数
{
    CList<CNode> nodelist;                         // 定义类模板实例
    nodelist.m_ListValue = 2008;                   // 设置静态数据成员
    CList<CNode> list;                             // 定义类模板实例
    list.m_ListValue = 88;                         // 设置静态数据成员
```

```
    printf("%d\n",nodelist.m_ListValue);                         // 输出数据成员
    printf("%d\n",list.m_ListValue);                             // 输出数据成员
    return 0;
}
```

执行上述代码，结果如图 5.21 所示。

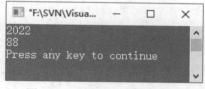

图 5.20　类模板静态数据成员

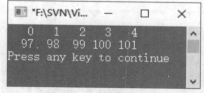

图 5.21　静态数据成员

从图 5.21 中可以发现，类模板实例 nodelist 和 list 共享静态数据成员，因为它们的模板类均为 CNode。

视频讲解

5.3　异　常　处　理

异常是指程序运行时出现的非正常的情况，如访问指针地址无效、除零错误等。为了防止程序因出现异常而中断，C++ 语言提供了异常处理语句，使用户有机会对出现的异常进行处理，增强程序的健壮性。本节将介绍有关 C++ 语言异常处理的相关知识。

5.3.1　异常捕捉语句

在 C++ 语言中，为了处理异常，提供了 try 语句和 catch 语句。try 语句和 catch 语句实际上是两个语句块，try 语句块包含的是可能产生异常的代码，catch 语句块包含的是处理异常的代码。下面编写一段代码，演示 try 语句和 catch 语句的使用。

【例 5.44】　编写异常捕捉语句。（实例位置：资源包 \TM\sl\5\22）

```
try                                     // try 语句块
{
    int x = 20;                         // 定义变量 x
    int y = 0;                          // 定义变量 y
    int ret = x / y;                    // 定义变量 ret，初始值为 ret
    printf(" 执行除法运算 !\n");          // 输出信息
}
catch(...)                              // 捕捉产生的所有异常
{
    printf(" 除法运算错误 !\n");          // 输出异常信息
}
```

执行上述代码，结果如图 5.22 所示。

上述代码有意产生一个除零的错误，使用 try 语句捕捉可能产生的异常，使用 catch 语句处理产生的异常。实际上，如果用户不处理异常，系统会进行默认的处理，但是这通常会导致程序的终止。例如，上述代码如果去除 try 语句和 catch 语句，将会终止程序，并出现如图 5.23 所示的错误。

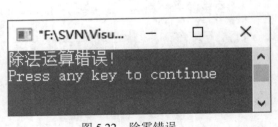

图 5.22　除零错误

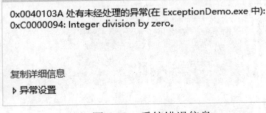

图 5.23　系统错误信息

通过在程序中使用 try 和 catch 语句，用户可以截获可能产生的异常并进行处理，这样可以避免系统进行默认处理，防止了由于异常而导致程序的终止。

在 try 语句中，如果当前代码产生了异常，则 try 语句中其后的代码将不会执行，程序直接跳转到 catch 语句中。在上述的代码中，"int ret=x/y;" 语句引发了除零的异常，程序将执行 catch 语句中的 "printf(" 除法运算错误 !\n");" 语句，而不会再执行 try 语句中的 "printf(" 执行除法运算 !\n");" 语句，因此出现了如图 5.22 所示的结果。

在 catch 语句中出现了 "…" 符号，表示处理所有异常。如果 try 语句中没有产生异常，则不会执行 catch 语句中的代码。实际上一个 try 语句可以对应多个 catch 语句，每一个 catch 语句可以关联一个异常类，当 try 语句中产生的异常与 catch 语句关联的异常匹配时，将执行该 catch 语句中的代码。

> **注意**
>
> try 部分的语句是可能出现错误的语句，该语句必须由大括号包含，即使只有一条语句。catch 部分的语句是处理异常的语句，该部分语句也必须由大括号包含。在 try 程序段后，必须紧跟一个或多个 catch 程序段，这是 C++ 语法所要求的。每个 catch 程序段用于捕获一种类型的异常，并列的 catch 程序段之间不允许插入其他语句。

5.3.2　抛出异常

异常不仅可以由系统触发（代码违规产生的异常），也可以由用户触发。C++ 语句提供了 throw 关键字，用于手动触发异常。对于用户触发的异常，其好处是用户能够定义自己的逻辑规则。例如：

```
try                                          // try 语句块
{
    int x = 20;                              // 定义变量 x
    int y = -10;                             // 定义变量 y
    if (y < 0)                               // 判断 y 是否小于零
        throw " 除数不允许为负数 ";           // 使用 throw 触发异常
    int ret = x / y;                         // 进行触发运算
```

```
        printf(" 执行除法运算 !\n");                               // 输出信息
}
catch(...)                                                        // 处理异常
{
        printf(" 除法运算错误 !\n");                               // 输出信息
}
```

在上述代码中，用户定义了自己的一个除法规则，即如果除数为负数，将触发异常，执行 catch 语句块中的代码。

在程序中，throw 语句通常出现在 try 语句块中。当程序中出现 throw 语句时，其后的代码将不会执行，跳转到 catch 语句块中。因此，上述代码中的"int ret=x/y;"语句和"printf(" 执行除法运算 !\n");"语句不会被执行。下面编写一个除法函数，演示如何自定义异常和触发异常。

【例 5.45】　自定义异常类。（实例位置：资源包 \TM\sl\5\23）

```
class CDivZeroException                                           // 定义一个除零的异常类
{
public:
        char ExceptionMsg[128];                                   // 定义数据成员
        CDivZeroException()                                       // 定义构造函数
        {
                strcpy(ExceptionMsg," 除零错误 ");                 // 设置异常信息
        }
};
class CNegException                                               // 定义一个负数异常类
{
public:
        char ExceptionMsg[128];                                   // 定义数据成员
        CNegException()                                           // 定义构造函数
        {
                strcpy(ExceptionMsg," 除数为负数错误 ");           // 设置异常信息
        }
};
bool Div(int x ,int y,int &ret)                                   // 定义除法函数
{
        try                                                       // 异常捕捉
        {
                if (y == 0)                                       // 判断除数是否为 0
                        throw CDivZeroException();                // 抛出异常
                else if ( y < 0)                                  // 判断除数是否为负数
                        throw CNegException();                    // 抛出异常
                else
                        ret = x / y;                              // 进行除法运算
        }
        catch(CDivZeroException e)                                // 捕捉除零的异常
        {
                printf("%s\n",e.ExceptionMsg);                    // 输出异常信息
                return false;
        }
        catch(CNegException e)                                    // 捕捉除数为负数的异常
        {
                printf("%s\n",e.ExceptionMsg);                    // 输出异常信息
```

```
        return false;
    }
    return true;
}
```

下面调用 Div 函数，将除数设置为负数，使其触发自定义的异常。代码如下：

```
int main(int argc, char* argv[])
{
    int ret;                                    // 定义一个变量
    Div(20,-5,ret);                             // 调用 Div 函数
    return 0;
}
```

执行上述代码，结果如图 5.24 所示。

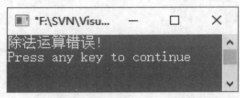

图 5.24   自定义异常

从图 5.24 中可以发现，语句 "Div(20,-5,ret);" 触发了自定义的异常 CNegException。

5.4   小   结

本章首先详细介绍了面向对象程序设计中关于类的定义及应用，包括各种成员函数、构造函数的定义，以及嵌套类、类模板的定义和使用，最后阐述了 C++ 语言提供的异常处理机制。通过本章的学习，读者应该掌握类的基本定义、类方法的调用以及虚函数的动态绑定，这是面向对象程序设计最基本的知识。

5.5   实践与练习

1. 编写一个类，实现对目录的添加、删除操作。（答案位置：资源包 \TM\sl\5\24）
2. 编写一个友元类，实现对另一个类的私有成员的访问。（答案位置：资源包 \TM\sl\5\25）
3. 编写一个虚函数，演示面向对象的动态绑定机制。（答案位置：资源包 \TM\sl\5\26）

第 2 篇

核心技术

　　本篇介绍对话框应用程序设计，常用控件，菜单，工具栏和状态栏，高级控件，自定义 MFC 控件，文本、图形、图像处理，文档与视图等内容。学习完本篇，读者将能够开发一些小型应用程序。

第 6 章

对话框应用程序设计

（📹 视频讲解：**1** 小时 **28** 分钟）

在 Windows 应用程序中，对话框是重要的组成部分。不论是打开文件，还是查询数据，以及数据交换时都会用到对话框，对话框是实现人机交互的一条重要途径。

在 Visual C++ 中，对话框被封装在 CDialog 类中，而该类又派生于 CWnd 类，所以对话框与普通的窗口有很多相似之处，CWnd 类中的多数方法都适用于 CDialog 类。

本章将从基础开始介绍对话框的创建及显示，然后不断地深入介绍对话框，包括属性设置以及控件的操作，并简单介绍 Windows 通用对话框的应用。讲解过程中为了便于读者理解列举了大量的实例。

通过阅读本章，您可以：

▸▸ 了解如何构建应用程序

▸▸ 掌握对话框的创建和显示方法

▸▸ 掌握对话框属性的设置

▸▸ 掌握在对话框中操作控件

▸▸ 掌握对话框成员及成员函数的添加

▸▸ 掌握消息对话框的使用

▸▸ 掌握 Windows 通用对话框的使用

视频讲解

6.1　构建应用程序

在 Visual C++ 中，构建应用程序分为 3 种，分别是对话框应用程序、单文档 / 视图应用程序和多文档 / 视图应用程序。本节主要介绍如何构造这 3 种应用程序。

6.1.1　构建对话框应用程序

在 Visual C++ 6.0 开发环境中提供了 MFC 应用程序向导，以帮助用户创建对话框应用程序，步骤如下。

（1）选择"开始" / "所有程序" /Microsoft Visual Studio 6.0/Microsoft Visual C++ 6.0 命令，打开 Visual C++ 6.0 集成开发环境。

（2）在 Visual C++ 6.0 开发环境中选择 File/New 命令，弹出 New 对话框。在 Projects 选项卡中选择 MFC AppWizard[exe]（MFC 应用程序向导）选项，如图 6.1 所示。

（3）在 Project name 编辑框中输入创建的工程名，在 Location 编辑框中设置工程文件存放的位置，单击 OK 按钮，弹出 MFC AppWizard-Step 1 对话框，如图 6.2 所示。

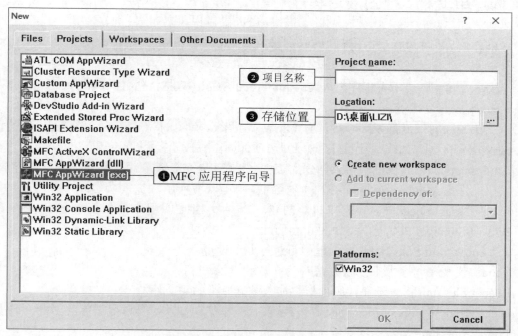

图 6.1　New 对话框

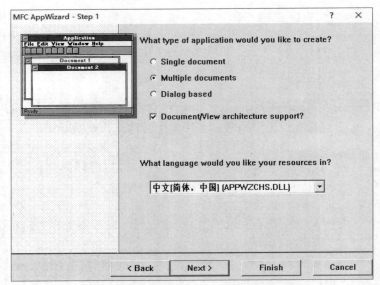

图 6.2　MFC AppWizard-Step 1 对话框

（4）选中 Dialog based 单选按钮，创建一个基于对话框的应用程序，因为对程序没有特殊的要求，所以直接单击 Finish 按钮创建应用程序。

6.1.2　构建单文档 / 视图应用程序

在 Visual C++ 6.0 开发环境中提供了 MFC 应用程序向导帮助用户创建单文档 / 视图应用程序，步骤如下。

（1）选择"开始" / "所有程序" /Microsoft Visual Studio 6.0/Microsoft Visual C++ 6.0 命令，打开 Visual C++ 6.0 集成开发环境。

（2）在 Visual C++ 6.0 开发环境中选择 File/New 命令，弹出 New 对话框。在 Projects 选项卡中选择 MFC AppWizard[exe]（MFC 应用程序向导）选项，如图 6.1 所示。

（3）在 Project name 编辑框中输入创建的工程名，在 Location 编辑框中设置工程文件存放的位置。单击 OK 按钮，弹出 MFC AppWizard-Step 1 对话框，如图 6.2 所示。

（4）选中 Single document 单选按钮，创建一个单文档应用程序框架。单击 Next 按钮，弹出 MFC AppWizard-Step 2 of 6 对话框，如图 6.3 所示。

在 MFC AppWizard-Step 2 of 6 对话框中可进行如下设置。

☑　None：代表在程序中不使用数据库。

☑　Header files only：表示在代码框架中加入数据库类的头文件。

☑　Database view without file support：表示在代码框架中加入对具体数据库的支持，但没有对通过菜单打开指定文件进行支持。

☑　Database view with file support：相对 Database view without file support 增加了通过菜单打开指定文件的支持。

☑　Data Source：设置数据源。

说明

　　如果用户不需要进行其他设置，可以在选中 Single document 单选按钮后直接单击 Finish 按钮创建基于单文档的应用程序。

（5）单击 Next 按钮，弹出 MFC AppWizard-Step 3 of 6 对话框，如图 6.4 所示。

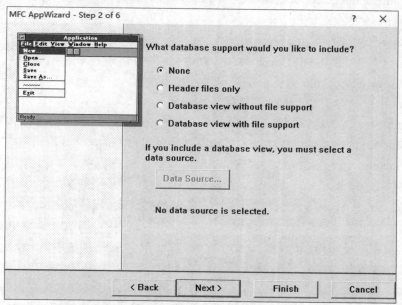

图 6.3　MFC AppWizard-Step 2 of 6 对话框

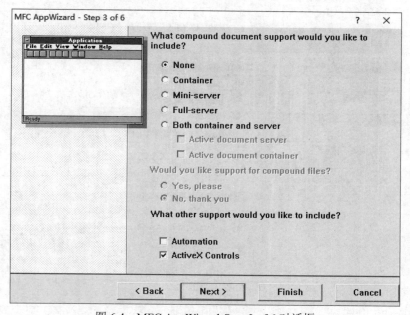

图 6.4　MFC AppWizard-Step 3 of 6 对话框

在 MFC AppWizard-Step 3 of 6 对话框中可以进行如下设置。

☑ None：表示不使用组件。

☑ Container：表示在代码框架中增加对容器的支持。

☑ Mini-server：表示在代码框架中增加对最小组件服务的支持。

☑ Full-server：表示增加对完整组件服务的支持。

☑ Both container and server：表示在代码框架中增加对容器和组件服务两项的支持。

☑ Automation：支持自动化组件。

☑ ActiveX Controls：支持 ActiveX 控件。

（6）单击 Next 按钮，弹出 MFC AppWizard-Step 4 of 6 对话框，如图 6.5 所示。

在 MFC AppWizard-Step 4 of 6 对话框中可以进行如下设置。

☑ Docking toolbar：自动加入浮动工具栏。

☑ Initial status bar：自动加入状态栏。

☑ Printing and print preview：自动加入打印及打印预览命令。

☑ Context-sensitive Help：自动加入帮助按钮。

☑ 3D controls：三维外观。

☑ MAPI(Messaging API)：用于创建、操作、传输和存储电子邮件。

☑ Windows Sockets：基于 TCP/IP 的 Windows 应用程序接口，用于 Internet 编程。

☑ Normal：使用默认风格的工具栏。

☑ Internet Explorer ReBars：使用 IE 风格的工具栏。

☑ Advanced：设置程序中使用的文档模板字符串及窗体的样式。

（7）单击 Next 按钮，弹出 MFC AppWizard-Step 5 of 6 对话框，如图 6.6 所示。

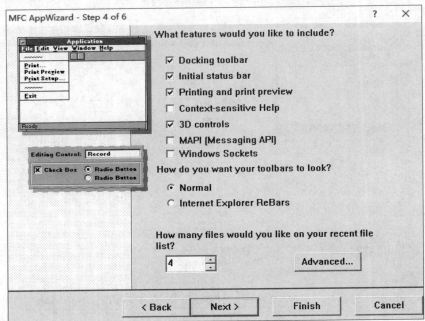

图 6.5　MFC AppWizard-Step 4 of 6 对话框

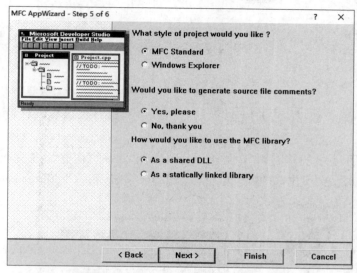

图 6.6　MFC AppWizard-Step 5 of 6 对话框

在 MFC AppWizard-Step 5 of 6 对话框中可以进行如下设置。

☑　MFC Standard：标准 MFC 项目。

☑　Windows Explorer："Windows 资源管理器"风格项目。

☑　Yes，please：在源文件中添加注释。

☑　No，thank you：不添加注释。

☑　As a shared DLL：共享动态链接库。

☑　As a statically linked library：静态链接库。

（8）单击 Next 按钮，弹出 MFC AppWizard-Step 6 of 6 对话框，如图 6.7 所示。

（9）在 MFC AppWizard-Step 6 of 6 对话框中显示了要创建的类、头文件和程序文件的名称信息，并可以在列表框中选择生成视图的基类，单击 Finish 按钮，即可完成构建单文档 / 视图应用程序。

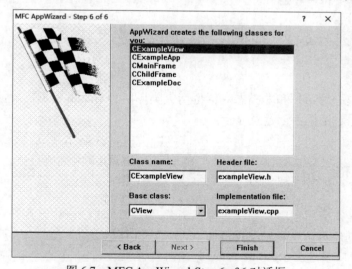

图 6.7　MFC AppWizard-Step 6 of 6 对话框

说明

在 Base class 组合框中可以选择不同的视图类作为当前视图类的基类。

6.1.3　构建多文档 / 视图应用程序

多文档 / 视图应用程序的构建和单文档 / 视图应用程序的构建步骤是相同的，只是在 MFC AppWizard-Step 6 of 6 对话框所生成的文件中会多一个子窗口框架 CChildFrame 类，如图 6.8 所示。

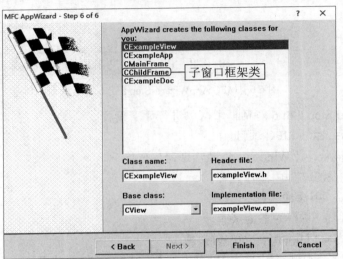

图 6.8　MFC AppWizard-Step 6 of 6 对话框

视频讲解

6.2　对话框的创建及显示

对话框可以分为模态对话框和非模态对话框两大类，两种对话框根据需要应用在不同的程序中。本节将分别介绍这两种对话框的创建及显示。

6.2.1　创建对话框

创建对话框指的是在应用程序中创建对话框资源。在 Visual C++ 中，用户可以通过工作区窗口的 ResourceView 选项卡创建对话框资源，步骤如下。

（1）在工作区窗口中选择 ResourceView 选项卡，右击 Dialog 节点，在弹出的快捷菜单中选择 Insert Dialog 命令，创建一个对话框资源，如图 6.9 所示。

（2）按 Enter 键打开对话框的属性窗口，修改对话框资源的 ID 值，本例为 IDD_SHOW_DIALOG。要使用对话框资源，还需要为对话框创建一个窗口类。双击对话框资源或按 Ctrl+W 键打开类向导，弹出 Adding a Class 对话框，要求用户为新创建的对话框资源新建或选择一个类，如图 6.10 所示。

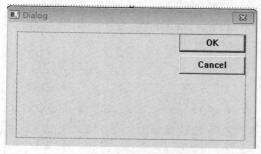

图 6.9　对话框资源

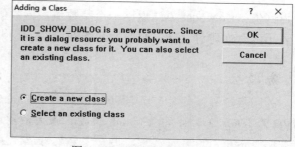

图 6.10　Adding a Class 对话框

（3）选中 Create a new class 单选按钮，单击 OK 按钮，打开 New Class 对话框，在 Name 编辑框中输入类名，如图 6.11 所示。

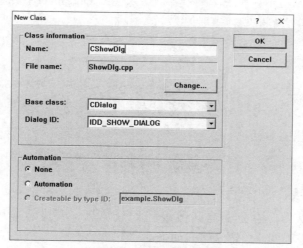

图 6.11　New Class 对话框

（4）单击 OK 按钮，完成类的创建。

6.2.2　显示对话框

在 Windows 系统中，对话框可以分为两类，分别是模态对话框和非模态对话框，两种对话框的显示方法是不同的，下面分别进行介绍。

1．模态对话框的显示（DoModal 方法）

模态对话框的特点是在对话框弹出以后，其他程序会被挂起，只有当前对话框响应用户的操作，在对话框关闭前用户不能在同一应用程序中进行其他操作。

要显示模态对话框，首先要为模态对话框声明一个对象，然后调用该对象的 DoModal 方法进行显示（DoModal 方法用于创建并显示一个模态对话框）。

语法格式如下：

```
virtual int DoModal();
```

返回值：DoModal 方法返回一个整数值，该数值可以应用于 EndDialog 方法。如果方法返回值为 -1，表示没有创建对话框；如果为 IDABORT，表示有其他错误发生。

说明

关闭模态对话框时，可以调用 CDialog 类的 OnOK 方法或 OnCancel 方法。用户单击 OK 按钮（按钮 ID 为 IDOK）时会调用 OnOK 方法，该方法在内部调用了 EndDialog 方法，因此单击 OK 按钮会关闭对话框。通常情况下，用户需要改写该方法，禁止调用基类的 OnOK 方法。当用户在对话框中单击 ID 为 IDCANCEL 的按钮或按 Esc 键时，程序将自动调用 OnCancel 方法，默认情况下 OnCancel 方法在内部调用 EndDialog 方法。如果用户在一个非模态对话框中实现 OnCancel 方法，需要在内部调用 DestroyWindow 方法，而不要调用基类的 OnCancel 方法，因为它调用 EndDialog 方法将使对话框不可见，但不销毁对话框。

【例 6.1】 显示一个模态对话框。

```
CShowDlg dlg;              // 声明对话框类对象
dlg.DoModal();             // 显示模态对话框
```

【例 6.2】 关闭一个模态对话框。

```
CDialog::OnCancel();       // 关闭模态对话框
```

2．非模态对话框的显示（Create 方法）

非模态对话框打开以后，不会影响其他线程处理消息。要显示非模态对话框，首先要调用 CDialog 类的 Create 方法进行创建。语法格式如下：

```
BOOL Create( LPCTSTR lpszTemplateName, CWnd* pParentWnd = NULL );
BOOL Create( UINT nIDTemplate, CWnd* pParentWnd = NULL );
```

相应参数说明如下。

☑　lpszTemplateName：标识资源模板名称。

☑　pParentWnd：标识父窗口指针。

☑　nIDTemplate：标识对话框资源 ID。

返回值：如果对话框创建成功，返回值为非 0，否则为 0。

然后通过 ShowWindow 函数进行显示。语法格式如下：

```
BOOL ShowWindow( int nCmdShow );
```

其中，nCmdShow 指定了窗口的显示状态。

销毁窗口时，要使用 CDialog 类的 DestroyWindow 方法。

说明

如果一个窗口是父窗口，调用该窗口的 DestroyWindow 方法时，将销毁所有的子窗口。

【例 6.3】　显示一个非模态对话框。

```
CShowDlg* dlg = new CShowDlg;                    // 声明对话框指针
dlg->Create(IDD_SHOW_DIALOG,this);               // 创建非模态对话框
dlg->ShowWindow(SW_SHOW);                         // 显示非模态对话框
```

【例 6.4】　销毁一个非模态对话框。

```
dlg->DestroyWindow();                            // 销毁非模态对话框
delete dlg;                                       // 释放指针
```

6.3　对话框属性设置

前面已经介绍了如何创建并显示对话框，本节将介绍如何设置对话框的属性。右击对话框资源，在弹出的快捷菜单中选择 Properties 命令（也可以在选中对话框后按 Enter 键），将弹出 Dialog Properties（对话框属性）对话框，在其中可对对话框的属性进行设置。

6.3.1　设置对话框的标题

在 Dialog Properties 对话框的 General 选项卡中，用户可以通过 Caption 属性来设置对话框的标题，如图 6.12 所示。

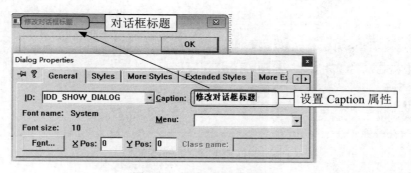

图 6.12　设置对话框的标题

6.3.2　设置对话框的边框风格

在 Dialog Properties 对话框的 Styles 选项卡中，用户可以通过 Border 列表框来设置对话框的边框

风格。在 Border 组合框中选择 None 选项，则对话框显示时没有边框，在使用标签控件时这一属性非常适用，对话框可以在标签页切换时显示；在 Border 组合框中选择 Resizing 选项后，对话框可以随意调整大小。

在设置对话框的边框风格时，还可以设置对话框标题栏是否显示系统菜单，如"最大化"和"最小化"按钮，如图 6.13 所示。

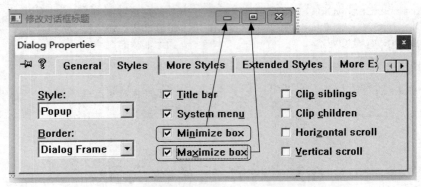

图 6.13　设置对话框的"最大化"和"最小化"按钮

> **注意**
> 如果用户只选中"最大化"和"最小化"按钮中的一个，在显示对话框时两个按钮同样会全部显示，但未被选中的按钮会保持不可用的状态。

6.3.3　使用对话框关联菜单

在 Dialog Properties 对话框的 General 选项卡中，用户可以通过 Menu 组合框来设置对话框所关联的菜单资源，如图 6.14 所示。

图 6.14　使用对话框管理菜单

6.3.4　设置对话框字体

在 Dialog Properties 对话框的 General 选项卡中包含了一个 Font 按钮，用户单击 Font 按钮，在弹出的对话框中可以设置对话框的字体信息，如图 6.15 所示。

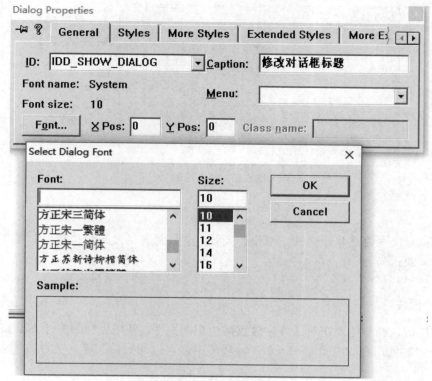

图 6.15　设置对话框字体

视频讲解

6.4　在对话框中操作控件

要使用对话框，只创建资源是不够的，还需要为对话框添加控件才行。本节主要介绍如何使用对话框中的控件。

6.4.1　在对话框中使用控件

1. 放置控件

在 Visual C++ 6.0 开发环境中，系统提供了一个控件面板，用户可以利用鼠标选中其中的控件，将其放置在对话框中。其操作方法是：首先在控件面板中选择要添加的控件，然后将鼠标移动到对话框上，当鼠标指针变成"十"字形时，按住鼠标左键进行绘制，当达到所需要控件的大小时释放鼠标，此时控件将被放置到对话框中，如图 6.16 所示。

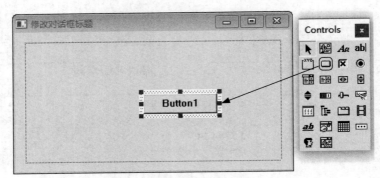

图 6.16　放置控件

技巧
　　在控件面板中选中要选择的控件，不松开鼠标，直接将其拖曳到对话框中，也可以添加控件。此时控件将保持默认的大小。

2．放置多个控件

开发应用程序时，经常需要在对话框中放置多个相同控件，使用上面的方法需要来回地移动鼠标，很麻烦，也很浪费时间。在 Visual C++ 6.0 开发环境中，可以通过以下两种方法向对话框中放置多个相同的控件。

☑　按住 Ctrl 键，用鼠标选择要添加的控件，当鼠标指针变成"十"字形时，按住鼠标左键拖动鼠标，达到所需控件的大小时释放鼠标。重复执行此操作，直到添加完控件为止。

☑　先在对话框中放置一个控件，然后选择该控件，按 Ctrl+C 快捷键复制控件，再按 Ctrl+V 快捷键粘贴控件。

上述两种方法都能向对话框中添加多个相同的控件，第一种速度相对较快，第二种则可以添加大小相同的控件。

6.4.2　控件对齐方式

在设置程序的界面时，将同一种类型的控件对齐排列是非常必要的，这样界面看起来会比较整齐、美观。Visual C++ 6.0 开发环境中提供了多种控件对齐命令，分别位于 Layout 菜单的 Align 和 Space Evenly 子菜单下。下面分别对这些命令进行介绍。

☑　Left 命令：以被选择控件中的当前控件为基准，左边对齐各控件，如图 6.17 所示。

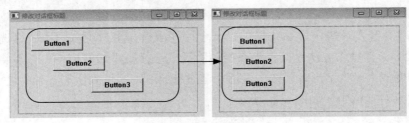

图 6.17　Left 命令

☑ Horiz Center 命令：以被选择控件中的当前控件为基准，水平方向居中对齐控件，如图 6.18 所示。

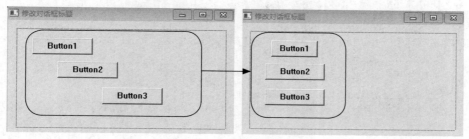

图 6.18 Horiz Center 命令

☑ Right 命令：以被选择控件中的当前控件为基准，右边对齐各控件，如图 6.19 所示。

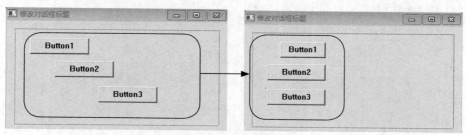

图 6.19 Right 命令

☑ Top 命令：以被选择控件中的当前控件为基准，上边对齐各控件，如图 6.20 所示。

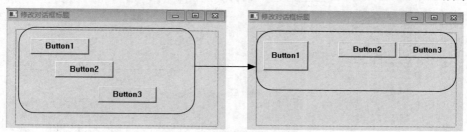

图 6.20 Top 命令

☑ Vert Center 命令：以被选择控件中的当前控件为基准，垂直方向居中对齐各控件，如图 6.21 所示。

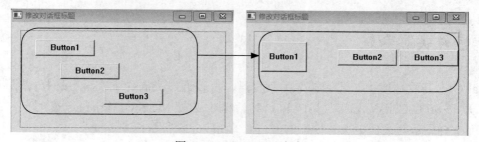

图 6.21 Vert Center 命令

☑ Bottom 命令：以被选择控件中的当前控件为基准，下边对齐各控件，如图 6.22 所示。
☑ Across 命令：使选择的控件水平间距相等，如图 6.23 所示。

☑ Down 命令：使选择的控件垂直间距相等，如图 6.24 所示。

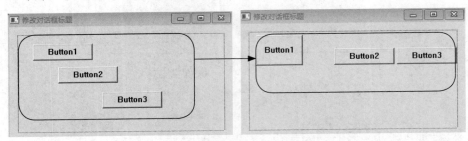

图 6.22　Bottom 命令

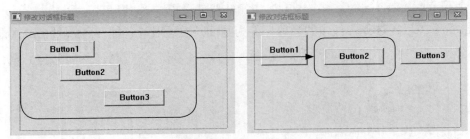

图 6.23　Across 命令

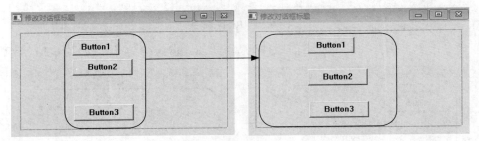

图 6.24　Down 命令

说明
Layout 菜单和 Dialog 工具栏只有在当前窗口是对话框编辑窗口时才会显示出来。

6.4.3　为控件关联变量

在 Visual C++ 开发环境中，要为控件关联变量，可以通过类向导来实现。选择 View/ClassWizard 命令，在打开的 MFC ClassWizard（类向导）对话框中选择 Member Variables 选项卡，在列表框的 Control IDs 列中会显示对话框中所有控件的 ID 值，如图 6.25 所示。

选择一个控件的 ID 值，然后单击 Add Variable 按钮，弹出 Add Member Variable 对话框，在该对话框中设置变量名称和变量类型，如图 6.26 所示。

单击 OK 按钮，即可为控件关联变量，如图 6.27 所示。

说明

一个控件可以同时关联多个不同名称且类型不同的变量。

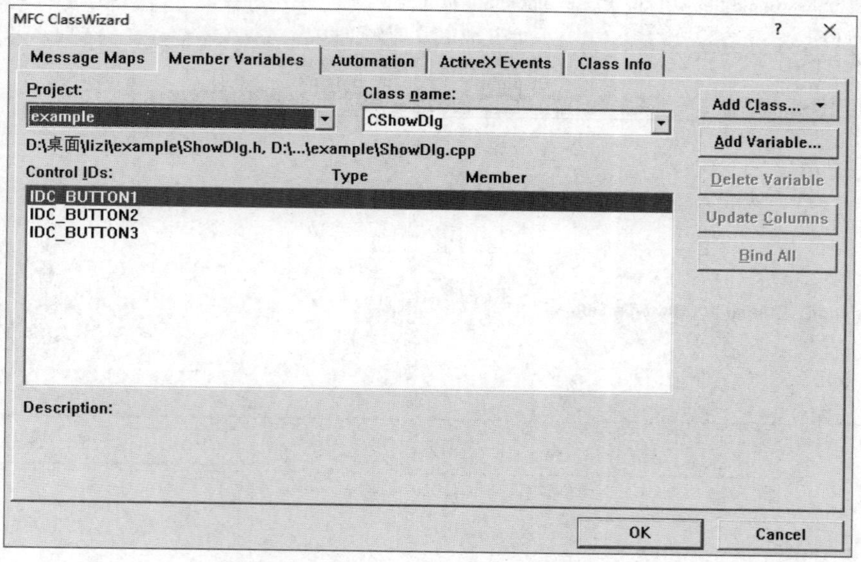

图 6.25 MFC ClassWizard（类向导）对话框

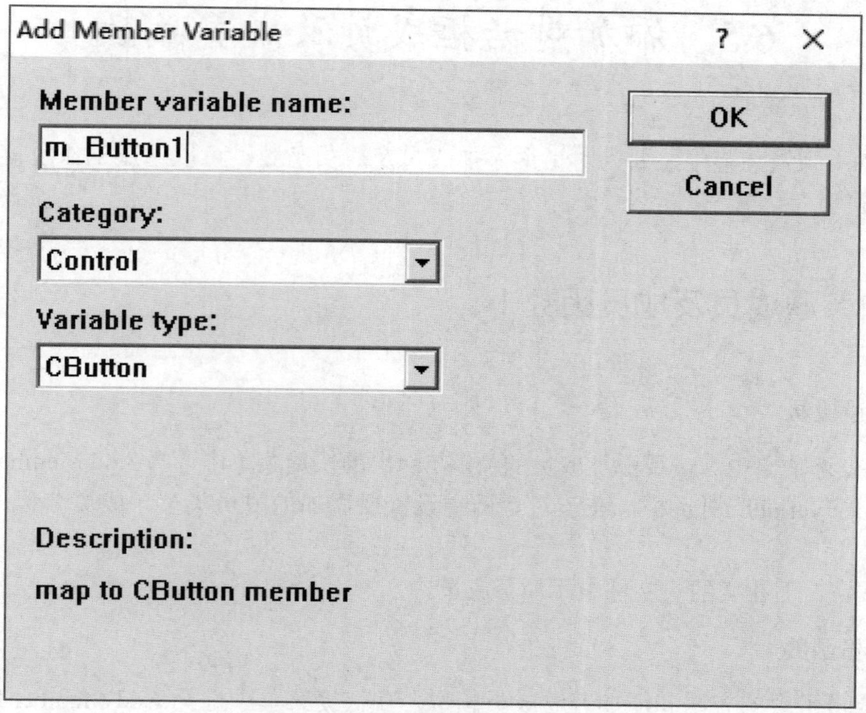

图 6.26 Add Member Variable 对话框

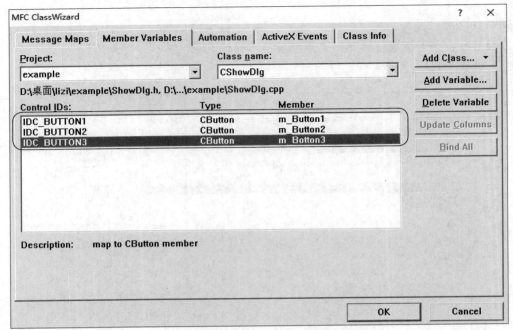

图 6.27　关联变量

6.5　添加对话框成员及成员函数

在 Visual C++ 开发环境中，要为对话框添加成员及成员函数，可以通过工作区窗口的 ClassView 选项卡来实现。

6.5.1　添加普通成员及成员函数

1．添加普通成员

在 ClassView 选项卡中右击要添加成员的类，在弹出的快捷菜单中选择 Add Member Variable 命令，弹出 Add Member Variable 对话框，在该对话框中设置要添加的成员类型、成员名称以及成员的保护权限，如图 6.28 所示。

单击 OK 按钮，即在类的头文件中添加了成员。

2．添加成员函数

为类添加成员函数的方法和添加普通成员相似。在快捷菜单中选择 Add Member Function 命令，弹出 Add Member Function 对话框，设置成员函数的返回值类型、函数名称及成员函数的保护权限，如图 6.29 所示。

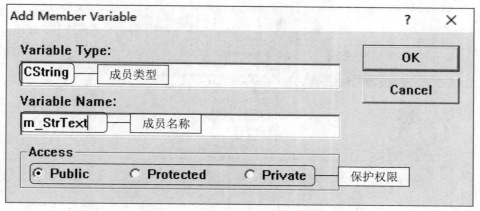

图 6.28 Add Member Variable 对话框

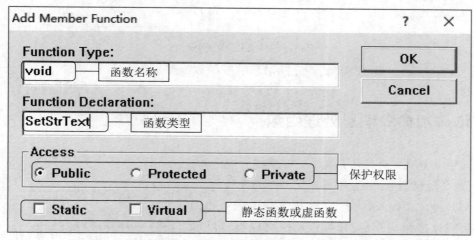

图 6.29 Add Member Function 对话框

单击 OK 按钮，即会在类的头文件中添加成员函数的声明，然后在源文件中找到函数的实现部分，为函数添加实现功能的代码。

注意

如果想添加静态成员函数或虚函数，可以选中 Static 或 Virtual 复选框。

6.5.2 添加消息处理函数

按 Ctrl+W 快捷键，打开 MFC ClassWizard 对话框，选择 Message Maps 选项卡，在 Class name 组合框中选择对话框类，在 Object IDs 列表框中选择资源 ID，在 Messages 列表框中选择要处理的事件，单击 Add Function 按钮，如图 6.30 所示。

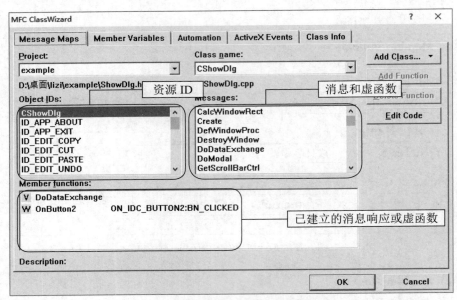

图 6.30　MFC ClassWizard 对话框

单击 Edit Code 按钮，即可跳转到建立的消息响应函数或虚函数中。

6.5.3　手动添加命令消息处理函数

在 Visual C++ 6.0 开发环境中，除了处理系统的消息外，还可以添加自定义命令消息，并处理自定义消息的处理函数。

选择 View/ResourceSymbols 命令，弹出 ResourceSymbols 对话框；单击 New 按钮，弹出 New Symbol 对话框，添加一个新命令标识 NEWMESSAGE，如图 6.31 所示。

打开对话框的源文件，在 BEGIN_MESSAGE_MAP 中添加消息映射。代码如下：

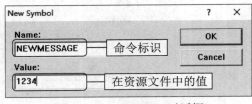

图 6.31　New Symbol 对话框

```
ON_MESSAGE(NEWMESSAGE,OnNewMessage)
```

然后通过添加成员函数的方法添加 OnNewMessage 函数，再在需要触发消息的地方调用 SendMessage 函数来发送消息。

语法格式如下：

```
LRESULT SendMessage( UINT message, WPARAM wParam = 0, LPARAM lParam = 0 );
```

参数说明：

☑　message：发送的命令标识。

☑　wParam：指定附加的消息指定信息。

☑　lParam：指定附加的消息指定信息。

技巧

消息 ID 的添加也可以通过宏常量的形式进行定义。

视频讲解

6.6 消息对话框

消息对话框是一种简单的对话框，不需要用户自己创建即可直接使用。在 Visual C++ 6.0 中提供了 AfxMessageBox 函数和 MessageBox 函数来弹出消息对话框。

语法格式分别如下：

```
int AfxMessageBox( LPCTSTR lpszText, UINT nType = MB_OK, UINT nIDHelp = 0 );
int MessageBox( LPCTSTR lpszText, LPCTSTR lpszCaption = NULL, UINT nType = MB_OK );
```

AfxMessageBox 函数和 MessageBox 函数中的参数说明如表 6.1 所示。

表 6.1　AfxMessageBox 函数和 MessageBox 函数中的参数说明

设　置　值	描　　述
lpszText	消息框中显示的文本为 NULL 时，使用默认标题
nType	消息框中显示的按钮风格和图标风格的组合，可以使用"|"操作符来组合各种风格
nIDHelp	信息的上下文 ID
lpszCaption	消息框的标题

按钮风格如表 6.2 所示。

表 6.2　按钮风格

风　　格	显示的按钮
MB_ABORTRETRYIGNORE	显示"终止""重试""忽略"按钮
MB_OK	显示"确定"按钮
MB_OKCANCEL	显示"确定""取消"按钮
MB_RETRYCANCEL	显示"重试""取消"按钮
MB_YESNO	显示"是""否"按钮
MB_YESNOCANCEL	显示"是""否""取消"按钮

图标风格如表 6.3 所示。

表 6.3　图标风格

显示的图标	风　　格
❌	MB_ICONHAND、MB_ICONSTOP、MB_ICONERROR
❓	MB_ICONQUESTION
⚠	MB_ICONEXCLAMATION、MB_ICONWARNING
ℹ	MB_ICONASTERISK、MB_ICONINFORMATION

【**例 6.5**】　下面在关闭应用程序时使用消息对话框进行确认，程序设计步骤如下。（**实例位置：资源包 \TM\sl\6\1**）

（1）创建一个基于对话框的应用程序，将对话框的 Caption 属性修改为"应用程序"。

（2）删除对话框中自动生成的控件，为对话框处理 WM_CLOSE 消息，在该消息的响应函数中设置弹出消息对话框的功能，代码如下。

```
void CMessageDlg::OnClose()                    //WM_CLOSE 消息响应函数
{
                                               // 判断是否按下"确定"按钮
    if(MessageBox(" 确定要退出应用程序吗？ "," 系统提示 ",MB_OKCANCEL|MB_ICONQUESTION)!=IDOK)
                        return;                // 用户单击"取消"按钮时不退出
    CDialog::OnClose();                        // 退出程序
}
```

实例的运行结果如图 6.32 所示。

图 6.32　消息对话框

注意

　　MessageBox 只能使用在基于 CWin 的子类成员方法中，否则必须使用 AfxMessageBox 函数显示提示框。

视频讲解

6.7　Windows 通用对话框

　　Windows 通用对话框是由操作系统提供的任何应用程序都可获得的对话框。在 Visual C++ 中，对这些对话框进行了封装，用户在开发程序时可以方便地调用这些对话框。Windows 通用对话框从用户处获取消息，返回相应的消息，但不进行消息处理。如果用户要进行进一步的处理，还需要自行添加代码。下面就来介绍一下通用对话框的应用。

6.7.1　使用"文件"对话框打开和保存文件

　　"文件"对话框为打开和保存文件提供了一个方便的接口，在 MFC 中 CFileDialog 类对"文件"

对话框进行了封装。

使用"文件"对话框时要创建一个"文件"对话框对象,通过构造函数进行初始化。

语法格式如下:

```
CFileDialog( BOOL bOpenFileDialog, LPCTSTR lpszDefExt = NULL, LPCTSTR lpszFileName = NULL, DWORD
dwFlags = OFN_HIDEREADONLY | OFN_OVERWRITEPROMPT, LPCTSTR lpszFilter = NULL,CWnd* pParentWnd =
NULL );
```

CFileDialog 构造函数中的参数说明如表 6.4 所示。

表 6.4　CFileDialog 构造函数中的参数说明

参　　数	描　　　　述
bOpenFileDialog	如果值为 TRUE,构造"打开"对话框;为 FALSE,构造"另存为"对话框
lpszDefExt	用于确定文件默认的扩展名,如果为 NULL,没有扩展名被插入到文件名中
lpszFileName	确定编辑框中初始化时的文件名称,如果为 NULL,编辑框中没有文件名称
dwFlags	用于自定义"文件"对话框
lpszFilter	用于指定对话框过滤的文件类型
pParentWnd	标识"文件"对话框的父窗口指针

说明

lpszFilter 参数格式:文件类型说明和扩展名间用"|"分隔,每种文件类型间用"|"分隔,末尾用"||"结束。

在使用"文件"对话框时,还需要通过"文件"对话框的一些常用函数来实现用户需要的功能。"文件"对话框的常用函数如表 6.5 所示。

表 6.5　"文件"对话框的常用函数

函　　数	功　能　描　述
DoModal	用于显示"文件"对话框,供用户选择文件
GetPathName	用于返回用户选择文件的完整路径,包括文件的路径、文件名和文件扩展名
GetFileName	用于返回用户选择的文件名称,包括文件名和扩展名,但不包含路径
GetFileExt	用于返回"文件"对话框中输入的文件扩展名
GetFileTitle	用于返回"文件"对话框中输入的文件名称,不包含路径和扩展名
OnFileNameOK	用于检查"文件"名称是否正确

【例 6.6】　下面使用"文件"对话框打开和保存文件,程序设计步骤如下。**(实例位置:资源包\TM\ sl\6\2)**

(1)创建一个基于对话框的应用程序,将对话框的 Caption 属性修改为"使用'文件'对话框打开和保存文件"。

(2)向对话框中添加两个静态文本控件、一个编辑框控件和两个按钮控件。

（3）处理"打开"按钮的单击事件，在静态正文中显示文件路径，在编辑框中显示文件内容，代码如下。

```cpp
void CFileDialogDlg::OnOpen()                                          // "打开"按钮单击事件处理函数
{
    CFileDialog dlg(TRUE,NULL,NULL,OFN_HIDEREADONLY|OFN_OVERWRITEPROMPT,
        "All Files(*.TXT)|*.TXT||",AfxGetMainWnd());                   // 构造文件打开对话框
    CString strPath,strText="";                                        // 声明变量
    if(dlg.DoModal() == IDOK)                                          // 判断是否按下"打开"按钮
    {
        strPath = dlg.GetPathName();                                  // 获得文件路径
        m_OpenPath.SetWindowText(strPath);                            // 显示文件路径
        CFile file(strPath,CFile::modeRead);                          // 打开文件
        char read[10000];                                             // 声明字符数组
        file.Read(read,10000);                                        // 读取文件内容
        for(int i=0;i<file.GetLength();i++)                           // 根据文件大小设置循环体
        {
            strText += read[i];                                       // 为字符串赋值
        }
        file.Close();                                                 // 关闭文件
        m_FileText.SetWindowText(strText);                            // 显示文件内容
    }
}
```

技巧

在上述代码中，使用字符数组存储文件数据。这里数组大小是固定的，如果文件大小超出数组的大小，程序就会出错。要解决这一问题，可以使用 new/delete 运算符并根据文件大小为字符指针动态分配存储空间，这样就不会出现由于文件过大导致程序出错的问题了。

（4）处理"保存"按钮的单击事件，在静态正文中显示文件路径，将编辑框中的内容保存到文件中，代码如下。

```cpp
void CFileDialogDlg::OnSave()                                          // "打开"按钮单击事件处理函数
{
    CFileDialog dlg(FALSE,NULL,NULL,OFN_HIDEREADONLY|OFN_OVERWRITEPROMPT,
        "All Files(*.TXT)|*.TXT||",AfxGetMainWnd());                   // 构造文件另存为对话框
    CString strPath,strText="";                                        // 声明变量
    char write[10000];                                                 // 声明字符数组
    if(dlg.DoModal() == IDOK)                                          // 判断是否按下"保存"按钮
    {
        strPath = dlg.GetPathName();                                  // 获得文件保存路径
        if(strPath.Right(4) != ".TXT")                                // 判断文件扩展名
            strPath += ".TXT";                                        // 设置文件扩展名
        m_SavePath.SetWindowText(strPath);                            // 显示文件路径
        CFile file(_T(strPath),CFile::modeCreate|CFile::modeWrite);   // 创建文件
        m_FileText.GetWindowText(strText);                            // 获得编辑框中的内容
        strcpy(write,strText);                                        // 将字符串复制到字符数组中
        file.Write(write,strText.GetLength());                        // 向文件中写入数据
```

```
            file.Close();                                                          // 关闭文件
    }
}
```

实例的运行结果如图 6.33 所示。

图 6.33　使用"文件"对话框打开和保存文件

6.7.2　使用"字体"对话框设置文本字体

CFontDialog 类封装了 Windows "字体"对话框。用户可以从系统安装的字体列表中选择要用的字体，同时在"字体"对话框中还可以设置字体大小、颜色、效果和字符集等属性。可以通过构造函数 CFontDialog 构造"字体"对话框。

语法格式如下：

CFontDialog(LPLOGFONT lplfInitial = NULL, DWORD dwFlags = CF_EFFECTS | CF_SCREENFONTS, CDC* pdcPrinter = NULL, CWnd* pParentWnd = NULL);

CFontDialog 构造函数中的参数说明如表 6.6 所示。

表 6.6　CFontDialog 构造函数中的参数说明

参　　数	描　　述
lplfInitial	LOGFONT 结构指针，用于设置默认的字体
dwFlags	用于控制对话框的行为
pdcPrinter	打印机设备内容指针
pParentWnd	"字体"对话框父窗口指针

"字体"对话框的常用函数如表 6.7 所示。

表 6.7　"字体"对话框的常用函数

函　　数	功　能　描　述
DoModal	用于显示"字体"对话框，供用户设置字体
GetCurrentFont	用于获取当前的字体
GetFaceName	用于获取"字体"对话框中选择的字体名称
GetStyleName	用于返回"字体"对话框中选择的字体风格名称
GetSize	用于获取字体的大小
GetColor	用于获取选择的字体颜色
GetWeight	用于获取字体的磅数

【例 6.7】　下面使用"字体"对话框设置编辑框控件中显示文本的字体，程序设计步骤如下。（**实例位置：资源包 \TM\sl\6\3**）

（1）创建一个基于对话框的应用程序，将对话框的 Caption 属性修改为"使用'字体'对话框设置文本字体"。

（2）向对话框中添加一个编辑框控件和一个按钮控件。

（3）在对话框头文件中声明一个 CFont 对象 m_Font。

（4）处理"字体"按钮的单击事件，创建"字体"对话框，设置在编辑框中显示文本的字体，代码如下。

```
void CFontDialogDlg::OnFont()                              // "字体"按钮单击事件处理函数
{
    CFont* TempFont = m_Text.GetFont();                    // 获取编辑框当前字体
    LOGFONT LogFont;                                       // 声明 LOGFONT 结构指针
    TempFont->GetLogFont(&LogFont);                        // 获得字体信息
    CFontDialog dlg(&LogFont);                             // 初始化字体信息
    if(dlg.DoModal()==IDOK)                                // 判断是否按下"确定"按钮
    {
        m_Font.Detach();                                   // 分离字体
        LOGFONT temp;                                      // 声明 LOGFONT 结构指针
        dlg.GetCurrentFont(&temp);                         // 获取当前字体信息
        m_Font.CreateFontIndirect(&temp);                  // 直接创建字体
        m_Text.SetFont(&m_Font);                           // 设置字体
    }
}
```

实例的运行结果如图 6.34 所示。

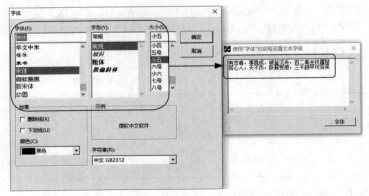

图 6.34　使用"字体"对话框设置文本字体

注意

　　CFont 对象 m_Font 一定要在对话框的头文件中定义，否则无法修改字体。

6.7.3　使用"颜色"对话框设置文本背景颜色

　　"颜色"对话框也是常用的对话框之一，就像画家的调色板一样，用户可以直观地在"颜色"对话框中选择所需要的颜色，也可以创建自定义颜色。CColorDialog 类对"颜色"对话框进行了封装，可以通过构造函数 CColorDialog 构造"颜色"对话框。

　　语法格式如下：

CColorDialog(COLORREF clrInit = 0, DWORD dwFlags = 0, CWnd* pParentWnd = NULL);

　　参数说明：
- ☑　clrInit：标识"颜色"对话框默认时的颜色。
- ☑　dwFlags：一组标记，用于自定义"颜色"对话框。
- ☑　pParentWnd：标识"颜色"对话框的父窗口。

　　"颜色"对话框的常用函数如表 6.8 所示。

表 6.8　"颜色"对话框的常用函数

函　数	功 能 描 述	函　数	功 能 描 述
DoModal	用于显示"颜色"对话框，供用户选择颜色	GetSavedCustomColors	用于返回用户自定义的颜色
GetColor	用于获得用户选择的颜色	SetCurrentColor	用于设置当前选择的颜色

　　【例 6.8】　下面使用"颜色"对话框设置静态文本控件中文本的背景颜色，程序设计步骤如下。（实例位置：资源包 \TM\sl\6\4）

　　（1）创建一个基于对话框的应用程序，将对话框的 Caption 属性修改为"使用'颜色'对话框设置文本背景颜色"。

　　（2）向对话框中添加一个静态文本控件和一个按钮控件。

　　（3）在对话框头文件中声明一个 COLORREF 对象 m_Color。

　　（4）处理"颜色"按钮的单击事件，创建"颜色"对话框，获得选择的颜色，代码如下。

```
void CColorDialogDlg::OnColor()                      // "颜色"按钮单击事件处理函数
{
    CColorDialog dlg(m_Color);                       // 创建"颜色"对话框
    if (dlg.DoModal()==IDOK)                          // 判断是否按下"确定"按钮
    {
        m_Color = dlg.GetColor();                    // 获取用户选择的颜色
        Invalidate();                                // 重绘窗口
    }
}
```

说明

获得用户选择的颜色后要使用 Invalidate 方法重绘窗口，否则程序无法触发 WM_CTLCOLOR 事件重绘控件的背景颜色。

（5）处理对话框的 WM_CTLCOLOR 事件，在该事件的处理函数中设置静态文本控件显示文本的背景颜色，代码如下。

```cpp
HBRUSH CColorDialogDlg::OnCtlColor(CDC* pDC, CWnd* pWnd, UINT nCtlColor)
{
    HBRUSH hbr = CDialog::OnCtlColor(pDC, pWnd, nCtlColor);
    if(nCtlColor == CTLCOLOR_STATIC)                    // 判断是否为静态文本控件
        pDC->SetBkColor(m_Color);                       // 设置文本的背景颜色
    return hbr;
}
```

实例的运行结果如图 6.35 所示。

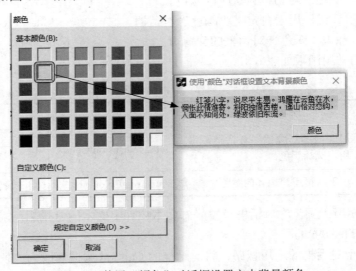

图 6.35　使用"颜色"对话框设置文本背景颜色

6.7.4　使用"查找 / 替换"对话框在文本中替换字符串

使用"查找 / 替换"对话框可以进行查找和替换操作。CFindReplaceDialog 类对"查找 / 替换"对话框进行了封装，可以通过该类的 Create 方法进行创建。

语法格式如下：

```cpp
BOOL Create( BOOL bFindDialogOnly, LPCTSTR lpszFindWhat, LPCTSTR lpszReplaceWith = NULL, DWORD dwFlags = FR_DOWN, CWnd* pParentWnd = NULL );
```

Create 方法中的参数说明如表 6.9 所示。

表 6.9　Create 方法中的参数说明

参　　　数	描　　　述
bFindDialogOnly	标识对话框类型，如果为 TRUE，表示创建"查找"对话框；如果为 FALSE，表示创建"替换"对话框
lpszFindWhat	标识查找字符串
lpszReplaceWith	标识默认的替换字符串
dwFlags	用于自定义对话框，默认值为 FR_DOWN，表示向下查找字符串
pParentWnd	用于指定对话框父窗口指针

"查找 / 替换"对话框的常用函数如表 6.10 所示。

表 6.10　"查找 / 替换"对话框的常用函数

函　　　数	功　能　描　述
FindNext	用于确定是否需要查找下一个字符串
GetNotifier	用于获取"查找""替换"对话框指针
GetFindString	用于获取默认的查找字符串
GetReplaceString	用于获取默认的替换字符串
ReplaceAll	用于确定是否想要替换所有的字符串
ReplaceCurrent	用于确定是否想要替换当前选中的字符串
SearchDown	用于确定是否想要向下查找字符串

【例 6.9】 下面使用"查找 / 替换"对话框在编辑框的文本中替换字符串，程序设计步骤如下。（实例位置：资源包 \TM\sl\6\5）

（1）创建一条基于对话框的应用程序，将对话框的 Caption 属性修改为"使用'查找 / 替换'对话框在文本中替换字符串"。

（2）向对话框中添加一个编辑框控件和一个按钮控件。

（3）在对话框头文件中声明变量，代码如下。

```
CFindReplaceDialog* dlg;                         // 声明"查找 / 替换"对话框指针
int nindex;                                      // 存储查找字符串的起始位置
int rindex;                                      // 替换字符串的大小
BOOL degree;                                     // 判断是否为第一次替换的变量
BOOL find;                                       // 判断是否为进行查找的变量
```

（4）定义一条新消息 WM_FINDMESSAGE，代码如下。

```
static UINT  WM_FINDMESSAGE = RegisterWindowMessage(FINDMSGSTRING);
```

（5）在对话框的头文件和消息映射部分分别添加函数定义和映射宏，代码如下。

```
afx_msg    long OnFindReplace(WPARAM wParam,LPARAM lParam);
ON_REGISTERED_MESSAGE(WM_FINDMESSAGE, OnFindReplace )
```

（6）处理 WM_FINDMESSAGE 消息，在该消息的响应函数中实现查找和替换操作，代码如下。

```
long CReplaceDialogDlg::OnFindReplace(WPARAM wParam, LPARAM lParam)
{
```

```
CString strText,repText;                              // 声明字符串变量
strText = dlg->GetFindString();                       // 获得查找字符串
CString str;                                          // 声明字符串变量
m_Edit.GetWindowText(str);                            // 获得编辑框中的文本
if(dlg->ReplaceCurrent())                             // 判断是否进行替换
        find = FALSE;                                 // 进行替换
else
        find = TRUE;                                  // 进行查找
int len;                                              // 声明整型变量
if(dlg->ReplaceAll())                                 // 判断是否全部替换
{
        repText = dlg->GetReplaceString();            // 获得替换字符串
        len = repText.GetLength();                    // 获得替换字符串长度
        str.Replace(strText,repText);                 // 使用替换字符串替换查找字符串
        m_Edit.SetWindowText(str);                    // 将替换后的字符串显示在编辑框中
}
if(find)                                              // 判断是查找还是替换
{
        len = strText.GetLength();                    // 获得要查找字符串的长度
}
else
{
        CString left,right;                           // 声明字符串变量
        int num = strText.GetLength();                // 获得查找字符串的长度
        int strnum = str.GetLength();                 // 获得编辑框中文本长度
        int index;                                    // 声明整型变量
        int ret = str.Find(strText,0);
        if(ret < 0)
                return 1;
        if(!degree)                                   // 判断是否为第一次替换
                index = str.Find(strText,nindex);     // 获得查找字符串在编辑框文本中的位置
        else if(nindex-rindex >= 0)                   // 判断起始查找位置是否小于 0
                index = str.Find(strText,nindex-rindex); // 获得查找字符串在编辑框文本中的位置
        else
        {
                nindex = rindex;                      // 设置起始查找位置
                return 1;
        }
        degree = TRUE;
        left = str.Left(index);                       // 获得替换字符串左侧的字符串
        right = str.Right(strnum-index-num);          // 获得替换字符串右侧的字符串
        repText = dlg->GetReplaceString();            // 获得替换字符串
        len = repText.GetLength();                    // 获得替换字符串长度
        rindex = len;
        str = left + repText + right;                 // 组合成新的字符串
        m_Edit.SetWindowText(str);                    // 在编辑框中显示新的字符串
}
int index = str.Find(strText,nindex);                 // 获得查找字符串在编辑框文本中的位置
m_Edit.SetSel(index,index+len);                       // 选中查找或替换的字符串
nindex = index+len;                                   // 设置起始查找位置
```

```
    m_Edit.SetFocus();                                          // 编辑框获得焦点

    return 0;
}
```

（7）为"替换"按钮处理单击事件，创建"替换"对话框的代码如下。

```
void CReplaceDialogDlg::OnReplace()                          // "替换"按钮单击事件响应函数
{
    dlg = new CFindReplaceDialog;                           // 为"查找 / 替换"对话框指针赋值
    dlg->Create(FALSE,NULL);                                // 创建"替换"对话框
    dlg->ShowWindow(SW_SHOW);                               // 显示"替换"对话框
}
```

说明

如果要创建"查找"对话框，只要将"dlg->Create(FALSE,NULL);"语句修改为"dlg->Create(TRUE,NULL);"即可。

实例的运行结果如图 6.36 所示。

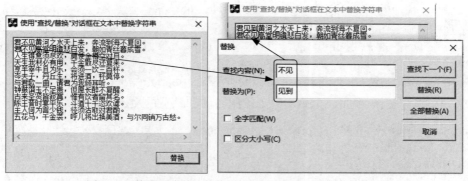

图 6.36　使用"查找 / 替换"对话框在文本中替换字符串

6.7.5　使用"打印"对话框进行打印

"打印"对话框提供了对打印机接口界面的支持，用户可以使用"打印"对话框进行打印。CPrintDialog 类对"打印"对话框进行了封装，可以通过构造函数 CPrintDialog 构造"打印"对话框。语法格式如下：

```
CPrintDialog( BOOL bPrintSetupOnly, DWORD dwFlags = PD_ALLPAGES | PD_USEDEVMODECOPIES |
PD_NOPAGENUMS | PD_HIDEPRINTTOFILE | PD_NOSELECTION, CWnd* pParentWnd = NULL );
```

参数说明：
☑ bPrintSetupOnly：为 TRUE，表示创建"打印设置"对话框；为 FALSE，表示创建"打印"对话框。

☑ dwFlags：自定义对话框的一组标记。

☑ pParentWnd：标识"打印"对话框的父窗口指针。

"打印"对话框的常用函数如表 6.11 所示。

表 6.11　"打印"对话框的常用函数

函　　数	功　能　描　述
DoModal	用于显示"打印"对话框
GetDeviceName	获取当前所选打印设备的名称
GetPrinterDC	获取打印设备上下文句柄
GetPortName	获取当前所选打印机端口
GetDriverName	获取当前打印机的驱动程序名称

【例 6.10】　下面使用"打印"对话框进行打印，程序设计步骤如下。（实例位置：资源包 \TM\ sl\6\6）

（1）创建一个基于对话框的应用程序，将对话框的 Caption 属性修改为"使用'打印'对话框进行打印"。

（2）向对话框中添加一个按钮控件。

（3）在对话框头文件中声明变量，代码如下。

```
CString str[6];                        // 保存打印字符串的字符串数组
CFont font;                            // 字体对象
int screenx,screeny;                   // 屏幕每英寸像素数
int printx,printy;                     // 打印机每英寸像素数
double ratex,ratey;                    // 打印机与屏幕的像素比
```

（4）定义一个自定义函数 DrawText，用于绘制打印和预览的文本，代码如下。

```
void CPrintDialogDlg::DrawText(CDC *pDC, BOOL isprinted)    // 自定义函数
{
    CFont font;
    if(!isprinted)                                          // 预览
    {
        ratex = 1;                                          // 当预览时设置比率为 1
        ratey = 1;                                          // 当预览时设置比率为 1
    }
    else                                                    // 判断是打印
    {
        pDC->StartDoc("printinformation");                  // 开始打印
    }
    font.CreatePointFont(120," 宋体 ",pDC);                 // 创建字体
    for(int i=0;i<6;i++)                                    // 设置循环
    {
        pDC->SelectObject(&font);                           // 将字体选入设备上下文
        pDC->TextOut(int(50*ratex),int((50+i*30)*ratey),str[i]);  // 打印文本
    }
    if(isprinted)                                           // 判断是打印
    {
        pDC->EndDoc();                                      // 结束打印
```

192

```
        }
}
```

（5）在 OnPaint 函数中获取屏幕每逻辑英寸的像素值并进行预览的绘制，代码如下。

```
CDC* pDC = GetDC();                                    // 获得屏幕上下文
screenx = pDC->GetDeviceCaps(LOGPIXELSX);              // 获得屏幕像素
screeny = pDC->GetDeviceCaps(LOGPIXELSY);              // 获得屏幕像素
DrawText(pDC,FALSE);                                   // 绘制打印预览
```

（6）处理 WM_CTLCOLOR 消息，在该消息中将对话框的背景颜色改为白色。

（7）处理"打印"按钮的单击事件，创建"打印"对话框进行打印，代码如下。

```
void CPrintDialogDlg::OnPrint()                        // "打印"按钮单击事件的处理函数
{
    DWORD dwflags=PD_ALLPAGES | PD_NOPAGENUMS | PD_USEDEVMODECOPIES
        | PD_SELECTION | PD_HIDEPRINTTOFILE;           // 设置"打印"对话框属性
    CPrintDialog dlg(FALSE,dwflags,NULL);              // 构造"打印"对话框
    if(dlg.DoModal()==IDOK)                            // 显示"打印"对话框
    {
        CDC dc;                                        // 声明设备上下文
        dc.Attach(dlg.GetPrinterDC());                 // 获得打印机上下文
        printx = dc.GetDeviceCaps(LOGPIXELSX);         // 获得打印机像素
        printy = dc.GetDeviceCaps(LOGPIXELSY);         // 获得打印机像素
        ratex  = (double)(printx)/screenx;             // 计算屏幕和打印机像素比率
        ratey  = (double)(printy)/screeny;             // 计算屏幕和打印机像素比率
        DrawText(&dc,TRUE);                            // 绘制打印文本
    }
}
```

说明

在不同设备上下文中使用参数为 LOGPIXELSX、LOGPIXELSY 的 GetDeviceCaps 函数，可以获得不同设备上下文的水平和垂直像素数。

实例的运行结果如图 6.37 所示。

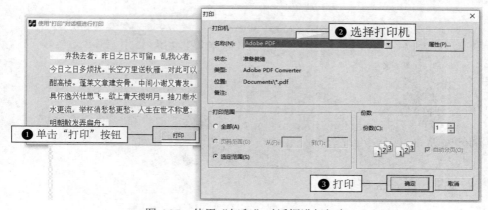

图 6.37　使用"打印"对话框进行打印

6.7.6 使用"浏览文件夹"对话框选择文件夹

在进行文件操作时，除了使用"文件"对话框来获得文件路径外，还常常要获得文件夹的路径，这就需要使用"浏览文件夹"对话框。可以通过 API 函数 SHBrowseForFolder 来显示"浏览文件夹"对话框。语法格式如下：

```
WINSHELLAPI LPITEMIDLIST WINAPI SHBrowseForFolder( LPBROWSEINFO lpbi );
```

其中，lpbi 指 BROWSEINFO 结构指针。

通过 BROWSEINFO 结构可以设置"浏览文件夹"对话框的信息。

【例 6.11】 下面使用"浏览文件夹"对话框选择文件夹，程序设计步骤如下。（实例位置：资源包 \TM\sl\6\7）

（1）创建一个基于对话框的应用程序，将对话框的 Caption 属性修改为"使用'浏览文件夹'对话框选择文件夹"。

（2）向对话框中添加一个群组框控件、一个静态文本控件和一个按钮控件。

（3）处理"选择文件夹"按钮的单击事件，代码如下。

```
void CBrowseDlg::OnGetbrowse()
{
    CString ReturnPach;                                 // 字符串变量
    TCHAR szPath[_MAX_PATH];                            // 保存路径变量
    BROWSEINFO bi;                                      // BROWSEINFO 结构变量
    bi.hwndOwner    = NULL;                             // HWND 句柄
    bi.pidlRoot     = NULL;                             // 默认值为 NULL
    bi.lpszTitle    = _T(" 文件浏览对话框 ");            // 对话框标题
    bi.pszDisplayName = szPath;                         // 选择文件夹路径
    bi.ulFlags      = BIF_RETURNONLYFSDIRS;             // 标记
    bi.lpfn         = NULL;                             // 默认值为 NULL
    bi.lParam       = NULL;                             // 回调消息
    LPITEMIDLIST pItemIDList = SHBrowseForFolder(&bi);  // 显示"浏览文件夹"对话框
    if(pItemIDList)
    {
        if(SHGetPathFromIDList(pItemIDList,szPath))     // 判断是否获得文件夹路径
            ReturnPach = szPath;                        // 获得文件夹路径
    }
    else
    {
        ReturnPach = "";                                // 文件夹路径为空
    }
    m_Path.SetWindowText(ReturnPach);                   // 显示文件夹路径
}
```

实例的运行结果如图 6.38 所示。

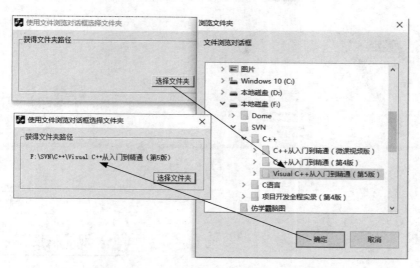

图 6.38　使用"浏览文件夹"对话框选择文件夹

注意

在使用"浏览文件夹"对话框时，SHGetPathFromIDList 函数中的路径应使用字符串数组或指针，不能使用 CString 声明的字符串变量。

6.8　小　　结

通过本章的学习，读者可以初步了解对话框应用程序的构建及使用，包括对话框的创建、显示、属性设置等方面，还介绍了控件在对话框中如何布局以及成员和成员函数的添加，并通过实例介绍了 Windows 通用对话框的使用，使读者可以更加全面地了解对话框。

6.9　实践与练习

1. 设计一个可以显示图片预览的"打开"对话框，效果见资源包中的实例。（答案位置：资源包 \TM\ sl\6\8）

2. 设计一个能隐藏对话框中控件的"文件"对话框，效果见资源包中的实例。（答案位置：资源包 \TM\ sl\6\9）

3. 设计一个"页面设置"对话框，效果见资源包中的实例。（答案位置：资源包 \TM\sl\6\10）

第 7 章

常用控件

（视频讲解：51 分钟）

    控件是所有应用程序都不可或缺的组成部分，通过控件可以使用户和计算机进行良好的交互。本章将对 Visual C++ 开发环境中的常用控件进行介绍，使读者初步了解控件，为以后使用高级控件打下良好的基础。本章通过设置控件的属性和方法来介绍控件，为了便于读者理解，在讲解过程中列举了大量的实例。

    通过阅读本章，您可以：

▶▶   掌握静态文本控件的应用

▶▶   掌握编辑框控件的应用

▶▶   掌握图像控件的应用

▶▶   掌握按钮控件的应用

▶▶   掌握复选框控件的应用

▶▶   掌握单选按钮控件的应用

▶▶   掌握组合框控件的应用

▶▶   掌握列表框控件的应用

▶▶   掌握进度条控件的应用

视频讲解

7.1　静态文本控件

静态文本控件用于显示信息，是一种单向交互的控件，不能接受输入。本节通过几个简单的案例对静态文本控件进行介绍。

7.1.1　设置显示文本

1．通过 caption 属性设置显示文本

在对话框中选择静态文本控件，按 Enter 键打开控件的属性窗口，通过 Caption 属性修改控件的显示文本，如图 7.1 所示。

2．通过函数设置显示文本

控件都是从 CWnd 类中派生的，所以也可以使用 CWnd 类中的 SetWindowText 函数来显示文件。语法格式如下：

```
BOOL SetWindowText( LPCTSTR lpszString );
```

其中，lpszString 表示显示的字符串。

【例 7.1】　通过函数显示文本。

首先为静态文本控件关联一个 CStatic 类型的变量，然后通过该变量调用 SetWindowText 函数，在其中设置显示文本。代码如下：

```
m_Static.SetWindowText(" 使用函数显示静态文本控件的显示文本 ");
```

程序运行结果如图 7.2 所示。

图 7.1　通过 caption 属性设置显示文本

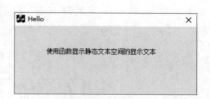

图 7.2　通过函数设置显示文本

7.1.2　设置文本颜色

设置静态文本控件的文本颜色，可以使用 SetTextColor 函数来进行。
语法格式如下：

```
virtual COLORREF SetTextColor( COLORREF crColor );
```

其中，crColor 表示设置的颜色。

【例 7.2】　设置静态文本控件中的文本颜色。

首先设置静态文本控件显示的文本，然后处理对话框的 WM_CTLCOLOR 消息，在该消息中调用 SetTextColor 函数设置文本颜色。代码如下：

```
if(nCtlColor == CTLCOLOR_STATIC)
        pDC->SetTextColor(RGB(255,0,0));
```

程序运行结果如图 7.3 所示。

图 7.3　设置静态文本控件中的文本颜色

7.1.3　模拟按钮控件的单击事件

通过静态文本控件的 BN_CLICKED 消息，可以模拟按钮控件的单击事件。

【例 7.3】　使用静态文本控件模拟按钮控件的单击事件。

设置控件的显示文本，然后选择 Notify 属性，在 BN_CLICKED 消息的处理函数中添加实现代码，弹出一个消息对话框。代码如下：

```
void CExampleDlg::OnStatic1()
{
    MessageBox(" 模拟单击事件 ");
}
```

程序运行结果如图 7.4 所示。

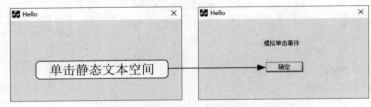

图 7.4　模拟按钮控件的单击事件

注意

在使用该事件之前，需要选择静态文本控件的 Notify 属性，否则无法实现单击功能。

7.2 编辑框控件

编辑框既可以进行输出，也可以接受用户的输入，并可以进行复制、剪切、粘贴和删除等操作。本节通过一些常用的属性来介绍编辑框的使用。

7.2.1 设置密码编辑框

通过 Password 属性可以设置编辑框中的文本密码显示。打开控件的属性窗口，选择 Password 属性，如图 7.5 所示。

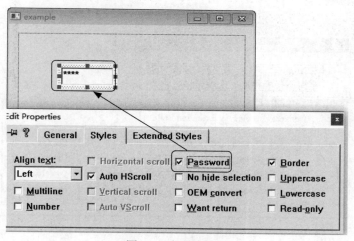

图 7.5 密码编辑框

技巧

在设置密码框的同时，也可以先选中 Uppercase 或 Lowercase 复选框，使密码框中的字符全部转换为大写或小写。

7.2.2 设置只读编辑框

还可以设置编辑框控件只读，设置为只读编辑框后，用户不能对控件中的内容进行编辑。打开控件的属性窗口，选择 Read-only 属性，如图 7.6 所示。

199

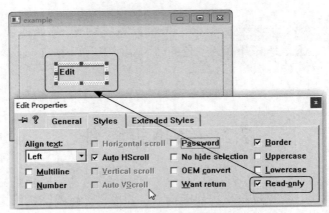

图 7.6　只读编辑框

7.2.3　设置编辑框多行显示

通过编辑框的 Multiline 属性可以进行多行显示。在使用代码输入字符串，换行时需要输入 "\r\n"，如图 7.7 所示。

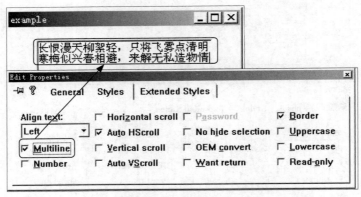

图 7.7　编辑框多行显示

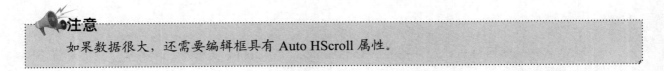

注意

如果数据很大，还需要编辑框具有 Auto HScroll 属性。

7.2.4　设置编辑框按 Enter 键换行

即使选择了编辑框的 Multiline 属性，在输入时还是会碰到无法输入多行的情况。这是因为在输入时无法进行换行，在编辑框中按 Enter 键后会直接关闭对话框。解决方法是：选择编辑框的 Want return 属性，然后再按 Enter 键时即可换到下一行而不关闭对话框。

7.2.5　使用编辑框控件录入数据

用户可以使用编辑框录入数据，在程序中可以通过 GetWindowText 函数获得编辑框中的数据。

【例 7.4】通过 GetWindowText 函数获得编辑框中的数据，然后使用消息对话框进行显示。

用户在编辑框中输入数据，单击"获取"按钮弹出消息框，在消息框中显示编辑框中的数据。代码如下：

```
CString str;
m_Edit.GetWindowText(str);
MessageBox(str);
```

运行结果如图 7.8 所示。

注意

对于编辑框控件中字符串的获取，也可通过控件关联的 CString 类型变量来获取。

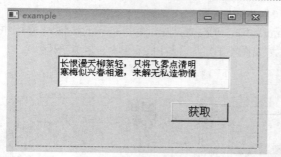
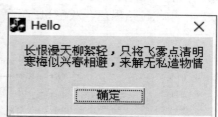

图 7.8　使用编辑框控件录入数据

7.3　图 像 控 件

视频讲解

图像控件也是常用的控件之一，常用来在对话框中插入位图、图标和指定的矩形区域等图像元素。本节就来介绍图像控件的使用。

7.3.1　通过属性显示位图

图像控件可以通过属性设置来显示位图，其中 Type 属性可以指定图片的类型，包括 Frame（帧）、Rectangle（矩形）、Icon（图标）、Bitmap（位图）和 Enhanced Metafile（增强型图元文件）；Image 属性则是在 Type 属性为 Icon 或 Bitmap 时，为其指定位图资源。

下面介绍一下通过图像控件属性显示位图的步骤，首先向对话框中导入一个位图资源，然后打开图像控件的属性窗口，设置 Type 属性为 Bitmap，在 Image 属性中选择位图资源，如图 7.9 所示。

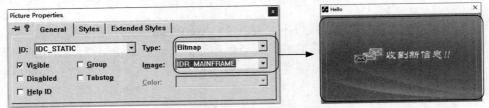

图 7.9　通过图像控件属性显示位图

注意

在选择 Bitmap 类型时，显示的图片格式只能是 BMP。

7.3.2　设置边框颜色和填充颜色

当图像控件的 Type 属性为 Frame 或 Rectangle 时，可以通过控件的 Color 属性设置边框和矩形区域的填充颜色。颜色包括黑色、灰色和白色等，如图 7.10 所示是以白色填充的矩形区域。

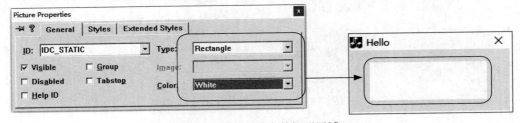

图 7.10　以白色填充的矩形区域

7.3.3　居中显示位图资源

当图像控件的 Type 属性为 Bitmap 时，可以在属性窗口的 Styles 选项卡中选择 Center image 属性，位图资源将在控件中心显示，并根据位图资源的背景颜色填充空白区域，如图 7.11 所示。

图 7.11　居中显示位图资源

7.4 按 钮 控 件

按钮控件用于执行用户的某种命令，一般通过按钮的单击事件来实现。本节就来介绍按钮的操作。

7.4.1 使用按钮控件显示图标

按钮控件除了显示正常的文本外，还可以显示位图和图标等图像元素。要使用按钮显示图标，首先要向对话框中导入一个图标资源，然后打开按钮控件的属性窗口，选择 Icon 属性，接下来为按钮控件关联一个 CButton 类的变量，使用 CButton 类的 SetIcon 方法来实现。

语法格式如下：

```
HICON SetIcon( HICON hIcon );
```

其中，hIcon 表示一个图标句柄。

【例 7.5】 使用按钮控件显示图标。

```
m_Button.SetIcon(AfxGetApp()->LoadIcon(IDI_ICON1)); // 设置图标
```

属性设置和运行结果如图 7.12 所示。

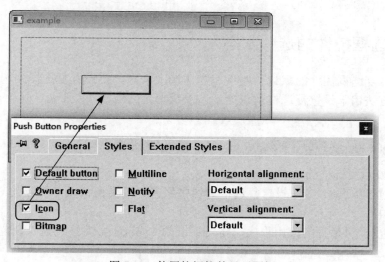

图 7.12 使用按钮控件显示图标

 注意

选中 Owner draw 复选框，可以在按钮控件上自行绘制图标。

7.4.2 使用按钮控件处理用户操作

使用按钮控件处理用户的操作就是处理按钮控件的单击事件，在按钮单击事件的处理函数中实现用户操作的实现代码。为按钮控件处理单击事件有以下两种方法：

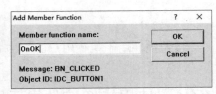

图 7.13 Add Member Function 对话框

☑ 在对话框中选择按钮控件，双击该控件，在弹出的 Add Member Function 对话框中设置处理函数名，单击 OK 按钮进行添加（这里以对话框的"确定"按钮为例），如图 7.13 所示。

☑ 在对话框中打开类向导，在"类向导"对话框 Message Maps 选项卡的 Object IDs 列表框中选择按钮的 ID 值，在 Messages 列表框中选择 BN_CLICKED 事件，单击 Add Function 按钮进行添加。

视频讲解

7.5 复选框控件

复选框控件也属于按钮的一种，可以分组使用。使用复选框控件可以简化用户的操作。本节将简单介绍复选框控件的应用。

7.5.1 设置复选框控件的选中状态

在设计程序时，复选框控件的默认初始状态是非选中状态。要设置复选框为选中状态，可以使用 SetCheck 方法，该方法用于设置复选框是否处于选中状态。

语法格式如下：

```
void SetCheck( int nCheck );
```

其中，nCheck 表示复选框的状态。

【例 7.6】 通过 SetCheck 方法设置复选框的选中状态。（实例位置：资源包 \TM\sl\7\1）

具体操作步骤如下。

（1）创建一个基于对话框的应用程序，将对话框的 Caption 属性修改为"设置复选框控件的选中状态"。

（2）向对话框中添加 2 个群组框控件和 6 个复选框控件。

（3）在对话框的 OnInitDialog 函数中设置"语文"和"数学"两个复选框被选中，代码如下。

```
m_Chinese.EnableWindow(FALSE);          // 设置"语文"复选框不可用
m_Chinese.SetCheck(1);                  // 设置"语文"复选框选中
m_Arith.EnableWindow(FALSE);            // 设置"数学"复选框不可用
m_Arith.SetCheck(1);                    // 设置"数学"复选框选中
```

运行结果如图 7.14 所示。

图 7.14　设置复选框控件的选中状态

　　使用 EnableWindow 方法可以设置控件是否可用，通过控件的属性也可以实现这一功能。只要选中控件的 Disabled 属性，就可以使控件不可用，不选中时则控件可用。如果使用属性设置了控件不可用，也可以使用 EnableWindow 方法重新设置控件为可用。

7.5.2　使用复选框控件统计信息

在应用程序中经常会使用复选框来统计信息，因为复选框操作简单，用户只需选中要选择的信息即可。首先调用 GetCheck 方法获得控件的选中状态。

语法格式如下：

```
int GetCheck( ) const;
```

然后调用 GetWindowText 函数获得复选框控件的显示信息。

　　【例 7.7】　使用复选框控件统计信息。（实例位置：资源包 \TM\sl\7\2）

具体操作步骤如下。

（1）创建一个基于对话框的应用程序，将对话框的 Caption 属性修改为"使用复选框控件统计信息"。

（2）向对话框中添加 2 个静态文本控件、2 个编辑框控件、2 个群组框控件、8 个复选框控件和 1 个按钮控件。

（3）在对话框的 OnInitDialog 函数中设置"语文"和"数学"两个复选框被选中，代码如下。

```
m_Chinese.EnableWindow(FALSE);          // 设置"语文"复选框不可用
m_Chinese.SetCheck(1);                  // 设置"语文"复选框选中
m_Arith.EnableWindow(FALSE);            // 设置"数学"复选框不可用
m_Arith.SetCheck(1);                    // 设置"数学"复选框选中
```

（4）处理"提交"按钮的单击事件，在该事件的处理函数中获得控件中的显示信息，并将获得的信息显示在消息框中，代码如下。

```
void CCountCheckDlg::OnButrefer()                    // "提交"按钮单击事件处理函数
{
```

```
CString ID,Name;                              // 声明字符串变量保存编辑框文本
GetDlgItem(IDC_EDIT1)->GetWindowText(ID);     // 获得学号
GetDlgItem(IDC_EDIT1)->GetWindowText(Name);   // 获得姓名
CString str,text;                             // 声明字符串变量
str = " 学号：" + ID + " 姓名：" + Name + "\r\n";   // 设置字符串
str += " 必修科目：语文、数学 \r\n 选修科目：";    // 设置字符串
for(int i=0;i<6;i++)                          // 根据选修科目循环
{
    CButton* but = (CButton*)GetDlgItem(IDC_CHECK3+i);  // 设置指向复选框的指针
    if(but->GetCheck()==1)                    // 判断复选框是否选中
    {
        but->GetWindowText(text);             // 获得复选框的显示信息
        str += text + "、";                    // 设置字符串
    }
}
str = str.Left(str.GetLength()-2);            // 去掉字符串末尾的顿号
MessageBox(str);                              // 显示信息
}
```

说明

使用 GetDlgItem 函数可以获得指定控件的窗口指针。

运行结果如图 7.15 所示。

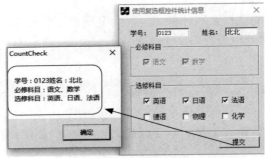

图 7.15　使用复选框控件统计信息

视频讲解

7.6　单选按钮控件

单选按钮控件也属于按钮的一种，可以分组使用。使用单选按钮控件同样可以简化用户的操作。本节将简单介绍单选按钮控件的应用。

7.6.1　为单选按钮控件分组

在使用单选按钮时，有时因为不同的需要会把单选按钮分为几组，使每一组中只有一个处于选

中状态。在默认情况下，所有单选按钮都被视为一组。要为单选按钮分组，可以在属性窗口中选择 General 选项卡中的 Group 属性，以 Tab 键顺序为基础。Group 属性是设置控件的群组关系的属性，为一个单选按钮选择了 Group 属性，以 Tab 键顺序为准，在这个单选按钮以后没有选择该属性的单选按钮都划分为一组，而分为一组的单选按钮可以共用一个成员变量。

7.6.2 获得被选择的单选按钮的文本

要获得单选按钮中的文本，可以使用 GetWindowText 函数，只是在使用之前需要确定被选择的是哪个单选按钮。可以通过单选按钮的单击事件确定是哪个按钮被选中。

【例 7.8】 通过 GetWindowText 函数获得单选按钮中的数据。（实例位置：资源包 \TM\sl\7\3）
具体操作步骤如下。

（1）创建一个基于对话框的应用程序，将对话框的 Caption 属性修改为"获得被选择的单选按钮的文本"。

（2）向对话框中添加 4 个单选按钮控件和 1 个按钮控件，为单选按钮分组，并关联一个整型变量 m_Radio。

（3）为 4 个单选按钮处理单击事件，代码如下。

```
void CGetRadioDlg::OnRadio1()              // 第 1 个单选按钮的单击事件处理函数
{
    m_Radio = 1;                           // 为变量赋值
}

void CGetRadioDlg::OnRadio2()              // 第 2 个单选按钮的单击事件处理函数
{
    m_Radio = 2;                           // 为变量赋值
}

void CGetRadioDlg::OnRadio3()              // 第 3 个单选按钮的单击事件处理函数
{
    m_Radio = 3;                           // 为变量赋值
}

void CGetRadioDlg::OnRadio4()              // 第 4 个单选按钮的单击事件处理函数
{
    m_Radio = 4;                           // 为变量赋值
}
```

（4）处理"确定"按钮的单击事件，在该事件中获得当前选中的单选按钮的文本，并通过消息框显示出来，代码如下。

```
void CGetRadioDlg::OnButtonok()                  // "确定"按钮单击事件
{
    CString str;                                 // 声明字符串变量
    CButton* Radiobutton = (CButton*)GetDlgItem(IDC_RADIO1+m_Radio-1);  // 计算选中的单选按钮
    Radiobutton->GetWindowText(str);             // 获得单选按钮的文本
    MessageBox(str);                             // 显示单选按钮中的文本
}
```

实例的运行结果如图 7.16 所示。

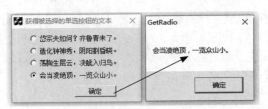

图 7.16　获得被选择的单选按钮的文本

说明

使用整型变量记录选中单选按钮的方法，要比遍历窗体中所有单选按钮方便得多。

视频讲解

7.7　组合框控件

组合框控件既可以进行输入，也可以在列表框组成部分中进行选择。本节通过组合框控件的属性和方法对组合框控件进行简单的介绍。

7.7.1　设置控件风格

打开组合框控件的属性窗口，通过 Styles 选项卡中的 Type 属性可以设置组合框控件的风格。组合框分为 3 种风格，即 Simple、Dropdown 和 Drop List。其中，Simple 风格的组合框包含一个编辑框和一个总是显示的列表框；Dropdown 和 Drop List 风格的组合框都是在单击下拉箭头后才弹出列表框（这两种风格的组合框的区别：Dropdown 风格组合框的编辑框可编辑，而 Drop List 风格组合框的编辑框是只读的）。

7.7.2　调整列表部分的显示大小

在使用组合框控件时，如果不经过调整，控件的列表框非常小，只能显示一项，操作起来非常麻烦。下面将介绍如何调整组合框列表部分的显示大小，如图 7.17 所示。

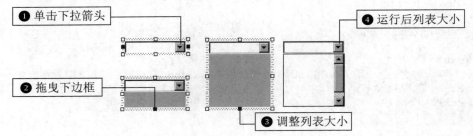

① 单击下拉箭头　　② 拖曳下边框　　③ 调整列表大小　　④ 运行后列表大小

图 7.17　调整组合框列表部分的显示大小

注意

在调整组合框控制大小时，需要尺寸适当，不易过小，太小了，否则拖曳滚动条不方便。

7.7.3 通过属性插入数据

在使用组合框控件时，可以不使用代码而直接通过控件的属性窗口为控件添加数据选项。只要在控件的属性窗口中选择 Data 选项卡，即可在列表框中添加数据（需要注意的是，每添加一个数据后要按 Ctrl+Enter 快捷键换行，然后才能添加下一个数据），如图 7.18 所示。

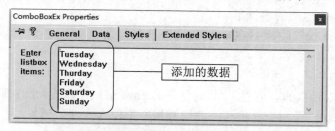

图 7.18　通过属性窗口向组合框中插入数据

7.7.4 调整数据显示顺序

组合框控件的默认选中属性中有 Sort 属性，该属性会使控件中的数据按字母顺序自动排列。但用户有时需要数据按插入顺序排列，此时就要将该属性去掉。选中和去掉 Sort 属性后程序的运行结果分别如图 7.19 所示。

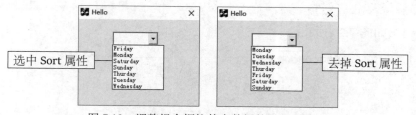

图 7.19　调整组合框控件中数据的显示顺序

技巧

在使用代码添加数据时，使用 insert 方法在不去掉 Sort 属性时也可以不进行自动排序。

7.7.5 获得选择的数据

要获得组合框中列表框部分的数据，首先要获得当前选择的列表项索引，可以使用 GetCurSel 方法实现。

语法格式如下：

```
int GetCurSel( ) const;
```

获得当前选择的列表项索引后，还要根据指定的索引获得数据，可以使用 GetLBText 方法获取列表框中的字符串。

语法格式如下：

```
void GetLBText( int nIndex, CString& rString ) const;
```

参数说明：

☑ nIndex：表示方法返回的项目索引（基于 0 开始）。

☑ rString：用于接收返回的字符串。

【例 7.9】 通过 GetCurSel 方法和 GetLBText 方法获得列表框中选择的数据。（实例位置：资源包 \ TM\sl\7\4）

具体操作步骤如下。

（1）创建一组基于对话框的应用程序，将对话框的 Caption 属性修改为"获得列表框中选择的数据"。

（2）向对话框中添加一个组合框控件，并通过属性窗口为控件赋初值。

（3）为控件关联一个 CComboBox 类型变量，并处理组合框的 CBN_SELCHANGE 消息，当在组合框的列表框部分选择一项时，弹出消息框显示列表项的数据，代码如下。

```
void CGetComboDlg::OnSelchangeCombo1()
{
    int pos = m_Combo.GetCurSel();
    CString str;
    m_Combo.GetLBText(pos,str);
    MessageBox(str);
}
```

实例的运行结果如图 7.20 所示。

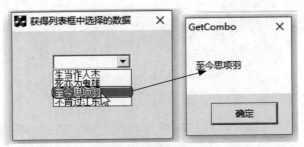

图 7.20　获得列表框中选择的数据

技巧

因为组合框是由一个编辑框和一个列表框组合而成的，所以也可以使用 GetWindowText 方法直接获得组合框中当前显示的数据。

视频讲解

7.8　列表框控件

列表框控件显示了一个可选择的列表，可以通过列表框来查看或选择数据项。列表项数是灵活多变的，当列表框中的项数较多时，可以激活滚动条来显示。

7.8.1　在指定位置插入文本

向列表框中指定位置插入文本，需要使用 InsertString 方法，该方法用于在列表框指定位置插入一个字符串。

语法格式如下：

```
int InsertString( int nIndex, LPCTSTR lpszString );
```

参数说明：

☑　nIndex：标识插入字符串的位置，如果为 -1，字符串将被插入到列表框的末尾。

☑　lpszString：标识一个字符串指针。

【例 7.10】　使用 InsertString 方法向列表框中指定位置插入文本。（实例位置：资源包 \TM\sl\7\5）

具体操作步骤如下。

（1）创建一组基于对话框的应用程序，将对话框的 Caption 属性修改为"在列表框控件中指定位置插入文本"。

（2）向对话框中添加 2 个静态文本控件、2 个编辑框控件、1 个列表框控件和 1 个按钮控件。

（3）在对话框初始化时，向列表框中插入数据，代码如下。

```
m_List.AddString(" 青山横北郭，白水绕东城。");        // 插入一行数据
m_List.AddString(" 此地一为别，孤蓬万里征。");        // 插入一行数据
m_List.AddString(" 浮云游子意，落日故人情。");        // 插入一行数据
m_List.AddString(" 挥手自兹去，萧萧班马鸣。");        // 插入一行数据
```

注意

使用 AddString 方法向列表框中添加数据是因为 Sort 属性会重新进行排序。

（4）处理"插入"按钮的单击事件，获取编辑框中输入的插入数据和位置，将数据插入列表框的指定位置，代码如下。

```
void CInsertListDlg::OnButtonadd()                    // "插入"按钮单击事件处理函数
{
    UpdateData(TRUE);                                 // 进行数据交换
    m_List.InsertString(m_Num,m_Text);               // 向指定行插入数据
}
```

实例的运行结果如图 7.21 所示。

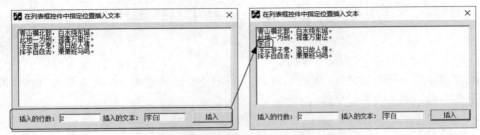

图 7.21　在列表框控件中指定位置插入文本

7.8.2　避免插入重复数据

使用列表框控件编写程序时，有时由于输入的文本信息过多，容易出现重复输入的情况。要避免这种情况发生，可以通过 CListBox 类的一些方法来实现。

1．GetText 方法

GetText 方法用于从列表框中获取一个字符串。

语法格式如下：

```
void GetText( int nIndex, CString& rString ) const;
```

参数说明：
- ☑　nIndex：标识项目索引。
- ☑　rString：用于接收返回的字符串。

2．GetCount 方法

GetCount 方法用于获取列表框中的项目数。

语法格式如下：

```
int GetCount() const;
```

3．AddString 方法

AddString 方法用于向列表框中添加字符串。

语法格式如下：

```
int AddString( LPCTSTR lpszString );
```

其中，lpszString 表示标识字符串指针。

【例 7.11】　避免向列表框控件中插入重复数据。（**实例位置：资源包 \TM\sl\7\6**）

具体操作步骤如下。

（1）创建一组基于对话框的应用程序，将对话框的 Caption 属性修改为"避免向列表框控件中插入重复数据"。

（2）向对话框中添加一个编辑框控件、一个列表框控件和一个按钮控件。

（3）处理"插入"按钮的单击事件，获取编辑框中输入的数据，判断数据是否存在，如果存在则弹出提示，反之插入数据，代码如下。

```
void CListBoxDlg::OnButtonadd()                    // "插入" 按钮单击事件处理函数
{
    CString str;                                    // 声明字符串变量
    m_Text.GetWindowText(str);                      // 获取编辑框中的数据
    int num = m_List.GetCount();                    // 获得列表框中的行数
    for(int i=0;i<num;i++)                          // 根据列表框中的行数进行循环
    {
        CString Text;                               // 声明字符串变量
        m_List.GetText(i,Text);                     // 获得指定行的数据
        if(Text == str)                             // 判断编辑框中的数据和列表框中的数据是否相等
        {
            MessageBox(" 数据已存在！ ");            // 相等时弹出消息框
            return;
        }
    }
    m_List.AddString(str);                          // 不相等时则插入数据
}
```

实例的运行结果如图 7.22 所示。

图 7.22 避免向列表框控件中插入重复数据

技巧

> 在对已添加的项进行查找时，也可以通过 FindString 方法实现。

7.8.3 实现复选数据功能

可以通过 CCheckListBox 类在列表框控件中实现复选数据功能。CCheckListBox 类是对 CListBox 类的扩充，使列表框控件具有复选功能，通过 GetCheck 方法可以判断当前列表项的复选框是否被选中。语法格式如下：

```
int GetCheck( int nIndex );
```

其中，nIndex 表示标识项目索引。

【例 7.12】 在列表框控件中实现复选数据功能。（实例位置：资源包 \TM\sl\7\7）

具体操作步骤如下。

（1）创建一组基于对话框的应用程序，将对话框的 Caption 属性修改为"在列表框控件中实现复选数据功能"。

（2）向对话框中添加一个列表框控件和一个按钮控件，设置 Owner draw 属性为 Fixed（该属性用于确定控件的所有者如何绘制控件），并选择 Has strings 属性（该属性用于标识一个 owner-draw 列表框中的项目由字符串组成）。

（3）处理"确定"按钮的单击事件，获取列表框中的选中项数据，通过消息框将数据显示出来，代码如下。

```
void CCheckListDlg::OnButtonok()              // "确定"按钮单击事件处理函数
{
    CString strText="";                       // 声明字符串变量并初始化为空
    int num = m_List.GetCount();              // 获得列表框中的行数
    for(int i=0;i<num;i++)                    // 根据行数进行循环
    {
        if(m_List.GetCheck(i))                // 判断指定行是否选中
        {
            CString str;                      // 声明字符串变量
            m_List.GetText(i,str);            // 获得指定行的数据
            strText += str;                   // 将选中的数据连接到一个字符串中
        }
    }
    MessageBox(strText);                      // 将选中的字符串通过消息框显示出来
}
```

实例的运行结果如图 7.23 所示。

图 7.23　在列表框控件中实现复选数据功能

7.9　进度条控件

进度条控件用于显示程序的进度，在进行程序安装、文件传输时经常用到。本节将通过进度条控

件的属性和方法介绍进度条的使用。

7.9.1 设置显示风格

进度条控件具有两种显示方式，可以通过属性来选择。默认的进度条控件以进度块的方式显示。在进度条控件属性窗口 Styles 选项卡中选择 Smooth 属性，进度条控件将以平滑的方式显示，如图 7.24 所示。

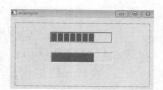

图 7.24 进度条显示方式

说明

在选择进度条风格时，也可以通过 vertical 属性将进度条以垂直的形式显示。

7.9.2 设置进度条的范围

在使用进度条控件时，可以使用 SetRange 方法来设置进度条控件的范围。
语法格式如下：

```
void SetRange( short nLower, short nUpper );
```

参数说明：
- ☑ nLower：进度条的下界范围。
- ☑ nUpper：进度条的上界范围。

说明

如果不设置进度条范围，则默认进度条的范围为 0 ~ 100。

【例 7.13】 使用 SetRange 方法设置进度条控件的范围。
首先为进度条控件关联一个 CProgressCtrl 类型变量 m_Prog，通过变量 m_Prog 调用 SetRange 方法。代码如下：

```
m_Prog.SetRange(10,200);            // 设置进度条范围
```

7.10 小 结

本章介绍了 Visual C++ 开发环境中的常用控件，在介绍的同时列举了大量实例，目的是使读者学习起来更加快捷、方便，掌握常用控件的同时为以后学习高级控件打下坚实的基础。

7.11　实践与练习

1．设计一组应用程序，利用列表框控件实现标签式数据选择，结果如图 7.25 所示。（答案位置：资源包 **\TM\sl\7\8**）

2．设计一组应用程序，使用组合框控件来列举磁盘目录，结果如图 7.26 所示。（答案位置：资源包 **\TM\sl\7\9**）

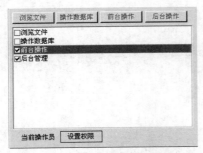

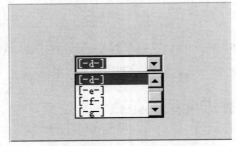

图 7.25　实现标签式数据选择　　　　图 7.26　使用组合框控件列举磁盘目录

第 8 章

菜单

（ 视频讲解：19分钟）

在 Windows 应用程序中，菜单是必不可少的界面元素，几乎每一个应用程序都需要用到菜单。单击菜单可以执行操作命令，简单易用，方便快捷。菜单对 Windows 应用程序操作进行了简化，使 Windows 应用程序得到了更好的推广。本章将介绍菜单资源的设计、菜单项命令处理、菜单的创建以及自绘菜单的方法。

通过阅读本章，您可以：

▶▶ 掌握如何设计菜单资源

▶▶ 掌握菜单项的命令处理方式

▶▶ 掌握如何动态创建菜单

▶▶ 掌握如何创建弹出式菜单

▶▶ 掌握如何创建图标菜单

视频讲解

8.1　菜单资源设计

菜单是图形化界面的重要组成部分，用户通过菜单可以方便地与应用程序进行交互。在 Visual C++ 6.0 中使用菜单前，先要创建菜单资源。创建菜单资源的步骤如下。

（1）打开工作区窗口，选择 ResourceView 选项卡，右击一个节点，在弹出的快捷菜单中选择 Insert 命令，打开 Insert Resource 对话框。选择 Menu 节点，如图 8.1 所示。

（2）单击 New 按钮，创建一个菜单资源，如图 8.2 所示。

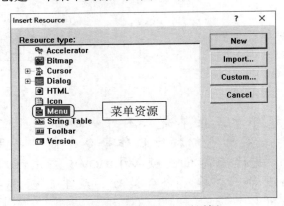

图 8.1　Insert Resource 对话框

图 8.2　菜单资源

（3）在菜单资源设计窗口中按 Enter 键，打开 Menu Item Properties（菜单资源属性）对话框，如图 8.3 所示。

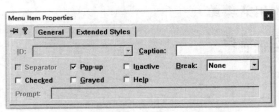

图 8.3　Menu Item Properties 对话框

Menu Item Properties 对话框中各属性的说明如表 8.1 所示。

表 8.1　菜单资源的属性说明

属　　性	描　　述
ID	菜单项的命令 ID
Caption	菜单项的标题
Separator	菜单中的水平分隔线

续表

属 性	描 述
Pop-up	是否具有下级菜单
Inactive	定义此菜单项无效，标题正常显示
Break	值为 Column 时，顶层菜单会折叠到下一行显示，下拉菜单会换行排列；值为 Bar 时，功能和 Column 相同，但是子菜单中的选项与前一行中间会减少分隔条
Checked	菜单项具有选中标记
Grayed	菜单项显示为灰色
Help	表示该菜单项为帮助，并使该菜单项从右侧排列
Prompt	当菜单项被选中时，状态栏上显示的说明文字

（4）在 Caption 文本框中设置菜单标题，然后关闭 Menu Item Properties 对话框，返回到菜单资源设计窗口中，此时菜单效果如图 8.4 所示。

（5）在"动漫"菜单下的虚线框上按 Enter 键，打开 Menu Item Properties 对话框，从中可以添加子菜单。设置子菜单 ID 和子菜单的标题，如图 8.5 所示。

图 8.4　菜单资源

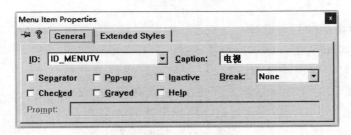

图 8.5　设置子菜单资源属性

（6）重复步骤（5）可以为"动漫"菜单添加多个子菜单，如图 8.6 所示。

（7）如果要插入一个分隔线，可以选择 Separator 属性，并且菜单资源设计窗口支持鼠标拖曳功能，可以在选中菜单项后将其拖曳至适当位置，从而调整各个菜单的位置，如图 8.7 所示。

图 8.6　添加子菜单

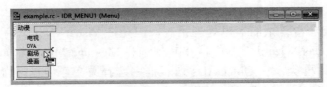

图 8.7　添加分隔条

（8）如果要为子菜单添加弹出菜单，可以在子菜单的属性对话框中选择 Pop-up 属性，此时子菜单的右侧会弹出一个新的菜单，如图 8.8 所示。

注意

> 选择 Pop-up 属性后，该菜单项将变成上级菜单，菜单项的 ID 将不能编辑。

（9）通过设计子菜单的步骤可以设置弹出菜单，如图 8.9 所示。

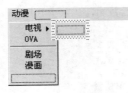

图 8.8　添加弹出菜单

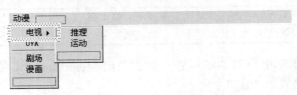

图 8.9　菜单资源

（10）至此，菜单资源的初步设计就结束了。但是，为了方便用户的操作，还要为菜单项设置加速键（或称快捷键），在菜单标题的后面加"&+ 字母"即可实现加速键的设置。选择要显示菜单的对话框资源，打开对话框资源的属性对话框，在 General 选项卡的 Menu 列表框中选择要显示的菜单 ID，程序运行时，用户只需同时按下 Alt 键和该字母键，即可激活并操作该菜单。程序运行结果如图 8.10 所示。

图 8.10　为菜单添加加速键

注意

> 如果设置加速键的菜单项是子菜单，则还需要为该菜单的上级菜单设置加速键，否则上级菜单没有加速键就不能运行子菜单的加速键。

视频讲解

8.2　菜单项的命令处理

Windows 提供了一套非常复杂的消息处理机制，但是在 Visual C++ 中为菜单项处理命令却非常简单，只需要打开 MFC classWizard 对话框，在其中选择 Message Maps 选项卡，在 Class name 组合框中选择关联菜单的对话框类，在 Object IDs 列表框中选择菜单项 ID，在 Messages 列表框中选择 COMMAND 和 UPDATE_COMMAND_UI，如图 8.11 所示。

其中，COMMAND 事件是菜单的单击触发事件，UPDATE_COMMAND_UI 事件用于更新菜单状态。选择要处理的命令（这里以 COMMAND 消息为例）后，单击 Add Function 按钮，弹出 Add Member Function 对话框，并给出默认时的命令处理函数名，如图 8.12 所示。

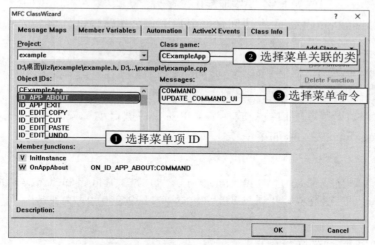

图 8.11　MFC ClassWizard 对话框

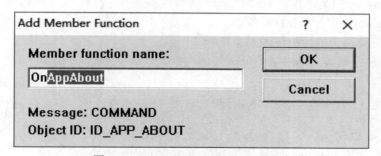

图 8.12　Add Member Function 对话框

单击 OK 按钮，就添加了菜单项的命令处理函数。在 MFC ClassWizard 对话框中单击 Edit Code 按钮，即可打开添加的 OnMenumessage 命令处理函数，在该函数中可以编辑菜单项的功能。

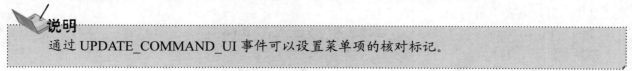

说明

通过 UPDATE_COMMAND_UI 事件可以设置菜单项的核对标记。

8.3　动态创建菜单

视频讲解

CMenu 类封装了 Windows 的菜单功能，该类中提供了用于创建、修改、合并菜单的方法，通过这些方法用户可以对菜单进行各种操作。

（1）在动态创建菜单时，首先要通过 CreateMenu 方法创建一个菜单窗口，并将其关联到菜单对象上。

语法格式如下：

```
BOOL CreateMenu();
```

返回值：执行成功，返回值为非零，否则为 0。

（2）然后调用 CreatePopupMenu 方法创建一个弹出式菜单窗口，并将其关联到菜单对象上。

语法格式如下：

```
BOOL CreatePopupMenu();
```

返回值：执行成功，返回值为非零，否则为 0。

对于弹出式菜单，如果菜单窗口被释放，则菜单对象将被自动释放。

（3）调用 AppendMenu 方法添加菜单项。

语法格式如下：

```
BOOL AppendMenu( UINT nFlags, UINT nIDNewItem = 0, LPCTSTR lpszNewItem = NULL );
BOOL AppendMenu( UINT nFlags, UINT nIDNewItem, const CBitmap* pBmp );
```

参数说明：

- ☑ nFlags：标识菜单项的状态信息。
- ☑ nIDNewItem：标识菜单项的 ID。
- ☑ lpszNewItem：标识菜单项的内容。
- ☑ pBmp：标识关联菜单项的位图对象指针。

（4）调用 Detach 方法从菜单对象上分离菜单句柄。

语法格式如下：

```
HMENU Detach();
```

返回值：分离的菜单句柄。

（5）最后，需要调用 SetMenu 方法将创建的菜单分配到指定窗口。

语法格式如下：

```
BOOL SetMenu( HMENU hMenu );
```

其中，hMenu 指菜单句柄。

【例 8.1】 动态创建一个菜单。 （实例位置：资源包 \TM\sl\8\1）

具体操作步骤如下。

（1）创建一组基于对话框的应用程序，将对话框的 Caption 属性修改为"动态创建菜单"。

（2）在对话框的头文件中声明一个 CMenu 类对象 m_Menu。

（3）在工作区窗口中选择 FileView 选项卡，打开资源头文件（Resource.h），在该文件中定义命令 ID，代码如下。

```
#define ID_MENUCAT                     1001          // 定义菜单命令 ID
#define ID_MENUDOG                     1002          // 定义菜单命令 ID
#define ID_MENUMONKEY                  1003          // 定义菜单命令 ID
```

（4）在对话框的 OnInitDialog 方法中创建菜单，代码如下。

```
m_Menu.CreateMenu();                                 // 创建菜单窗口
```

```
CMenu m_PopMenu;                                          // 定义菜单类对象
m_PopMenu.CreatePopupMenu();                              // 创建弹出菜单窗口
m_Menu.AppendMenu(MF_POPUP,(UINT)m_PopMenu.m_hMenu," 动物 ");// 插入菜单
m_PopMenu.AppendMenu(MF_STRING,ID_MENUCAT," 猫 ");        // 插入子菜单
m_PopMenu.AppendMenu(MF_STRING,ID_MENUDOG," 狗 ");        // 插入子菜单
m_PopMenu.AppendMenu(MF_STRING,ID_MENUMONKEY," 猴子 ");   // 插入子菜单
m_Menu.AppendMenu(MF_POPUP,-1," 植物 ");                  // 插入兄弟菜单
m_PopMenu.Detach();                                       // 分离菜单句柄
SetMenu(&m_Menu);                                         // 将菜单和窗口进行关联
```

注意

由于动态创建菜单是通过代码创建菜单项，因此不需要加载菜单资源。

（5）在对话框的头文件中声明菜单的消息处理函数，代码如下。

```
afx_msg void OnMenucat();                                 // 声明菜单消息处理函数
afx_msg void OnMenudog();                                 // 声明菜单消息处理函数
afx_msg void OnMenumonkey();                              // 声明菜单消息处理函数
```

（6）在对话框的源文件中添加消息映射宏，将命令 ID 关联到消息处理函数中，代码如下。

```
ON_COMMAND(ID_MENUCAT, OnMenucat)                         // 关联命令 ID 和消息处理函数
ON_COMMAND(ID_MENUDOG, OnMenudog)                         // 关联命令 ID 和消息处理函数
ON_COMMAND(ID_MENUMONKEY, OnMenumonkey)                   // 关联命令 ID 和消息处理函数
```

（7）在对话框的源文件中添加消息处理函数，实现代码如下。

```
void CCreateMenuDlg::OnMenucat()                          // "猫"菜单消息处理函数
{
    MessageBox(" 猫菜单被按下 ");                          // 菜单被按下时弹出消息
}

void CCreateMenuDlg::OnMenudog()                          // "狗"菜单消息处理函数
{
    MessageBox(" 狗菜单被按下 ");                          // 菜单被按下时弹出消息
}

void CCreateMenuDlg::OnMenumonkey()                       // "猴子"菜单消息处理函数
{
    MessageBox(" 猴子菜单被按下 ");                        // 菜单被按下时弹出消息
}
```

实例的运行结果如图 8.13 所示。

图 8.13　动态创建菜单

视频讲解

8.4　创建弹出式菜单

创建弹出式菜单的步骤如下。

（1）先创建一个菜单资源，然后调用 LoadMenu 方法加载菜单资源。

语法格式如下：

```
BOOL LoadMenu( LPCTSTR lpszResourceName );
BOOL LoadMenu( UINT nIDResource );
```

参数说明：

☑　lpszResourceName：标识资源名称。

☑　nIDResource：标识资源 ID。

返回值：若执行成功，返回值为非零，否则为 0。

（2）调用 GetSubMenu 方法获取弹出式菜单中的一个菜单项。

语法格式如下：

```
CMenu* GetSubMenu( int nPos ) const;
```

参数说明：

☑　nPos：标识菜单项位置，第 1 个菜单项对应的位置是 0，第 2 个菜单项对应的位置是 1，以此类推。

最后，调用 TrackPopupMenu 方法显示一个弹出式菜单。

语法格式如下：

```
BOOL TrackPopupMenu( UINT nFlags, int x, int y, CWnd* pWnd, LPCRECT lpRect = NULL );
```

TrackPopupMenu 方法中的参数说明如表 8.2 所示。

表 8.2　TrackPopupMenu 方法中的参数说明

参　　数	描　　述
nFlags	屏幕位置标记和鼠标按钮标记，可选值如表 8.3 所示
x	以屏幕坐标标识弹出式菜单的水平坐标
y	以屏幕坐标标识弹出式菜单的垂直坐标
pWnd	标识弹出式菜单的所有者
lpRect	以屏幕坐标表示用户在菜单中的单击区域，如果为 NULL，当用户单击弹出式菜单之外的区域，将释放菜单窗口

表 8.3　nFlags 标记中的可选值说明

可　选　值	描　　述
TPM_CENTERALIGN	在 x 水平位置居中显示菜单
TPM_LEFTALIGN	在 x 水平位置左方显示菜单
TPM_RIGHTALIGN	在 x 水平位置右方显示菜单
TPM_LEFTBUTTON	单击鼠标左键显示弹出式菜单
TPM_RIGHTBUTTON	单击鼠标右键显示弹出式菜单

【例 8.2】 动态创建一个弹出式菜单。（**实例位置：资源包 \TM\sl\8\2**）

具体操作步骤如下。

（1）创建一组基于对话框的应用程序，将对话框的 Caption 属性修改为"创建弹出式菜单"。

（2）在工作区窗口中选择 RecourceView 选项卡，右击一个节点，在弹出的快捷菜单中选择 Insert 命令，打开 Insert Resource 对话框，插入一个菜单资源。新建的菜单资源如图 8.14 所示。

（3）在对话框的头文件中声明一个 CMenu 类对象 m_Menu。

（4）在 OnInitDialog 方法中调用 LoadMenu 方法加载菜单资源，代码如下：

```
m_Menu.LoadMenu(IDR_MENU1);                              //加载菜单资源
```

（5）在工作区窗口中选择 ClassView 选项卡，右击 CpopupMenuDlg 节点，在弹出的快捷菜单中选择 Add Windows Message Handler 命令，在弹出的 New Windows Message and Event Handlers for class CPopupMenuDlg 窗口中选择 WM_RBUTTONUP 事件，该事件在鼠标右键抬起时触发，如图 8.15 所示。

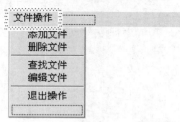

图 8.14 菜单资源

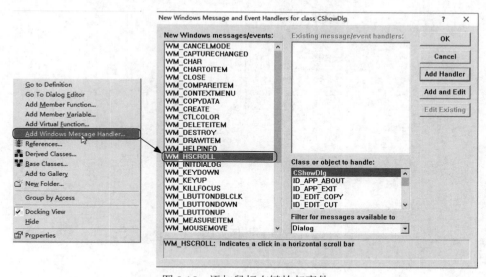

图 8.15 添加鼠标右键抬起事件

（6）处理鼠标右键抬起事件的处理函数，在该函数中添加弹出菜单的实现代码，代码如下。

```
void CPopupMenuDlg::OnRButtonUp(UINT nFlags, CPoint point)
{
    CMenu* pMenu = m_Menu.GetSubMenu(0);                 // 获得菜单句柄
    CRect rect;                                          // 声明一个 CRect 对象
```

```
    ClientToScreen(&point);                          // 将客户坐标转换为屏幕坐标
    rect.top  = point.x;                             // 将鼠标当前横坐标作为弹出菜单的左上角坐标
    rect.left = point.y;                             // 将鼠标当前纵坐标作为弹出菜单的左上角坐标
    pMenu->TrackPopupMenu(TPM_LEFTALIGN | TPM_LEFTBUTTON | TPM_VERTICAL,
        rect.top,rect.left,this,&rect);              // 显示弹出菜单
    CDialog::OnRButtonUp(nFlags, point);             // 调用基类的方法
}
```

注意

在显示弹出菜单时，使用 ClientToScreen 函数进行坐标转换，否则弹出菜单的位置可能出错。

（7）按 Ctrl+W 快捷键打开类向导，在其中为"添加文件"菜单项处理单击事件，代码如下。

```
void CPopupMenuDlg::OnMenuadd()                      // "添加文件"菜单项单击事件处理函数
{
    MessageBox(" 菜单被按下 ");                       // 菜单被按下时弹出消息框
}
```

实例的运行结果如图 8.16 所示。

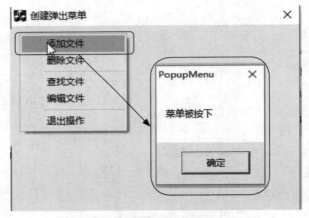

图 8.16　创建弹出式菜单

视频讲解

8.5　创建图标菜单

　　在使用应用程序时，常会看到程序中的菜单带有漂亮的图标，不但美化了程序界面，也可以更好地吸引用户使用。可是在一般情况下，使用 CMenu 类设计的菜单项并不能显示图标。为了使程序菜单中显示图标，可以通过 CMenu 类派生一个图标菜单类 CMenuIcon，通过 CMenuIcon 类在菜单项中显示图标。

　　（1）在 CMenuIcon 类中，使用 GetMenuItemCount 方法获得弹出式菜单或顶层菜单的菜单数。

语法格式如下：

UINT GetMenuItemCount() const;

返回值：如果菜单项没有子菜单，则函数返回值为 -1，否则返回子菜单数。

（2）调用 GetMenuString 方法设置菜单项的文本。

语法格式如下：

int GetMenuString(UINT nIDItem, LPTSTR lpString, int nMaxCount, UINT nFlags) const;
int GetMenuString(UINT nIDItem, CString& rString, UINT nFlags) const;

GetMenuString 方法中的参数说明如表 8.4 所示。

表 8.4　GetMenuString 方法中的参数说明

参　　数	描　　述
nIDItem	标识菜单项位置或菜单项命令 ID，具体含义依赖于 nFlags 参数
lpString	标识一个字符缓冲区
nMaxCount	标识向字符缓冲区中复制的最大字符数
rString	标识一个字符串
nFlags	表示如何解释 nIDItem。如果为 MF_BYCOMMAND，nIDItem 标识菜单项命令 ID；如果为 MF_BYPOSITION，nIDItem 标识菜单项位置

（3）调用 ModifyMenu 方法修改菜单项信息。

语法格式如下：

BOOL ModifyMenu(UINT nPosition, UINT nFlags, UINT nIDNewItem = 0, LPCTSTR lpszNewItem = NULL);
BOOL ModifyMenu(UINT nPosition, UINT nFlags, UINT nIDNewItem, const CBitmap* pBmp);

ModifyMenu 方法中的参数说明如表 8.5 所示。

表 8.5　ModifyMenu 方法中的参数说明

参　　数	描　　述
nPosition	标识某一个菜单项
nFlags	表示如何解释 nPosition
nIDNewItem	标识菜单项的 ID
lpszNewItem	标识菜单项的内容
pBmp	标识关联菜单项的位图对象指针

【例 8.3】　创建一个可以显示图标的菜单。（实例位置：资源包 \TM\sl\8\3）

具体操作步骤如下。

（1）创建一组基于对话框的应用程序，将对话框的 Caption 属性修改为"创建图标菜单"。

（2）在工作区窗口中选择 RecourceView 选项卡，右击一个节点，在弹出的快捷菜单中选择 Insert 命令，打开 Insert Resource 对话框，插入一个菜单资源。新建的菜单资源如图 8.17 所示。

图 8.17　菜单资源

（3）打开类向导，创建一个新类，类名为 CMenuIcon，打开 CMenuIcon 类的头文件，为该类添加一个基类 Cmenu，代码如下。

```
class CMenuIcon : public CMenu
```

（4）在 CMenuIcon 的头文件中定义一个数据结构，用来保存菜单项信息，代码如下。

```
struct CMenuItem
{
    CString        m_ItemText;        // 菜单项文本
    int            m_IconIndex;       // 菜单项索引
    int            m_ItemID;          // 菜单标记，-1 为顶层菜单，0 为分隔条，其他为普通菜单项
};
```

（5）在 CMenuIcon 的头文件中声明成员变量，代码如下。

```
CMenuItem m_ItemLists[MAX_MENUCOUNT];       // 菜单项信息
int        m_Index;                         // 临时索引
int        m_IconIndex;                     // 菜单项图标索引
CImageList m_ImageList;                      // 存储菜单项图标
```

注意

MAX_MENUCOUNT 的值可以是任意的，用户可以根据实际需要进行设置，但是需要注意的是，MAX_MENUCOUNT 的值不能小于菜单项的个数。

（6）向程序中导入 6 个图标资源，并在 CMenuIcon 类的构造函数中初始化图像列表，代码如下。

```
CMenuIcon::CMenuIcon()                                          // 构造函数
{
    m_Index     = 0;
    m_IconIndex = 0;
    m_ImageList.Create(16,16,ILC_COLOR24|ILC_MASK,0,0);        // 创建图像列表
    m_ImageList.Add(AfxGetApp()->LoadIcon(IDI_ICON1));         // 添加图标
    m_ImageList.Add(AfxGetApp()->LoadIcon(IDI_ICON2));         // 添加图标
    m_ImageList.Add(AfxGetApp()->LoadIcon(IDI_ICON3));         // 添加图标
    m_ImageList.Add(AfxGetApp()->LoadIcon(IDI_ICON4));         // 添加图标
    m_ImageList.Add(AfxGetApp()->LoadIcon(IDI_ICON5));         // 添加图标
    m_ImageList.Add(AfxGetApp()->LoadIcon(IDI_ICON6));         // 添加图标
}
```

（7）在 CMenuIcon 类中添加 AttatchMenu 方法，代码如下。

```
BOOL CMenuIcon::AttatchMenu(UINT m_uID)                        // AttatchMenu 方法
{
    LoadMenu(m_uID);                                           // 加载菜单资源
    return TRUE;                                               // 返回值
}
```

（8）在 CMenuIcon 类中添加 MenuItem 方法，该方法用于修改菜单项信息，使其包含 MF_OWNERDRAW 风格，并将菜单项信息存储在 m_ItemLists 成员变量中，代码如下。

```
BOOL CMenuIcon::MenuItem(CMenu *pMenu)                         // MenuItem 方法
{
```

```
    if(pMenu != NULL)                                          // 判断菜单句柄是否为空
    {
        int m_Count = pMenu->GetMenuItemCount();               // 获得菜单数
        for(int i=0;i<m_Count;i++)                             // 根据菜单数进行循环
        {
            // 获得菜单文本
            pMenu->GetMenuString(i,m_ItemLists[m_Index].m_ItemText,MF_BYPOSITION);
            int m_itemID = pMenu->GetMenuItemID(i);            // 获得菜单 ID
            m_ItemLists[m_Index].m_ItemID = m_itemID;          // 将菜单 ID 保存到变量中
            if(m_itemID>0)                                     // 判断是否为菜单项
            {
                m_ItemLists[m_Index].m_IconIndex = m_IconIndex; // 将图标索引赋值给变量
                m_IconIndex += 1;                              // 下一个图标索引
            }
            // 修改菜单信息
            pMenu->ModifyMenu(i,MF_OWNERDRAW|MF_BYPOSITION |MF_STRING,
                m_ItemLists[m_Index].m_ItemID,(LPSTR)&(m_ItemLists[m_Index]));
            m_Index += 1;
            CMenu* m_SubMenu = pMenu->GetSubMenu(i);           // 获取弹出式菜单项
            if(m_SubMenu)                                      // 判断是否为弹出式菜单
            {
                MenuItem(m_SubMenu);                           // 递归调用 MenuItem 方法
            }
        }
    }
    return TRUE;                                               // 返回值
}
```

（9）重载 CMenuIcon 类的 MeasureItem 虚拟方法，计算菜单项的大小，代码如下。

```
void CMenuIcon::MeasureItem( LPMEASUREITEMSTRUCT lpStruct )     // MeasureItem 虚拟方法
{
    if(lpStruct->CtlType == ODT_MENU)                          // 是否为自绘菜单
    {
        lpStruct->itemHeight = ITEMHEIGHT;                     // 菜单项高度
        lpStruct->itemWidth  = ITEMWIDTH;                      // 菜单项宽度
        CMenuItem* m_item;
        m_item = (CMenuItem*)lpStruct->itemData;              // 获得菜单项数据
        // 设置菜单项宽度
        lpStruct->itemWidth = ((CMenuItem*)lpStruct->itemData)->m_ItemText.GetLength()*10;
        if(m_item->m_ItemID == 0)                             // 判断是否为分隔条
        {
            lpStruct->itemHeight = 2;                         // 将分隔条高度设置为 2
        }
    }
}
```

（10）在 CMenuIcon 类中添加 DrawItemText 成员函数，用于绘制菜单项文本，代码如下。

```
void CMenuIcon::DrawItemText(CDC *pDC, LPSTR Str, CRect Rect)  // DrawItemText 成员函数
{
    pDC->DrawText(Str,Rect,DT_CENTER | DT_VCENTER | DT_SINGLELINE );  // 绘制菜单项文本
}
```

注意

在使用 DT_VCENTER 属性设置文本垂直居中时，一定要设置 DT_SINGLELINE 属性，否则文本无法垂直居中。

（11）在 CMenuIcon 类中添加 DrawItemIcon 成员函数，用于绘制菜单项图标，代码如下。

```cpp
void CMenuIcon::DrawItemIcon(CDC *pDC, CRect Rect, int Icon)          // DrawItemIcon 成员函数
{
    m_ImageList.Draw(pDC,Icon,CPoint(Rect.left+2,Rect.top+4),ILD_TRANSPARENT);// 绘制菜单项图标
}
```

（12）在 CMenuIcon 类中添加 DrawSeparater 成员函数，用于绘制分隔条，代码如下。

```cpp
void CMenuIcon::DrawSeparater(CDC *pDC, CRect Rect)                   // DrawSeparater 成员函数
{
    pDC->Draw3dRect(Rect,RGB(255,0,255),RGB(255,0,255));             // 使用紫色绘制分隔条
}
```

（13）在 CMenuIcon 类中添加 DrawTopMenu 成员函数，用于绘制顶层菜单，代码如下。

```cpp
void CMenuIcon::DrawTopMenu(CDC *pDC, CRect Rect, BOOL Selected)      // DrawTopMenu 成员函数
{
    if(Selected)                                                      // 判断菜单项是否选中
    {
        pDC->Rectangle(&Rect);                                       // 绘制矩形区域
        Rect.DeflateRect(1,1);                                       // 设置区域大小
        pDC->FillSolidRect(Rect,RGB(190,170,220));                   // 填充矩形区域
    }
    else                                                             // 菜单项未选中
    {
        pDC->FillSolidRect(&Rect,RGB(192,192,192));                  // 用另一种颜色填充矩形
    }
}
```

（14）在 CMenuIcon 类中添加 DrawComMenu 成员函数，绘制普通菜单项，代码如下。

```cpp
void CMenuIcon::DrawComMenu(CDC *pDC, CRect Rect, BOOL Selected)      // DrawComMenu 成员函数
{
    if(Selected)                                                      // 判断菜单项是否选中
    {
        pDC->Rectangle(Rect);                                        // 绘制矩形区域
        Rect.DeflateRect(1,1);                                       // 设置区域大小
        pDC->FillSolidRect(Rect,RGB(255,0,0));                       // 填充矩形区域
    }
    else                                                             // 菜单项未选中
    {
        pDC->FillSolidRect(Rect,RGB(255, 255, 255));                 // 用另一种颜色填充矩形
    }
}
```

（15）重载 CMenuIcon 类的 DrawItem 虚拟方法，根据菜单项的不同状态绘制菜单项，代码如下。

```
void CMenuIcon::DrawItem( LPDRAWITEMSTRUCT lpStruct )          // DrawItem 虚拟方法
{
    if (lpStruct->CtlType==ODT_MENU)                            // 判断是否重绘菜单
    {
        if(lpStruct->itemData == NULL)return;                  // 如果数据为空则结束
        unsigned int m_state = lpStruct->itemState;            // 菜单项状态
        CDC*   pDC      = CDC::FromHandle(lpStruct->hDC);       // 获得设备上下文 DC
        CString str     = ((CMenuItem*)(lpStruct->itemData))->m_ItemText;  // 菜单项文本
        LPSTR m_str     = str.GetBuffer(str.GetLength());      // 获得文本长度
        int    m_itemID = ((CMenuItem*)(lpStruct->itemData))->m_ItemID;    // 获得菜单索引
        int    m_itemicon = ((CMenuItem*)(lpStruct->itemData))->m_IconIndex;  // 获得图标索引
        CRect m_rect    = lpStruct->rcItem;                     // 获得菜单区域
        pDC->SetBkMode(TRANSPARENT);                            // 设置文本背景透明
        switch(m_itemID)                                       // 判断菜单类型
        {
        case -1:                                               // 顶层菜单
            {
                // 绘制顶层菜单
                DrawTopMenu(pDC,m_rect,(m_state&ODS_SELECTED)||(m_state&0x0040));
                DrawItemText(pDC,m_str,m_rect);                // 绘制菜单文本
                break;
            }
        case 0:
            {
                DrawSeparater(pDC,m_rect);                      // 绘制分隔条
                break;
            }
        default:
            {
                DrawComMenu(pDC,m_rect,m_state&ODS_SELECTED);   // 绘制菜单项
                DrawItemText(pDC,m_str,m_rect);                // 绘制菜单文本
                DrawItemIcon(pDC,m_rect,m_itemicon);           // 绘制菜单图标
                break;
            }
        }
    }
}
```

（16）在对话框头文件中声明 CMenuIcon 类对象 m_Menu。

（17）在对话框的 OnInitDialog 方法中加载菜单资源，并设置菜单项，代码如下。

```
m_Menu.AttatchMenu(IDR_MENU1);                                 // 加载菜单资源
m_Menu.MenuItem(&m_Menu);                                      // 修改菜单项
this->SetMenu(&m_Menu);                                        // 将菜单关联到窗口
```

（18）重载对话框的 OnDrawItem 方法，在该方法中调用菜单类的 DrawItem 方法。

（19）重载对话框的 OnMeasureItem 方法，在该方法中调用菜单类的 MeasureItem 方法。

实例的运行结果如图 8.18 所示。

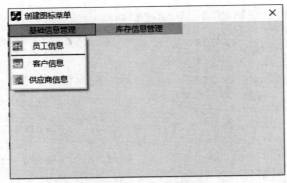

图 8.18　创建图标菜单

8.6　小　　结

本章介绍了菜单的创建及使用，包括动态创建菜单、弹出式菜单和图标菜单，并且对菜单资源的设计以及菜单项的命令处理也作了简单的介绍，使读者在开发 Windows 应用程序时可以更好地使用菜单。

8.7　实践与练习

1. 设计一个任务栏托盘弹出菜单，实现效果如图 8.19 所示。（**答案位置：资源包 \TM\sl\8\4**）

图 8.19　任务栏托盘弹出菜单

2. 设计一个浮动的菜单。就像 Word 中用户可以拖动菜单到任意位置。（**答案位置：资源包 \TM\sl\ 8\5**）

3. 设计一个能根据数据表中的数据动态生成菜单，效果详见资源包中的实例。（**答案位置：资源包 \ TM\sl\8\6**）

第 **9** 章

工具栏和状态栏

（📹 视频讲解：22 分钟）

工具栏为用户操作提供了更加快捷、方便的途径，其一般实现的是常用的菜单操作。状态栏一般位于程序窗口的最下方，可以显示程序的基本信息。本章将简要介绍工具栏和状态栏，使读者初步了解工具栏和状态栏的使用，为日后编程打下良好的基础。为了便于读者理解，在讲解过程中列举了大量的实例。

通过阅读本章，您可以：

▶▶ 掌握工具栏资源的设计

▶▶ 掌握工具栏的命令处理

▶▶ 掌握创建工具栏的多种方法

▶▶ 掌握提示工具栏的设计方法

▶▶ 掌握状态栏的创建方法

▶▶ 掌握在状态栏中显示控件的方法

9.1　工具栏设计

工具栏中包含了一组用于执行命令的按钮，每个按钮都用一个图标来表示。通常，工具栏按钮都对应一个常用的菜单命令，这样可以简化用户的操作。

9.1.1　工具栏资源设计

要使用工具栏，先要创建工具栏资源。工具栏资源的创建步骤如下。

（1）打开工作区窗口，选择 ResourceView 选项卡，右击一个节点，在弹出的快捷菜单中选择 Insert 命令，打开 Insert Resource 对话框，选择 Toolbar 节点，如图 9.1 所示。

（2）单击 New 按钮，创建一个工具栏资源，如图 9.2 所示。

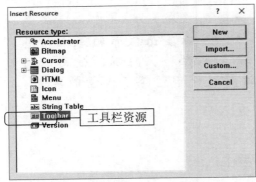
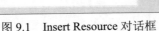

图 9.1　Insert Resource 对话框

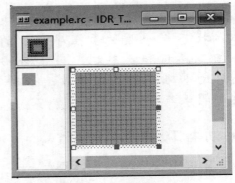

图 9.2　工具栏资源

（3）创建工具栏资源后，可以通过开发环境右侧的绘图工具（如图 9.3 所示）对工具栏资源进行编辑。

（4）在工具栏资源中绘制工具栏按钮后，工具栏窗口中会自动创建一个新的工具栏按钮，如图 9.4 所示。

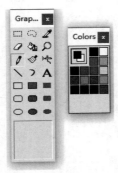

图 9.3　绘图工具

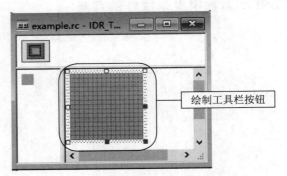

图 9.4　创建工具栏按钮

（5）还可以为工具栏资源添加分隔条。选中要加入分隔线位置的按钮，将其向右拖动一点距离，这样就会在两个按钮之间留下一点空隙，如图 9.5 所示。

说明

拖到工具栏按钮的位置以后，运行程序时空隙就会显示成分隔条了。

（6）按 Enter 键打开工具栏按钮的属性窗口，如图 9.6 所示。

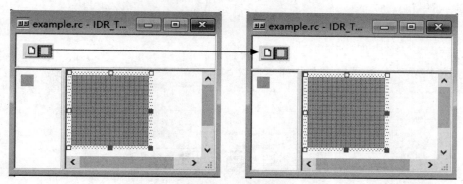

图 9.5　添加分隔条

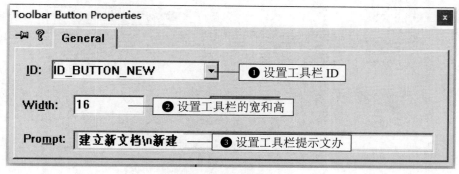

图 9.6　属性窗口

工具栏资源的属性说明如表 9.1 所示。

表 9.1　工具栏资源的属性说明

属　　性	描　　述
ID	工具栏按钮的命令 ID，ID 可以和菜单项等资源的 ID 相同，相同的 ID 触发相同的事件
Width	工具栏按钮的宽度
Height	工具栏按钮的高度
Prompt	当鼠标指向按钮时的提示信息，\n 前的信息显示在状态栏中，后面的信息显示在 Tooltip 中

说明

如果为一个工具栏按钮设置了大小，那么所有工具栏按钮的大小都会改变为当前设置的大小。

9.1.2　工具栏的命令处理

工具栏的命令处理也要通过类向导来完成。打开 MFC class Wizard 对话框，选择 Message Maps 选项卡，在 Class name 组合框中选择关联菜单的对话框类，在 Object IDs 列表框中选择菜单项 ID，在 Messages 列表框中选择 COMMAND 和 UPDATE_COMMAND_UI，如图 9.7 所示。

选择工具栏命令后，单击 Add Function 按钮，即可添加消息响应函数，并可以通过代码编辑器编辑该消息的实现代码。

 技巧

因为工具栏实现的功能通过菜单都可以实现，所以，工具栏按钮可以和菜单共用一个 ID。

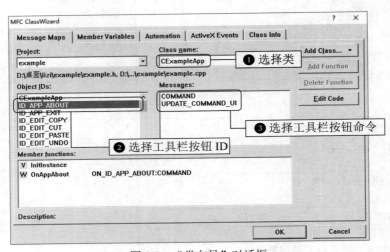

图 9.7　"类向导"对话框

9.1.3　动态创建工具栏

1．使用位图创建工具栏

使用位图创建工具栏的步骤如下。

（1）通过 Create 方法创建工具栏窗口。

语法格式如下：

```
BOOL Create( CWnd* pParentWnd, DWORD dwStyle = WS_CHILD | WS_VISIBLE | CBRS_TOP, UINT nID = AFX_IDW_TOOLBAR );
```

参数说明：

☑　pParentWnd：标识父窗口。

☑ dwStyle：标识工具栏风格。

☑ nID：标识工具栏 ID。

（2）调用 SetButtons 方法向工具栏中添加按钮，并设置按钮的 ID 和图像索引。

语法格式如下：

```
BOOL SetButtons( const UINT* lpIDArray, int nIDCount );
```

参数说明：

☑ lpIDArray：标识一个无符号整型数组，其中包含了按钮 ID，如果数组中的某个元素值为 ID_
   SEPARATOR，对应的按钮将是一个分隔条。

☑ nIDCount：标识数组中的元素数量。

（3）调用 LoadBitmap 方法加载一个位图资源，位图中包含了每个工具栏按钮的图像。

语法格式如下：

```
BOOL LoadBitmap( LPCTSTR lpszResourceName );
BOOL LoadBitmap( UINT nIDResource );
```

参数说明：

☑ lpszResourceName：标识资源名称。

☑ nIDResource：标识资源 ID。

返回值：执行成功，返回值是非零，否则为 0。

（4）调用 SetSizes 方法设置工具栏按钮和显示位图的大小。

语法格式如下：

```
void SetSizes( SIZE sizeButton, SIZE sizeImage );
```

参数说明：

☑ sizeButton：工具栏按钮的大小。

☑ sizeImage：显示位图的大小。

（5）调用 RepositionBars 方法显示工具栏。

语法格式如下：

```
void RepositionBars( UINT nIDFirst, UINT nIDLast, UINT nIDLeftOver, UINT nFlag = CWnd::reposDefault,
LPRECT lpRectParam = NULL, LPCRECT lpRectClient = NULL, BOOL bStretch = TRUE );
```

RepositionBars 方法中的参数说明如表 9.2 所示。

表 9.2　RepositionBars 方法中的参数说明

参　　数	描　　述
nIDFirst	要重新定位并改变大小的控制条范围中的第一个控制条的 ID
nIDLast	要重新定位并改变大小的控制条范围中的最后一个控制条的 ID
nIDLeftOver	指定了填充客户区其余部分的 ID
nFlag	布局客户区域的标记
lpRectParam	指向一个 RECT 结构，其用法依赖于 nFlag 的取值
lpRectClient	指向一个 RECT 结构，其中包含了可用的客户区。如果为 NULL，则窗口的客户区将被使用
bStretch	指明控制条是否被缩放到框架的大小

【例 9.1】 动态创建一个工具栏。 **（实例位置：资源包 \TM\sl\9\1）**

具体操作步骤如下。

（1）创建一个基于对话框的应用程序，将对话框的 Caption 属性修改为"动态创建工具栏"。

（2）在工作区窗口中选择 RecourceView 选项卡，导入一个位图
资源，如图 9.8 所示。

图 9.8 位图资源

（3）在对话框的头文件中声明 CToolBar 类对象 m_ToolBar。

（4）在对话框的 OnInitDialog 函数中创建工具栏，代码如下。

```
UINT array[11];                                    // 声明一个数组
for (int i = 0;i<11;i++)                            // 根据数组元素数进行循环
{
    if (i==3 || i==7 || i==9)                       // 判断是否为第 4、8、10 个按钮
        array[i]= ID_SEPARATOR;                     // 第 4、8、10 个按钮为分隔条
    else
        array[i]=i+1001;                            // 为数组元素赋值
}
m_ToolBar.Create(this);                            // 创建工具栏窗口
m_ToolBar.SetButtons(array,11);                    // 设置工具栏按钮索引
m_ToolBar.LoadBitmap(IDB_BITMAP1);                 // 加载位图
m_ToolBar.SetSizes(CSize(24,24),CSize(16,16));     // 设置按钮和位图大小
// 显示工具栏
RepositionBars(AFX_IDW_CONTROLBAR_FIRST,AFX_IDW_CONTROLBAR_LAST,0);
```

📢 **注意**

加载的位图资源中每个图像的大小都是相同的。

（5）在对话框的头文件中声明工具栏按钮的单击事件处理函数，代码如下。

```
afx_msg void OnNew();                              // 声明工具栏"新建"按钮的单击事件处理函数
```

（6）在对话框的源文件中添加消息映射宏，代码如下。

```
ON_COMMAND(1001, OnNew)                            // 工具栏"新建"按钮的消息映射宏
```

（7）添加工具栏按钮的单击事件处理函数，代码如下。

```
void CCreateToolBarDlg::OnNew()                    // 工具栏"新建"按钮的单击事件处理函数
{
    MessageBox(" 工具栏按钮单击事件 ");            // 按钮按下后弹出消息框
}
```

实例的运行结果如图 9.9 所示。

图 9.9 动态创建工具栏

2．使用图标创建工具栏

使用图标创建工具栏，首先要创建图像列表，然后用工具栏关联图像列表。图像列表部分的知识将在以后的章节中介绍，这里只介绍创建工具栏的方法。首先调用 Create 方法创建工具栏窗口，然后调用 SetButtons 方法设置工具栏按钮的索引，通过 GetToolBarCtrl 方法调用 SetImageList 方法关联图像列表，调用 SetSizes 方法设置工具栏按钮和显示图标的大小，最后调用 RepositionBars 方法显示工具栏。

【例 9.2】 动态创建一个工具栏。（实例位置：资源包 \TM\sl\9\2）

具体操作步骤如下。

（1）创建一个基于对话框的应用程序，将对话框的 Caption 属性修改为"动态创建工具栏"。

（2）在工作区窗口中选择 RecourceView 选项卡，导入 8 个图标资源。

（3）在对话框的头文件中声明变量，代码如下。

```
CToolBar     m_ToolBar;                              // 工具栏对象
CImageList   m_ImageList;                             // 列表视图对象
```

（4）在对话框的 OnInitDialog 函数中创建工具栏，代码如下。

```
m_ImageList.Create(32,32,ILC_COLOR24|ILC_MASK,1,1);  // 创建图像列表
m_ImageList.Add(AfxGetApp()->LoadIcon(IDI_ICON1));   // 向图像列表中添加图标
m_ImageList.Add(AfxGetApp()->LoadIcon(IDI_ICON2));   // 向图像列表中添加图标
m_ImageList.Add(AfxGetApp()->LoadIcon(IDI_ICON3));   // 向图像列表中添加图标
m_ImageList.Add(AfxGetApp()->LoadIcon(IDI_ICON4));   // 向图像列表中添加图标
m_ImageList.Add(AfxGetApp()->LoadIcon(IDI_ICON5));   // 向图像列表中添加图标
m_ImageList.Add(AfxGetApp()->LoadIcon(IDI_ICON6));   // 向图像列表中添加图标
m_ImageList.Add(AfxGetApp()->LoadIcon(IDI_ICON7));   // 向图像列表中添加图标
m_ImageList.Add(AfxGetApp()->LoadIcon(IDI_ICON8));   // 向图像列表中添加图标
UINT array[11];                                      // 声明数组
for(int i=0;i<11;i++)                                // 根据数组元素个数进行循环
{
    if(i==3 || i==7 || i==9)                         // 判断是否为第 4、8、10 个按钮
        array[i] = ID_SEPARATOR;                     // 第 4、8、10 个按钮为分隔条
    else
        array[i] = i+1001;                           // 为数组元素赋值
}
m_ToolBar.Create(this);                              // 创建工具栏窗口
m_ToolBar.SetButtons(array,11);                      // 设置工具栏按钮的索引
m_ToolBar.GetToolBarCtrl().SetImageList(&m_ImageList); // 关联图像列表
m_ToolBar.SetSizes(CSize(40,40),CSize(32,32));       // 设置按钮和图标的大小
// 显示工具栏
RepositionBars(AFX_IDW_CONTROLBAR_FIRST,AFX_IDW_CONTROLBAR_LAST,0);
```

实例的运行结果如图 9.10 所示。

图 9.10　动态创建工具栏

注意

为工具栏按钮处理单击事件的方法与例 9.1 相同，这里就不多作介绍了。

3. 使用工具栏资源创建工具栏

使用工具栏资源创建工具栏的步骤如下。

（1）调用 CreateEx 方法创建工具栏窗口，并设置工具栏窗口的扩展风格。

语法格式如下：

```
BOOL CreateEx(CWnd* pParentWnd, DWORD dwCtrlStyle = TBSTYLE_FLAT, DWORD dwStyle = WS_CHILD
| WS_VISIBLE | CBRS_ALIGN_TOP, CRect rcBorders = CRect(0, 0, 0, 0), UINT nID = AFX_IDW_TOOLBAR);
```

CreateEx 方法中的参数说明如表 9.3 所示。

表 9.3　CreateEx 方法中的参数说明

参　　数	描　　述	参　　数	描　　述
pParentWnd	父窗口句柄	rcBorders	工具栏边框的宽度
dwCtrlStyle	工具栏控件的风格	nID	工具栏 ID
dwStyle	工具栏风格		

（2）调用 LoadToolBar 方法加载工具栏资源。

语法格式如下：

```
BOOL LoadToolBar( LPCTSTR lpszResourceName );
BOOL LoadToolBar( UINT nIDResource );
```

参数说明：

☑　lpszResourceName：标识资源名称。

☑　nIDResource：标识资源 ID。

返回值：如果函数执行成功，返回值是非零，否则为 0。

（3）通过 GetToolBarCtrl 方法调用 SetBitmapSize 方法和 SetButtonSize 方法，设置显示图像的大小和工具栏按钮的大小。

（4）最后调用 RepositionBars 方法显示工具栏。

【例 9.3】　动态创建一个工具栏。（实例位置：资源包 \TM\sl\9\3）

具体操作步骤如下。

（1）创建一个基于对话框的应用程序，将对话框的 Caption 属性修改为"动态创建工具栏"。

（2）在工作区窗口中选择 RecourceView 选项卡，导入一个工具栏资源，如图 9.11 所示。

（3）在对话框的头文件中声明 CToolBar 类对象 m_ToolBar。

（4）在对话框的 OnInitDialog 函数中创建工具栏，代码如下。

```
// 创建工具栏
m_ToolBar.CreateEx(this,TBSTYLE_FLAT,WS_CHILD | WS_VISIBLE | CBRS_TOP
    | CBRS_GRIPPER | CBRS_TOOLTIPS | CBRS_SIZE_DYNAMIC | CBRS_BORDER_TOP);
```

```
m_ToolBar.LoadToolBar(IDR_TOOLBAR1);                              // 加载工具栏资源
m_ToolBar.GetToolBarCtrl().SetBitmapSize(CSize(16,16));          // 设置显示图像的大小
m_ToolBar.GetToolBarCtrl().SetButtonSize(CSize(24,24));          // 设置工具栏按钮的大小
// 显示工具栏
RepositionBars(AFX_IDW_CONTROLBAR_FIRST,AFX_IDW_CONTROLBAR_LAST,0);
```

实例的运行结果如图 9.12 所示。

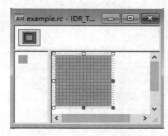

图 9.11　工具栏资源

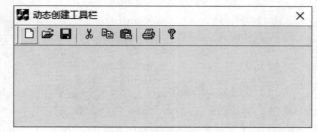

图 9.12　动态创建工具栏

9.1.4　设置工具栏按钮提示

在使用应用程序时，会发现工具栏具有提示功能，只要将鼠标停留在一个工具栏按钮上，就会显示出这个按钮的功能描述。这在 Visual C++ 中是如何实现的呢？可以通过 TTN_NEEDTEXT 消息的处理函数 OnToolTipNotify 来实现这一功能。

（1）首先创建工具栏，然后调用 SetButtonText 方法设置工具栏按钮的显示文本。

语法格式如下：

```
BOOL SetButtonText( int nIndex, LPCTSTR lpszText );
```

参数说明：

☑　nIndex：按钮命令 ID。

☑　lpszText：按钮显示文本。

（2）然后在 OnToolTipNotify 消息处理函数中获得当前按钮文本，并在提示窗口中显示出来。获得按钮文本可以使用 GetButtonText 方法。

语法格式如下：

```
CString GetButtonText( int nIndex ) const;
void GetButtonText( int nIndex, CString& rString ) const;
```

参数说明：

☑　nIndex：按钮索引。

☑　rString：用于接收按钮文本。

【例 9.4】 创建一个具有提示功能的工具栏。（实例位置：资源包 \TM\sl\9\4）

具体操作步骤如下。

（1）创建一个基于对话框的应用程序，将对话框的 Caption 属性修改为"设置工具栏按钮提示"。

（2）在工作区窗口中选择 RecourceView 选项卡，导入 8 个图标资源。

（3）在对话框头文件中声明变量，代码如下。

```
CToolBar    m_ToolBar;                                    // 工具栏对象
CImageList  m_ImageList;                                  // 列表视图对象
CString     m_TipText;                                    // 工具栏提示文本
```

（4）在对话框的 OnInitDialog 函数中创建工具栏，代码如下。

```
m_ImageList.Create(32,32,ILC_COLOR24|ILC_MASK,1,1);       // 创建图像列表
m_ImageList.Add(AfxGetApp()->LoadIcon(IDI_ICON1));        // 向图像列表中添加图标
m_ImageList.Add(AfxGetApp()->LoadIcon(IDI_ICON2));        // 向图像列表中添加图标
m_ImageList.Add(AfxGetApp()->LoadIcon(IDI_ICON3));        // 向图像列表中添加图标
m_ImageList.Add(AfxGetApp()->LoadIcon(IDI_ICON4));        // 向图像列表中添加图标
m_ImageList.Add(AfxGetApp()->LoadIcon(IDI_ICON5));        // 向图像列表中添加图标
m_ImageList.Add(AfxGetApp()->LoadIcon(IDI_ICON6));        // 向图像列表中添加图标
m_ImageList.Add(AfxGetApp()->LoadIcon(IDI_ICON7));        // 向图像列表中添加图标
m_ImageList.Add(AfxGetApp()->LoadIcon(IDI_ICON8));        // 向图像列表中添加图标
UINT array[11];                                           // 声明数组
for(int i=0;i<11;i++)                                     // 根据数组元素个数进行循环
{
    if(i==3 || i==7 || i==9)                              // 判断是否为第 4、8、10 个按钮
        array[i] = ID_SEPARATOR;                          // 第 4、8、10 个按钮为分隔条
    else
        array[i] = i+1001;                                // 为数组元素赋值
}
m_ToolBar.Create(this);                                   // 创建工具栏窗口
m_ToolBar.SetButtons(array,11);                           // 设置工具栏按钮索引
m_ToolBar.SetButtonText(0," 新建 ");                      // 设置工具栏按钮文本
m_ToolBar.SetButtonText(1," 打开 ");                      // 设置工具栏按钮文本
m_ToolBar.SetButtonText(2," 保存 ");                      // 设置工具栏按钮文本
m_ToolBar.SetButtonText(4," 剪切 ");                      // 设置工具栏按钮文本
m_ToolBar.SetButtonText(5," 复制 ");                      // 设置工具栏按钮文本
m_ToolBar.SetButtonText(6," 粘贴 ");                      // 设置工具栏按钮文本
m_ToolBar.SetButtonText(8," 打印 ");                      // 设置工具栏按钮文本
m_ToolBar.SetButtonText(10," 帮助 ");                     // 设置工具栏按钮文本
m_ToolBar.GetToolBarCtrl().SetImageList(&m_ImageList);    // 关联图像列表
m_ToolBar.SetSizes(CSize(40,50),CSize(32,32));            // 设置按钮和图标的大小
m_ToolBar.EnableToolTips(TRUE);                           // 激活工具栏的提示功能
// 显示工具栏
RepositionBars(AFX_IDW_CONTROLBAR_FIRST,AFX_IDW_CONTROLBAR_LAST,0);
```

注意

在创建工具栏后，不要忘记用 EnableToolTips 方法激活工具栏的提示功能。

（5）在对话框的头文件中声明 OnToolTipNotify 函数，代码如下。

```
afx_msg BOOL OnToolTipNotify( UINT id, NMHDR * pNMHDR, LRESULT * pResult );
```

（6）在对话框的源文件中添加 ON_NOTIFY_EX 映射宏，代码如下。

```
ON_NOTIFY_EX( TTN_NEEDTEXT, 0, OnToolTipNotify)
```

（7）添加消息处理函数 OnToolTipNotify 的实现部分，代码如下。

```
BOOL CToolTipDlg::OnToolTipNotify(UINT id, NMHDR *pNMHDR, LRESULT *pResult)
{
        TOOLTIPTEXT *pTTT = (TOOLTIPTEXT *)pNMHDR;
        UINT nID =pNMHDR->idFrom;                                          // 获取工具栏按钮 ID
         if(nID)                                                          // 判断按钮 ID 是否存在
        {
                UINT nIndex = m_ToolBar.CommandToIndex(nID);             // 根据 ID 获取按钮索引
                if(nIndex!= -1)                                          // 判断索引是否正确
                {
                        m_ToolBar.GetButtonText(nIndex,m_TipText);        // 获取工具栏文本
                        pTTT->lpszText = m_TipText.GetBuffer(m_TipText.GetLength());  // 设置提示信息文本
                        pTTT->hinst = AfxGetResourceHandle();             // 获得资源句柄
                        return TRUE;                                      // 返回 TRUE 值
                }
        }
        return FALSE;                                                     // 返回 FALSE 值
}
```

实例的运行结果如图 9.13 所示。

图 9.13　设置工具栏按钮提示

9.2　状态栏设计

视频讲解

状态栏可以显示应用程序当前的状态、系统时间或其他上下文信息等，也可以显示菜单和工具栏的提示信息。可以根据需要将状态栏分成多个面板，以显示不同的信息。

9.2.1　创建状态栏

状态栏为程序界面提供了一个显示区域，用于显示程序的基本信息。一般来说，状态栏都放置在程序界面的底部。

状态栏和菜单、工具栏不同，它没有资源设计部分。

（1）创建状态栏时直接使用代码进行设计。可以使用 Create 方法创建状态栏窗口。

语法格式如下：

```
BOOL Create( CWnd* pParentWnd, DWORD dwStyle = WS_CHILD | WS_VISIBLE | CBRS_BOTTOM, UINT
nID = AFX_IDW_STATUS_BAR );
```

参数说明：

☑ pParentWnd：状态栏父窗口。

☑ dwStyle：状态栏风格。可选值如下。

➢ CBRS_TOP：状态栏位于框架窗口的顶部。

➢ CBRS_BOTTOM：状态栏位于框架窗口的底部。

➢ CBRS_NOALIGN：当父窗口重新调整尺寸时不重新定位状态栏。

☑ nID：状态栏 ID。

 说明

> 虽然可以将状态栏置于窗口的顶部，但是通常情况下不会这么做，默认时将工具栏放置在窗口底部。

使用 CreateEx 方法也可以创建状态栏窗口，并且该方法支持状态栏的扩展风格。

语法格式如下：

```
BOOL CreateEx( CWnd* pParentWnd, DWORD dwCtrlStyle = 0 ,DWORD dwStyle = WS_CHILD |
WS_VISIBLE | CBRS_BOTTOM,UINT nID = AFX_IDW_STATUS_BAR );
```

CreateEx 方法中的参数说明如表 9.4 所示。

表 9.4　CreateEx 方法中的参数说明

参　　数	描　　述
pParentWnd	父窗口句柄
dwCtrlStyle	状态栏的扩展风格。值为 SBARS_SIZEGRIP 时，在状态栏的右侧有一个调整大小的状态栏控件，它是一个特别的区域，可以单击并拖动它来调整父窗口的大小；值为 SBT_TOOLTIPS 时，状态栏支持工具提示
dwStyle	状态栏风格
nID	状态栏 ID

（2）调用 SetIndicators 方法为状态栏窗口添加面板，设置面板 ID。

语法格式如下：

```
BOOL SetIndicators( const UINT* lpIDArray, int nIDCount );
```

参数说明：

☑ lpIDArray：一个无符号整型数组，该数组中包含了面板 ID。

☑ nIDCount：数组元素数量。

（3）调用 SetPaneInfo 方法设置面板宽度。

语法格式如下：

```
void SetPaneInfo( int nIndex, UINT nID, UINT nStyle, int cxWidth );
```

SetPaneInfo 方法中的参数说明如表 9.5 所示。

表 9.5　SetPaneInfo 方法中的参数说明

参　　数	描　　述
nIndex	面板索引
nID	设置的面板 ID
nStyle	设置的面板风格
cxWidth	设置的面板宽度

（4）调用 SetPaneText 方法设置面板文本。

语法格式如下：

```
BOOL SetPaneText( int nIndex, LPCTSTR lpszNewText, BOOL bUpdate = TRUE );
```

参数说明：

☑　nIndex：面板 ID。

☑　lpszNewText：面板显示文本。

☑　bUpdate：是否立即更新面板。

（5）最后调用 RepositionBars 方法显示状态栏。

【例 9.5】　创建一个带有状态栏的程序。（实例位置：资源包 \TM\sl\9\5）

具体操作步骤如下。

（1）创建一个基于对话框的应用程序，将对话框的 Caption 属性修改为"创建状态栏"。

（2）在对话框头文件中声明一个 CStatusBar 类变量 m_StatusBar。

（3）在对话框的 OnInitDialog 函数中创建工具栏，代码如下。

```
UINT array[4];                                              // 声明数组
for(int i=0;i<4;i++)                                        // 根据数组元素个数循环
{
    array[i] = 1001 + i;                                   // 为数组元素赋值
}
m_StatusBar.Create(this);                                  // 创建状态栏窗口
m_StatusBar.SetIndicators(array,sizeof(array)/sizeof(UINT)); // 添加面板
for(int n=0;n<4;n++)                                       // 根据面板数循环
{
    m_StatusBar.SetPaneInfo(n,array[n],0,100);            // 设置面板宽度
}
CTime time = CTime::GetCurrentTime();                      // 获得系统当前日期
m_StatusBar.SetPaneText(0," 当前用户：");                   // 设置面板文本
m_StatusBar.SetPaneText(1,"TM");                          // 设置面板文本
m_StatusBar.SetPaneText(2," 当前日期：");                   // 设置面板文本
m_StatusBar.SetPaneText(3,time.Format("%Y-%m-%d"));       // 设置面板文本
// 显示状态栏
RepositionBars(AFX_IDW_CONTROLBAR_FIRST,AFX_IDW_CONTROLBAR_LAST,0);
```

实例的运行结果如图 9.14 所示。

图 9.14　创建状态栏

注意

> 如果程序中同时具有工具栏和状态栏，只需要调用一次 RepositionBars 函数。

9.2.2　在状态栏中显示控件

在使用应用程序时，经常看到在状态栏中显示操作进度，这是怎么做到的呢？可以在状态栏中放置进度条控件，从而实现这一功能。

首先，调用 Create 方法创建状态栏窗口，调用 SetIndicators 方法向状态栏窗口中添加面板，调用 SetPaneInfo 方法设置面板的宽度，调用 SetPaneText 方法设置面板的显示文本，调用 RepositionBars 方法显示状态栏。然后调用 GetItemRect 方法获得要显示控件的面板区域。

语法格式如下：

```
void GetItemRect( int nIndex, LPRECT lpRect ) const;
```

参数说明：

☑　nIndex：面板 ID。

☑　lpRect：面板的显示区域。

最后通过 MoveWindow 函数和 ShowWindow 函数移动控件到获得的面板区域中，并显示控件。

【例 9.6】　在状态栏中显示控件。　（实例位置：资源包 \TM\sl\9\6）

具体操作步骤如下。

（1）创建一个基于对话框的应用程序，将对话框的 Caption 属性修改为"在状态栏中显示控件"。

（2）在对话框头文件中声明一个 CStatusBar 类变量 m_StatusBar。

（3）在对话框的 OnInitDialog 函数中创建工具栏，代码如下。

```
UINT array[4];                                              // 声明数组
for(int i=0;i<4;i++)                                        // 根据数组元素个数循环
{
    array[i] = 1001 + i;                                   // 为数组元素赋值
}
m_StatusBar.Create(this);                                  // 创建状态栏窗口
m_StatusBar.SetIndicators(array,sizeof(array)/sizeof(UINT)); // 添加面板
for(int n=0;n<4;n++)                                       // 根据面板数循环
{
    m_StatusBar.SetPaneInfo(n,array[n],0,90);             // 设置面板宽度
}
m_StatusBar.SetPaneText(0," 当前用户： ");                  // 设置面板文本
m_StatusBar.SetPaneText(1,"TM");                           // 设置面板文本
m_StatusBar.SetPaneText(2," 当前状态： ");                  // 设置面板文本
RepositionBars(AFX_IDW_CONTROLBAR_FIRST,AFX_IDW_CONTROLBAR_LAST,0); // 显示状态栏
RECT m_rect;                                               // 声明一个区域变量
m_StatusBar.GetItemRect(3,&m_rect);                        // 获取第 4 个面板的区域
m_Progress.SetParent(&m_StatusBar);                        // 设置进度条的父窗口为状态栏
```

```
m_Progress.MoveWindow(&m_rect);                    // 设置进度条显示的位置
m_Progress.ShowWindow(SW_SHOW);                    // 显示进度条控件
m_Progress.SetRange(0,30);                         // 设置进度条范围
m_Progress.SetPos(20);                            // 设置进度条当前位置
```

实例的运行结果如图 9.15 所示。

图 9.15　在状态栏中显示控件

> **注意**
>
> 在状态栏上放置其他控件时，如果窗体的大小可以改变，则应注意当前窗口大小发生改变时，改变控件的位置及大小。

9.3　小　　结

本章介绍了工具栏和状态栏的创建方法，包括使用不同的资源创建工具栏，并且通过实例对工具栏和状态栏的一些应用作了简单的介绍，使读者可以初步了解工具栏和状态栏，为以后进行程序开发打下良好的基础。

9.4　实践与练习

1．设计一个带下拉菜单的工具栏。设计完成的效果：当用户单击工具栏按钮旁边的下三角按钮时，将弹出一个下拉菜单。（答案位置：资源包 \TM\sl\9\7）

2．设计一个带滚动字幕的状态栏。设计完成的效果：网址"WWW.MRSOFT.COM"在状态栏中来回滚动。（答案位置：资源包 \TM\sl\9\8）

第 *10* 章

高级控件

（📹 视频讲解：46 分钟）

在使用可视化编程工具时，控件的使用是必不可少的。前文中已经介绍了一些常用的控件，但是，只有这些是不够的。本章将介绍几个相对复杂的高级控件，进一步深入了解控件的使用，为日后编程打下良好的基础。为了便于读者理解，在讲解过程中列举了大量的实例。

通过阅读本章，您可以：

▶▶ 掌握图像列表控件的应用

▶▶ 属性列表视图控件的各种风格显示

▶▶ 掌握列表视图控件的使用

▶▶ 掌握树控件的使用

▶▶ 掌握标签控件的使用

▶▶ 掌握工具提示控件的使用

10.1　图像列表控件

图像列表控件与前面介绍的控件有些不同，该控件不能通过控件面板向程序中添加，因为图像列表控件只是一个类 CImageList，该控件的创建和设置都是通过代码编辑的。该控件用于存储和管理相同大小的一组图像，其中的每个图像可以通过图像索引访问。

10.1.1　创建图像列表

在前面的章节中已经提到过图像列表控件，下面就来介绍一下图像列表控件的创建。创建图像列表可以使用 Create 方法，该方法用于创建图像列表。

语法格式如下：

```
BOOL Create( int cx, int cy, UINT nFlags, int nInitial, int nGrow );
BOOL Create( UINT nBitmapID, int cx, int nGrow, COLORREF crMask );
BOOL Create( LPCTSTR lpszBitmapID, int cx, int nGrow, COLORREF crMask );
BOOL Create( CImageList& imagelist1, int nImage1, CImageList& imagelist2,int nImage2, int dx, int dy );
BOOL Create( CImageList* pImageList );
```

Create 方法中的参数说明如表 10.1 所示。

表 10.1　Create 方法中的参数说明

参　　数	描　　述
cx、cy	以像素为单位标识图像的大小
nFlags	标识创建何种类型图像列表
nInitial	标识图像列表初始化时的图像数量
nGrow	标识图像列表需要调整大小时的增长量
nBitmapID	标识图像列表关联的位图 ID
crMask	标识掩码颜色
imagelist1	标识一个图像列表引用
nImage1	标识第一个存在的图像索引
imagelist2	标识图像列表引用
nImage2	标识第二个存在的图像列表索引
dx、dy	以像素为单位标识第二个图像到第一个图像的 x 轴和 y 轴偏移量
pImageList	标识一个图像列表指针

【例 10.1】　通过 Create 方法创建一个图像列表。

代码如下：

```
m_ImageList.Create(32,32,ILC_COLOR24|ILC_MASK,1,0);
```

10.1.2　将图像绘制到程序中

通过图像列表控件，可以直接将控件中的图像绘制到程序中。首先调用 Create 方法创建一个图像列表，然后调用 Add 方法向图像列表控件中添加图像。

语法格式如下：

```
int Add( CBitmap* pbmImage, CBitmap* pbmMask );
int Add( CBitmap* pbmImage, COLORREF crMask );
int Add( HICON hIcon );
```

Add 方法中的参数说明如表 10.2 所示。

表 10.2　Add 方法中的参数说明

参　　数	描　　述
pbmImage	位图对象指针，包含图像信息
pbmMask	位图信息指针，包含掩码图像信息
crMask	标识掩码颜色
hIcon	标识图标句柄

最后，调用 Draw 方法将图像列表中的图像绘制在指定的画布上。

语法格式如下：

```
BOOL Draw( CDC* pdc, int nImage, POINT pt, UINT nStyle );
```

Draw 方法中的参数说明如表 10.3 所示。

表 10.3　Draw 方法中的参数说明

参　　数	描　　述
pdc	标识画布对象指针
nImage	标识图像索引
pt	标识在画布对象的哪个点处开始绘制图像
nStyle	标识绘画风格

【例 10.2】　将图像列表控件中的图像绘制到程序中。　（实例位置：资源包 \TM\sl\10\1）

具体操作步骤如下。

（1）创建一个基于对话框的应用程序，将对话框的 Caption 属性修改为"将图像列表控件中的图像绘制到程序中"。

（2）在工作区窗口中选择 RecourceView 选项卡，导入一个位图资源。

（3）在对话框头文件中声明一个图像列表对象 m_ImageList。

（4）在对话框的 OnInitDialog 函数中创建图像列表，并向图像列表中加载位图，代码如下。

```
m_ImageList.Create(IDB_BITMAP1,216,0,ILC_COLOR16|ILC_MASK);    // 创建图像列表
CBitmap m_bitmap;                                               // 声明 CBitmap 类型变量
```

```
m_bitmap.LoadBitmap(IDB_BITMAP1);                                           // 加载位图资源
m_ImageList.Add(&m_bitmap,ILC_MASK);                                        // 向图像列表中添加位图
```

（5）在对话框的 OnPaint 函数中绘制图像，代码如下。

```
CDC* pDC = GetDC();
m_ImageList.Draw(pDC,0,CPoint(20,20),ILD_TRANSPARENT);
pDC->DeleteDC();
```

实例的运行结果如图 10.1 所示。

图 10.1　将图像列表控件中的图像绘制到程序中

说明

图像列表通常用来存放图标，因此存储的图像都不大。其实，图像列表可以存储大的图像信息，但这些图像的大小都应相同。

10.2　列表视图控件

视频讲解

列表视图控件是用户常用的控件之一，可以看成列表框控件的功能增强版。列表视图控件可以根据用户的需要，以不同的风格来显示数据及图标等内容。本节将对列表视图控件进行简单的介绍。

10.2.1　设置显示风格

列表视图控件可在窗体中管理和显示列表项。可以根据需要为列表视图控件选择不同的显示方式，能够以图标和表格的形式显示数据。打开列表视图控件的属性窗口，在 Styles 选项卡的 View 属性中

可以设置显示风格。可选值包括如下内容。

☑ Icon：图标视图。

☑ Small Icon：小图标视图。

☑ List：列表视图。

☑ Report：报表视图。

10.2.2 设计登录窗口

使用列表视图控件设计登录窗口很简单，首先创建一个图像列表，并通过 SetImageList 方法将列表视图控件和图像列表关联到一起。

语法格式如下：

```
CImageList* SetImageList( CImageList* pImageList, int nImageList );
```

参数说明：

☑ pImageList：标识图像列表指针。

☑ nImageList：标识图像列表类型。可选值如下。

➤ LVSIL_NORMAL：图像列表具有大图标。

➤ LVSIL_SMALL：图像列表具有小图标。

➤ LVSIL_STATE：图像列表具有状态图标。

然后调用 InsertItem 方法向列表视图控件插入数据。

语法格式如下：

```
int InsertItem( const LVITEM* pItem );
int InsertItem( int nItem, LPCTSTR lpszItem );
int InsertItem( int nItem, LPCTSTR lpszItem, int nImage );
int InsertItem( UINT nMask, int nItem, LPCTSTR lpszItem, UINT nState, UINT nStateMask, int nImage,
LPARAM lParam );
```

InsertItem 方法中的参数说明如表 10.4 所示。

表 10.4　InsertItem 方法中的参数说明

参　　数	描　　述
pItem	LVITEM 结构指针，LVITEM 结构中包含视图项的文本、图像索引和状态等信息
nItem	表示被插入的视图项索引
lpszItem	表示视图项文本
nImage	表示视图项图像索引
nMask	一组标记，用于确定哪一项信息是合法的
nState	表示视图项的状态
nStateMask	确定设置视图项的哪些状态
lParam	表示关联视图项的附加信息

【例 10.3】 利用列表视图控件设计登录窗口。（实例位置：资源包 \TM\sl\10\2）

具体操作步骤如下。

（1）创建一个基于对话框的应用程序，将对话框的 Caption 属性修改为"利用列表视图控件设计登录窗口"。

（2）在工作区窗口中选择 RecourceView 选项卡，导入 7 个图标资源。

（3）向对话框中添加一个列表视图控件、一个静态文本控件、一个编辑框控件和一个按钮控件。

（4）在对话框头文件中声明一个图像列表对象 m_ImageList。

（5）在对话框的 OnInitDialog 函数中创建图像列表，向图像列表中添加图标，向列表视图中插入数据，代码如下。

```
m_ImageList.Create(32,32,ILC_COLOR24|ILC_MASK,1,0);        // 创建列表视图窗口
m_ImageList.Add(AfxGetApp()->LoadIcon(IDI_ICON1));         // 向图像列表中添加图标
m_ImageList.Add(AfxGetApp()->LoadIcon(IDI_ICON2));         // 向图像列表中添加图标
m_ImageList.Add(AfxGetApp()->LoadIcon(IDI_ICON3));         // 向图像列表中添加图标
m_ImageList.Add(AfxGetApp()->LoadIcon(IDI_ICON4));         // 向图像列表中添加图标
m_ImageList.Add(AfxGetApp()->LoadIcon(IDI_ICON5));         // 向图像列表中添加图标
m_ImageList.Add(AfxGetApp()->LoadIcon(IDI_ICON6));         // 向图像列表中添加图标
m_ImageList.Add(AfxGetApp()->LoadIcon(IDI_ICON7));         // 向图像列表中添加图标
m_Icon.SetImageList(&m_ImageList,LVSIL_NORMAL);            // 将图像列表关联到列表视图控件中
m_Icon.InsertItem(0," 王一 ",0);                           // 向列表视图中添加数据
m_Icon.InsertItem(1," 孙二 ",1);                           // 向列表视图中添加数据
m_Icon.InsertItem(2," 刘三 ",2);                           // 向列表视图中添加数据
m_Icon.InsertItem(3," 吕四 ",3);                           // 向列表视图中添加数据
m_Icon.InsertItem(4," 庞五 ",4);                           // 向列表视图中添加数据
m_Icon.InsertItem(5," 宋六 ",5);                           // 向列表视图中添加数据
m_Icon.InsertItem(6," 孙七 ",6);                           // 向列表视图中添加数据
```

实例的运行结果如图 10.2 所示。

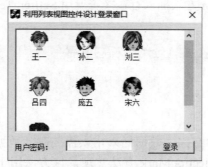

图 10.2　利用列表视图控件设计登录窗口

注意

> 本实例主要介绍的是列表视图控件，所以只有控件的设计，没有编写登录等功能。

10.2.3　将数据加载到列表

10.2.2 节已经介绍了列表视图控件的大图标显示风格，本节以报表风格介绍列表视图控件。向列

表视图控件中加载数据时，首先调用 SetExtendedStyle 方法设置列表视图控件的扩展风格。

语法格式如下：

```
DWORD SetExtendedStyle( DWORD dwNewStyle );
```

其中，dwNewStyle 用于标识列表视图控件的扩展风格。

返回值：函数调用前的扩展风格。

然后调用 InsertColumn 方法向列表视图控件添加列。

语法格式如下：

```
int InsertColumn( int nCol, const LVCOLUMN* pColumn );
int InsertColumn( int nCol, LPCTSTR lpszColumnHeading, int nFormat = LVCFMT_LEFT,int nWidth = -1, int
nSubItem = -1 );
```

InsertColumn 方法中的参数说明如表 10.5 所示。

表 10.5　InsertColumn 方法中的参数说明

参　　数	描　　述
nCol	标识新列的索引
pColumn	LVCOLUMN 结构指针，该结构中包含了列的详细信息
lpszColumnHeading	标识列标题
nFormat	标识列的对齐方式
nWidth	标识列宽度
nSubItem	标识关联当前列的子视图项索引

在插入数据时先调用 InsertItem 方法插入行，接着调用 SetItemText 方法向列表的每一列插入数据。

语法格式如下：

```
BOOL SetItemText( HTREEITEM hItem, LPCTSTR lpszItem );
```

参数说明：

☑　hItem：标识节点句柄。

☑　lpszItem：标识节点文本。

在使用列表视图控件时，有时会因为数据插入错误需要删除数据。在删除数据前，首先要获得待删除数据的索引，可以调用 GetSelectionMark 方法实现，该方法用于获取列表视图中当前选中的视图项索引。

语法格式如下：

```
int GetSelectionMark();
```

然后调用 DeleteItem 方法删除一个指定索引的视图项。

语法格式如下：

```
BOOL DeleteItem( int nItem );
```

其中，nItem 用于标识视图项索引。

除了使用 DeleteItem 方法删除一个视图项外，还可以使用 DeleteAllItems 方法删除所有的视图项。

语法格式如下：

```
BOOL DeleteAllItems();
```

【例 10.4】　向列表视图控件中插入数据。（实例位置：资源包 \TM\sl\10\3）

具体操作步骤如下。

（1）创建一个基于对话框的应用程序，将对话框的 Caption 属性修改为"将数据加载到列表视图控件中"。

（2）向对话框中添加 1 个列表视图控件、2 个静态文本控件、2 个编辑框控件和 3 个按钮控件，并使用类向导为控件关联变量。

（3）在对话框的 OnInitDialog 函数中设置列表视图控件的扩展风格，并设置列信息，代码如下。

```
// 设置列表视图的扩展风格
m_Grid.SetExtendedStyle(LVS_EX_FLATSB                    // 扁平风格显示滚动条
        |LVS_EX_FULLROWSELECT                            // 允许整行选中
        |LVS_EX_HEADERDRAGDROP                           // 允许整列拖动
        |LVS_EX_ONECLICKACTIVATE                         // 单击选中项
        |LVS_EX_GRIDLINES);                              // 画出网格线
// 设置表头
m_Grid.InsertColumn(0," 姓名 ",LVCFMT_LEFT,130,0);       // 设置"姓名"列
m_Grid.InsertColumn(1," 绰号 ",LVCFMT_LEFT,130,1);       // 设置"绰号"列
```

> **注意**
>
> 列表视图控件在默认状态下是没有网格线等样式的，所以必须在程序中使用代码来指定。

（4）处理"插入"按钮的单击事件，将编辑框控件中的数据插入到列表视图控件中，代码如下。

```
void CInsertListDlg::OnButadd()                         // "插入"按钮单击事件处理函数
{
    UpdateData(TRUE);                                   // 更新数据交换
    int count = m_Grid.GetItemCount();                  // 获得列表中的项目数量
    m_Grid.InsertItem(count,"");                        // 插入行
    m_Grid.SetItemText(count,0,m_Name);                 // 向第 0 列插入数据
    m_Grid.SetItemText(count,1,m_Agname);               // 向第 1 列插入数据
}
```

（5）处理列表视图控件的 NM_CLICK 消息，在该消息的处理函数中获得当前选中的列表项索引，并将当前项的文本显示在编辑框中，代码如下。

```
void CInsertListDlg::OnClickList1(NMHDR* pNMHDR, LRESULT* pResult)  //NM_CLICK 消息处理函数
{
    int pos     = m_Grid.GetSelectionMark();            // 获得当前选中项索引
    m_Name   = m_Grid.GetItemText(pos,0);               // 获得当前选中项第 0 列数据
    m_Agname = m_Grid.GetItemText(pos,1);               // 获得当前选中项第 1 列数据
    UpdateData(FALSE);                                  // 更新控件显示
    *pResult = 0;
}
```

（6）处理"删除"按钮的单击事件，将当前选中的列表项删除，代码如下。

```
void CInsertListDlg::OnButdel()                              // "删除"按钮单击事件处理函数
{
    int pos = m_Grid.GetSelectionMark();                    // 获得当前选中项索引
    m_Grid.DeleteItem(pos);                                 // 删除当前选中的列表项
}
```

（7）处理"清空"按钮的单击事件，将列表视图中的数据全部删除，代码如下。

```
void CInsertListDlg::OnButclear()                           // "清空"按钮单击事件
{
    m_Grid.DeleteAllItems();                               // 删除列表中的所有项
}
```

实例的运行结果如图 10.3 所示。

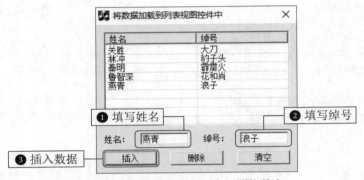

图 10.3　将数据加载到列表视图控件中

10.2.4　具有位图背景的控件

设计具有位图背景的列表视图控件需要使用 SetBkImage 方法，该方法用于设置列表视图控件的当前背景图像。

语法格式如下：

```
BOOL SetBkImage( LVBKIMAGE* plvbkImage );
BOOL SetBkImage( HBITMAP hbm, BOOL fTile = TRUE, int xOffsetPercent = 0, int yOffsetPercent = 0);
BOOL SetBkImage( LPTSTR pszUrl, BOOL fTile = TRUE, int xOffsetPercent = 0, int yOffsetPercent = 0 );
```

SetBkImage 方法中的参数说明如表 10.6 所示。

表 10.6　SetBkImage 方法中的参数说明

参　　数	描　　述
plvbkImage	包含位图背景信息的 LVBKIMAGE 结构
hbm	位图资源句柄
fTile	值为非零时，图片平铺显示
xOffsetPercent	以像素为单位标识绘制图像到控件背景的 x 轴偏移量
yOffsetPercent	以像素为单位标识绘制图像到控件背景的 y 轴偏移量
pszUrl	位图资源地址

　　如果只使用上面的方法为控件添加背景，在显示文字时字体的白色背景会将位图背景覆盖，从而影响界面的美观。要解决这一问题，可以通过 SetTextBkColor 方法设置文本背景颜色。

　　语法格式如下：

```
BOOL SetTextBkColor( COLORREF cr );
```

　　其中，cr 标识设置的文本背景颜色。

　　【例 10.5】　设计具有位图背景的列表视图控件。（实例位置：资源包 \TM\sl\10\4）

　　具体操作步骤如下。

　　（1）创建一个基于对话框的应用程序，将对话框的 Caption 属性修改为"设计具有位图背景的列表视图控件"。

　　（2）向对话框中添加一个列表视图控件，并使用类向导为控件关联变量，向工程中导入 4 个图标资源。

　　（3）在程序初始化时调用 CoInitialize 函数初始化 COM 环境。

　　（4）在对话框头文件中声明一个图像列表对象 m_ImageList。

　　（5）在对话框的 OnInitDialog 函数中创建图像列表，向图像列表中添加图标，向列表视图中插入数据，获得位图文件路径，并为列表视图控件绘制背景，代码如下。

```
m_ImageList.Create(32,32,ILC_COLOR24|ILC_MASK,1,0);    // 创建列表视图窗口
m_ImageList.Add(AfxGetApp()->LoadIcon(IDi_ICON1));     // 向图像列表中添加图标
m_ImageList.Add(AfxGetApp()->LoadIcon(IDI_ICON2));     // 向图像列表中添加图标
m_ImageList.Add(AfxGetApp()->LoadIcon(IDI_ICON3));     // 向图像列表中添加图标
m_ImageList.Add(AfxGetApp()->LoadIcon(IDI_ICON4));     // 向图像列表中添加图标
m_Icon.SetImageList(&m_ImageList,LVSIL_NORMAL);        // 将图像列表关联到列表视图控件中
m_Icon.InsertItem(0," 王一 ",0);                        // 向列表视图中添加数据
m_Icon.InsertItem(1," 孙二 ",1);                        // 向列表视图中添加数据
m_Icon.InsertItem(2," 刘三 ",2);                        // 向列表视图中添加数据
m_Icon.InsertItem(3," 吕四 ",3);                        // 向列表视图中添加数据
char buf[256];                                         // 声明字符数组
::GetCurrentDirectory(256,buf);                        // 获得程序根目录路径
strcat(buf,"\\BK.bmp");                                // 设置位图文件路径
m_Icon.SetBkImage(buf);                                // 设置位图背景
m_Icon.SetTextBkColor(CLR_NONE);                       // 设置文字背景透明
```

实例的运行结果如图 10.4 所示。

图 10.4　设计具有位图背景的列表视图控件

注意

在给列表视图控件设置背景时，背景图片应尽量选择大小合适的图片。

10.2.5　动态创建列表视图控件

动态创建列表视图控件需要使用 Create 方法，该方法可以创建一个列表视图控件。
语法格式如下：

```
BOOL Create( DWORD dwStyle, const RECT& rect, CWnd* pParentWnd, UINT nID );
```

Create 方法中的参数说明如表 10.7 所示。

表 10.7　Create 方法中的参数说明

参　　数	描　　述
dwStyle	控件的风格
rect	控件的显示区域
pParentWnd	父窗口指针
nID	命令 ID 值

然后调用 MoveWindow 函数设置控件的显示位置，最后调用 ShowWindow 函数显示控件。

【例 10.6】　动态创建列表视图控件。（实例位置：资源包 \TM\sl\10\5）

具体操作步骤如下。

（1）创建一个基于对话框的应用程序，将对话框的 Caption 属性修改为"动态创建列表视图控件"。

（2）在对话框头文件中声明一个 CListCtrl 类变量 m_List。

（3）在对话框的 OnInitDialog 函数中创建列表视图控件，设置列表视图控件的扩展风格，设置列信息，并向列表视图控件中添加数据，代码如下。

```
m_List.Create(LVS_REPORT|LVS_SINGLESEL|LVS_SHOWSELALWAYS|WS_BORDER,
    CRect(0,0,0,0),this,10001);                        // 创建列表视图控件
// 设置列表视图控件的扩展风格
m_List.SetExtendedStyle(LVS_EX_FLATSB                  // 扁平风格显示滚动条
    |LVS_EX_FULLROWSELECT                              // 允许整行选中
    |LVS_EX_HEADERDRAGDROP                             // 允许整列拖动
    |LVS_EX_ONECLICKACTIVATE                           // 单击选中项
    |LVS_EX_GRIDLINES);                                // 画出网格线
m_List.MoveWindow(10,10,300,200);                      // 设置控件显示位置
m_List.ShowWindow(SW_SHOW);                            // 显示控件
// 设置表头
m_List.InsertColumn(0," 姓名 ",LVCFMT_LEFT,150,0);     // 设置"姓名"列
m_List.InsertColumn(1," 所属国家 ",LVCFMT_LEFT,150,1); // 设置"所属国家 " 列
m_List.InsertItem(0,"");                               // 插入第 0 行
m_List.SetItemText(0,0," 关羽 ");                      // 向第 0 列插入数据
m_List.SetItemText(0,1," 蜀国 ");                      // 向第 1 列插入数据
```

```
m_List.InsertItem(1,"");                              // 插入第 1 行
m_List.SetItemText(1,0," 赵云 ");                      // 向第 0 列插入数据
m_List.SetItemText(1,1," 蜀国 ");                      // 向第 1 列插入数据
```

说明

　　列表视图的动态创建与设计时期创建不同，必须指定控件在窗体中的位置，并且在窗体发生改变时需要重新指定列表视图控件的位置。

　　实例的运行结果如图 10.5 所示。

图 10.5　动态创建列表视图控件

10.3　树　控　件

视频讲解

　　树控件可以对数据进行分层显示。在树控件中，除根节点外，每个节点都有一个父节点，可以拥有多个兄弟节点和子节点，从而可以使数据以树状结构清晰地显示出来。本节将简单介绍树控件的用法。

10.3.1　动态创建树控件

　　创建树控件可以使用 Create 方法，该方法用于动态创建树视图窗口。
　　语法格式如下：

```
BOOL Create( DWORD dwStyle, const RECT& rect, CWnd* pParentWnd, UINT nID );
```

Create 方法中的参数说明如表 10.8 所示。

表 10.8　Create 方法中的参数说明

参　　　数	描　　　述
dwStyle	控件的风格
rect	控件的显示区域
pParentWnd	父窗口指针
nID	命令 ID 值

树控件通常都是和图像列表控件一起使用的，在树控件中可以显示图像列表中的图标。使用树控件关联图像列表可以使用 SetImageList 方法。

语法格式如下：

CImageList* SetImageList(CImageList * pImageList, int nImageListType);

参数说明：

☑ pImageList：标识图像列表控件指针。

☑ nImageListType：标识图像列表类型。

向树控件中插入数据可以使用 InsertItem 方法。

语法格式如下：

HTREEITEM InsertItem(LPTVINSERTSTRUCT lpInsertStruct);
HTREEITEM InsertItem(UINT nMask, LPCTSTR lpszItem, int nImage, int nSelectedImage, UINT nState, UINT nStateMask, LPARAM lParam, HTREEITEM hParent, HTREEITEM hInsertAfter);
HTREEITEM InsertItem(LPCTSTR lpszItem, HTREEITEM hParent = TVI_ROOT,HTREEITEM hInsertAfter = TVI_LAST);
HTREEITEM InsertItem(LPCTSTR lpszItem, int nImage, int nSelectedImage, HTREEITEM hParent = TVI_ROOT, HTREEITEM hInsertAfter = TVI_LAST);

InsertItem 方法中的参数说明如表 10.9 所示。

表 10.9　InsertItem 方法中的参数说明

参　数	描　述
lpInsertStruct	TVINSERTSTRUCT 结构指针，TVINSERTSTRUCT 结构中包含了插入操作的详细信息
nMask	节点的哪些信息被设置
lpszItem	节点的文本
nImage	节点的图像索引
nSelectedImage	节点选中时的图像索引
nState	节点的状态
nStateMask	节点的哪些状态被设置
lParam	指定关联节点的附加信息
hParent	父节点句柄
hInsertAfter	新插入节点后面的节点句柄

使用 Expand 方法可以展开或收缩树控件的节点。

语法格式如下：

BOOL Expand(HTREEITEM hItem, UINT nCode);

参数说明：

☑ hItem：展开的节点句柄。

☑ nCode：展开的动作。可选值如下。

➢ TVE_COLLAPSE：收缩所有节点。

➢ TVE_COLLAPSERESET：收缩节点，移除子节点。

➢ TVE_EXPAND：展开所有节点。

➢ TVE_TOGGLE：展开或收缩当前节点。

如果要删除节点，可以使用 DeleteItem 方法。

语法格式如下：

```
BOOL DeleteItem( HTREEITEM hItem );
```

其中，hItem 是指删除节点的句柄。

也可以使用 DeleteAllItems 方法删除所有节点。

语法格式如下：

```
BOOL DeleteAllItems( );
```

【例 10.7】 动态创建树控件。（实例位置：资源包 \TM\sl\10\6）

具体操作步骤如下。

（1）创建一个基于对话框的应用程序，将对话框的 Caption 属性修改为"动态创建树控件"。

（2）在对话框头文件中声明一个 CTreeCtrl 类变量 m_Tree 和一个图像列表对象 m_ImageList，向工程中导入 3 个图标资源。

（3）在对话框的 OnInitDialog 函数中创建树控件，创建图像列表，向图像列表中添加图标，关联树控件和图像列表控件，并向树控件中添加数据，代码如下。

```
m_Tree.Create(TVS_LINESATROOT |TVS_HASLINES |TVS_HASBUTTONS|WS_BORDER
    |LVS_SHOWSELALWAYS,CRect(0,0,0,0),this,10001);          // 创建树控件
m_Tree.MoveWindow(10,10,300,200);                          // 设置控件显示位置
m_Tree.ShowWindow(SW_SHOW);                                // 显示控件
m_ImageList.Create(16,16,ILC_COLOR24|ILC_MASK,1,0);        // 创建列表视图窗口
m_ImageList.Add(AfxGetApp()->LoadIcon(IDI_ICON1));         // 向图像列表中添加图标
m_ImageList.Add(AfxGetApp()->LoadIcon(IDI_ICON2));         // 向图像列表中添加图标
m_ImageList.Add(AfxGetApp()->LoadIcon(IDI_ICON3));         // 向图像列表中添加图标
m_Tree.SetImageList(&m_ImageList,LVSIL_NORMAL);            // 关联图像列表
HTREEITEM m_Root;                                          // 声明保存根节点的变量
m_Root = m_Tree.InsertItem(" 司令 ",0,0);                  // 向根节点插入数据
HTREEITEM m_Child;                                         // 声明保存二级节点的变量
m_Child = m_Tree.InsertItem(" 将军甲 ",1,1,m_Root);        // 插入一个二级节点
m_Tree.InsertItem(" 士兵甲 ",2,2,m_Child);                 // 插入三级节点
m_Tree.InsertItem(" 士兵乙 ",2,2,m_Child);                 // 插入三级节点
m_Child = m_Tree.InsertItem(" 将军乙 ",1,1,m_Root);        // 插入二级节点
m_Tree.InsertItem(" 士兵丙 ",2,2,m_Child);                 // 插入三级节点
m_Tree.InsertItem(" 士兵丁 ",2,2,m_Child);                 // 插入三级节点
m_Tree.Expand(m_Root,TVE_EXPAND);                         // 展开根节点
```

✎ **说明**

在使用 InsertItem 方法插入树节点时，可以将节点的图像索引和选中时的图像索引设置为同一个索引，在节点选中时，节点的图像将不进行变化。

（4）在对话框头文件中声明树控件的双击事件和鼠标右击事件的处理函数，代码如下。

```
afx_msg void OnRclickTree1(NMHDR* pNMHDR, LRESULT* pResult);    // 双击事件处理函数
afx_msg void OnDblclkTree1(NMHDR* pNMHDR, LRESULT* pResult);    // 鼠标右击事件处理函数
```

（5）在对话框源文件中添加消息映射宏，代码如下。

```
ON_NOTIFY(NM_RCLICK, 10001, OnRclickTree1)          // 双击事件
ON_NOTIFY(NM_DBLCLK, 10001, OnDblclkTree1)          // 鼠标右击事件
```

（6）添加双击事件的处理函数，在该函数中判断是否删除当前选中的节点，代码如下。

```
void CCreateTreeDlg::OnDblclkTree1(NMHDR* pNMHDR, LRESULT* pResult)          // 双击事件处理函数
{
    HTREEITEM m_Item = m_Tree.GetSelectedItem();                             // 获得当前选中的节点
    // 判断是否删除节点
    if(MessageBox(" 确定要删除该节点吗？ "," 系统提示 ",MB_OKCANCEL|MB_ICONQUESTION)==IDOK)
    {
        m_Tree.DeleteItem(m_Item);                                           // 删除节点
    }
    *pResult = 0;
}
```

（7）添加鼠标右键单击事件的处理函数，代码如下。

```
void CCreateTreeDlg::OnRclickTree1(NMHDR* pNMHDR, LRESULT* pResult)          // 鼠标右击事件处理函数
{
    // 判断是否删除所有节点
    if(MessageBox(" 确定要删除所有节点吗？ "," 系统提示 ",MB_OKCANCEL|MB_ICONQUESTION)==IDOK)
    {
        m_Tree.DeleteAllItems();                                             // 删除所有节点
    }
    *pResult = 0;
}
```

实例的运行结果如图 10.6 所示。

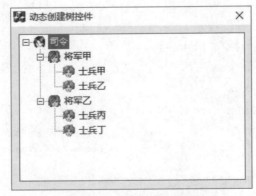

图 10.6　动态创建树控件

10.3.2　带复选功能的树控件

设计带复选功能的树控件，首先要为控件选择 Check Boxes 属性，该属性被选中后会在树控件的

节点前显示复选框，然后使用 GetCheck 方法获得复选框的状态。

语法格式如下：

BOOL GetCheck(HTREEITEM hItem);

其中，hItem 表示节点句柄。

在 GetCheck 方法中需要使用节点句柄，而树控件的节点句柄可以通过以下方法获得。

（1）GetRootItem 方法可以获得根节点。

语法格式如下：

HTREEITEM GetRootItem();

（2）GetChildItem 方法可以获得指定节点的子节点。

语法格式如下：

HTREEITEM GetChildItem(HTREEITEM hItem);

其中，hItem 指节点句柄。

返回值：子节点句柄。

（3）GetNextSiblingItem 方法可以获取下一个兄弟节点。

语法格式如下：

HTREEITEM GetNextSiblingItem(HTREEITEM hItem);

其中，hItem 用于标识节点句柄。

返回值：下一个兄弟节点句柄。

（4）GetPrevSiblingItem 方法可以获取上一个兄弟节点。

语法格式如下：

HTREEITEM GetPrevSiblingItem(HTREEITEM hItem);

其中，hItem 用于标识节点句柄。

返回值：上一个兄弟节点句柄。

（5）GetParentItem 方法可以获得所标识节点的父节点。

语法格式如下：

HTREEITEM GetParentItem(HTREEITEM hItem);

其中，hItem 用于标识节点句柄。

返回值：父节点句柄。

（6）GetSelectedItem 方法用于获得当前被选中的树节点。

语法格式如下：

HTREEITEM GetSelectedItem();

（7）GetNextItem 方法可以根据当前节点获取下一个节点。

语法格式如下：

HTREEITEM GetNextItem(HTREEITEM hItem, UINT nCode);

参数说明：

☑ hItem：是当前节点句柄。

☑ nCode：标识如何查找下一个节点。可选值如下。

➢ TVGN_CARET：返回当前选中的节点。

➢ TVGN_CHILD：返回第一个子节点。

➢ TVGN_DROPHILITE：返回拖动的节点。

➢ TVGN_FIRSTVISIBLE：返回第一个可见的节点。

➢ TVGN_NEXT：返回下一个兄弟节点。

➢ TVGN_NEXTVISIBLE：返回下一个可见节点。

➢ TVGN_PARENT：返回所标识节点的父节点。

➢ TVGN_PREVIOUS：返回上一个兄弟节点。

➢ TVGN_PREVIOUSVISIBLE：返回上一个可见节点。

➢ TVGN_ROOT：返回根节点。

注意

使用 GetNextItem 方法，通过不同的参数设置，可以实现之前几个函数的功能。

【例 10.8】 创建一个带复选功能的树控件。（实例位置：资源包 \TM\sl\10\7）

具体操作步骤如下。

（1）创建一个基于对话框的应用程序，将对话框的 Caption 属性修改为"带复选功能的树控件"。

（2）向对话框中添加一个树控件和一个按钮控件，并为树控件关联变量 m_Tree，选择树控件的 Check Boxes 属性，向工程中导入 3 个图标资源。

（3）在对话框头文件中声明一个图像列表对象 m_ImageList 和一个 CString 类型变量 m_StrText。

（4）在对话框的 OnInitDialog 函数中创建图像列表，向图像列表中添加图标，关联树控件和图像列表，并向树控件中添加数据，代码如下。

```
m_ImageList.Create(16,16,ILC_COLOR24|ILC_MASK,1,0);          // 创建列表视图窗口
m_ImageList.Add(AfxGetApp()->LoadIcon(IDI_ICON1));           // 向图像列表中添加图标
m_ImageList.Add(AfxGetApp()->LoadIcon(IDI_ICON2));           // 向图像列表中添加图标
m_ImageList.Add(AfxGetApp()->LoadIcon(IDI_ICON3));           // 向图像列表中添加图标
m_Tree.SetImageList(&m_ImageList,LVSIL_NORMAL);              // 关联图像列表
HTREEITEM m_Root;                                            // 声明保存根节点的变量
m_Root = m_Tree.InsertItem(" 司令 ",0,0);                    // 向根节点插入数据
HTREEITEM m_Child;                                           // 声明保存二级节点的变量
m_Child = m_Tree.InsertItem(" 将军甲 ",1,1,m_Root);          // 插入一个二级节点
m_Tree.InsertItem(" 士兵甲 ",2,2,m_Child);                   // 插入三级节点
m_Tree.InsertItem(" 士兵乙 ",2,2,m_Child);                   // 插入三级节点
m_Child = m_Tree.InsertItem(" 将军乙 ",1,1,m_Root);          // 插入二级节点
m_Tree.InsertItem(" 士兵丙 ",2,2,m_Child);                   // 插入三级节点
m_Tree.InsertItem(" 士兵丁 ",2,2,m_Child);                   // 插入三级节点
m_Tree.Expand(m_Root,TVE_EXPAND);                           // 展开根节点
m_StrText = "";                                             // 初始化变量为空
```

（5）添加一个 CheckToTree 函数，用来判断节点前的复选框是否被选中，代码如下。

```
void CCheckTreeDlg::CheckToTree(HTREEITEM m_Item)
{
    m_Item = m_Tree.GetChildItem(m_Item);              // 获得当前节点的子节点
    while(m_Item != NULL)                              // 判断子节点是否存在
    {
        if(m_Tree.GetCheck(m_Item))                    // 判断当前节点复选框是否选中
        {
            m_StrText += m_Tree.GetItemText(m_Item);   // 获得选中复选框的节点文本
            m_StrText += "\r\n";                       // 为字符串加换行符
        }
        CheckToTree(m_Item);                           // 递归调用 CheckToTree 函数
        m_Item = m_Tree.GetNextItem(m_Item,TVGN_NEXT); // 获得下一个节点
    }
}
```

（6）处理"确定"按钮的单击事件，在该事件中将调用 CheckToTree 函数获得选中复选框的节点文本，并通过消息框显示出来，代码如下。

```
void CCheckTreeDlg::OnButtonok()                      // "确定"按钮单击事件处理函数
{
    HTREEITEM item;                                    // 声明保存根节点的变量
    item = m_Tree.GetRootItem();                       // 获得根节点
    if(m_Tree.GetCheck(item))
    {
        m_StrText += m_Tree.GetItemText(item);         // 获得根节点文本
        m_StrText += "\r\n";                           // 为字符串加换行符
    }
    CheckToTree(item);                                 // 调用 CheckToTree 函数
    MessageBox(m_StrText);                             // 使用消息框显示文本
    m_StrText = "";                                    // 清空字符串
}
```

实例的运行结果如图 10.7 所示。

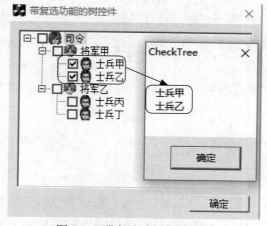

图 10.7　带复选功能的树控件

10.3.3　可编辑节点的树控件

要实现使树控件节点可编辑，需要选择树控件的 Edit labels 属性，此时将允许用户编辑节点标题。但是只选择 Edit labels 属性是不够的，因为控件虽然可以被编辑，但是却无法保存修改后的文本，所以还要通过树控件的 TVN_ENDLABELEDIT 事件来实现保存修改文本的功能。在该事件中，使用 SetItemText 设置当前修改的节点文本。

语法格式如下：

```
BOOL SetItemText( HTREEITEM hItem, LPCTSTR lpszItem );
```

参数说明：
- ☑　hItem：标识节点句柄。
- ☑　lpszItem：标识节点文本。

【例 10.9】　设计可编辑节点的树控件。（实例位置：资源包 \TM\sl\10\8）

具体操作步骤如下。

（1）创建一个基于对话框的应用程序，将对话框的 Caption 属性修改为"可编辑节点的树控件"。

（2）向对话框中添加一个树控件，并为树控件关联变量 m_Tree，选择树控件的 Edit labels 属性，向工程中导入 3 个图标资源。

（3）在对话框头文件中声明一个图像列表对象 m_ImageList。

（4）在对话框的 OnInitDialog 函数中创建图像列表，向图像列表中添加图标，关联树控件和图像列表控件，并向树控件中添加数据，代码如下。

```
m_ImageList.Create(16,16,ILC_COLOR24|ILC_MASK,1,0);          // 创建列表视图窗口
m_ImageList.Add(AfxGetApp()->LoadIcon(IDI_ICON1));           // 向图像列表中添加图标
m_ImageList.Add(AfxGetApp()->LoadIcon(IDI_ICON2));           // 向图像列表中添加图标
m_ImageList.Add(AfxGetApp()->LoadIcon(IDI_ICON3));           // 向图像列表中添加图标
m_Tree.SetImageList(&m_ImageList,LVSIL_NORMAL);              // 关联图像列表
HTREEITEM m_Root;                                            // 声明保存根节点的变量
m_Root = m_Tree.InsertItem(" 校长 ",0,0);                    // 向根节点插入数据
HTREEITEM m_Child;                                           // 声明保存二级节点的变量
m_Child = m_Tree.InsertItem(" 老师甲 ",1,1,m_Root);          // 插入一个二级节点
m_Tree.InsertItem(" 学生甲 ",2,2,m_Child);                   // 插入三级节点
m_Tree.InsertItem(" 学生乙 ",2,2,m_Child);                   // 插入三级节点
m_Child = m_Tree.InsertItem(" 老师乙 ",1,1,m_Root);          // 插入二级节点
m_Tree.InsertItem(" 学生丙 ",2,2,m_Child);                   // 插入三级节点
m_Tree.InsertItem(" 学生丁 ",2,2,m_Child);                   // 插入三级节点
m_Tree.Expand(m_Root,TVE_EXPAND);                           // 展开根节点
```

说明

SetImageList 方法的 LVSIL_NORMAL 参数值表示获取常规的图像列表，TVSIL_STATE 参数值表示获取状态图像列表。

（5）处理树控件的 TVN_ENDLABELEDIT 事件，在该事件中设置节点的显示文本，代码如下。

```
void CEditTreeDlg::OnEndlabeleditTree1(NMHDR* pNMHDR, LRESULT* pResult)
```

```
{
    TV_DISPINFO* pTVDispInfo = (TV_DISPINFO*)pNMHDR;
    m_Tree.SetItemText(pTVDispInfo->item.hItem,pTVDispInfo->item.pszText);
    *pResult = 0;
}
```

实例的运行结果如图 10.8 所示。

图 10.8　可编辑节点的树控件

视频讲解

10.4　标　签　控　件

标签控件提供了一组标签按钮以及对应标签按钮的显示页面，用户可以单击标签按钮选择不同的显示页面，但是用户不能直接在各个标签页上插入控件，只能在选中不同标签页时显示不同的对话框或控件。

10.4.1　设置显示方式

在使用标签控件时，除了使用默认的层叠显示的方式外，也可以设置其他显示方式，如图 10.9 所示。可以将标签设置为按钮的形式——打开标签控件的属性窗口，在 Styles 选项卡中选择 Buttons 属性，该属性使标签以按钮形状显示，还可以将标签控件的标签设置到控件的底部：打开标签控件的属性窗口，在 More Styles 选项卡中选择 Bottom 属性，该属性使标签在控件的底部显示。

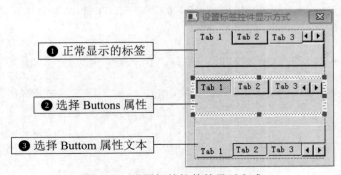

图 10.9　设置标签控件的显示方式

267

10.4.2 图标标签控件

带图标的标签控件是通过图像列表和标签控件来实现的。首先，创建一个图像列表，然后调用 SetImageList 方法使标签控件关联图像列表。

语法格式如下：

```
CImageList * SetImageList( CImageList * pImageList );
```

其中，pImageList 用于标识图像列表指针。

返回值：之前控件关联的图像列表控件。

调用 InsertItem 方法向标签控件中添加标签。

语法格式如下：

```
BOOL InsertItem( int nItem, TCITEM* pTabCtrlItem );
BOOL InsertItem( int nItem, LPCTSTR lpszItem );
BOOL InsertItem( int nItem, LPCTSTR lpszItem, int nImage );
BOOL InsertItem( UINT nMask, int nItem, LPCTSTR lpszItem, int nImage, LPARAM lParam );
```

InsertItem 方法中的参数说明如表 10.10 所示。

表 10.10　InsertItem 方法中的参数说明

参　　数	描　　述
nMask	确定哪一项标签信息可用
nItem	标识新的标签索引
pTabCtrlItem	TCITEM 结构指针，TCITEM 结构中包含了标签的详细信息
lpszItem	标识被插入项的指针
nImage	标识图像索引
lParam	用于设置关联标签的附加信息

【例 10.10】　设置带图标的标签控件。（实例位置：资源包 \TM\sl\10\9）

具体操作步骤如下。

（1）创建一个基于对话框的应用程序，将对话框的 Caption 属性修改为"设置带图标的标签控件"。

（2）向对话框中添加一个标签控件，并为标签控件关联变量 m_Tab。

（3）在对话框头文件中声明一个图像列表对象 m_ImageList。

（4）在对话框的 OnInitDialog 函数中创建图像列表，向图像列表中添加图标，关联标签控件和图像列表控件，并向图像列表中插入标签，代码如下。

```
m_ImageList.Create(24,24,ILC_COLOR24|ILC_MASK,1,0);          // 创建图像列表
m_ImageList.Add(AfxGetApp()->LoadIcon(IDI_ICON1));           // 向图像列表中添加图标
m_ImageList.Add(AfxGetApp()->LoadIcon(IDI_ICON2));           // 向图像列表中添加图标
m_ImageList.Add(AfxGetApp()->LoadIcon(IDI_ICON3));           // 向图像列表中添加图标
m_Tab.SetImageList(&m_ImageList);                            // 将图像列表关联到标签控件中
m_Tab.InsertItem(0," 员工信息 ",0);                           // 插入标签项
m_Tab.InsertItem(1," 客户信息 ",1);                           // 插入标签项
m_Tab.InsertItem(2," 供应商信息 ",2);                          // 插入标签项
```

注意

在黑体字的 InsertItem 方法中，左侧的 0、1、2 表示的是标签项索引，而右侧的 0、1、2 表示的是图像索引，两侧的索引没有关联，可以根据需要进行不同的设置，如 "m_Tab.InsertItem(0," 员工信息 ",2);" 语句，可以将第 1 个标签项的图像索引设置为图像列表中的第 3 个图像。

实例的运行结果如图 10.10 所示。

图 10.10　设置带图标的标签控件

10.4.3　设计程序模块

在使用标签控件设计程序模块时，最主要的功能就是在选择不同标签时有不同的显示信息。要实现这一功能，需要使用标签控件的 TCN_SELCHANGE 事件，该事件在选中标签改变后触发。可以在该事件的处理函数中使用 GetCurSel 方法获得当前被选中的标签索引。

语法格式如下：

```
int GetCurSel() const;
```

返回值：返回当前被选中的标签项索引。

也可以调用 SetCurSel 方法将某个标签设置为当前选中的标签。

语法格式如下：

```
int SetCurSel( int nItem );
```

其中，nItem 用于标识标签索引。

返回值：之前选中的标签索引。

【例 10.11】　使用标签控件设计程序模块。（**实例位置：资源包 \TM\sl\10\10**）

具体操作步骤如下。

（1）创建一个基于对话框的应用程序，将对话框的 Caption 属性修改为 "使用标签控件设计程序模块"。

（2）添加 3 个对话框资源，资源 ID 分别为 IDD_DIALOG_EMP、IDD_DIALOG_CLI 和 IDD_DIALOG_PRO，并设置对话框资源的 Style 属性为 Child，Border 属性为 None。为 3 个对话框资源关联类，分别为 CEmployee、CClient 和 Cprovidedlg，并分别向对话框资源中添加控件。

（3）向主对话框中添加一个标签控件，并为标签控件关联变量 m_Tab。

（4）在主对话框头文件中声明一个图像列表对象和 3 个对话框类对象，代码如下。

```
CImageList              m_ImageList;                         // 图像列表对象
CEmployee*              m_eDlg;                              // 员工对话框对象
CClient*                m_cDlg;                              // 客户对话框对象
CProvidedlg*            m_pDlg;                              // 供应商对话框对象
```

（5）在主对话框的 **OnInitDialog** 函数中创建图像列表，向图像列表中添加图标，关联标签控件和图像列表控件，并创建对话框，代码如下。

```
m_ImageList.Create(24,24,ILC_COLOR24|ILC_MASK,1,0);         // 创建图像列表
m_ImageList.Add(AfxGetApp()->LoadIcon(IDI_ICON1));          // 向图像列表中添加图标
m_ImageList.Add(AfxGetApp()->LoadIcon(IDI_ICON2));          // 向图像列表中添加图标
m_ImageList.Add(AfxGetApp()->LoadIcon(IDI_ICON3));          // 向图像列表中添加图标
m_Tab.SetImageList(&m_ImageList);                           // 将图像列表关联到标签控件中
m_Tab.InsertItem(0," 员工信息 ",0);                          // 插入标签项
m_Tab.InsertItem(1," 客户信息 ",1);                          // 插入标签项
m_Tab.InsertItem(2," 供应商信息 ",2);                        // 插入标签项
m_eDlg = new CEmployee;                                     // 为指针分配内存空间
m_cDlg = new CClient;                                       // 为指针分配内存空间
m_pDlg = new CProvidedlg;                                   // 为指针分配内存空间
m_eDlg->Create(IDD_DIALOG_CLI,&m_Tab);                      // 创建员工对话框
m_cDlg->Create(IDD_DIALOG_EMP,&m_Tab);                      // 创建客户对话框
m_pDlg->Create(IDD_DIALOG_PRO,&m_Tab);                      // 创建供应商对话框
m_eDlg->CenterWindow();                                     // 设置员工对话框在中心位置
m_eDlg->ShowWindow(SW_SHOW);                                // 显示客户对话框
```

（6）处理对话框的 **TCN_SELCHANGE** 事件，在该事件中获得当前选中标签项的索引，根据索引判断显示的对话框，代码如下。

```
void CUseTabDlg::OnSelchangeTab1(NMHDR* pNMHDR, LRESULT* pResult) // 事件处理函数
{
    int index = m_Tab.GetCurSel();                          // 获得当前选中标签项索引
    switch(index)                                           // 判断标签项索引值
    {
    case 0:                                                 // 值为 0 时
        m_eDlg->CenterWindow();                             // 设置员工对话框在中心位置
        m_eDlg->ShowWindow(SW_SHOW);                        // 显示员工对话框
        m_cDlg->ShowWindow(SW_HIDE);                        // 隐藏客户对话框
        m_pDlg->ShowWindow(SW_HIDE);                        // 隐藏供应商对话框
        break;
    case 1:                                                 // 值为 1 时
        m_cDlg->CenterWindow();                             // 设置客户对话框在中心位置
        m_eDlg->ShowWindow(SW_HIDE);                        // 隐藏员工对话框
        m_cDlg->ShowInitdow(SW_SHOW);                       // 显示客户对话框
        m_pDlg->ShowWindow(SW_HIDE);                        // 隐藏供应商对话框
        break;
    case 2:                                                 // 值为 2 时
        m_pDlg->CenterWindow();                             // 设置供应商对话框在中心位置
        m_eDlg->ShowWindow(SW_HIDE);                        // 隐藏员工对话框
        m_cDlg->ShowWindow(SW_HIDE);                        // 隐藏客户对话框
        m_pDlg->ShowWindow(SW_SHOW);                        // 显示供应商对话框
```

```
        break;
    }
    *pResult = 0;
}
```

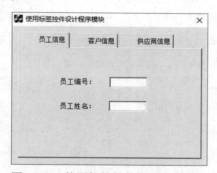 **说明**

　　除了显示不同的对话框资源这种方法外，也可以将所有控件都添加到当前的对话框中，然后在 TCN_SELCHANGE 事件中根据需要隐藏或者显示不同的控件。

　　（7）处理对话框的 WM_CLOSE 事件，在主对话框关闭时销毁 3 个非模态对话框，并释放指针，代码如下。

```
void CUseTabDlg::OnClose()
{
    m_eDlg->DestroyWindow();                    // 销毁员工对话框
    delete m_eDlg;                              // 释放员工对话框指针
    m_cDlg->DestroyWindow();                    // 销毁客户对话框
    delete m_cDlg;                              // 释放客户对话框指针
    m_pDlg->DestroyWindow();                    // 销毁供应商对话框
    delete m_pDlg;                              // 释放供应商对话框指针
    CDialog::OnClose();                         // 关闭对话框
}
```

　　实例的运行结果如图 10.11 所示。

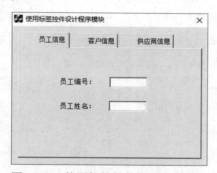

图 10.11　使用标签控件设计程序模块

10.5　应用工具提示控件

视频讲解

　　使用工具提示控件可以为控件添加提示。工具提示控件是一个弹出窗口，可以通过一行文本描述应用程序中的一个控件功能。工具提示窗口是隐藏的，只有当鼠标指针停留在一个控件工具上时，如果为该控件设置了提示，则显示提示窗口；当鼠标指针从控件工具上移开时，工具提示窗口自动隐藏。

　　在使用工具提示控件时，首先要使用 Create 方法创建工具提示控件窗口。

语法格式如下：

BOOL Create(CWnd* pParentWnd, DWORD dwStyle = 0);

参数说明：

- ☑ pParentWnd：设置工具提示控件的父窗口。
- ☑ dwStyle：设置工具提示控件的风格。工具提示控件有以下两种特定类风格。
  - ➢ TTS_ALWAYSTIP：当鼠标指针停留在工具上时，不管工具提示窗口所属的主窗口是否处于活动状态，都显示工具提示窗口。
  - ➢ TTS_NOPREFIX：禁止系统将"&"字符从字符串中去掉。

说明

工具提示控件默认具有的风格有 WS_POPUP 和 WS_EX_TOOLWINDOW 两种。

调用 SetDelayTime 方法为工具提示控件设置延迟时间。

语法格式如下：

void SetDelayTime(UINT nDelay);
void SetDelayTime(DWORD dwDuration, int iTime);

参数说明：

- ☑ nDelay：以毫秒表示延迟时间。
- ☑ dwDuration：要获取某一段持续时间值的标志。
- ☑ iTime：以毫秒表示指定延迟时间。

调用 SetMaxTipWidth 方法设置工具提示窗口的最大宽度。

语法格式如下：

int SetMaxTipWidth(int iWidth);

其中，iWidth 是指工具提示窗口的宽度。

然后调用 AddTool 方法向工具提示控件注册一个工具，当鼠标指针停留在该工具上时，工具提示控件中的信息就会显示出来。

语法格式如下：

BOOL AddTool(CWnd* pWnd, UINT nIDText, LPCRECT lpRectTool = NULL, UINT nIDTool = 0);
BOOL AddTool(CWnd* pWnd, LPCTSTR lpszText = LPSTR_TEXTCALLBACK, LPCRECT lpRectTool = NULL, UINT nIDTool = 0);

AddTool 方法中的参数说明如表 10.11 所示。

表 10.11 AddTool 方法中的参数说明

参　　数	描　　述
pWnd	指向包含此工具的窗口指针
nIDText	包含工具文本的字符串资源 ID
lpRectTool	一个指向 RECT 结构的指针，该结构包含工具的边界矩形坐标
nIDTool	工具 ID
lpszText	设置的工具文本

接着调用 RelayEvent 方法，该方法可以将鼠标消息传递给工具提示控件。

语法格式如下：

```
void RelayEvent( LPMSG lpMsg );
```

其中，lpMsg 表示包含要传递消息的 MSG 结构指针。

说明

　　工具提示控件处理的消息包括 WM_LBUTTONDOWN、WM_MOUSEMOVE、WM_LBUTTONUP、WM_RBUTTONDOWN、WM_MBUTTONDOWN、WM_RBUTTONUP 和 WM_MBUTTONUP。

在注册工具后，也可以调用 UpdateTipText 方法为工具设置提示文本。

语法格式如下：

```
void UpdateTipText( LPCTSTR lpszText, CWnd* pWnd, UINT nIDTool = 0 );
void UpdateTipText( UINT nIDText, CWnd* pWnd, UINT nIDTool = 0 );
```

UpdateTipText 方法中的参数说明如表 10.12 所示。

表 10.12　UpdateTipText 方法中的参数说明

参　数	描　述
lpszText	设置的工具文本
pWnd	包含此工具的窗口指针
nIDTool	工具的 ID
nIDText	包含工具文本的字符串资源 ID

【例 10.12】　使用工具提示控件为控件添加提示功能。　（实例位置：资源包 \TM\sl\10\11）

具体操作步骤如下。

（1）创建一个基于对话框的应用程序，将对话框的 Caption 属性修改为"应用工具提示控件"。

（2）向对话框中添加一个编辑框控件和一个按钮控件。

（3）在对话框头文件中声明一个工具提示控件对象 m_ToolTip。

（4）在对话框的 OnInitDialog 函数中创建工具栏对象，并注册工具信息，代码如下。

```
m_ToolTip.Create(this);                                    // 创建工具提示控件
m_ToolTip.SetDelayTime(1000);                              // 设置延迟时间
m_ToolTip.SetMaxTipWidth(300);                             // 设置工具提示窗口的最大宽度
m_ToolTip.AddTool(GetDlgItem(IDC_EDIT1),"");               // 注册编辑框控件
m_ToolTip.AddTool(GetDlgItem(IDC_BUTTON1)," 按钮控件 ");    // 注册按钮控件
```

（5）为对话框添加 PreTranslateMessage 虚方法，在该虚方法中设置鼠标消息的传递，并设置编辑框的提示信息，代码如下。

```
BOOL CToolTipControlDlg::PreTranslateMessage(MSG* pMsg)        // 虚方法
{
    m_ToolTip.RelayEvent(pMsg);                               // 设置鼠标消息传递给工具提示控件
    m_ToolTip.UpdateTipText(" 编辑框控件 ",GetDlgItem(IDC_EDIT1)); // 设置编辑框的提示文本
    return CDialog::PreTranslateMessage(pMsg);                // 调用基类的方法
}
```

实例的运行结果如图 10.12 所示。

图 10.12　应用工具提示控件

10.6　小　　结

本章讲解了 Visual C++ 6.0 集成开发环境中的控件，其中重点介绍了图像列表控件、列表视图控件和树控件等高级控件，讲解过程中为了方便读者理解结合了大量的具体实例。读者一定要认真学习，熟练掌握这些高级控件的使用，才能为日后独立开发项目打下良好的基础。

10.7　实践与练习

1．设计一个树控件来显示磁盘目录。双击树控件的节点，可以查看该节点下的子目录，效果如图 10.13 所示。（**答案位置：资源包 \TM\sl\10\12**）

2．设计一个树控件，实现树形提示框。在文本框的字符上右击，提示框窗体就会显示，效果如图 10.14 所示。（**答案位置：资源包 \TM\sl\10\13**）

图 10.13　利用树控件来显示磁盘目录

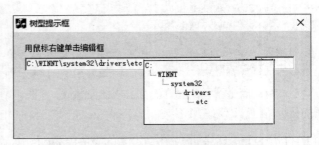

图 10.14　利用树控件来实现树形提示框

第11章

自定义 MFC 控件

（📹 视频讲解：41 分钟）

Visual C++ 开发环境中自带的控件非常少，在界面美化程度越来越高的今天，这些控件根本无法满足用户的需求。为了使用户不再为这个问题烦恼，本章将简要介绍控件的绘制方法，使用户可以根据需要自己绘制美观的控件，为日后开发应用程序做好充足的准备。本章将详细介绍编辑框和按钮控件的绘制，为了便于读者理解，在讲解过程中列举了大量的实例。

通过阅读本章，您可以：

▶▶ 掌握如何自定义数字编辑框

▶▶ 掌握改变编辑框文本颜色的方法

▶▶ 掌握为编辑框绘制背景的方法

▶▶ 掌握图标按钮的设计方法

▶▶ 掌握热点按钮的设计方法

▶▶ 掌握圆形按钮的设计方法

▶▶ 掌握为树控件绘制背景的方法

▶▶ 掌握复选框控件的绘制方法

视频讲解

11.1 自定义编辑框控件

前面章节已经介绍了编辑框的基本应用，但是普通的编辑框有时很难满足用户的要求，为此本节介绍几个自定义编辑框控件的创建方法。

11.1.1 数字编辑框

在编辑框控件的属性中有一个 Number 属性，选中该属性可以使编辑框成为数字编辑框。该属性有很大的局限性，就是该属性被选择后，编辑框中只能输入数字，"."和"–"等常用的符号不能输入。因此在实际开发中，程序员很少使用这一属性。可是数字编辑框有时又是非常必要的，通过限制输入数据，可以更好地避免用户操作失误。本节就以 CEdit 类为基类派生一个 CNumberEdit 类，实现数字编辑框功能。

【例 11.1】 以 CEdit 类为基类派生一个 CNumberEdit 类，创建数字编辑框。（**实例位置：资源包 \ TM\sl\11\1**）

具体操作步骤如下。

（1）创建一个基于对话框的应用程序，将对话框的 Caption 属性修改为"数字编辑框"。

（2）向对话框中添加一个编辑框控件。

（3）选择 Insert/New Class 命令，打开 New Class（新建类）对话框，在 Name 编辑框中输入类名 CNumberEdit，在 Base class 组合框中选择基类 CEdit，如图 11.1 所示。

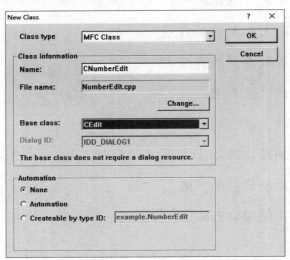

图 11.1 New Class 对话框

（4）单击 OK 按钮创建 CNumberEdit 类。

（5）为 CNumberEdit 类处理 WM_CHAR 消息，在该消息的处理函数中修改控件对用户输入数据的响应，代码如下。

```
void CNumberEdit::OnChar(UINT nChar, UINT nRepCnt, UINT nFlags)
{
    if(nChar == 8 || nChar == 45 || nChar == 46)              // 允许输入退格键、减号和小数点
    {
        CEdit::OnChar(nChar, nRepCnt, nFlags);               // 调用基类的方法
        return;
    }
    if(nChar<48 || nChar>57)                                 // 允许输入数字
        nChar = 0;                                           // 设置键值为 0
    else
        CEdit::OnChar(nChar, nRepCnt, nFlags);               // 调用基类的方法
}
```

说明

退格键的 ASCII 码是 8，减号的 ASCII 码是 45，小数点的 ASCII 码是 46。

（6）按 Ctrl+W 快捷键打开类向导，为编辑框控件关联一个
CNumberEdit 类的变量。

（7）在对话框的头文件中引用 NumberEdit.h 头文件。

实例的运行结果如图 11.2 所示。

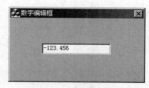

图 11.2　数字编辑框

11.1.2　特殊文本颜色编辑框

编辑框的文本颜色通常使用黑色，可是白色的背景衬托黑色的字体，时间长了会产生视觉疲劳。
为了解决这个问题，可以设计一个具有特殊文本颜色的编辑框，在解决视觉疲劳的同时也可以美化程
序界面。

在设置文本颜色时需要使用 CreateStockObject 函数，该函数获取预定义的 Windows GDI 的画笔、
画刷和字体句柄，并将 GDI 对象与 CGdiObject 类对象相关联。

语法格式如下：

```
BOOL CreateStockObject( int nIndex );
```

其中，nIndex 表示定义标准对象类型的常量。可选值如下。

- ☑ BLACK_BRUSH：黑色刷子。
- ☑ DKGRAY_BRUSH：黑灰色刷子。
- ☑ GRAY_BRUSH：灰色刷子。
- ☑ HOLLOW_BRUSH：凹刷子。
- ☑ LTGRAY_BRUSH：浅灰色刷子。
- ☑ NULL_BRUSH：空刷子。
- ☑ WHITE_BRUSH：白色刷子。

☑ BLACK_PEN：黑色画笔。

☑ WHITE_PEN：白色画笔。

☑ ANSI_FIXED_FONT：采用 Windows（ANSI）字符集的等宽字体。

☑ ANSI_VAR_FONT：采用 Windows（ANSI）字符集的不等宽字体。

☑ DEVICE_DEFAULT_FONT：设备使用的默认字体（NT）。

☑ DEFAULT_GUI_FONT：用户界面的默认字体，包括菜单和对话框字体。

☑ OEM_FIXED_FONT：OEM 字符集的固有字体。

☑ SYSTEM_FONT：屏幕系统字体。这是用于菜单、对话框等的默认不等宽字体。

☑ SYSTEM_FIXED_FONT：屏幕系统字体。这是用于菜单、对话框等的默认等宽字体。

☑ DEFAULT_PALETTE：默认调色板。

【例 11.2】 以 CEdit 类为基类派生一个 CColorEdit 类，创建特殊文本颜色编辑框。（**实例位置：资源包 \TM\sl\11\2**）

具体操作步骤如下。

（1）创建一个基于对话框的应用程序，将对话框的 Caption 属性修改为"特殊文本颜色编辑框"。

（2）创建一个以 CEdit 类为基类的派生类 CColorEdit。

（3）在 CColorEdit 类的头文件中声明一个 COLORREF 类型变量 m_Color。

（4）手动添加一个 SetColor 函数，用来为设置文本颜色的变量赋值，代码如下。

```
void CColorEdit::SetColor(COLORREF color)           // SetColor 函数
{
    m_Color = color;                                // 为变量 m_Color 赋值
}
```

（5）处理 CColorEdit 类的 WM_CTLCOLOR 消息，在该消息的处理函数中设置文本颜色，代码如下。

```
HBRUSH CColorEdit::CtlColor(CDC* pDC, UINT nCtlColor)   // WM_CTLCOLOR 消息处理函数
{
    CBrush m_Brush;                                      // 声明画刷对象
    m_Brush.CreateStockObject(WHITE_BRUSH);             // 创建画刷
    pDC->SetTextColor(m_Color);                         // 设置文本颜色
    return m_Brush;                                      // 返回画刷
}
```

（6）向对话框中添加 6 个编辑框控件，通过类向导为控件关联 CColorEdit 类变量。

（7）在对话框的 OnInitDialog 函数中为编辑框控件设置文本显示颜色，代码如下。

```
m_Edit1.SetColor(RGB(255,0,0));
m_Edit2.SetColor(RGB(0,0,255));
m_Edit3.SetColor(RGB(255,0,255));
m_Edit4.SetColor(RGB(0,255,0));
m_Edit5.SetColor(RGB(200,200,0));
m_Edit6.SetColor(RGB(0,255,255));
```

实例的运行结果如图 11.3 所示。

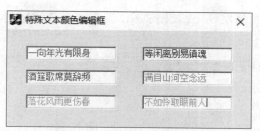

图 11.3　特殊文本颜色编辑框

技巧

　　为了在同一窗体的不同编辑框中显示不同的文本颜色，需要派生一个类。如果只是将同一窗体中的编辑框设置成一个颜色，可以在当前窗体的 WM_CTLCOLOR 消息中判断是否为编辑框（nCtlColor==CTLCOLOR_EDIT），然后通过设备上下文指针 pDC 调用 SetTextColor 方法，并设置文本颜色。

11.1.3　位图背景编辑框

　　白色背景的编辑框看的时间长了，会很乏味。为了更好地美化程序，从而吸引用户，可以以 CEdit 类为基类设计一个 CBmpEdit 类，通过该类使编辑框显示背景位图。值得注意的是，在设计 CBmpEdit 类时，绘制背景的部分是在 WM_ERASEBKGND 消息处理函数中进行的，而不是在 WM_PAINT 消息处理函数中进行的。这是因为在 WM_PAINT 消息处理函数中绘制背景位图，会导致编辑框中的文本被位图覆盖。下面就通过实例来看一下具有位图背景的编辑框是如何实现的。

　　【例 11.3】 以 CEdit 类为基类派生一个 CBmpEdit 类，创建具有位图背景的编辑框。（**实例位置：资源包 \TM\sl\11\3**）

　　具体操作步骤如下。

　　（1）创建一个基于对话框的应用程序，将对话框的 Caption 属性修改为 "位图背景编辑框"。

　　（2）创建一个以 CEdit 类为基类的派生类 CBmpEdit。

　　（3）在工作区窗口中选择 RecourceView 选项卡，向对话框中导入一个位图资源。

　　（4）在 CBmpEdit 类的头文件中声明一个 CBitmap 类对象 m_Bitmap。

　　（5）在 CBmpEdit 类的构造函数中加载位图资源，代码如下。

```
m_Bitmap.LoadBitmap(IDB_BITMAP1);                          // 加载位图资源
```

　　（6）处理 CBmpEdit 类的 WM_CTLCOLOR 消息，在该消息的处理函数中设置文本的背景透明，代码如下。

```
HBRUSH CBmpEdit::CtlColor(CDC* pDC, UINT nCtlColor)        // WM_CTLCOLOR 消息处理函数
{
    pDC->SetBkMode(TRANSPARENT);                           // 设置文本背景透明
    return NULL;
}
```

（7）处理 CBmpEdit 类的 WM_ERASEBKGND 消息，在该消息的处理函数中绘制编辑框背景，代码如下。

```
BOOL CBmpEdit::OnEraseBkgnd(CDC* pDC)                                    // 消息处理函数
{
    CDC memDC;                                                          // 设备上下文
    memDC.CreateCompatibleDC(pDC);                                      // 创建内存设备上下文
    memDC.SelectObject(&m_Bitmap);                                      // 将位图选入设备上下文
    BITMAP m_Bmp;                                                       // 声明 BITMAP 对象
    m_Bitmap.GetBitmap(&m_Bmp);                                         // 获得位图信息
    int x = m_Bmp.bmWidth;                                             // 获得位图的宽度
    int y = m_Bmp.bmHeight;                                            // 获得位图的高度
    CRect rect;                                                         // 声明区域对象
    GetClientRect(rect);                                               // 获得编辑框客户区域
    pDC->StretchBlt(0,0,rect.Width(),rect.Height(),&memDC,0,0,x,y,SRCCOPY);   // 绘制位图背景
    memDC.DeleteDC();                                                   // 释放内存设备上下文
    return TRUE;                                                        // 返回真值
    //return CEdit::OnEraseBkgnd(pDC);                                  // 禁止调用基类方法
}
```

（8）处理 CBmpEdit 类的 EN_CHANGE 消息，在该消息的处理函数中重绘背景，代码如下。

```
void CBmpEdit::OnChange()                                               //EN_CHANGE 消息处理函数
{
    Invalidate();                                                       // 重绘背景
}
```

注意

因为编辑框中的文本是可变的，所以在编辑框内容发生改变（触发 EN_CHANGE 消息）时，要调用 Invalidate 函数重绘窗口。

实例的运行结果如图 11.4 所示。

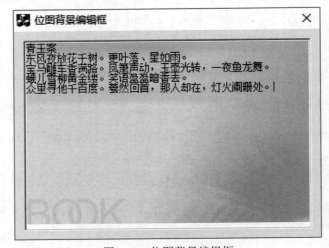

图 11.4　位图背景编辑框

视频讲解

11.2　自定义按钮控件

随着用户对界面美化程度的要求逐渐提高，传统的矩形按钮已经不能满足用户的需要，可以通过自定义的方法绘制漂亮的按钮。

11.2.1　图标按钮

在按钮控件的属性窗口中选择 Icon 属性，可以使按钮显示图标。不过这种方法并不适用，因为按钮显示图标以后不能显示文本信息。为了解决这个问题，笔者以 CButton 类为基类派生一个 CIconBtn 类，通过该类绘制按钮控件，可以实现在按钮控件中同时显示图标和文本的功能。

在绘制按钮时需要改写 DrawItem 方法，该方法用于绘制控件的外观。当按钮控件包含 BS_OWNERDRAW 风格时，应用程序将自动调用 DrawItem 方法绘制按钮。

语法格式如下：

```
virtual void DrawItem( LPDRAWITEMSTRUCT lpDrawItemStruct );
```

其中，lpDrawItemStruct 是一个 DRAWITEMSTRUCT 结构指针，其结构成员如下。

☑　CtlType：控件的类型。可选值如下。
　　➢　ODT_BUTTON：按钮。
　　➢　ODT_COMBOBOX：组合框。
　　➢　ODT_LISTBOX：列表框。
　　➢　ODT_MENU：菜单。
　　➢　ODT_LISTVIEW：列表视图。
　　➢　ODT_STATIC：静态控件。
　　➢　ODT_TAB：标签控件。
☑　CtlID：控件 ID。
☑　ItemID：菜单项 ID 或列表框、组合框中的项目索引。
☑　ItemAction：绘画的动作。可选值如下。
　　➢　ODA_DRAWENTIRE：整个控件需要被绘制时设置该标识。
　　➢　ODA_FOCUS：控件获得或失去焦点时设置该标识。
　　➢　ODA_SELECT：表示控件处于选中状态时设置该标识。
☑　ItemState：需要绘画的状态。可选值如下。
　　➢　ODS_CHECKED：菜单项被选中。
　　➢　ODS_DISABLED：控件不可用。
　　➢　ODS_FOCUS：控件获得焦点。
　　➢　ODS_GRAYED：控件处于灰色状态，只用于菜单控件。

➤ ODS_SELECTED：控件被选中。

➤ ODS_COMBOBOXEDIT：组合框中编辑控件的文本被选中。

➤ ODS_DEFAULT：默认状态。

☑ HwndItem：控件的句柄。

☑ HDC：控件的画布句柄。

☑ RcItem：控件的矩形区域。

☑ ItemData：控件的附加信息。

【例 11.4】 以 CButton 类为基类派生一个 CIconBtn 类，创建图标按钮。（实例位置：**资源包 \TM\ sl\11\4**）

具体操作步骤如下。

（1）创建一个基于对话框的应用程序，将对话框的 Caption 属性修改为"图标按钮"。

（2）创建一个以 CButton 类为基类的派生类 CIconBtn。

（3）在工作区窗口中选择 RecourceView 选项卡，向对话框中导入两个图标资源。

（4）在 CIconBtn 类的头文件中声明变量，代码如下。

```
CImageList*        m_pImageList;              // 图像列表指针
int                m_ImageIndex;              // 图标索引
BOOL               IsPressed;                 // 按钮是否被按下
```

（5）添加一个 SetImageList 函数，用于设置图像列表，代码如下。

```
void CIconBtn::SetImageList(CImageList *pImage)    // SetImageList 函数
{
    m_pImageList = pImage;                         // 设置图像列表
}
```

（6）添加一个 SetImageIndex 函数，用于设置显示的图标在图像列表中的索引值，代码如下。

```
void CIconBtn::SetImageIndex(UINT Index)           // SetImageIndex 函数
{
    m_ImageIndex = Index;                          // 设置索引值
}
```

（7）添加 DrawItem 虚方法，用于绘制图标按钮，代码如下。

```
void CIconBtn::DrawItem(LPDRAWITEMSTRUCT lpDrawItemStruct)
{
    CDC dc;                                                        // 设备上下文
    dc.Attach(lpDrawItemStruct->hDC);                             // 获得按钮设备上下文
    if(m_pImageList)                                             // 判断列表视图中是否为空
    {
        UINT state  = lpDrawItemStruct->itemState;              // 获取状态
        IMAGEINFO imageinfo;                                    // 声明 IMAGEINFO 变量
        m_pImageList->GetImageInfo(m_ImageIndex,&imageinfo);    // 获取图像列表中图像的大小
        CSize imagesize;                                        // CSize 类型变量
        imagesize.cx = imageinfo.rcImage.right - imageinfo.rcImage.left;    // 获得图标的宽度
        imagesize.cy = imageinfo.rcImage.bottom - imageinfo.rcImage.top;   // 获得图标的高度
        // 在按钮垂直方向居中显示位图
```

```
        CRect rect;                                         // 声明区域变量
        GetClientRect(rect);                                // 获得按钮的客户区域
        CPoint point;                                       // 声明 CPoint 变量
        point.x = 5;                                        // 设置图标显示的水平位置
        point.y = (rect.Height() - imagesize.cy)/2;         // 设置图标显示的垂直位置
        // 绘制图标
        m_pImageList->Draw(&dc,m_ImageIndex,point,ILD_NORMAL|ILD_TRANSPARENT);
        CRect focusRect(rect);                              // 声明焦点区域
        focusRect.DeflateRect(2,2,2,2);                     // 设置焦点区域
        if((state&ODS_SELECTED)||(state&ODS_FOCUS))         // 按钮被选中或者获得焦点时
        {
            CPen pen(PS_DASHDOTDOT,1,RGB(0,0,0));           // 创建画笔
            CBrush brush;                                   // 声明画刷
            brush.CreateStockObject(NULL_BRUSH);            // 创建画刷
            dc.SelectObject(&brush);                        // 将画刷选入设备上下文
            dc.SelectObject(&pen);                          // 将画笔选入设备上下文
            dc.DrawFocusRect(focusRect);                    // 绘制焦点矩形

            dc.DrawEdge(rect,BDR_RAISEDINNER|BDR_RAISEDOUTER,
                BF_BOTTOMLEFT|BF_TOPRIGHT);                 // 绘制立体效果
            dc.Draw3dRect(rect,RGB(0,0,0),RGB(0,0,0));      // 获得焦点时绘制黑色边框
        }
        else // 默认情况下
        {
            CPen pen(PS_DOT,1,RGB(192,192,192));            // 创建画笔
            CBrush brush;                                   // 声明画刷
            brush.CreateStockObject(NULL_BRUSH);            // 创建画刷
            dc.SelectObject(&brush);                        // 将画刷选入设备上下文
            dc.SelectObject(&pen);                          // 将画笔选入设备上下文
            dc.Rectangle(focusRect);                        // 绘制焦点区域矩形
            dc.DrawEdge(rect,BDR_RAISEDINNER|BDR_RAISEDOUTER,
                BF_BOTTOMLEFT|BF_TOPRIGHT);                 // 绘制立体效果
        }
        if(IsPressed)                                       // 在按钮被按下时绘制按下效果
        {
            dc.DrawFocusRect(focusRect);                    // 绘制焦点矩形
            dc.DrawEdge(rect,BDR_SUNKENINNER |BDR_SUNKENOUTER,
                BF_BOTTOMLEFT|BF_TOPRIGHT);                 // 绘制立体效果
            dc.Draw3dRect(rect,RGB(0,0,0),RGB(0,0,0));      // 绘制边框
        }
        CString text;                                       // 声明字符串变量
        GetWindowText(text);                                // 获得显示文本
        rect.DeflateRect(point.x+imagesize.cx,0,0,0);       // 设置文本显示区域
        dc.SetBkMode(TRANSPARENT);                          // 设置背景透明
        dc.DrawText(text,rect,DT_CENTER|DT_SINGLELINE|DT_VCENTER); // 绘制按钮文本
    }
}
```

📢注意

在绘制按钮的外观时，按钮突出显示的 3D 效果是通过 DrawEdge 方法绘制的。

（8）处理 WM_LBUTTONDOWN 消息，在按钮被按下时将 IsPressed 的值设为 TRUE。

（9）处理 WM_LBUTTONUP 消息，在按钮抬起时将 IsPressed 的值设为 FALSE。

（10）向对话框中添加 1 个群组框控件、4 个静态文本控件、4 个编辑框控件和 2 个按钮控件，为按钮控件关联 CIconBtn 类变量，打开按钮控件的属性窗口，选中 Owner draw 属性。

 注意

> 通过 DrawItem 虚方法绘制按钮的外观时，一定要选择按钮控件的 Owner draw 属性。

（11）在对话框头文件中声明图像列表对象，并引用 IconBtn.h 头文件。

（12）在对话框的 OnInitDialog 函数中创建图像列表，并设置按钮的显示图像，代码如下。

```
m_ImageList.Create(16,16,ILC_COLOR24|ILC_MASK,1,0);          // 创建图像列表
m_ImageList.Add(AfxGetApp()->LoadIcon(IDI_ICON1));          // 加载图标
m_ImageList.Add(AfxGetApp()->LoadIcon(IDI_ICON2));          // 加载图标
m_Save.SetImageList(&m_ImageList);                          // 关联图像列表
m_Exit.SetImageList(&m_ImageList);                          // 关联图像列表
m_Save.SetImageIndex(0);                                    // 设置显示图像
m_Exit.SetImageIndex(1);                                    // 设置显示图像
```

实例的运行结果如图 11.5 所示。

图 11.5　图标按钮

11.2.2　热点按钮

热点按钮不但使界面更美观，而且可以响应鼠标指针滑过时的消息，从而更新控件显示，使程序更加人性化，所以一直都深受用户的欢迎。在此以 CButton 类为基类派生一个 CHotButton 类，通过该类绘制按钮控件，可以实现在按钮控件热点时显示不同图片的功能。

在 CHotButton 类中，使用 SetTimer 函数设置定时器。

语法格式如下：

```
UINT SetTimer( UINT nIDEvent, UINT nElapse, void (CALLBACK EXPORT* lpfnTimer)(HWND, UINT, UINT,
DWORD) );
```

参数说明：

☑　nIDEvent：定时器的标识。

☑　nElapse：延迟的时间，单位为毫秒。

☑　lpfnTimer：重复调用函数的地址指针，为 NULL 时发送 WM_TIMER 消息。

在定时器中，GetCursorPos 函数用于获得鼠标指针的位置。

语法格式如下：

```
BOOL GetCursorPos(LPPOINT lpPoint);
```

其中，lpPoint 表示 POINT 结构指针，该结构接收鼠标指针的屏幕坐标。

【例 11.5】 以 CButton 类为基类派生一个 CHotButton 类，创建具有热点效果的按钮。（实例位置：资源包 \TM\sl\11\5）

具体操作步骤如下。

（1）创建一个基于对话框的应用程序，将对话框的 Caption 属性修改为"热点按钮"。

（2）创建一个以 CButton 类为基类的派生类 CHotButton。

（3）在工作区窗口中选择 RecourceView 选项卡，向对话框中导入 4 个位图资源。

（4）在 CHotButton 类的头文件中声明变量，代码如下。

```
CBitmap        m_Bitmap;                               // 按钮正常状态时的 CBitmap 对象
CBitmap        m_HotBitmap;                            // 按钮热点状态时的 CBitmap 对象
BOOL           m_IsPressed;                            // 按钮是否被按下
BOOL           m_IsInRect;                             // 判断鼠标指针是否在按钮区域内
```

（5）添加 SetCBitmap 函数，在该函数中设置使用的 CBitmap 对象，代码如下。

```
void CHotButton::SetCBitmap(CBitmap* Bitmap, CBitmap* HotBitmap)
{
    m_Bitmap.Attach(*Bitmap);                          // 设置按钮正常状态时的 CBitmap 对象
    m_HotBitmap.Attach(*HotBitmap);                    // 设置按钮热点状态时的 CBitmap 对象
}
```

（6）添加 PreSubclassWindow 虚方法，在该方法中设置定时器，代码如下。

```
void CHotButton::PreSubclassWindow()
{
    SetTimer(1,10,NULL);                               // 设置定时器
    CButton::PreSubclassWindow();                      // 调用基类的方法
}
```

（7）处理 WM_TIMER 消息，在该消息的处理函数中获得鼠标指针的位置，并判断鼠标指针是否在按钮控件区域中，代码如下。

```
void CHotButton::OnTimer(UINT nIDEvent)
{
    CPoint point;                                      // 声明 CPoint 变量
    GetCursorPos(&point);                              // 获得鼠标指针位置
    CRect rcWnd;                                       // 声明区域对象
    GetWindowRect(&rcWnd);                             // 获得按钮区域
    if(rcWnd.PtInRect(point))                          // 判断鼠标指针是否在按钮上
    {
        if(m_IsInRect == TRUE)                         // 判断鼠标指针是否一直在按钮上
            goto END;                                  // 跳转到标记
```

```
        else                                                // 鼠标指针移动到按钮上
        {
            m_IsInRect = TRUE;                              // 设置 m_IsInRect 变量值
            Invalidate();                                   // 重绘按钮
        }
    }
    else                                                    // 不在按钮区域内
    {
        if(m_IsInRect == FALSE)                             // 判断鼠标指针一直在按钮外
            goto END;                                       // 跳转到标记
        else                                                // 鼠标指针移动到按钮外
        {
            Invalidate();                                   // 重绘按钮
            m_IsInRect = FALSE;                             // 设置 m_IsInRect 变量值
        }
    }
END:    CButton::OnTimer(nIDEvent);                         // 设置标记，调用基类方法
}
```

注意

　　按钮的热点是在定时器中进行判断的，每间隔 10 毫秒判断一次鼠标的位置以及鼠标指针和按钮的位置关系，从而判断是否标记为热点效果。

（8）调用 DrawItem 方法在按钮中绘制图片，代码如下。

```
void CHotButton::DrawItem(LPDRAWITEMSTRUCT lpDrawItemStruct)
{
    CDC dc;                                                 // 声明设备上下文
    dc.Attach(lpDrawItemStruct->hDC);                       // 获得绘制按钮设备上下文
    UINT state = lpDrawItemStruct->itemState;               // 获取状态
    CRect rect;                                             // 声明区域对象
    GetClientRect(rect);                                    // 获得编辑框客户区域
    CRect focusRect(rect);                                  // 声明焦点区域
    focusRect.DeflateRect(2,2,2,2);                         // 设置焦点区域
    CDC memDC;                                              // 设备上下文
    memDC.CreateCompatibleDC(&dc);                          // 创建内存设备上下文
    if((state&ODS_SELECTED)||(state&ODS_FOCUS))            // 按钮被选中或获得焦点
    {
        memDC.SelectObject(&m_HotBitmap);                   // 将位图选入设备上下文
        BITMAP m_Bmp;                                       // 声明 BITMAP 对象
        m_HotBitmap.GetBitmap(&m_Bmp);                      // 获得位图信息
        int x = m_Bmp.bmWidth;                              // 获得位图的宽度
        int y = m_Bmp.bmHeight;                             // 获得位图的高度
        dc.StretchBlt(0,0,rect.Width(),rect.Height(),&memDC,0,0,x,y,SRCCOPY);  // 绘制位图背景
        memDC.DeleteDC();                                   // 释放内存设备上下文
        CBrush brush;                                       // 声明画刷
        brush.CreateStockObject(NULL_BRUSH);                // 创建画刷
        dc.SelectObject(&brush);                            // 将画刷选入设备上下文
        dc.DrawFocusRect(focusRect);                        // 绘制焦点矩形
```

```
            dc.DrawEdge(rect,BDR_RAISEDINNER|BDR_RAISEDOUTER,
                BF_BOTTOMLEFT|BF_TOPRIGHT);                          // 绘制立体效果
            dc.Draw3dRect(rect,RGB(0,0,0),RGB(0,0,0));               // 获得焦点时绘制黑色边框
        }
        else                                                         // 默认情况下
        {
            if(m_IsInRect==TRUE)                                     // 鼠标指针在按钮区域内
            {
                memDC.SelectObject(&m_HotBitmap);                    // 将位图选入设备上下文
                BITMAP m_Bmp;                                        // 声明 BITMAP 对象
                m_HotBitmap.GetBitmap(&m_Bmp);                       // 获得位图信息
                int x = m_Bmp.bmWidth;                               // 获得位图的宽度
                int y = m_Bmp.bmHeight;                              // 获得位图的高度
                dc.StretchBlt(0,0,rect.Width(),rect.Height(),&memDC,0,0,x,y,SRCCOPY);// 绘制位图背景
                memDC.DeleteDC();                                    // 释放内存设备上下文
            }
            else                                                     // 鼠标指针不在按钮区域内
            {
                memDC.SelectObject(&m_Bitmap);                       // 将位图选入设备上下文
                BITMAP m_Bmp;                                        // 声明 BITMAP 对象
                m_Bitmap.GetBitmap(&m_Bmp);                          // 获得位图信息
                int x = m_Bmp.bmWidth;                               // 获得位图的宽
                int y = m_Bmp.bmHeight;                              // 获得位图的高度
                dc.StretchBlt(0,0,rect.Width(),rect.Height(),&memDC,0,0,x,y,SRCCOPY);// 绘制位图背景
                memDC.DeleteDC();                                    // 释放内存设备上下文
                dc.DrawEdge(rect,BDR_RAISEDINNER|BDR_RAISEDOUTER,
                    BF_BOTTOMLEFT|BF_TOPRIGHT);                      // 绘制立体效果
            }
        }
        if(m_IsPressed)                                              // 在按钮被按下时效果
        {
            dc.DrawFocusRect(focusRect);                             // 绘制焦点矩形
            dc.DrawEdge(rect,BDR_SUNKENINNER|BDR_SUNKENOUTER,
                BF_BOTTOMLEFT|BF_TOPRIGHT);                          // 绘制立体效果
        }
}
```

（9）处理 WM_LBUTTONDOWN 消息，在按钮被按下时将 IsPressed 的值设为 TRUE。

（10）处理 WM_LBUTTONUP 消息，在按钮被按下时将 IsPressed 的值设为 FALSE。

（11）向对话框中添加 1 个群组框控件、3 个静态文本控件、3 个编辑框控件和 2 个按钮控件，为按钮控件关联 CHotButton 类变量，打开按钮控件的属性对话框，选择 Owner draw 属性。

（12）在对话框头文件中声明 CBitmap 类对象，并引用 HotButton.h 头文件。

（13）在对话框的 OnInitDialog 函数中加载位图资源，并设置按钮的显示图片，代码如下。

```
    for(int i=0;i<2;i++)
    {
        m_Bitmap[i].LoadBitmap(IDB_BITMAP1+i*2);                    // 加载按钮显示位图
        m_HotBitmap[i].LoadBitmap(IDB_BITMAP2+i*2);                 // 加载热点时显示位图
    }
    m_Save.SetCBitmap(&m_Bitmap[0],&m_HotBitmap[0]);               // 设置"保存"按钮显示位图
    m_Exit.SetCBitmap(&m_Bitmap[1],&m_HotBitmap[1]);               // 设置"返回"按钮显示位图
```

```
for(i=0;i<2;i++)
{
    m_Bitmap[i].Detach();                                    // 释放 CBitmap 类对象
    m_HotBitmap[i].Detach();                                 // 释放 CBitmap 类对象
}
```

技巧

使用上述方法设计热点按钮时需要许多位图资源，因为一个按钮对应着两个位图资源。其实可以将位图资源设置为不带文字的形式，绘制背景时获得当前按钮的文本，一同绘制出来。这样只要有普通情况和热点效果两个位图资源即可。

实例的运行结果如图 11.6 所示。

图 11.6　热点按钮

11.2.3　圆形按钮

有时根据程序界面的需要会修改按钮的形状，从而使程序界面看起来更自然、协调。在此以 CButton 类为基类派生一个 CCustomButton 类，通过该类绘制按钮控件，可以将按钮控件修改为圆形。

在 CCustomButton 类中调用 CreateEllipticRgn 方法，该方法用一个椭圆形区域来初始化一个 CRgn 对象。

语法格式如下：

```
HRGN CreateEllipticRgn(int nLeftRect,int nTopRect,int nRightRect,int nBottomRect);
```

CreateEllipticRgn 方法中的参数说明如表 11.1 所示。

表 11.1　CreateEllipticRgn 方法中的参数说明

参　　数	描　　述
nLeftRect	指定椭圆的边界矩形的左上角的逻辑 X 坐标
nTopRect	指定椭圆的边界矩形的左上角的逻辑 Y 坐标
nRightRect	指定椭圆的边界矩形的右下角的逻辑 X 坐标
nBottomRect	指定椭圆的边界矩形的右下角的逻辑 Y 坐标

调用 SetWindowRgn 函数设置窗口区域。

语法格式如下：

```
int SetWindowRgn( HRGN hRgn, BOOL bRedraw );
```

参数说明：

☑　hRgn：HRGN 对象句柄。

☑　bRedraw：是否重绘。

【例 11.6】　以 CButton 类为基类派生一个 CCustomButton 类，创建圆形按钮。（实例位置：资源包 \ TM\sl\11\6）

具体操作步骤如下。

（1）创建一个基于对话框的应用程序，将对话框的 Caption 属性修改为"圆形按钮"。

（2）创建一个以 CButton 类为基类的派生类 CCustomButton。

（3）在工作区窗口中选择 RecourceView 选项卡，向对话框中导入一个位图资源。

（4）在 CCustomButton 类的头文件中声明一个 BOOL 型变量 m_IsPressed。

（5）添加 DrawItem 虚方法，在该方法中绘制按钮，代码如下。

```
void CCustomButton::DrawItem(LPDRAWITEMSTRUCT lpDrawItemStruct)
{
    CRect rect;                                                      // 声明区域对象
    GetClientRect(rect);                                            // 获得按钮的客户区域
    CDC dc;                                                          // 声明设备上下文
    dc.Attach(lpDrawItemStruct->hDC);                              // 设置设备上下文
    dc.SetBkMode(TRANSPARENT);                                     // 设置背景透明
    CBrush m_Brush;                                                 // 声明画刷对象
    m_Brush.CreateStockObject(NULL_BRUSH);                        // 创建画刷
    dc.SelectObject(&m_Brush);                                     // 将画刷选入设备上下文
    if(m_IsPressed)                                                // 判断按钮按下
    {
        CPen pen(PS_SOLID,2,RGB(255,0,0));                        // 设置画笔
        dc.SelectObject(&pen);                                     // 将画笔选入设备上下文
        HRGN h_rgn = CreateEllipticRgn(0,0,rect.Width(),rect.Height());  // 计算按钮的显示区域
        SetWindowRgn(h_rgn,true);                                  // 设置按钮的显示区域
        dc.Ellipse(0,0,rect.Width(),rect.Height());               // 绘制按钮
        dc.SetTextColor(RGB(255,0,0));                            // 设置文本颜色
    }
    else                                                           // 按钮没被按下
    {
        CPen pen(PS_SOLID,2,RGB(255,255,255));                    // 设置画笔
        dc.SelectObject(&pen);                                     // 将画笔选入设备上下文
        HRGN h_rgn = CreateEllipticRgn(0,0,rect.Width(),rect.Height());  // 计算按钮的显示区域
        SetWindowRgn(h_rgn,true);                                  // 设置按钮的显示区域
        dc.Ellipse(0,0,rect.Width(),rect.Height());               // 绘制按钮
        dc.SetTextColor(RGB(255,255,255));                        // 设置文本颜色
    }
    CString str;                                                    // 声明字符串变量
    GetWindowText(str);                                            // 获得按钮文本
    dc.DrawText(str,CRect(0,0,rect.right,rect.bottom),
        DT_CENTER|DT_VCENTER|DT_SINGLELINE);                      // 绘制按钮文本
```

```
    dc.DeleteDC();                                                      // 释放设备上下文
}
```

（6）处理 WM_LBUTTONDOWN 消息，在按钮被按下时将 m_IsPressed 的值设为 TRUE。

（7）处理 WM_LBUTTONUP 消息，在按钮抬起时将 m_IsPressed 的值设为 FALSE。

（8）处理 WM_ERASEBKGND 消息，禁止程序重绘按钮控件的背景。

注意

一定要在主窗口的头文件中引用 CustomButton.h 头文件，因为通过类向导为按钮控件关联的变量是 CCustomButton 类的。

实例的运行结果如图 11.7 所示。

图 11.7　圆形按钮

视频讲解

11.3　位图背景树控件

为树控件添加背景位图，可以美化程序界面，从而更吸引用户，那么如何才能为树控件绘制背景位图呢？这就需要以 CTreeCtrl 类为基类，派生一个新类 CCustomTree。在绘制树控件的背景位图时，首先要获得树控件的原始图像，再将原始图像绘制在一个内存画布对象上，然后需要重新定义一个画布对象，并将背景位图绘制在该画布对象上，最后将两个画布对象进行与运算绘制在树控件的背景上。

【例 11.7】 以 CTreeCtrl 类为基类派生一个 CCustomTree 类，创建具有位图背景的树控件。（实例位置：资源包 \TM\sl\11\7）

具体操作步骤如下。

（1）创建一个基于对话框的应用程序，将对话框的 Caption 属性修改为"位图背景树控件"。

（2）创建一个以 CTreeCtrl 类为基类的派生类 CCustomTree。

（3）在工作区窗口中选择 RecourceView 选项卡，向对话框中导入一个位图资源。

（4）创建一个 CMemDC 类，该类用来创建一个内存画布，并将背景位图绘制到内存画布上，代码如下。

```cpp
class CMemDC : public CDC
{
    private:
    CBitmap*        m_Bmp;                                              // 位图对象指针
    CBitmap*        m_OldBmp;                                           // 位图对象指针
    CDC*            m_pDC;                                              // 设备上下文
    CRect           m_Rect;                                             // CRect 对象
public:
    CMemDC(CDC* pDC, const CRect& rect) : CDC()                         // 构造函数
    {
        CreateCompatibleDC(pDC);                                        // 创建与内存兼容的设备上下文
        m_Bmp = new CBitmap;
        m_Bmp->CreateCompatibleBitmap(pDC, rect.Width(), rect.Height());// 初始化内存兼容位图
        m_OldBmp = SelectObject(m_Bmp);                                 // 选入位图
        m_pDC = pDC;                                                    // 获得设备上下文
        m_Rect = rect;                                                  // 获得矩形区域
    }
    ~CMemDC()                                                           // 析构函数
    {
        m_pDC->BitBlt(m_Rect.left, m_Rect.top, m_Rect.Width(), m_Rect.Height(),
                this, m_Rect.left, m_Rect.top, SRCCOPY);                // 绘制位图
        SelectObject(m_OldBmp);
        if(m_Bmp != NULL)
            delete m_Bmp;
    }
};
```

（5）在 CCustomTree 类的头文件中声明一个 CBitmap 对象 m_Bitmap。

（6）在 CCustomTree 类的构造函数中加载位图资源，代码如下。

```cpp
CCustomTree::CCustomTree()                                             // 构造函数
{
    m_Bitmap.LoadBitmap(IDB_BITMAP1);                                  // 加载背景位图
}
```

（7）添加 OnPaint 函数，在该函数中绘制树控件的背景，代码如下。

```cpp
void CCustomTree::OnPaint()
{
    CPaintDC dc(this);                                                 // 设备上下文
    CRect rect;                                                        // 声明区域对象
    GetClientRect(&rect);                                              // 获得树控件的客户区域
    CDC memdc;                                                         // 声明设备上下文
    // 创建一个与设备上下文兼容的内存设备上下文
    memdc.CreateCompatibleDC(&dc);
    CBitmap bitmap;                                                    // 声明 CBitmap 对象
    // 初始化一个与设备上下文兼容的位图
    bitmap.CreateCompatibleBitmap(&dc, rect.Width(), rect.Height());
    memdc.SelectObject( &bitmap );                                     // 将图片选入设备上下文
    CWnd::DefWindowProc(WM_PAINT, (WPARAM)memdc.m_hDC , 0);            // 获取原始画布
```

```
CMemDC tempDC( &dc,rect);                                    // 绘制背景图片
CBrush brush;                                                // 声明画刷
brush.CreatePatternBrush(&m_Bitmap);                         // 创建画刷
tempDC.FillRect(rect, &brush);                               // 填充背景区域
tempDC.BitBlt(rect.left, rect.top, rect.Width(), rect.Height(),
       &memdc, rect.left, rect.top,SRCAND);                  // 将原始图片与背景进行组合
brush.DeleteObject();                                        // 释放画刷
}
```

（8）处理 CCustomTree 类的 TVN_ITEMEXPANDING 消息，在该消息的处理函数中使用 SetRedraw 函数设置背景不重绘。

（9）处理 CCustomTree 类的 TVN_ITEMEXPANDED 消息，在该消息的处理函数中使用 SetRedraw 函数重绘背景。

 说明

SetRedraw 函数的参数为 TRUE 时重绘窗口，参数值为 FALSE 时不重绘窗口。

（10）重载 WM_ERASEBKGND 消息的处理函数，代码如下。

```
BOOL CCustomTree::OnEraseBkgnd(CDC* pDC)
{
    return TRUE;                                             // 设置返回值
    //return CTreeCtrl::OnEraseBkgnd(pDC);                   // 不调用基类的方法
}
```

实例的运行结果如图 11.8 所示。

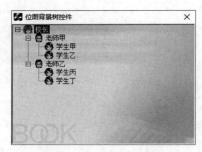

图 11.8　位图背景树控件

视频讲解

11.4　三态效果复选框控件

复选框控件可以有 3 种状态，即未选中状态、选中状态和必选状态。为了使程序界面中的复选框控件看起来更醒目，可以分别使用 3 个位图代替 3 种状态。

首先需要调用 ModifyStyle 函数设置复选框控件的 BS_OWNERDRAW，使复选框允许自绘。

语法格式如下：

```
BOOL ModifyStyle( DWORD dwRemove, DWORD dwAdd, UINT nFlags = 0 );
```

参数说明：

☑　dwRemove：指定在修改风格时要清除的窗口风格。

☑　dwAdd：指定在修改风格时要加入的窗口风格。

☑　nFlags：要传递给 SetWindowPos 的标志。如果不调用 SetWindowPos，则为 0。

【例 11.8】　以 CButton 类为基类派生一个 CCustomCheck 类，创建具有三态效果的复选框控件。

（实例位置：资源包 \TM\sl\11\8）

具体操作步骤如下。

（1）创建一个基于对话框的应用程序，将对话框的 Caption 属性修改为"三态效果复选框控件"。

（2）创建一个以 CButton 类为基类的派生类 CCustomCheck。

（3）在工作区窗口中选择 RecourceView 选项卡，向对话框中导入一个位图资源。

（4）在 CCustomCheck 类的头文件中声明变量，代码如下。

```
BOOL m_Check;                                              // 复选框是否选中
UINT m_State;                                              // 复选框的状态
CBitmap m_Bitmap;                                          // 声明 CBitmap 类型变量
CImageList m_ImageList;                                    // 声明图像列表对象
```

（5）在 CCustomCheck 类的构造函数中创建图像列表，代码如下。

```
m_ImageList.Create(IDB_CHECK,13,0,ILC_COLOR16|ILC_MASK);  // 创建图像列表
m_Bitmap.LoadBitmap(IDB_CHECK);                           // 加载位图资源
m_ImageList.Add(&m_Bitmap,ILC_MASK);                      // 向图像列表中添加位图
m_Check = FALSE;                                          // 设置复选框没有选中
```

（6）重载 CCustomCheck 类的 DrawItem 虚方法，在该方法中绘制复选框，代码如下。

```
void CCustomCheck::DrawItem(LPDRAWITEMSTRUCT lpDrawItemStruct)
{
    CDC dc;                                               // 设备上下文
    dc.Attach(lpDrawItemStruct->hDC);                     // 获得按钮设备上下文
    UINT state = lpDrawItemStruct->itemState;             // 获得复选框状态
    CRect rect;                                           // 声明区域对象
    GetClientRect(&rect);                                 // 获得复选框客户区域
    CString Caption;                                      // 声明字符串变量
    GetWindowText(Caption);                               // 获得复选框显示文本
    if(m_Check)                                           // 复选框被选中
    {
        m_ImageList.Draw(&dc,2,CPoint(0,0),ILD_TRANSPARENT);  // 绘制选中时的位图
    }
    else                                                  // 复选框未选中
    {
        m_ImageList.Draw(&dc,0,CPoint(0,0),ILD_TRANSPARENT);  // 绘制未选中时的位图
    }
```

```
    if(state&ODS_DISABLED)                                    // 复选框不可用
    {
        m_ImageList.Draw(&dc,1,CPoint(0,0),ILD_TRANSPARENT);  // 绘制必选状态的位图
    }
    CRect textRect(rect.left+15,rect.top,rect.right,rect.bottom);   // 设置绘制文本的区域
    dc.DrawText(Caption,textRect,DT_CENTER|DT_VCENTER|DT_SINGLELINE); // 绘制文本
}
```

（7）处理 CCustomCheck 类的 WM_LBUTTONDOWN 事件，当鼠标按下时修改复选框的选中状态，代码如下。

```
void CCustomCheck::OnLButtonDown(UINT nFlags, CPoint point)
{
    CRect rect;                                    // 声明区域对象
    GetClientRect(&rect);                          // 获得复选框的客户区域
    if(rect.PtInRect(point))                       // 判断鼠标指针是否在复选框内
    {
        if(!m_Check)                               // 选中状态
        {
            rn_Check = !m_Check;                   // 设置为未选中
        }
        else                                       // 未选中状态
        {
            m_Check = !m_Check;                    // 设置为选中
        }
    }
    CButton::OnLButtonDown(nFlags, point);
}
```

实例的运行结果如图 11.9 所示。

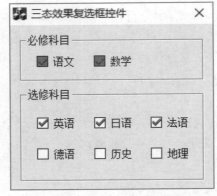

图 11.9　三态效果复选框控件

 说明

本实例中，复选框的 3 种状态分别是选中状态、未选中状态和必选状态。

11.5　小　　结

通过本章的学习，可以使读者更进一步地了解 Visual C++ 6.0 集成开发环境中的控件，从而在这些控件的基础上定义自己需要的控件。本章重点介绍了编辑框控件和按钮控件的绘制，这两个控件是在开发过程中最常用的控件，读者可以通过实例掌握控件的自定义方法，为日后开发应用程序打下良好的基础。

11.6　实践与练习

1. 设计一个静态文本控件，显示电子时钟形式的数字，效果如图 11.10 所示。（答案位置：资源包 \ TM\sl\11\9）

2. 设计一个静态文本控件，使控件具有分隔条，效果如图 11.11 所示。（答案位置：资源包 \ TM\sl\ 11\10）

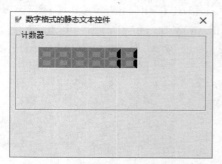

图 11.10　数字格式的静态文本控件

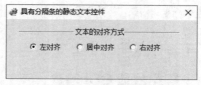

图 11.11　具有分隔条的静态文本控件

第 12 章

文本、图形、图像处理

（📹 视频讲解：**1 小时 3 分钟**）

众所周知，Windows 操作系统属于图形界面操作系统，也被称为视窗操作系统。它以其美观的图形界面简化了用户的各种操作，使其在 PC 机（Personal Computer，个人计算机）上广泛应用。为了在 Windows 操作系统上开发出漂亮的图形界面应用程序，操作系统提供了一组 GDI（Graphics Device Interface）函数，使用它们可以在窗口中输出文本、图形、图像信息。为了降低开发难度，Visual C++ 提供的 MFC 类库对 GDI 函数进行了封装。本章将介绍有关 Visual C++ 中对文本、图形、图像进行处理的相关技术。

通过阅读本章，您可以：

▸▸ 了解什么是设备上下文

▸▸ 了解什么是 GDI 对象

▸▸ 掌握如何在窗口中输出文本

▸▸ 掌握如何在窗口中输出图形图像

▸▸ 掌握如何绘制 JPEG 图像

▸▸ 学会应用 GDI+ 进行绘图操作

视频讲解

12.1　GDI 概述

GDI 全称为 Graphics Device Interface，即图形设备接口，是 Windows 操作系统提供的一组函数。为了能够在窗口中绘制各种图形信息，操作系统为每个窗口关联一个设备上下文（Device Context，DC），所有的图形图像操作均在设备上下文中进行。为了能够输出文本、图形、图像等信息，操作系统提出了字体、位图、画刷等 GDI 对象的概念。假设窗口的客户区域是一张纸，那么 GDI 就是工具箱，GDI 中封装的各种对象就是工具箱中包含的画笔、颜料等工具，用户可以通过这些工具来写字、画图形和画图像。本节将介绍有关设备上下文及 GDI 对象的相关知识。

12.1.1　设备上下文

设备上下文是操作系统提供的一个画布，它关联于某一个窗口。当用户需要在某个窗口中绘图时，其绘图操作在设备上下文中完成。在 Visual C++ 中，窗口类 CWnd 提供了 GetDC 方法用于获取窗口的设备上下文，该方法返回的是一个 CDC 类型的指针（CDC 是 MFC 类库提供的用于封装 Windows 设备上下文的类，该类提供了各种绘图的方法）。下面举一个简单的实例来演示使用 CDC 类进行窗口绘图，有关 CDC 类的常用方法在后文中将逐一进行介绍。

【例 12.1】　输出简单文本。（实例位置：资源包 \TM\sl\12\1）

具体操作步骤如下。

（1）创建一个单文档 / 视图应用程序，工程名为 OutputText。

（2）在视图类的 OnDraw 方法中输出文本，代码如下。

```
void COutputTextView::OnDraw(CDC* pDC)
{
    COutputTextDoc* pDoc = GetDocument();
    ASSERT_VALID(pDoc);
    pDC->TextOut(10,10,"同一个世界，同一个梦想 ");   // 调用 CDC 类的 TextOut 方法输出文本
}
```

（3）运行程序，结果如图 12.1 所示。

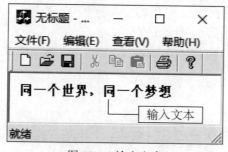

图 12.1　输出文本

说明

"10,10" 是绘制文本的左上角坐标，"同一个世界，同一个梦想"是要绘制的文本。

12.1.2　GDI 对象

为了能够绘制各种类型的文本、图形、图像信息，Windows 操作系统提供了 6 个 GDI 对象，分别为字体、位图、画刷、调色板、画笔和区域。在 MFC 类库中，分别对应于 CFont、CBitmap、CBrush、CPalette、CPen 和 CRgn 类。下面以 CFont 类为例介绍如何使用 GDI 对象，CFont 类用于描述文本的字体信息。下面的实例将指定字体格式的文本输出到窗口中。

【例 12.2】 输出指定字体格式的文本。（实例位置：资源包 \TM\sl\12\2）

具体操作步骤如下。

（1）创建一个单文档 / 视图结构应用程序，工程名为 SpecificFont。

（2）在视图类的 OnDraw 方法中设置设备上下文的字体，并输出文本，代码如下。

```
void CSpecificFontView::OnDraw(CDC* pDC)
{
    CSpecificFontDoc* pDoc = GetDocument();                     // 获取文档对象
    ASSERT_VALID(pDoc);                                          // 验证文档对象
    CFont Font;                                                  // 定义一个字体对象
    // 创建字体
    Font.CreateFont(24,24,0,0,FW_NORMAL,0,TRUE,0,DEFAULT_CHARSET,OUT_DEFAULT_PRECIS,
                    CLIP_DEFAULT_PRECIS,DEFAULT_QUALITY,DEFAULT_PITCH|FF_ROMAN," 宋体 ");
    CFont *pOldFont = NULL;                                      // 定义一个字体指针
    pOldFont = pDC->SelectObject(&Font);                        // 选中创建的字体
    pDC->TextOut(10,10," 同一个世界，同一个梦想 !");             // 输出文本信息
    pDC->SelectObject(pOldFont);                               // 恢复之前选中的字体
    Font.DeleteObject();                                        // 删除字体对象，释放为其分配的系统资源
}
```

（3）运行程序，结果如图 12.2 所示。

在使用 GDI 对象时，首先需要调用设备上下文的 SelectObject 方法选中一个 GDI 对象，该方法在选中当前的 GDI 对象时，会将之前选中的同类的 GDI 对象返回（应用程序通常会定义一个临时 GDI 对象指针获取返回的 GDI 对象），然后调用设备上下文进行绘图操作，最后再次调用设备上下文的 SelectObject 方法选中之前的 GDI 对象。

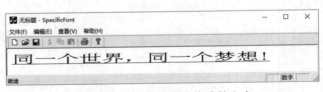

图 12.2　输出特殊字体格式的文本

注意

由于在设备上下文中重载了所有的 GDI 对象，因此在使用时不必考虑 GDI 对象的类型。

12.2　文　本　输　出

视频讲解

在开发应用程序时，用户经常需要在窗口中输出文本信息，一些应用软件还能够在图像背景上输出透明的文本。这是如何做到的呢？本节将介绍各种文本格式的输出。

12.2.1　在具体位置和区域中输出文本

在输出文本时，需要标识文本的输出位置。文本位置的标识可以有多种方法，其中最常用的方法是根据坐标或区域来输出文本。在设备上下文 CDC 类中提供了 TextOut 方法，用于在指定的坐标处输出文本。

语法格式如下：

```
BOOL TextOut( int x, int y, const CString& str );
```

参数说明：

☑　x：文本位置的 x 轴坐标。

☑　y：文本位置的 y 轴坐标。

☑　str：输出的文本信息。

在第 12.1.1 节的实例中，笔者就使用 TextOut 函数在坐标（10,10）处输出了"同一个世界，同一个梦想"信息。

CDC 类还提供了一个 DrawText 方法，用于在某一个区域内输出文本。

语法格式如下：

```
int DrawText( const CString& str, LPRECT lpRect, UINT nFormat );
```

参数说明：

☑　str：被输出的字符串。

☑　lpRect：一个区域对象，字符串将绘制在该区域中。

☑　nFormat：文本被格式化的方式，即文本在区域中的显示方式。其参数值可以是如表 12.1 所示值的任意组合。

表 12.1　nFormat 参数值描述

值	描　　述
DT_BOTTOM	调整文本到矩形区域的底部，该值必须与 DT_SINGLELINE 值一起使用
DT_CALCRECT	根据将要显示的字符串重新设定显示的矩形区域。如果显示的是多行正文，该方法将使用参数 lpRect 指定矩形区域的宽度，高度应该是显示所有正文的高度。如果是一行正文，该方法不使用参数 lpRect 指定的宽度，此时宽度是显示所有正文的宽度，使用该参数将不显示正文，而是返回字符串的高度
DT_CENTER	在区域的水平位置居中显示文本
DT_EDITCONTROL	复制多行编辑空间的文本显示属性。例如，以编辑控件同样的方式计算字符的平均宽度，该属性值不显示文本
DT_END_ELLIPSIS	如果字符串不能完全显示在矩形区域中，则末尾的字符以省略号代替

续表

值	描　　述
DT_EXPANDTABS	扩展制表符，默认每个制表符占 8 个字符
DT_EXTERNALLEADING	行高度中包含字体的外部标头，通常外部标头不被包含在正文行的高度中
DT_INTERNAL	使用系统的字体来表示文本的度量
DT_LEFT	文本居左对齐
DT_MODIFYSTRING	修改指定的字符串来匹配显示文本，此标记必须与 DT_END_ELLIPSIS 或 DT_PATH_ELLIPSIS 同时使用
DT_NOCLIP	无裁剪绘制
DT_NOPREFIX	关闭前缀处理字符。前缀字符 "&" 通常被解释为字符的下划线，"&&" 被解释为 "&"，使用该标记将结束该种解释
DT_PATH_ELLIPSIS	如果文本不能被完全显示在矩形区域中，使用省略号替换字符串中间的字符。如果字符串中含有反斜杠，DT_PATH_ELLIPSIS 尽可能地保留最后一个反斜杠之后的正文
DT_RIGHT	文本居右对齐
DT_RTLREADING	当选中的字体是希伯来语或阿拉伯语时，从右向左读取文本
DT_SINGLELINE	文本被单行显示
DT_TABSTOP	设置制表位
DT_TOP	调整文本到矩形区域的顶部
DT_VCENTER	文本垂直方向居中
DT_WORDBREAK	当一行中的字符将会延伸到由 lpRect 指定的矩形的边框时，此行自动在字之间断开
DT_WORD_ELLIPSIS	截短不符合矩形的正文并添加省略号

下面举例介绍 DrawText 方法的使用，实例将在矩形区域的居中位置输出信息。

【例 12.3】 在矩形区域的居中位置输出信息。 （实例位置：资源包 \TM\sl\12\3）

具体操作步骤如下。

（1）创建一个单文档 / 视图应用程序，工程名称为 DrawText。

（2）在视图类的 OnDraw 方法中添加如下代码。

```
void CDrawTextView::OnDraw(CDC* pDC)
{
    CDrawTextDoc* pDoc = GetDocument();                  // 获取视图关联的文档对象
    ASSERT_VALID(pDoc);                                   // 验证文档对象
    CRect rc(100,20,300,200);                             // 定义一个矩形区域
    CString str = " 我爱北京 , 我爱奥运 !";               // 定义一个字符串
    CBrush brush(RGB(0,0,0,0));                           // 定义一个黑色的画刷
    pDC->FrameRect(rc,&brush);                            // 使用黑色的画刷绘制一个矩形边框
    // 在矩形区域中绘制文本
    pDC->DrawText(str,rc,DT_CENTER|DT_SINGLELINE|DT_VCENTER);
    brush.DeleteObject();                                // 释放画刷资源
}
```

注意

通过 DT_CENTER 和 DT_VCENTER 这两个标记即可将绘制的文本指定在矩形区域的正中间，但是在使用 DT_VCENTER 时，一定要使用 DT_SINGLELINE 标记。

（3）运行程序，结果如图 12.3 所示。

图 12.3　DrawText 方法的应用

12.2.2　利用制表位控制文本输出

除了根据坐标或矩形区域输出文本外，CDC 类还提供了 TabbedTextOut 方法基于制表位控制文本输出。

语法格式如下：

```
CSize TabbedTextOut( int x, int y, const CString& str, int nTabPositions, LPINT lpnTabStopPositions,
int nTabOrigin );
```

参数说明：

☑　x：输出文本起点的 x 轴坐标。

☑　y：输出文本起点的 y 轴坐标。

☑　str：输出的文本字符串。

☑　nTabPositions：标识 lpnTabStopPositions 的元素数量。

☑　lpnTabStopPositions：制表位数组。

☑　nTabOrigin：x 轴从制表位开始扩展的位置，可以与 x 参数相同，也可以不同。

如果 nTabPositions 参数为 0，并且 lpnTabStopPositions 参数为 NULL，则制表符被扩展为平均字符宽度的 8 倍。

下面举例介绍 TabbedTextOut 方法的使用，实例将字符串中的制表符按照指定的宽度转换为空格输出。

【例 12.4】　将字符串中的制表符按照指定的宽度转换为空格输出。（实例位置：资源包 \TM\sl\12\4）

具体操作步骤如下。

（1）创建一个单文档 / 视图结构应用程序，工程名称为 Tabout。

（2）在视图类的 OnDraw 方法中编写如下程序代码。

```
void CTaboutView::OnDraw(CDC* pDC)
{
```

```
CTaboutDoc* pDoc = GetDocument();
ASSERT_VALID(pDoc);
int pts[4] = {100,150,300,400};
pDC->TabbedTextOut(0,20,"\t2008\t 北京奥运 \t 同一个世界 \t 同一个梦想 ",4,pts,0);
}
```

说明

利用制表位输出文本可以轻松地设置文本对齐。

（3）运行程序，结果如图 12.4 所示。

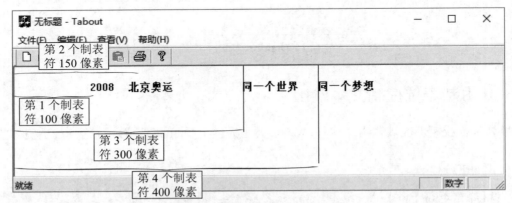

图 12.4 制表位控制文本输出

12.2.3 设置字体及文本颜色

在向窗口输出文本时，通常需要设置文本的字体及文本的显示颜色。设置文本颜色，只要使用 CDC 类的 SetTextColor 方法即可。该方法需要使用一个 RGB 值表示文本的颜色，用户可以使用 Visual C++ 提供的 RGB 宏来根据红、绿、蓝颜色确定一个 RGB 颜色值，如"RGB(255,0,0)"将获得一个红色的 RGB 颜色值。设置文本字体属性的操作略微复杂一些，首先需要定义一个字体对象，即 CFont 类对象，然后通过该对象创建一个字体，接着使用 CDC 类的 SelectObject 方法选中新创建的字体，最后输出文本。

对于初学者来说，设置字体的难点在于字体的创建。创建字体之前，先来学习一下有关 Windows 字体的相关知识。字体分为 3 类——矢量字体（vector font）、光栅字体（raster font）和 TrueType 字体。这些字体的不同之处在于每个字符或符号的图像字符（gIyph）存储在单独的字体资源文件中。在光栅字体中，图像字符是一个位图，Windows 用来绘制每一个字符或符号。在矢量字体中，图像字符是一个端点的集合，描述一个线段，Windows 用来绘制每一个字符或符号。在 TrueType 字体中，图像字符是一个直线或曲线命令的集合，Windows 使用直线或曲线命令来为每一个字符或符号定义位图轮廓。TrueType 是一种与设备无关的字体，可以被任意放大或旋转，在任何尺寸上都可以达到较为满意的显示效果，尤其是在显示器和打印机上使用相同的字体。

在程序中，通常使用 CFont 类的 CreateFont 方法或 CreatePointFont 方法来创建字体。
CreateFont 方法的语法格式如下：

```
BOOL CreateFont( int nHeight, int nWidth, int nEscapement, int nOrientation, int nWeight, BYTE bItalic,
    BYTE bUnderline, BYTE cStrikeOut, BYTE nCharSet, BYTE nOutPrecision, BYTE nClipPrecision,
    BYTE nQuality, BYTE nPitchAndFamily, LPCTSTR lpszFacename );
```

CreateFont 方法的参数较多，下面逐一介绍：

☑ nHeight：以逻辑单位标识字体字符的高度（这里的字符高度是指字符单元格的高度减去内部标头的值）。如果为正数，字体映射机制会根据指定的高度从系统字体列表中匹配一种最为接近的字体，此时的匹配方式是以字体的单元高度为参考。如果为负数，匹配方式是以字体的字符高度为参考依据。这里笔者解释一下字符的单元高度和字符高度。在向屏幕中输出字符时，每个字符占据一个矩形区域，这个矩形区域被称为字符的单元格，字符在该单元格中被显示，如图 12.5 所示。

图 12.5　字符显示

☑ nWidth：以逻辑单位表示字符的平均宽度。
☑ nEscapement：文本显示时的倾斜角度，以 x 轴为参考。参数值为实际旋转角度的 10 倍。
☑ nOrientation：字符显示时的倾斜角度，以 x 轴为参考。参数值为实际旋转角度的 10 倍。
☑ nWeight：字体的重量，即粗细程度，范围为 0 ~ 1000。
☑ bItalic：字体是否为斜体。
☑ bUnderline：字体是否显示下画线。
☑ cStrikeOut：字体是否显示删除线。
☑ nCharSet：字体使用哪种字符集。
☑ nOutPrecision：字体映射机制如何根据提供的参数来选择合适的字体。
☑ nClipPrecision：字体的裁剪精度。
☑ nQuality：字体输出质量，即字体参数与实际输出字符效果的接近程度。
☑ nPitchAndFamily：可以设置两方面的内容，包括字符间距和字体属性。
☑ lpszFacename：字体名称，包括结尾的终止符不能超过 22 个字符。

对于初学者来说，CFont 类的 CreateFont 方法调用较为烦琐，为了简化字体的创建，CFont 类还提供了 CreatePointFont 方法来创建字体。
语法格式如下：

```
BOOL CreatePointFont( int nPointSize, LPCTSTR lpszFaceName, CDC* pDC = NULL );
```

参数说明：

☑ nPointSize：字体大小。
☑ lpszFaceName：字体名称。

☑ pDC：一个设备上下文的指针，以该设备上下文来转换 nPointSize 为字体的高度。如果为 NULL，将以屏幕的设备上下文作为转换的依据。

下面举例介绍如何输出指定的字体，并设置字体的输出颜色。

【例 12.5】 输出指定的字体，并设置字体的输出颜色。 （实例位置：资源包 **\TM\sl\12\5**）

具体操作步骤如下。

（1）创建一个单文档 / 视图结构应用程序，工程名称为 SelFont。

（2）在视图类的 OnDraw 方法中编写如下程序代码。

```
void C SelFont View::OnDraw(CDC* pDC)
{
    CSelFont Doc* pDoc = GetDocument();                    // 获取文档对象
    ASSERT_VALID(pDoc);                                    // 验证文档对象
    CFont Font;                                            // 定义一个字体对象
    // 创建字体
    Font.CreateFont(12,12,2700,0,FW_NORMAL,0,0,0,DEFAULT_CHARSET,OUT_DEFAULT_PRECIS,
                    CLIP_DEFAULT_PRECIS,DEFAULT_QUALITY,DEFAULT_PITCH|FF_ROMAN," 黑体 ");
    CFont *pOldFont = NULL;                                // 定义一个字体指针
    pOldFont = pDC->SelectObject(&Font);                  // 选中创建的字体
    pDC->SetTextColor(RGB(255,0,0));                      // 设置输出文本颜色
    pDC->TextOut(100,50," 北京奥运 ");                     // 输出文本信息
    pDC->SelectObject(pOldFont);                          // 恢复之前选中的字体
    Font.DeleteObject();                                  // 释放字体对象
    Font.CreatePointFont(120," 黑体 ",pDC);               // 创建字体
    pOldFont = pDC->SelectObject(&Font);                  // 选中创建的字体
    pDC->TextOut(120,70, " 同一个世界 ");                  // 输出文本
    pDC->TextOut(120,90, " 同一个梦想 ");                  // 输出文本
    pDC->SelectObject(pOldFont);                          // 恢复之前选中的字体
    Font.DeleteObject();                                  // 释放字体对象
}
```

说明

通过 CreateFontIndirect 方法和 LOGFONT 结构也可以创建字体。

（3）运行程序，结果如图 12.6 所示。

图 12.6　设置输出字体

12.2.4　在路径中输出文本

路径提供了一种机制，使用户可以绘制出更为复杂的图形。MFC 类库没有对路径进行封装，但是用户可以使用 CDC 类提供的路径函数来应用路径。其中，BeginPath 函数用于在当前的设备上下文中打开一个路径。EndPath 函数用于关闭一个打开的路径。程序中在调用 BeginPath 函数后，调用 EndPath 函数之前的所有点、线、文本、图形图像输出均称为当前路径的一部分。StrokePath 函数用当前的画笔描述路径。由于 CDC 类提供的路径相关函数语法比较简单，多数函数没有参数，因此笔者不对这些函数进行语法介绍。下面举例介绍路径在文字输出中的作用，实例将利用路径在窗口中输出空心的文字。

【例 12.6】　利用路径在窗口中输出空心的文字。（实例位置：资源包 \TM\sl\12\6）

具体操作步骤如下。

（1）创建一个文档 / 视图结构的应用程序，工程名称为 PathFont。

（2）在视图类的 OnDraw 方法中编写如下程序代码。

```
void CPathFontView::OnDraw(CDC* pDC)
{
    CPathFontDoc* pDoc = GetDocument();                  // 获取文档对象
    ASSERT_VALID(pDoc);                                  // 验证文档对象
    CFont mFont;                                         // 定义一个字体对象
    // 创建字体
    VERIFY(mFont.CreateFont(
        150, 50, 0, 0, FW_HEAVY, TRUE, FALSE,
        0, ANSI_CHARSET, OUT_DEFAULT_PRECIS,
        CLIP_DEFAULT_PRECIS, DEFAULT_QUALITY,
        DEFAULT_PITCH | FF_SWISS, " 宋体 "));
    CPen pen(PS_SOLID,2,RGB(255,0,0));                   // 定义一个画笔
    pDC->SelectObject(&pen);                             // 选中画笔
    pDC->BeginPath();                                    // 开始一个路径
    CFont *pOldFont = pDC->SelectObject(&mFont);         // 选中创建的字体
    pDC->SetBkMode(TRANSPARENT);                         // 设置画布的背景模式为透明
    pDC->TextOut(30,30," 嫦娥一号探月卫星 ");            // 输出文本
    pDC->EndPath();                                      // 关闭路径
    pDC->StrokePath();                                   // 用当前的画笔绘制路径
    mFont.DeleteObject();                                // 上述字体对象
    pDC->SelectObject(pOldFont);                         // 选中之前的字体对象
}
```

（3）运行程序，结果如图 12.7 所示。

图 12.7　根据路径输出文本

注意

在使用路径时必须是一个闭合图形，否则可能无法绘制出任何图形。

12.2.5　在图像背景上输出透明文本

在设计应用程序界面时，通常需要在原有图像基础上输出透明的文本。为了能够输出背景透明的文本，可以调用 CDC 类的 SetBkMode 方法将背景模式设置为透明。

语法格式如下：

```
int SetBkMode( int nBkMode );
```

其中，nBkMode 表示设置的背景模式。如果为 TRANSPARENT，表示背景模式为透明；如果为 OPAQUE，表示以当前的背景颜色填充背景。

为了演示输出透明文本，下面的实例首先在窗口中绘制一幅位图，然后在位图上输出透明的文本。

【例 12.7】　在位图上输出透明的文本。（实例位置：资源包 \TM\sl\12\7）

具体操作步骤如下。

（1）创建一个单文档 / 视图结构的应用程序，工程名称为 TransText。

（2）在视图类的 OnDraw 方法中编写如下程序代码。

```
void CTransTextView::OnDraw(CDC* pDC)
{
    CTransTextDoc* pDoc = GetDocument();                    // 获取文档对象
    ASSERT_VALID(pDoc);                                     // 验证文档对象
    CBitmap bmp;                                            // 定义一个位图对象
    bmp.LoadBitmap(IDB_BKBITMAP);                           // 加载位图
    BITMAP bInfo;                                           // 定义位图结构
    bmp.GetBitmap(&bInfo);                                  // 获取位图信息
    int width = bInfo.bmWidth;                              // 获取位图宽度
    int height = bInfo.bmHeight;                            // 获取位图高度
    CDC memDC;                                              // 定义一个设备上下文
    memDC.CreateCompatibleDC(pDC);                          // 创建一个兼容的设备上下文
    memDC.SelectObject(&bmp);                               // 选中位图对象
    pDC->BitBlt(0,0,width,height,&memDC,0,0,SRCCOPY);       // 在设备上下文中绘制位图
    memDC.DeleteDC();                                       // 释放设备上下文
    bmp.DeleteObject();                                     // 释放位图对象
    CFont mFont;                                            // 定义一个字体对象
    // 创建字体
    VERIFY(mFont.CreateFont(
        24, 20, 0, 0, FW_HEAVY, FALSE, FALSE,
        0, ANSI_CHARSET, OUT_DEFAULT_PRECIS,
        CLIP_DEFAULT_PRECIS, DEFAULT_QUALITY,
        DEFAULT_PITCH | FF_SWISS, " 宋体 "));
    CFont* pOldFont = pDC->SelectObject(&mFont);            // 选中创建的字体
    pDC->SetBkMode(TRANSPARENT);                            // 设置透明的背景模式
    pDC->SetTextColor(RGB(0,255,0));                        // 设置文本颜色
```

```
pDC->TextOut(60,60," 田园生活 ");                        // 输出文本
pDC->SelectObject(pOldFont);                            // 选中之前的文本
mFont.DeleteObject();                                   // 释放字体对象
}
```

注意

在设置背景模式时，必须在每次绘制文字前调用 SetBkMode 方法。

（3）运行程序，结果如图 12.8 所示。

图 12.8　透明文本

12.3　绘　制　图　形

视频讲解

在设计电子地图、多媒体应用软件、股票分析软件等应用程序时，经常需要利用图形来描述实际数据。本节将介绍有关图形绘制的相关知识。

12.3.1　利用线条绘制多边形

图形是由点和线构成的，如果能够绘制点和线，绘制多么复杂的图形都不成问题。设备上下文 CDC 类提供了多种方法用于绘制线条，包括直线和曲线，下面分别进行介绍。

1. MoveTo

该方法用于移动当前的坐标点到指定的位置上。
语法格式如下：

```
CPoint MoveTo( int x, int y );
```

参数说明：

☑　x：当前位置的 x 轴坐标。

☑　y：当前位置的 y 轴坐标。

2．LineTo

该方法用于从当前坐标点绘制一条直线到参数指定的位置。

语法格式如下：

```
BOOL LineTo( int x, int y );
```

参数说明：

☑　x：直线终点的 x 轴坐标。

☑　y：直线终点的 y 轴坐标。

3．Arc

该方法以一个外接矩形为依据绘制一个椭圆的弧线。

语法格式如下：

```
BOOL Arc( int x1, int y1, int x2, int y2, int x3, int y3, int x4, int y4 );
```

参数说明：

☑　x1：矩形边框的左上角 x 轴坐标。

☑　y1：矩形边框的左上角 y 轴坐标。

☑　x2：矩形边框右下角 x 轴坐标。

☑　y2：矩形边框右下角 y 轴坐标。

☑　x3：弧线起点的 x 轴坐标。

☑　y3：弧线起点的 y 轴坐标。

☑　x4：弧线终点的 x 轴坐标。

☑　y4：弧线终点的 y 轴坐标。

下面通过一个综合实例演示利用线条绘制多边形及弧线。

【例 12.8】　利用线条绘制多边形及弧线。（实例位置：资源包 \TM\sl\12\8）

具体操作步骤如下。

（1）创建一个单文档 / 视图结构应用程序，工程名称为 DrawLine。

（2）在视图类的 OnDraw 方法中编写如下程序代码。

```
void CDrawLineView::OnDraw(CDC* pDC)
{
    CDrawLineDoc* pDoc = GetDocument();              // 获取文档对象
    ASSERT_VALID(pDoc);                             // 验证文档对象
    // 绘制矩形
    CPen pen(PS_SOLID,2,RGB(255,0,0));              // 定义一个画笔
    CPen *pOldPen = pDC->SelectObject(&pen);        // 选中画笔
    pDC->MoveTo(50,30);                             // 设置坐标起点
    pDC->LineTo(240,30);                            // 绘制上边框
    pDC->LineTo(240,120);                           // 绘制右边框
```

```
    pDC->LineTo(50,120);                            // 绘制下边框
    pDC->LineTo(50,30);                             // 绘制左边框
    // 绘制多边形
    pDC->MoveTo(300,50);                            // 设置当前坐标
    pDC->LineTo(400,50);                            // 绘制上边框
    pDC->LineTo(450,100);                           // 绘制右斜边框
    pDC->LineTo(400,150);                           // 绘制右斜边框
    pDC->LineTo(300,150);                           // 绘制底边框
    pDC->LineTo(250,100);                           // 绘制左斜边框
    pDC->LineTo(300,50);                            // 绘制左斜边框
    // 绘制弧线
    CRect rc(500,50,600,100);                       // 定义一个区域对象
    pDC->Arc(500,50,600,100,520,70,560,30);         // 绘制曲线
    CBrush brush(RGB(255,0,0));                      // 定义一个画刷
    pDC->FrameRect(rc,&brush);                       // 绘制矩形边框
    pDC->SelectObject(pOldPen);                      // 选中之前的画笔对象
}
```

📢注意

在使用 LineTo 方法时，第一次需要用 MoveTo 方法设置起点。第二次使用时，起点默认是第一次使用 LineTo 方法时设置的点，即不用再设置起点，直接设置终点即可，程序会将上一次设置的点作为起点。

（3）执行上述代码，结果如图 12.9 所示。

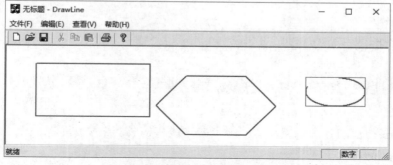

图 12.9　绘制多边形及弧线

12.3.2　直接绘制多边形

第 12.3.1 节中介绍了利用绘制线条的方法绘制多边形，其缺点是需要用户自己计算每一条直线的长度。其实，设备上下文 CDC 类还提供了一些方法用于直接绘制多边形，下面分别进行介绍。

1．Rectangle

该方法使用当前的画笔绘制一个矩形。

语法格式如下：

```
BOOL Rectangle(int x1, int y1, int x2, int y2 );
BOOL Rectangle(LPCRECT lpRect );
```

参数说明：

☑　x1、y1：矩形区域的左上角坐标。
☑　x2、y2：矩形区域的右下角坐标。
☑　lpRect：一个 CRect 对象指针，标识一个矩形区域。

2．RoundRect

该方法用于绘制一个圆角矩形。

语法格式如下：

```
BOOL RoundRect( int x1, int y1, int x2, int y2, int x3, int y3 );
BOOL RoundRect( LPCRECT lpRect, POINT point );
```

参数说明：

☑　x1、y1：矩形区域的左上角坐标。
☑　x2、y2：矩形区域的右下角坐标。
☑　x3：圆角的宽度。
☑　y3：圆角的高度。
☑　lpRect：一个 CRect 对象指针，标识一个矩形区域。
☑　point：圆角的宽度和高度。

3．Polygon

该方法使用当前的画笔并根据列举的坐标点绘制一个多边形。

语法格式如下：

```
BOOL Polygon( LPPOINT lpPoints, int nCount );
```

参数说明：

☑　lpPoints：多边形的各个端点，这些端点的连线将构成一个多边形。
☑　nCount：lpPoints 元素的数量。

4．Polyline

该方法使用当前的画笔绘制坐标点中的直线。

语法格式如下：

```
BOOL Polyline( LPPOINT lpPoints, int nCount );
```

参数说明：

☑　lpPoints：各个端点、相邻的端点将用直线连接。
☑　nCount：lpPoints 元素的数量。

下面举例介绍如何直接绘制多边形。

【例 12.9】　绘制多边形。（实例位置：资源包 **\TM\sl\12\9**）

具体操作步骤如下。

（1）创建一个单文档 / 视图结构的应用程序，工程名称为 Poly。

（2）在视图类的 OnDraw 方法中编写如下程序代码。

```
void CPolyView::OnDraw(CDC* pDC)
{
    CPolyDoc* pDoc = GetDocument();                       // 获取文档对象
    ASSERT_VALID(pDoc);                                   // 验证文档对象
    CRect rc(20,20,80,80);                                // 定义一个矩形区域
    pDC->Rectangle(rc);                                   // 绘制矩形区域
    CRect RndRC(20,100,80,160);                           // 定义一个矩形区域
    pDC->RoundRect(RndRC,CPoint(10,10));                  // 绘制圆角矩形
    CPoint pts[6] = {CPoint(300,50),CPoint(400,50),CPoint(450,100),   // 定义多边形端点
            CPoint(400,150),CPoint(300,150),CPoint(250,100)};
    pDC->Polygon(pts,6);                                  // 绘制多边形
}
```

注意

> 在使用 Polygon 方法绘制多边形时，系统会自动连接开始点和结束点而组成一个封闭图形。

（3）运行程序，结果如图 12.10 所示。

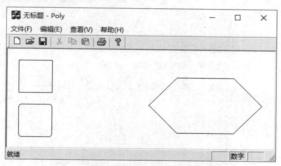

图 12.10　直接绘制多边形

12.3.3　绘制控件外观

设备上下文 CDC 类不仅提供了绘制多边形的方法，还提供了绘制 Windows 常用控件的方法。当用户需要在界面中绘制一个 Windows 常用控件时，如绘制一个按钮控件，可以直接使用 CDC 类提供的 DrawFrameControl 方法。

语法格式如下：

```
BOOL DrawFrameControl( LPRECT lpRect, UINT nType, UINT nState );
```

参数说明：

☑　lpRect：控件所在的矩形区域。

☑ nType：控件的类型。当为 DFC_BUTTON 时，表示绘制按钮；为 DFC_CAPTION 时，表示
绘制标题栏；为 DFC_MENU 时，表示绘制菜单；为 DFC_SCROLL 时，表示绘制滚动条。

☑ nState：控件的风格或状态，取决于控件的类型。

下面举例介绍如何在窗口中绘制控件。

【例 12.10】 在窗口中绘制控件。 （实例位置：资源包 \TM\sl\12\10）

具体操作步骤如下。

（1）创建一个单文档 / 视图结构的应用程序，工程名称为 DrawCtrl。

（2）在视图类的 OnDraw 方法中编写如下程序代码。

```
void CDrawCtrlView::OnDraw(CDC* pDC)
{
    CDrawCtrlDoc* pDoc = GetDocument();                              // 获取文档对象
    ASSERT_VALID(pDoc);                                             // 验证文档对象
    CRect rc(50,50,120,80);                                        // 定义一个区域对象
    pDC->DrawFrameControl(rc,DFC_BUTTON,DFCS_BUTTONPUSH);          // 绘制按钮
    CRect CapRC(130,50,160,80);                                    // 定义一个区域对象
    // 绘制标题栏关闭按钮
    pDC->DrawFrameControl(CapRC,DFC_CAPTION,DFCS_CAPTIONHELP);
    CRect ScrollRC(170,50,200,80);                                 // 定义一个区域对象
    // 绘制滚动条按钮
    pDC->DrawFrameControl(ScrollRC,DFC_SCROLL,DFCS_SCROLLCOMBOBOX);
}
```

（3）运行程序，结果如图 12.11 所示。

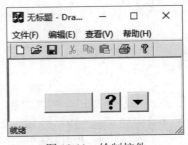

图 12.11　绘制控件

技巧

以要绘制的控件类为基类派生一个新的类，然后在新创建的类中绘制控件外观，这样获得的控件不仅具有源控件的功能，还具有好看的外观。

12.3.4　填充图形区域

在绘制图形时，有时需要在图形中填充一些颜色或某个图像，那么该如何向图形区域中填充颜色或图像呢？设备上下文 CDC 类提供了 4 个填充区域的函数，下面分别进行介绍。

1．FillRect

该函数用所标识的画刷填充一个矩形区域。
语法格式如下：

```
void FillRect( LPCRECT lpRect, CBrush* pBrush );
```

参数说明：
- ☑ lpRect：需要填充的矩形区域。
- ☑ pBrush：一个画刷对象指针，函数将使用该画刷填充矩形区域。

2．FillSolidRect

该函数用指定的颜色填充一个矩形区域。
语法格式如下：

```
void FillSolidRect( LPCRECT lpRect, COLORREF clr );
```

参数说明：
- ☑ lpRect：需要填充的矩形区域。
- ☑ clr：标识一个 RGB 颜色值，函数将使用该颜色填充矩形区域。

3．FillRgn

该函数用所标识的画刷填充一个选区。
语法格式如下：

```
BOOL FillRgn( CRgn* pRgn, CBrush* pBrush );
```

参数说明：
- ☑ pRgn：一个选区对象。可通过系统提供的 CreateRectRgn、CreateEllipticRgn 和 CreatePolygonRgn 等 API 函数创建。
- ☑ pBrush：一个画刷对象指针，函数将使用该画刷填充选区。

4．FillPath

该函数用当前的画刷填充路径。
语法格式如下：

```
BOOL FillPath();
```

下面通过一个实例来演示各个区域的填充方法。

【例 12.11】 填充区域的方法。 （实例位置：资源包 \TM\sl\12\11）
具体操作步骤如下。
（1）创建一个单文档 / 视图结构的应用程序，工程名称为 FillRC。
（2）在视图类的 OnDraw 方法中编写如下程序代码。

```
void CFillRCView::OnDraw(CDC* pDC)
{
    CFillRCDoc* pDoc = GetDocument();                    // 获取文档对象
```

```
    ASSERT_VALID(pDoc);                              // 验证文档对象
    CRect rc(30,40,100,120);                         // 定义一个区域对象
    CBrush brush(RGB(128,128,128));                  // 定义一个颜色画刷
    pDC->FillRect(rc,&brush);                        // 使用颜色填充区域
    brush.DeleteObject();                            // 删除画刷对象
    CBitmap bmp;                                     // 定义一个位图对象
    bmp.LoadBitmap(IDB_BKBITMAP);                    // 加载位图
    brush.CreatePatternBrush(&bmp);                  // 创建位图画刷
    CRect bmpRC(110,40,200,120);                     // 定义一个区域对象
    pDC->FillRect(bmpRC,&brush);                     // 使用位图填充区域
    bmp.DeleteObject();                              // 释放位图对象
    brush.DeleteObject();                            // 释放画刷对象
    CRect rectrc(210,40,300,120);                    // 定义一个区域对象
    CRect hrc(280,60,350,140);                       // 定义一个区域对象
    pDC->Rectangle(rectrc);                          // 绘制矩形边框
    pDC->Rectangle(hrc);                             // 绘制矩形边框
    HRGN hRect = CreateRectRgn(210,40,300,120);      // 创建一个矩形选区
    HRGN hrgn = CreateRectRgn(280,60,350,140);       // 创建一个矩形选区
    HRGN hret = CreateRectRgn(0,0,0,0);              // 创建选区
    CombineRgn(hret,hRect,hrgn,RGN_AND);             // 组合选区，获取两个选区的公共部分
    brush.CreateSolidBrush(RGB(255,0,0));            // 创建一个颜色画刷
    CRgn rgn;                                        // 定义一个选区对象
    rgn.Attach(hret);                                // 将选区对象附加一个选区句柄
    pDC->FillRgn(&rgn,&brush);                       // 填充选区
    brush.DeleteObject();                            // 释放画刷对象
    rgn.Detach();                                    // 分离选区句柄
    DeleteObject(hRect);                             // 释放选区句柄
    DeleteObject(hrc);                               // 释放选区句柄
    DeleteObject(hret);                              // 释放选区句柄
}
```

注意

使用 CombineRgn 函数可以将图形组合在一起而形成一个新的图形。

（3）运行程序，结果如图 12.12 所示。

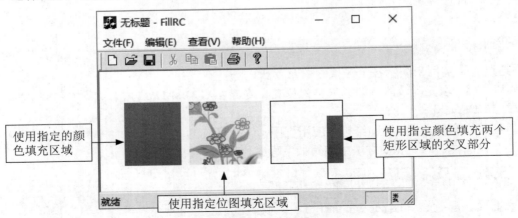

图 12.12　填充区域

12.4 图 像 显 示

视频讲解

在设计应用程序界面时，经常需要绘制窗口的背景图片，以使界面更加美观。本节将介绍有关图像输出显示的相关知识。

12.4.1 在设备上下文中绘制图像

在设备上下文中绘制图像有多种方法。例如，在第 12.3.4 节中创建一个位图画刷，利用其填充一个区域来实现图像的绘制。此外，还可以使用 CDC 类的位图函数输出位图到设备上下文中。下面分别进行介绍。

1．BitBlt

该函数用于从源设备中复制位图到目标设备中。
语法格式如下：

```
BOOL BitBlt(int x, int y, int nWidth, int nHeight, CDC* pSrcDC, int xSrc, int ySrc, DWORD dwRop );
```

参数说明：

- ☑ x：目标矩形区域的左上角 x 轴坐标点。
- ☑ y：目标矩形区域的左上角 y 轴坐标点。
- ☑ nWidth：在目标设备中绘制位图的宽度。
- ☑ nHeight：在目标设备中绘制位图的高度。
- ☑ pSrcDC：源设备上下文对象指针。
- ☑ xSrc：源设备上下文的起点 x 轴坐标，函数从该起点复制位图到目标设备。
- ☑ ySrc：源设备上下文的起点 y 轴坐标，函数从该起点复制位图到目标设备。
- ☑ dwRop：光栅操作代码。可选值如表 12.2 所示。

表 12.2 光栅操作代码

值	描 述
BLACKNESS	使用黑色填充目标区域
DSTINVERT	目标矩形区域颜色取反
MERGECOPY	使用与运算组合源设备矩形区域的颜色和目标设备的画刷
MERGEPAINT	使用或运算将反向的源矩形区域的颜色与目标矩形区域的颜色合并
NOTSRCCOPY	复制源设备区域的反色到目标设备中
NOTSRCERASE	使用或运算组合源设备区域与目标设备区域的颜色，然后对结果颜色取反
PATCOPY	复制源设备当前选中的画刷到目标设备
PATINVERT	使用异或运算组合目标设备选中的画刷与目标设备区域的颜色
PATPAINT	通过或运算组合目标区域当前选中的画刷和源设备区域反转的颜色
SRCAND	使用与运算组合源设备和目标设备区域的颜色

315

续表

值	描　　述
SRCCOPY	直接复制源设备区域到目标设备中
SRCERASE	使用与运算组合目标设备区域的反色与源设备区域的颜色
SRCINVERT	使用异或运算组合源设备区域颜色和目标设备区域颜色
SRCPAINT	使用或运算组合源设备区域颜色和目标设备区域颜色
WHITENESS	使用白色填充目标区域

2．StretchBlt

该函数复制源设备上下文的内容到目标设备上下文中。与 BitBlt 方法不同的是，StretchBlt 方法能够延伸或收缩位图以适应目标区域的大小。

语法格式如下：

```
BOOL StretchBlt( int x, int y, int nWidth, int nHeight, CDC* pSrcDC, int xSrc, int ySrc, int nSrcWidth, int nSrcHeight, DWORD dwRop );
```

参数说明：

☑　x：目标矩形区域的左上角 x 轴坐标点。

☑　y：目标矩形区域的左上角 y 轴坐标点。

☑　nWidth：在目标设备中绘制位图的宽度。

☑　nHeight：在目标设备中绘制位图的高度。

☑　pSrcDC：源设备上下文对象指针。

☑　xSrc：源设备上下文的起点 x 轴坐标，函数从该起点复制位图到目标设备。

☑　ySrc：源设备上下文的起点 y 轴坐标，函数从该起点复制位图到目标设备。

☑　nSrcWidth：需要复制的位图宽度。

☑　nSrcHeight：需要复制的位图高度。

☑　dwRop：光栅操作代码。可选值如表 12.2 所示。

下面通过一个实例介绍在设备上下文中绘制图像的各种方法。

【例 12.12】　在设备上下文中绘制图像。（实例位置：资源包 \TM\sl\12\12）

具体操作步骤如下。

（1）创建一个单文档 / 视图结构的应用程序，工程名称为 OutputBmp。

（2）在视图类的 OnDraw 方法中编写如下程序代码。

```
void COutputBmpView::OnDraw(CDC* pDC)
{
    COutputBmpDoc* pDoc = GetDocument();                    // 获取文档对象
    ASSERT_VALID(pDoc);                                     // 验证文档对象
    CDC memDC;                                              // 定义一个设备上下文
    memDC.CreateCompatibleDC(pDC);                          // 创建兼容的设备上下文
    CBitmap bmp;                                            // 定义位图对象
    bmp.LoadBitmap(IDB_BKBITMAP);                           // 加载位图
    memDC.SelectObject(&bmp);                               // 选中位图对象
    pDC->BitBlt(30,20,180,180,&memDC,1,1,SRCCOPY);         // 绘制位图
    CRect rc(30,20,210,200);                               // 定义一个区域
```

316

```
CBrush brush(RGB(0,0,0));                                        // 定义一个黑色的画刷
pDC->FrameRect(rc,&brush);                                       // 绘制矩形边框
rc.OffsetRect(220,0);                                            // 移动区域
BITMAP BitInfo;                                                  // 定义位图结构
bmp.GetBitmap(&BitInfo);                                         // 获取位图信息
int x = BitInfo.bmWidth;                                         // 获取位图宽度
int y = BitInfo.bmHeight;                                        // 获取位图高度
// 绘制位图
pDC->StretchBlt(rc.left,rc.top,rc.Width(),rc.Height(),&memDC,0,0,x,y,SRCCOPY);
pDC->FrameRect(rc,&brush);                                       // 绘制边框
brush.DeleteObject();                                            // 释放画刷对象
memDC.DeleteDC();                                                // 释放设备上下文
bmp.DeleteObject();                                              // 释放位图对象
}
```

（3）运行程序，结果如图 12.13 所示。

图 12.13　绘制图像

> **说明**
>
> 　　由于大多数的图像和需要显示此图像的控件大小都不相同，因此通常需要使用 StretchBlt 方法对图像进行缩放，以达到图像的完整显示。

12.4.2　从磁盘中加载图像到窗口中

在开发程序时，通常需要从磁盘中动态加载一幅图像到窗口中。用户可以使用 LoadImage 函数来从磁盘加载图像文件。

语法格式如下：

```
HANDLE LoadImage( HINSTANCE hinst, LPCTSTR lpszName, UINT uType, int cxDesired, int cyDesired,
UINT fuLoad );
```

参数说明：

☑　hinst：表示包含图像的实例句柄，可以为 NULL。

☑ lpszName：表示图像的资源名称，如果从磁盘中加载，该参数表示图像的名称，包含完整路径。

☑ uType：表示加载的图像类型。当为 IMAGE_BITMAP 时，表示加载位图；为 IMAGE_CURSOR 时，表示加载鼠标指针；为 IMAGE_ICON 时，表示加载图标。

☑ cxDesired：表示图标或鼠标指针的宽度，如果加载的是位图，则该参数必须为 0。

☑ cyDesired：表示图标或鼠标指针的高度，如果加载的是位图，则该参数必须为 0。

☑ fuLoad：表示加载类型，如果为 LR_LOADFROMFILE，表示从磁盘文件中加载位图。

返回值：函数返回加载的图像资源句柄。

下面通过一个实例介绍如何从磁盘中加载图像到窗口中。

【例 12.13】 从磁盘中加载图像到窗口中。（实例位置：资源包 \TM\sl\12\13）

具体操作步骤如下。

（1）创建一个单文档 / 视图结构的应用程序，工程名称为 LoadBmp。

（2）在视图类中添加一个成员变量 m_hBmp。

（3）在视图类的构造函数中调用 LoadImage 方法从磁盘中加载文件，代码如下。

```
CLoadBmpView::CLoadBmpView()
{
// 加载位图
    m_hBmp = LoadImage(NULL,"Demo.bmp",IMAGE_BITMAP,0,0,LR_LOADFROMFILE);
}
```

（4）在视图类的 OnDraw 方法中绘制位图，代码如下。

```
void CLoadBmpView::OnDraw(CDC* pDC)
{
    CLoadBmpDoc* pDoc = GetDocument();              // 获取文档对象
    ASSERT_VALID(pDoc);                             // 验证文档对象
    CBitmap bmp;                                    // 定义一个位图对象
    bmp.Attach(m_hBmp);                             // 将位图关联到位图句柄上
    CDC memDC;                                      // 定义一个设备上下文
    memDC.CreateCompatibleDC(pDC);                  // 创建兼容的设备上下文
    memDC.SelectObject(&bmp);                       // 选中位图对象
    BITMAP BitInfo;                                 // 定义位图结构
    bmp.GetBitmap(&BitInfo);                        // 获取位图信息
    int x = BitInfo.bmWidth;                        // 获取位图宽度
    int y = BitInfo.bmHeight;                       // 获取位图高度
    pDC->BitBlt(0,0,x,y,&memDC,0,0,SRCCOPY);        // 向窗口中绘制位图
    bmp.Detach();                                   // 分离位图句柄
    memDC.DeleteDC();                               // 释放设备上下文对象
}
```

说明

Attach 方法用于将位图对象关联到位图句柄上，Detach 方法是与 Attach 方法配对使用的，该方法用于将位图句柄从位图对象上分离。

（5）运行程序，结果如图 12.14 所示。

图 12.14　加载磁盘中的图像文件

12.4.3　位图文件分析

位图是 Windows 系统中一种最简单也是最基本的图像格式，了解位图的文件结构有助于对位图进行各种操作。下面分析一下位图文件的构成。

位图文件主要由 4 部分构成，分别为位图文件头、位图信息头、调色板和实际位图数据，如图 12.15 所示。

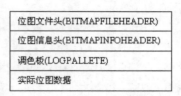

图 12.15　位图结构

1. 位图文件头

位图文件头对应的结构为 BITMAPFILEHEADER，共占用 14 个字节，其定义如下。

```
typedef struct tagBITMAPFILEHEADER
{
    WORD bfType;
    DWORD bfSize;
    WORD bfReserved1;
    WORD bfReserved2;
    DWORD bfOffBits;
} BITMAPFILEHEADER;
```

参数说明：

- ☑ bfType：表示文件的类型，值为 0x4d42，即字符串 BM。
- ☑ bfSize：文件的大小，也就是图 12.15 中描述的 4 部分的大小。
- ☑ bfReserved1、bfReserved2：保留字。
- ☑ bfOffBits：从文件头到实际的位图数据的偏移字节数，也就是图 12.15 中前 3 部分长度之和。

2．位图信息头

位图信息头对应的结构为 BITMAPINFOHEADER，共占用 40 个字节，其定义如下。

```
typedef struct tagBITMAPINFOHEADER
{
    DWORD biSize;
    LONG biWidth;
    LONG biHeight;
    WORD biPlanes;
    WORD biBitCount ;
    DWORD biCompression;
    DWORD biSizeImage;
    LONG biXPelsPerMeter;
    LONG biYPelsPerMeter;
    DWORD biClrUsed;
    DWORD biClrImportant;
} BITMAPINFOHEADER;
```

参数说明：

- ☑ biSize：这个结构的大小，固定值为 40。
- ☑ biWidth：图像的宽度，单位为像素。
- ☑ biHeight：图像的高度，单位为像素。
- ☑ biPlanes：调色板的数量，必须为 1。
- ☑ biBitCount：指定颜色使用的位（Bit）数。若为 1，表示黑白二色图；为 4，表示 16 色图；为 8，表示 256 色图；为 24，表示真彩色图。
- ☑ biCompression：位图是否压缩，通常为 BI_RGB，即不压缩。
- ☑ biSizeImage：实际位图数据的大小。
- ☑ biXPelsPerMeter：目标设备的水平分辨率，单位是像素数 / 米。
- ☑ biYPelsPerMeter：目标设备的垂直分辨率，单位是像素数 / 米。
- ☑ biClrUsed：指定图像实际用到的颜色数，如果为 0，表示用到了 2 的 biBitCount 次方。
- ☑ biClrImportant：图像中重要的颜色数，如果为 0，表示所有颜色都是重要的。

3．调色板

调色板是一种 GDI 对象，可以认为它是一个颜色数组，列举了图像用到的所有颜色。对于真彩色位图来说，是没有调色板的，此时在位图信息后直接是位图的实际数据。

调色板的结构为 LOGPALETTE，其定义如下。

```
typedef struct tagLOGPALETTE
{
    WORD palVersion;
    WORD palNumEntries;
    PALETTEENTRY palPalEntry[1];
} LOGPALETTE;
```

参数说明：

- ☑ palVersion：系统的版本号。

- ☑ palNumEntries：调色板中包含的项目数，每一个项目表示一个颜色。
- ☑ palPalEntry[1]：PALETTEENTRY 数组中的第一个颜色。PALETTEENTRY 结构描述了颜色信息，定义如下。

```
typedef struct tagPALETTEENTRY
{
    BYTE peRed;
     BYTE peGreen;
    BYTE peBlue;
    BYTE peFlags;
} PALETTEENTRY;
```

- ➢ peRed：红色分量。
- ➢ peGreen：绿色分量。
- ➢ peBlue：蓝色分量。
- ➢ peFlags：表示调色板中的项目如何被使用，可以为 NULL。

4．实际位图数据

对于使用了调色板的位图，位图实际数据描述的是像素值在调色板中的索引值；如果没有使用调色板，位图实际数据就是实际的 RGB 颜色值。

12.4.4　根据位图数据直接绘图

在处理网络应用程序传输图像时，接收方收到的将是数据流，如何能够将图像数据流显示在窗口中呢？Windows 系统提供了 StretchDIBits 函数，通过它能够根据位图的数据流将图像显示在窗口中。语法格式如下：

```
int StretchDIBits(HDC hdc, int XDest, int YDest, int nDestWidth, int nDestHeight, int XSrc, int YSrc,int
nSrcWidth, int nSrcHeight, CONST VOID *lpBits,CONST BITMAPINFO *lpBitsInfo, UINT iUsage, DWORD
dwRop);
```

参数说明：

- ☑ hdc：标识一个设备上下文对象。
- ☑ XDest：在设备上下文的 x 轴起点处绘图。
- ☑ YDest：在设备上下文的 y 轴起点处绘图。
- ☑ nDestWidth：需要绘制的图像宽度。
- ☑ nDestHeight：需要绘制的图像高度。
- ☑ XSrc：从图像的 x 轴起点处复制图像。
- ☑ YSrc：从图像的 y 轴起点处复制图像。
- ☑ nSrcWidth：需要复制的图像宽度。
- ☑ nSrcHeight：需要复制的图像高度。
- ☑ lpBits：位图图像数据。
- ☑ lpBitsInfo：位图信息。

☑ iUsage：表示 lpBitsInfo 结构的 bmiColors 成员是否被提供。为 DIB_PAL_COLORS 时，表示位图数据中包含的是调色板中的索引；为 DIB_RGB_COLORS 时，表示位图数据是实际的 RGB 颜色值。

☑ dwRop：表示图像如何被显示到目标设备中，具体值如表 12.2 所示。

下面以一个实例来介绍如何使用 StretchDIBits 根据数据流绘制图像。

【例 12.14】 使用 StretchDIBits 根据数据流绘制图像。（实例位置：资源包 \TM\sl\12\14）

具体操作步骤如下。

（1）创建一个单文档 / 视图结构的应用程序，工程名称为 OutputStream。

（2）在视图类中定义一个缓冲区，用于存储数据流。

```
char *m_pBmpData;                                   // 定义一个缓冲区
```

（3）在视图类的构造函数中读取文件到数据流中，代码如下。

```
COutputStreamView::COutputStreamView()
{
    CFile file;                                     // 定义一个文件对象
    file.Open("bk.bmp",CFile::modeReadWrite);       // 打开文件
    int len = file.GetLength();                     // 获取文件长度
    file.Seek(14,CFile::begin);                     // 略过位图文件头
    m_pBmpData = new char[len-14];                  // 为缓冲区分配空间
    file.Read(m_pBmpData,len-14);                   // 读取文件数据到缓冲区
    file.Close();                                   // 关闭文件
}
```

📐**说明**

有关 CFile 类的使用，将在第 15 章中进行介绍。

（4）在视图类的析构函数中释放缓冲区，代码如下。

```
COutputStreamView::~COutputStreamView()
{
    delete [] m_pBmpData;                           // 释放缓冲区
}
```

（5）向视图类中添加一个成员函数，根据数据流输出图像，代码如下。

```
void COutputStreamView::OutputStream(char *pStream)
{
    char *pHeader =pStream ;                         // 定义一个临时缓冲区
    BITMAPINFO BitInfo;                              // 定义位图信息对象
    memset(&BitInfo,0,sizeof(BITMAPINFO));           // 初始化位图信息对象
    memcpy(&BitInfo,pHeader,sizeof(BITMAPINFO));     // 为位图信息对象赋值
    int x = BitInfo.bmiHeader.biWidth;               // 获取位图宽度
    int y = BitInfo.bmiHeader.biHeight;              // 获取位图高度
    pHeader+=40;                                     // 指向位图数据
    // 输出位图信息
    StretchDIBits(GetDC()->m_hDC,0,0,x,y,0,0,x,y,pHeader,&BitInfo,DIB_RGB_COLORS,SRCCOPY);
}
```

（6）在视图类的 OnDraw 方法中调用 OutputStream 方法绘制图像，代码如下。

```
void COutputStreamView::OnDraw(CDC* pDC)
{
    COutputStreamDoc* pDoc = GetDocument();          // 获取文档对象
    ASSERT_VALID(pDoc);                              // 验证文档对象
    OutputStream(m_pBmpData);                        // 调用 OutputStream 方法输出位图
}
```

（7）运行程序，结果如图 12.16 所示。

图 12.16　根据数据流绘制图像

 说明

　　由于 BMP 文件中数据的存储就是以位图文件格式存储的，因此通过 BMP 文件中的数据可以直接绘制图形。

12.4.5　显示 JPEG 图像

　　前面所介绍的图像输出都是以位图为例的。位图文件最大的缺点就是压缩比较小，占用空间大，因此网页均不采用位图的格式显示，而是以 JPEG 或 GIF 格式显示。在 Visual C++ 中，显示 JPEG 图像并不像显示 BMP 图像那么简单，它需要通过流操作来实现。具体思路是将 JPEG 文件加载到堆中，然后在堆中创建一个数据流，接着调用 OleLoadPicture 函数加载流中的数据到 IPicture 接口中，最后调用 IPicture 接口的 Render 方法输出图像信息。下面举例介绍在窗口中显示 JPEG 图像。

　　【例 12.15】　在窗口中显示 JPEG 图像。　（实例位置：资源包 \TM\sl\12\15）

　　具体操作步骤如下。

　　（1）创建一个单文档 / 视图结构的应用程序，工程名称为 ShowJPEG。

　　（2）向视图类中添加成员变量，代码如下。

```
IStream *m_pStream;                              // 定义流对象
IPicture *m_pPicture;                            // 定义接口对象
OLE_XSIZE_HIMETRIC m_JPGWidth;                   // 图像宽度
```

```
OLE_YSIZE_HIMETRIC m_JPGHeight;                                          // 图像高度
HGLOBAL hMem;                                                            // 堆句柄
```

（3）在视图类的构造函数中从磁盘中加载 JPEG 图像到流中，代码如下。

```
CShowJPEGView::CShowJPEGView()
{
    CFile file;                                                         // 定义文件对象
    file.Open("angell.jpg",CFile::modeReadWrite);                      // 打开文件
    DWORD len = file.GetLength();                                      // 获取文件长度
    hMem = GlobalAlloc(GMEM_MOVEABLE,len);                            // 在堆中分配内存
    LPVOID pData = NULL;                                               // 定义一个指针对象
    pData = GlobalLock(hMem);                                          // 锁定内存区域
    file.ReadHuge(pData,len);                                         // 读取图像数据到堆中
    file.Close();                                                      // 关闭文件
    GlobalUnlock(hMem);                                               // 解除对堆的锁定
    CreateStreamOnHGlobal(hMem,TRUE,&m_pStream);                     // 在堆中创建流
    OleLoadPicture(m_pStream,len,TRUE,IID_IPicture,(LPVOID*)&m_pPicture); // 加载图像
    m_pPicture->get_Height(&m_JPGHeight);                            // 获取图像高度
    m_pPicture->get_Width(&m_JPGWidth);                             // 获取图像宽度
}
```

（4）在视图类的 OnDraw 方法中绘制 JPEG 图像，代码如下。

```
void CShowJPEGView::OnDraw(CDC* pDC)
{
    CShowJPEGDoc* pDoc = GetDocument();                              // 获取文档对象
    ASSERT_VALID(pDoc);                                              // 验证文档对象
    // 绘制 JPEG 图像
    m_pPicture->Render(pDC->m_hDC,0,0,(int)(m_JPGWidth/26.45),(int)(m_JPGHeight/26.45)
                    ,0,m_JPGHeight,m_JPGWidth,-m_JPGHeight,NULL);
}
```

（5）运行程序，结果如图 12.17 所示。

图 12.17　显示 JPEG 图像

说明

　　本实例是通过 IPicture 接口来绘制 JPEG 图像的，同样只要修改一下文件扩展名即可直接绘制 GIF 的图像。

视频讲解

12.5　GDI+ 图像编程

　　GDI+ 是微软 .NET 类库提供的用于图像编程的一组类，被组织在 6 个命名空间中。GDI+ 是基于 GDI 的，对 GDI 进行了重新封装，极大地降低了开发人员进行图像编程的难度。本节将介绍有关 GDI+ 图像编程的相关知识。

12.5.1　在 Visual C++ 6.0 中使用 GDI+

　　GDI+ 是微软 .NET 类库的一个组成部分，虽然它没有集成在 Visual C++ 6.0 开发环境中，但是用户仍可以在 Visual C++ 6.0 环境下使用它。下面来介绍如何在 Visual C++ 6.0 中使用 GDI+。

　　（1）下载 GDI+ 包文件。

　　（2）引用 Gdiplus.h 头文件。

　　（3）引用 Gdiplus 命名空间，格式如下。

```
using namespace Gdiplus;
```

　　（4）定义两个全局变量，格式如下。

```
GdiplusStartupInput m_Gdiplus;
ULONG_PTR m_pGdiToken;
```

　　（5）在应用程序或对话框初始化时加载 GDI+，格式如下。

```
GdiplusStartup(&m_pGdiToken,&m_Gdiplus,NULL);
```

　　（6）在应用程序结束时卸载 GDI+，格式如下。

```
GdiplusShutdown(m_pGdiToken);
```

　　（7）在程序中链接 gdiplus.lib 库文件，格式如下。

```
#pragma comment (lib,"gdiplus.lib")
```

说明

　　因为 Visual C++ 6.0 中没有 GDI+ 开发包，所以要想使用 GDI+，就需要手动将其下载到程序中。

12.5.2 利用 GDI+ 实现图像类型转换

在 Visual C++ 6.0 中，实现各种类型的图像转换是比较复杂的，有时还需要用户了解图像的各种格式，以及图像的编码、解码算法。使用 GDI+，用户则可以非常方便地实现图像类型的转换。下面编写一个实例实现 BMP、JPEG、GIF 图像格式的相互转换。

【例 12.16】 实现 BMP、JPEG、GIF 图像格式的相互转换。（实例位置：资源包 \TM\sl\12\16）具体操作步骤如下。

（1）创建一个基于对话框的工程，工程名称为 ConvertImage，对话框资源设计窗口如图 12.18 所示。

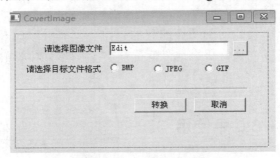

图 12.18 对话框资源设计窗口

（2）引用 Gdiplus 的头文件和命名空间，代码如下。

```
#include "Gdiplus//Gdiplus.h"                          // 引用头文件
using namespace Gdiplus;                               // 引用命名空间
#pragma comment (lib,"Gdiplus//gdiplus.lib")           // 链接 gdiplus.lib 库文件
```

（3）向对话框类中添加成员变量，代码如下。

```
GdiplusStartupInput m_Gdiplus;                         // 定义初始变量
ULONG_PTR m_pGdiToken;                                 // 定义 GDI 符号
CString m_FileName;                                    // 记录文件名称
```

（4）在对话框初始化时初始化 GDI+，并设置按钮的状态，代码如下。

```
GdiplusStartup(&m_pGdiToken,&m_Gdiplus,NULL);          // 初始化 GDI+
CButton *pButton = NULL;                               // 定义按钮指针
pButton = (CButton*)GetDlgItem(IDC_JPEG);              // 获取按钮对象
if (pButton != NULL)                                   // 判断指针是否为空
{
    pButton->SetCheck(BST_CHECKED);                    // 选中按钮
}
```

（5）向对话框中添加 OnCancel 方法，在对话框关闭时卸载 GDI+，代码如下。

```
void CConvertImageDlg::OnCancel()
{
    GdiplusShutdown(m_pGdiToken);                      // 释放 GDI+
    CDialog::OnCancel();
}
```

（6）向对话框中添加 GetCodecClsid 方法，根据图像格式获取其 CLSID，代码如下。

```
int GetCodecClsid(const WCHAR* format, CLSID* pClsid)
{
    UINT  num = 0;                                        // 记录图像编码的数量
    UINT  size = 0;                                       // 记录编码数组大小
    ImageCodecInfo* pImageCodecInfo = NULL;              // 定义图像编码信息
    GetImageEncodersSize(&num, &size);                   // 获取图像编码的数量和编码数组大小
    if(size == 0)
        return -1;
    pImageCodecInfo = (ImageCodecInfo*)(malloc(size));
    if(pImageCodecInfo == NULL)
        return -1;
    GetImageEncoders(num, size, pImageCodecInfo);        // 获取图像编码
    for(UINT j = 0; j < num; ++j)                        // 匹配图像格式
    {
        // 比较字符串
        if( wcscmp(pImageCodecInfo[j].MimeType, format) == 0 )
        {
            *pClsid = pImageCodecInfo[j].Clsid;          // 获取图像格式的 CLSID
            return j;
        }
    }
    return -1;
}
```

（7）处理"…"按钮的单击事件，选择待转换的图像，代码如下。

```
void CConvertImageDlg::OnOK()
{
    // 定义一个文件打开对话框
    CFileDialog flDlg(TRUE,NULL,NULL,OFN_HIDEREADONLY | OFN_OVERWRITEPROMPT,
                      " 图像文件 |*.bmp;*.jpeg;*.jpg;*.gif| 所有文件 |*.*||",this);
    if (flDlg.DoModal()==IDOK)                           // 用户单击"确定"按钮
    {
        m_FileName = flDlg.GetPathName();               // 获取文件名及路径
        m_ImageName.SetWindowText(m_FileName);          // 设置编辑框文本
    }
}
```

说明

加粗部分表示要打开的文件类型。

（8）向对话框类中添加 TestButtonState 方法，根据按钮的命令 ID 判断按钮是否被选中，代码如下。

```
BOOL CConvertImageDlg::TestButtonState(UINT BTNID)
{
    CButton *pButton = NULL;                            // 定义按钮指针
    pButton = (CButton*)GetDlgItem(BTNID);             // 获取按钮对象
    if (pButton != NULL)                                // 判断指针是否为空
```

```
    {
        if (pButton->GetCheck()==BST_CHECKED)                    // 判断单选按钮是否被选中
            return TRUE;
    }
    return FALSE;
}
```

（9）处理"转换"按钮的单击事件，将源图像转换为指定的图像格式，代码如下。

```
void CConvertImageDlg::OnConvert()
{
    if (TestButtonState(IDC_JPEG))                                // 判断 JPEG 单选按钮是否被选中
    {
        CFileDialog flDlg(FALSE,"jpeg","convert",OFN_HIDEREADONLY | OFN_OVERWRITEPROMPT
                         ," 所有文件 |*.*||",this);               // 定义一个保存对话框
        if (flDlg.DoModal()==IDOK)                               // 判断是否单击 OK 按钮
        {
            CString svname = flDlg.GetPathName();               // 获取文件名及路径
            Bitmap bmp(m_FileName.AllocSysString());            // 定义一个位图对象
            CLSID clsid;                                         // 定义一个 CLSID
            GetCodecClsid(L"image/jpeg", &clsid);               // 获取 JPEG 图像的 CLSID
            bmp.Save(svname.AllocSysString(),&clsid);           // 保存为 JPEG 图像格式
        }
    }
    else if (TestButtonState(IDC_BMP))                           // 判断 BMP 单选按钮是否被选中
    {
        CFileDialog flDlg(FALSE,"bmp","convert",OFN_HIDEREADONLY | OFN_OVERWRITEPROMPT
                         ," 所有文件 |*.*||",this);               // 定义一个保存对话框
        if (flDlg.DoModal()==IDOK)                               // 判断是否单击 OK 按钮
        {
            CString svname = flDlg.GetPathName();               // 获取文件名及路径
            Bitmap bmp(m_FileName.AllocSysString());            // 定义一个位图对象
            CLSID clsid ;                                        // 定义一个 CLSID
            GetCodecClsid(L"image/bmp", &clsid);                // 获取 BMP 图像的 CLSID
            bmp.Save(svname.AllocSysString(),&clsid);           // 保存为 BMP 图像格式
        }
    }
    else                                                         // 判断 GIF 单选按钮是否被选中
    {
        CFileDialog flDlg(FALSE,"gif","convert",OFN_HIDEREADONLY | OFN_OVERWRITEPROMPT
                         ," 所有文件 |*.*||",this);               // 定义一个保存对话框
        if (flDlg.DoModal()==IDOK)                               // 判断是否单击 OK 按钮
        {
            CString svname = flDlg.GetPathName();               // 获取文件名及路径
            Bitmap bmp(m_FileName.AllocSysString());            // 定义一个位图对象
            CLSID clsid;                                         // 定义一个 CLSID
            GetCodecClsid(L"image/gif", &clsid);                // 获取 GIF 图像的 CLSID
            bmp.Save(svname.AllocSysString(),&clsid);           // 保存为 GIF 图像格式
        }
    }
}
```

（10）运行程序，结果如图 12.19 所示。

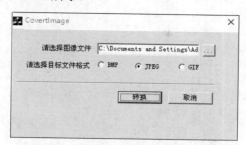

图 12.19　图像格式转换

12.5.3　使用 GDI+ 显示 GIF 图像

GIF（Graphics Interchange Format，图形交换格式）是由 CompuServe 公司开发的图形文件格式，用户在浏览网页时经常可以看到 GIF 格式的动画。在设计应用程序时，该如何显示 GIF 动画呢？

用户可以通过第 12.4.5 节中介绍的显示 JPEG 图像的方法显示 GIF 图像，但是它只能显示一幅静态的图像，如果 GIF 文件中包含有多帧，则不能显示动画效果。本节将介绍使用 GDI+ 实现 GIF 动画的显示。GDI+ 提供了一个 Image 类，使用该类的 GetFrameDimensionsCount 方法可以获取 GIF 文件中帧的维数，通过 GetFrameDimensionsList 方法获取图像帧的 GUID，通过 GetFrameCount 方法根据 GUID 获取图像的帧数，通过 SelectActiveFrame 方法设置图像显示的当前帧，最后使用 Graphics 类的 DrawImage 方法显示当前帧的图像即可显示 GIF 动画。下面通过一个实例介绍 GIF 图像的显示。

【例 12.17】　显示 GIF 图像。（实例位置：资源包 \TM\sl\12\17）

具体操作步骤如下。

（1）创建一个文档 / 视图结构的应用程序，工程名称为 ShowGIF。

（2）引用 GID+ 的头文件、命名空间和库文件，代码如下。

```
#include "Gdiplus//Gdiplus.h"                                    // 引用头文件
using namespace Gdiplus;                                         // 引用命名空间
#pragma comment (lib,"Gdiplus//gdiplus.lib")                     // 引用库文件
```

（3）向视图类中添加成员变量，代码如下。

```
GdiplusStartupInput m_Gdiplus;          // 定义 GDI+ 初始化变量
ULONG_PTR m_pGdiToken;                   // 定义 GDI+ 标识
Bitmap *m_pBmp;                          // 定义位图对象，派生于 Image 类
UINT m_Count;                            // 记录维数
UINT m_FrameCount;                       // 帧数
PropertyItem* pItem ;                    // 定义图像属性
int fcount;                              // 定义一个临时整型变量
UINT delay;                              // 第一帧的延时
```

（4）在视图类的构造函数中初始化 GDI+，并读取 GIF 文件的相关信息，代码如下。

```
CShowGIFView::CShowGIFView()
{
    GdiplusStartup(&m_pGdiToken,&m_Gdiplus,NULL);            // 初始化 GDI+
```

```
m_pBmp = Bitmap::FromFile(L"query.gif");                              // 加载 GIF 图像
m_Count = m_pBmp->GetFrameDimensionsCount();                          // 获取帧维数
GUID *pGuids = new GUID[m_Count];                                     // 定义一个 GUID 数组
m_pBmp->GetFrameDimensionsList(pGuids,m_Count);                      // 获取图像帧的 GUID
m_FrameCount = m_pBmp->GetFrameCount(pGuids);                         // 获取 GIF 帧数
UINT size;                                                            // 定义一个整型变量
m_Count = 0;                                                          // 初始化成员变量
m_pBmp->GetPropertySize(&size,&delay);                               // 获取属性大小
PropertyItem *pItem = NULL;                                           // 定义属性指针
pItem = (PropertyItem*)malloc(size);                                 // 为属性指针分配合适的空间
m_pBmp->GetAllPropertyItems(size,delay,pItem);                       // 获取属性信息
delay = ((long*)pItem->value)[0];                                    // 获取第一帧的延时
free(pItem);                                                          // 释放属性对象
delete [] pGuids;                                                     // 释放 GUID
fcount = 0;                                                           // 初始化成员变量
}
```

（5）定义一个内存画布类，防止图像闪烁，代码如下。

```
class CMemDC : public CDC                                            // 定义一个 CMemDC 类
{
private:
    CBitmap*      m_bmp;                                             // 定义一个位图对象
    CBitmap*      m_oldbmp;                                          // 定义一个位图对象
    CDC*          m_pDC;                                             // 定义一个设备上下文指针
    CRect         m_Rect;                                            // 定义一个区域对象
public:
    CMemDC(CDC* pDC, const CRect& rect) : CDC()                     // 定义构造函数
    {
        CreateCompatibleDC(pDC);                                    // 创建一个兼容的设备上下文
        m_bmp = new CBitmap;                                        // 为位图对象分配空间
        // 创建位图对象
        m_bmp->CreateCompatibleBitmap(pDC, rect.Width(), rect.Height());
        m_oldbmp = SelectObject(m_bmp);                             // 选中创建的位图
        m_pDC = pDC;                                                // 设置成员变量
        m_Rect = rect;                                              // 设置区域对象
        this->BitBlt(m_Rect.left, m_Rect.top, m_Rect.Width(), m_Rect.Height(),
                pDC, m_Rect.left, m_Rect.top,WHITENESS);           // 绘制白色背景
    }
    ~CMemDC()                                                       // 析构函数
    {
        m_pDC->BitBlt(m_Rect.left, m_Rect.top, m_Rect.Width(), m_Rect.Height(),
                this, m_Rect.left, m_Rect.top,SRCCOPY);            // 绘制图像
        SelectObject(m_oldbmp);                                     // 选中原来的位图对象
        if (m_bmp != NULL)                                          // 判断位图对象是否为空
            delete m_bmp;                                           // 删除位图对象
        DeleteObject(this);                                        // 释放设备上下文
    }
};
```

（6）处理视图类的 **WM_TIMER** 消息，按照一定的时间间隔绘制不同的图像帧，代码如下。

```
void CShowGIFView::OnTimer(UINT nIDEvent)
{
    GUID Guid = FrameDimensionTime;                                // 定义一个 GUID
    CDC* pDC = GetDC();                                            // 获取视图窗口的设备上下文
    // 定义一个内存画布
    CMemDC dc(pDC,CRect(0,0,m_pBmp->GetWidth(),m_pBmp->GetHeight()));
    Graphics gh(dc.m_hDC);                                        // 定义一个图像对象
    // 向设备上下文中绘制图像
    gh.DrawImage(m_pBmp,0,0,m_pBmp->GetWidth(),m_pBmp->GetHeight());
    m_pBmp->SelectActiveFrame(&Guid,fcount++);                    // 设置下一帧
    if(fcount == m_FrameCount)                                    // 判断当前帧是否为尾帧
        fcount = 0;                                                // 将当前帧设置为第一帧
    CView::OnTimer(nIDEvent);
}
```

注意

> 由于 GIF 图像是由多幅图像组成的，因此想显示可运动的 GIF 图像就必须绘制出每幅图像。

（7）处理视图类的 **WM_CREATE** 消息，在视图窗口创建后开启一个计时器，代码如下。

```
int CShowGIFView::OnCreate(LPCREATESTRUCT lpCreateStruct)
{
    if (CView::OnCreate(lpCreateStruct) == -1)                    // 调用父类的方法
        return -1;
    SetTimer(0,delay*10,NULL);                                    // 开始一个计时器
    return 0;
}
```

（8）在视图类的析构函数中卸载 GDI+，代码如下。

```
CShowGIFView::~CShowGIFView()
{
    GdiplusShutdown(m_pGdiToken);                                // 释放 GDI+
}
```

（9）运行程序，结果如图 12.20 所示。

图 12.20　显示 GIF 图像

12.6 小 结

本章通过大量实例介绍了在 Visual C++ 中绘制文本、图形、图像的各种方法。灵活地运用这些技术，读者可以设计各种图像窗口，进行各种常规图像操作，并且可以设计第三方可视控件。

12.7 实践与练习

1. 在标题栏中输出文本。（答案位置：资源包 \TM\sl\12\18）
2. 设计一个可以适应窗口大小变化的背景图像。（答案位置：资源包 \TM\sl\12\19）
3. 设计一个可以换肤的按钮控件。（答案位置：资源包 \TM\sl\12\20）

第 *13* 章

文档与视图

（📹 视频讲解：30 分钟）

文档 / 视图结构是利用 MFC 开发应用程序的一种规范，使用文档 / 视图结构可以使开发过程模块化。文档 / 视图结构的好处是把应用程序的数据从用户操作数据的方法中分离出来，使文档对象只负责数据的存储、装载与保存，而数据的显示则由视图类来完成。

通过阅读本章，您可以：

▶▶ 了解文档 / 视图结构

▶▶ 掌握文档 / 视图结构的创建

▶▶ 熟悉文档模板

▶▶ 熟悉文档对象

▶▶ 熟悉视图对象

▶▶ 熟悉框架窗口

▶▶ 掌握文档 / 视图的典型应用

视频讲解

13.1 构建文档 / 视图应用程序

文档 / 视图结构是 MFC 类库的主要特征之一，它采用面向对象的设计手法，将数据的显示和存储相分离。本章将围绕文档 / 视图结构，依据源代码剖析其原理。

13.1.1 文档 / 视图结构概述

文档 / 视图结构是 MFC 应用程序的重要组成部分。想学好 Visual C++，则必须掌握文档 / 视图结构。文档是数据的载体，负责数据的存储、管理和维护；视图是一个子窗口，负责显示文档中的数据。

文档与视图之间采用"观察者"设计模式。在文档对象（CDocument）中保存了一个视图列表（m_viewList），当文档中的数据改变时，它将通知所有关联的视图更新数据。同理，在视图对象（CView）中也保存了一个文档对象（m_pDocument），当用户通过视图修改了数据，它可以通知文档对象保存数据。

为了显示视图，MFC 定义了一个框架类 CFrameWnd。CFrameWnd 可以作为视图的容器，所有的视图都显示在其中。此外，在框架类中，还提供了菜单、工具栏、状态栏等界面元素。

在 MFC 中，为了管理和维护文档、视图、框架之间的关系，定义了一个文档模板类 CDocTemplate，并从该类派生了两个子类 CSingleDocTemplate 和 CMultiDocTemplate。实际上，文档、视图、框架的创建，都是通过 CDocTemplate 或其派生类实现的。当应用程序的文档模板为 CSingleDocTemplate 时，表示应用程序为单文档应用程序；如果应用程序的文档模板为 CMultiDocTemplate，表示应用程序是多文档应用程序。单文档应用程序与多文档应用程序的区别是：单文档应用程序一次只能打开一个框架窗口，同一时刻，只能存在一个文档实例；多文档应用程序一次可以打开多个框架窗口，每个框架窗口都可以包含一个文档实例。

13.1.2 创建文档 / 视图结构应用程序

MFC 提供了类向导帮助用户创建文档 / 视图应用程序，具体步骤如下。

（1）选择 File/New 命令，打开 New 对话框，如图 13.1 所示。

（2）选择 Projects 选项卡，在列表中选择 MFC AppWizard[exe] 选项，在 Projects name 编辑框中输入工程名称，单击 OK 按钮进入 MFC 应用程序向导，如图 13.2 所示。

（3）选中 Single document 单选按钮，创建一个

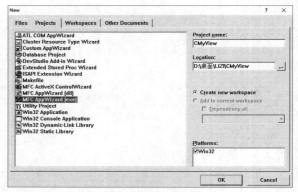

图 13.1 New 对话框

单文档视图应用程序，单击 Finish 按钮完成应用程序的创建。

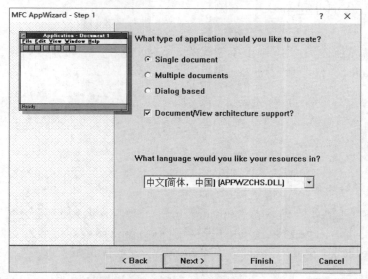

图 13.2　MFC 应用程序向导

（4）运行程序，结果如图 13.3 所示。

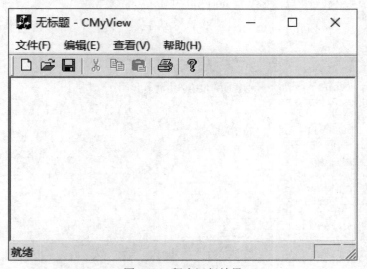

图 13.3　程序运行结果

13.2　文档/视图结构的创建

视频讲解

文档/视图结构是 MFC 应用程序的重要组成部分。文档是数据的载体，负责数据的存储、管理和维护；视图是一个子窗口，负责显示文档中的数据。

13.2.1　文档模板的创建

文档、视图、框架的创建是由文档模板创建的。当用户创建一个文档 / 视图结构的应用程序时，在应用程序的 InitInstance 方法中会发现如下代码。

```
CSingleDocTemplate* pDocTemplate;
pDocTemplate = new CSingleDocTemplate(
    IDR_MAINFRAME,
    RUNTIME_CLASS(CCMyVeiwDoc),
    RUNTIME_CLASS(CMainFrame), // 单文档的框架
    RUNTIME_CLASS(CCMyVeiwView));
AddDocTemplate(pDocTemplate);
```

程序首先定义了一个文档模板指针 pDocTemplate，然后调用构造函数在堆中创建实例。CSingleDocTemplate 的构造函数主要是调用了基类 CDocTemplate 的构造函数初始化内部的数据成员 m_pDocClass、pFrameClass、pViewClass 和 nIDResource，主要代码如下。

```
CDocTemplate::CDocTemplate(UINT nIDResource, CRuntimeClass* pDocClass,
    CRuntimeClass* pFrameClass, CRuntimeClass* pViewClass)
{
    ASSERT_VALID_IDR(nIDResource);
    ASSERT(pDocClass == NULL ||
        pDocClass->IsDerivedFrom(RUNTIME_CLASS(CDocument)));
    ASSERT(pFrameClass == NULL ||
        pFrameClass->IsDerivedFrom(RUNTIME_CLASS(CFrameWnd)));
    ASSERT(pViewClass == NULL ||
        pViewClass->IsDerivedFrom(RUNTIME_CLASS(CView)));
    m_nIDResource = nIDResource;
    … // 省略的代码
    m_pDocClass = pDocClass;
    m_pFrameClass = pFrameClass;
    m_pViewClass = pViewClass;
    … // 省略的代码

    if (CDocManager::bStaticInit)
    {
        m_bAutoDelete = FALSE;
        if (CDocManager::pStaticList == NULL)
            CDocManager::pStaticList = new CPtrList;
        if (CDocManager::pStaticDocManager == NULL)
            CDocManager::pStaticDocManager = new CDocManager;
        CDocManager::pStaticList->AddTail(this);
    }
    else
    {
        m_bAutoDelete = TRUE;
        LoadTemplate();   // 初始化资源
    }
}
```

在应用程序的 InitInstance 方法中，当文档模板创建后，调用 AddDocTemplate 将文档模板添加到

文档管理器（CDocManager）中。CWinApp 提供了一个文档管理器指针 m_pDocManager，应用程序就是通过该指针将文档模板添加到文档管理器中的，代码如下。

```
void CWinApp::AddDocTemplate(CDocTemplate* pTemplate)
{
    if (m_pDocManager == NULL)
            m_pDocManager = new CDocManager;              // 创建文档管理器
    m_pDocManager->AddDocTemplate(pTemplate);            // 将文档模板添加到文档管理器中
}
```

文档管理器的 AddDocTemplate 方法，是在 CDocManager 中定义了一个文档模板列表 m_templateList 和一个静态的文档模板指针 pStaticList。当 AddDocTemplate 方法传递的文档模板为空时，会将静态文档模板指针中的模板添加到 m_templateList 中，如果文档模板不为空，将该模板添加到 m_templateList 的末尾，代码如下。

```
void CDocManager::AddDocTemplate(CDocTemplate* pTemplate)
{
    if (pTemplate == NULL)
    {
        if (pStaticList != NULL)
        {
            POSITION pos = pStaticList->GetHeadPosition();
            while (pos != NULL)
            {
                CDocTemplate* pTemplate =
                    (CDocTemplate*)pStaticList->GetNext(pos);
                // 利用递归将静态文档模板中的对象添加到 m_templateList 中
                AddDocTemplate(pTemplate);
            }
            delete pStaticList;
            pStaticList = NULL;
        }
        bStaticInit = FALSE;
    }
    else
    {
        ASSERT_VALID(pTemplate);
        ASSERT(m_templateList.Find(pTemplate, NULL) == NULL);
        pTemplate->LoadTemplate();
        m_templateList.AddTail(pTemplate);
    }
}
```

13.2.2　文档的创建

文档、视图、框架是由文档模板创建的，但之前分析文档模板的创建时，并没有对文档进行处理。下面介绍文档是如何被创建的。

在应用程序的 InitInstance 方法中，有下面几行代码。

```
CCommandLineInfo cmdInfo;                          // 定义命令行
ParseCommandLine(cmdInfo);                          // 解析命令行
if (!ProcessShellCommand(cmdInfo))
    return FALSE;
```

其中，应用程序 CWinApp 的 ProcessShellCommand 方法用于处理命令行，代码如下。

```
BOOL CWinApp::ProcessShellCommand(CCommandLineInfo& rCmdInfo)
{
    BOOL bResult = TRUE;
    switch (rCmdInfo.m_nShellCommand)
    {
    case CCommandLineInfo::FileNew:
        if (!AfxGetApp()->OnCmdMsg(ID_FILE_NEW, 0, NULL, NULL))
            OnFileNew();
        if (m_pMainWnd == NULL)
            bResult = FALSE;
        break;
    case CCommandLineInfo::FileOpen:
        f (!OpenDocumentFile(rCmdInfo.m_strFileName))
            bResult = FALSE;
        break;
    case CCommandLineInfo::FilePrintTo:
    case CCommandLineInfo::FilePrint:
        m_nCmdShow = SW_HIDE;
        ASSERT(m_pCmdInfo == NULL);
        OpenDocumentFile(rCmdInfo.m_strFileName);
        m_pCmdInfo = &rCmdInfo;
        m_pMainWnd->SendMessage(WM_COMMAND, ID_FILE_PRINT_DIRECT);
        m_pCmdInfo = NULL;
        bResult = FALSE;
        break;
    ... // 省略代码
    }
    return bResult;
}
```

由于命令行类 CCommandLineInfo 的默认构造函数将 m_nShellCommand 初始化为 FileNew，因此将执行黑体部分代码，默认情况下，应用程序对象在消息映射部分处理了 ID_FILE_NEW 消息，代码如下。

```
BEGIN_MESSAGE_MAP(CCMyVeiwApp, CWinApp)
    //{{AFX_MSG_MAP(CCMyVeiwApp)
    ON_COMMAND(ID_APP_ABOUT, OnAppAbout)
    //}}AFX_MSG_MAP
    // 基于标准文件的文档命令
    ON_COMMAND(ID_FILE_NEW, CWinApp::OnFileNew)
    ON_COMMAND(ID_FILE_OPEN, CWinApp::OnFileOpen)
    // 标准打印设置命令
    ON_COMMAND(ID_FILE_PRINT_SETUP, CWinApp::OnFilePrintSetup)
END_MESSAGE_MAP()
```

因此，会调用应用程序的 OnFileNew 方法（从 ProcessShellCommand 方法中可以知道，即使应用程序没有处理 ID_FILE_NEW 消息，也会调用 OnFileNew 方法，因此，用户如果把黑体部分语句注释掉，系统依然会创建一个文档）。继续追踪应用程序的 OnFileNew 方法。

```
void CWinApp::OnFileNew()
{
    if (m_pDocManager != NULL)
        m_pDocManager->OnFileNew();
}
```

由于文档管理器在应用程序调用 AddDocTemplate 方法时就已经创建了，因此程序将执行黑体部分代码，调用文档管理器的 OnFileNew 方法。该方法首先判断文档管理器中的文档模板数量是否大于 1，如果是，将弹出一个对话框，让用户选择一个文档模板，代码如下。

```
void CDocManager::OnFileNew()
{
    if (m_templateList.IsEmpty())
    {
        TRACE0("Error: no document templates registered with CWinApp.\n");
        AfxMessageBox(AFX_IDP_FAILED_TO_CREATE_DOC);
        return;
    }

    CDocTemplate* pTemplate = (CDocTemplate*)m_templateList.GetHead();
    if (m_templateList.GetCount() > 1)
    {

        CNewTypeDlg dlg(&m_templateList);
        int nID = dlg.DoModal();
        if (nID == IDOK)
            pTemplate = dlg.m_pSelectedTemplate;
        else
            return;
    }

    ASSERT(pTemplate != NULL);
    ASSERT_KINDOF(CDocTemplate, pTemplate);

    pTemplate->OpenDocumentFile(NULL);
}
```

在 OnFileNew 方法的最后调用了文档模板的 OpenDocumentFile 方法。

```
CDocument* CSingleDocTemplate::OpenDocumentFile(LPCTSTR lpszPathName,
    BOOL bMakeVisible)
    {
    CDocument* pDocument = NULL;
    CFrameWnd* pFrame = NULL;
    BOOL bCreated = FALSE;
    BOOL bWasModified = FALSE;
```

```
    if (m_pOnlyDoc != NULL)                      // 如果已经存在了一个文档对象
    {

        pDocument = m_pOnlyDoc;                  // 初始化新的文档
        if (!pDocument->SaveModified())
              return NULL;
        pFrame = (CFrameWnd*)AfxGetMainWnd();
        ASSERT(pFrame != NULL);
        ASSERT_KINDOF(CFrameWnd, pFrame);
        ASSERT_VALID(pFrame);
    }
    else // 如果文档不存在，创建一个新的文档
    {
        // 创建一个新的文档
        pDocument = CreateNewDocument ();
        ASSERT(pFrame == NULL);
        bCreated = TRUE;
    }
    … // 代码省略
    return pDocument;
}
```

由于在文档管理器的 **OnFileNew** 方法中调用 **OpenDocumentFile** 方法时，传递了空值，因此将执行黑体部分代码，调用文档模板的 CreateNewDocument 方法。

```
CDocument* CDocTemplate::CreateNewDocument()
{
    if (m_pDocClass == NULL)
    {
      TRACE0("Error: you must override CDocTemplate::CreateNewDocument.\n");
       ASSERT(FALSE);
       return NULL;
    }
    CDocument* pDocument = (CDocument*)m_pDocClass->CreateObject();
    if (pDocument == NULL)
    {
      TRACE1("Warning: Dynamic create of document type %hs failed.\n",
              m_pDocClass->m_lpszClassName);
      return NULL;
    }
    ASSERT_KINDOF(CDocument, pDocument);
    AddDocument(pDocument);
    return pDocument;
}
```

综上所述，文档对象由模板对象的 **m_pDocClass**（运行时类对象）成员创建。

13.2.3　框架与视图的创建

在创建框架的同时，也创建了视图对象。在第 13.2.2 节中介绍文档的创建时，介绍过文档模板的

OpenDocumentFile 方法。实际上，框架和视图也是在该方法中创建的。下面再次分析 OpenDocumentFile 方法。

```
CDocument* CSingleDocTemplate::OpenDocumentFile(LPCTSTR lpszPathName,
    BOOL bMakeVisible)
    // 如果要打开的文档不存在，那么创建这样类型的文档
{
    CDocument* pDocument = NULL;
    CFrameWnd* pFrame = NULL;
    BOOL bCreated = FALSE;
    BOOL bWasModified = FALSE;

    if (m_pOnlyDoc != NULL)
    {
        pDocument = m_pOnlyDoc;
        if (!pDocument->SaveModified())
                return NULL;

        pFrame = (CFrameWnd*)AfxGetMainWnd();
        ASSERT(pFrame != NULL);
        ASSERT_KINDOF(CFrameWnd, pFrame);
        ASSERT_VALID(pFrame);
    }
    else
    {
        pDocument = CreateNewDocument();
        ASSERT(pFrame == NULL);
        bCreated = TRUE;
    }

    if (pDocument == NULL)
    {
        AfxMessageBox(AFX_IDP_FAILED_TO_CREATE_DOC);
        return NULL;
    }
    ASSERT(pDocument == m_pOnlyDoc);

    if (pFrame == NULL)
    {
        ASSERT(bCreated);

        BOOL bAutoDelete = pDocument->m_bAutoDelete;
        pDocument->m_bAutoDelete = FALSE;
        pFrame = CreateNewFrame(pDocument, NULL);
        pDocument->m_bAutoDelete = bAutoDelete;
        if (pFrame == NULL)
        {
            AfxMessageBox(AFX_IDP_FAILED_TO_CREATE_DOC);
            delete pDocument;
```

```
            return NULL;
        }
    }
    … // 代码省略

    return pDocument;
}
```

在 OpenDocumentFile 方法中将调用 CreateNewFrame 方法来创建框架。

```
CFrameWnd* CDocTemplate::CreateNewFrame(CDocument* pDoc, CFrameWnd* pOther)
{
    if (pDoc != NULL)
        ASSERT_VALID(pDoc);
    // 创建一个连接到指定文档的框架

    ASSERT(m_nIDResource != 0);    // 必须有一个资源 ID 的负荷
    CCreateContext context;
    context.m_pCurrentFrame = pOther;
    context.m_pCurrentDoc = pDoc;
    context.m_pNewViewClass = m_pViewClass;
    context.m_pNewDocTemplate = this;

    if (m_pFrameClass == NULL)
    {
        TRACE0("Error: you must override CDocTemplate::CreateNewFrame.\n");
        ASSERT(FALSE);
        return NULL;
    }
    CFrameWnd* pFrame = (CFrameWnd*)m_pFrameClass->CreateObject();
    if (pFrame == NULL)
    {
        TRACE1("Warning: Dynamic create of frame %hs failed.\n",
                m_pFrameClass->m_lpszClassName);
        return NULL;
    }
    ASSERT_KINDOF(CFrameWnd, pFrame);

    if (context.m_pNewViewClass == NULL)
        TRACE0("Warning: creating frame with no default view.\n");
    if (!pFrame->LoadFrame(m_nIDResource,
                WS_OVERLAPPEDWINDOW | FWS_ADDTOTITLE,
                NULL, &context))
    {
        TRACE0"Warning: CDocTemplate couldn't create a frame.\n");
        return NULL;
    }

    return pFrame;
}
```

在 CreateNewFrame 方法中，首先通过模板对象的类成员 m_pFrameClass 创建框架对象，然后调用框架的 LoadFrame 方法创建框架窗口，在 LoadFrame 方法中将调用 Create 方法创建框架窗口，Create 方法又调用 CreateEx 方法创建窗口，而 CreateEx 方法又调用 CreateWindowEx 方法创建窗口，利用 CreateWindowEx 方法在创建窗口时发送 WM_CREATE 消息，导致调用 CFrameWnd 的 OnCreate 方法，在 OnCreate 方法中会引起连串地调用 OnCreateHelper 方法、OnCreateClient 方法和 CreateView 方法。视图最终在 CreateView 方法中被创建。

```cpp
CWnd* CFrameWnd::CreateView(CCreateContext* pContext, UINT nID)
{
    ASSERT(m_hWnd != NULL);
    ASSERT(::IsWindow(m_hWnd));
    ASSERT(pContext != NULL);
    ASSERT(pContext->m_pNewViewClass != NULL);
    // 创建视图对象
    CWnd* pView = (CWnd*)pContext->m_pNewViewClass->CreateObject();
    if (pView == NULL)
    {
        "TRACE1("Warning: Dynamic create of view type %hs failed.\n",
                pContext->m_pNewViewClass->m_lpszClassName);
        return NULL;
    }
    ASSERT_KINDOF(CWnd, pView);
    // 创建视图窗口
    if (!pView->Create(NULL, NULL, AFX_WS_DEFAULT_VIEW,
        CRect(0,0,0,0), this, nID, pContext))
    {
        TRACE0("Warning: could not create view for frame.\n");
        return NULL;
    }

    if (afxData.bWin4 && (pView->GetExStyle() & WS_EX_CLIENTEDGE))
    {
        ModifyStyleEx(WS_EX_CLIENTEDGE, 0, SWP_FRAMECHANGED);
    }
    return pView;
}
```

试一试：修改应用程序向导自动产生的程序，使文档视图类程序运行先显示一个消息框"欢迎光临"，然后进入主程序。

13.3　文档模板概述

视频讲解

应用程序 CWinApp 对文档模板的管理是通过文档管理器（CDocManager）实现的。在应用程序 CWinApp 类中定义了一个文档管理器对象指针 m_pDocManager，应用程序通过它来管理文档模板。

为了让读者了解文档管理器的作用，下面介绍文档管理器的主要数据成员和方法。

13.3.1 文档管理器

在文档管理器 CDocManager 中定义了一个文档模板列表 m_templateList，用于存储多个模板。同时，文档管理器还维护了一个全局的文档管理器和全局文档模板列表，代码如下。

```
protected:
    CPtrList m_templateList;
public:
    static CPtrList* pStaticList;
    static BOOL bStaticInit;
    static CDocManager* pStaticDocManager;
```

静态成员变量 pStaticInit 确定是否将文档模板放入全局的文档模板列表（pStaticList）中。默认情况下，MFC 向导在创建文档 / 视图结构时，将不通过全局文档模板列表存储文档模板。下面一段代码利用全局文档模板列表存储文档模板。需要说明的是，全局文档模板列表只是临时地存储文档模板，文档管理器最终会将全局文档模板列表中的文档模板放入 m_templateList 中。

```
CCMyVeiwApp theApp;
BOOL CDocManager::bStaticInit =TRUE;
CSingleDocTemplate pDocTemplate (IDR_MAINFRAME,RUNTIME_CLASS(CCMyVeiwDoc),
    RUNTIME_CLASS(CMainFrame),
    RUNTIME_CLASS(CCMyVeiwView));

BOOL CCMyVeiwApp::InitInstance()
{
    AfxEnableControlContainer();
#ifdef _AFXDLL
    Enable3dControls();
#else
    Enable3dControlsStatic();
#endif

    SetRegistryKey(_T("Local AppWizard-Generated Applications"));

    LoadStdProfileSettings();

    CCommandLineInfo cmdInfo;
    ParseCommandLine(cmdInfo);

    if (!ProcessShellCommand(cmdInfo))
      return FALSE;

    m_pMainWnd->ShowWindow(SW_SHOW);
    m_pMainWnd->UpdateWindow();
```

```
    return TRUE;
}
```

首先在全局作用域中将 CDocManager::bStaticInit 设置为 TRUE，然后定义一个单文档模板 pDocTemplate。运行程序，发现一切正常。对于上面的代码，许多读者会产生疑问：文档模板如何被存储在全局文档模板列表中？没有发现应用程序调用 AddDocTemplate 方法，应用程序的文档管理器 m_pDocManager 是如何添加文档模板的呢？

对于第一个问题，可以在文档模板 CDocTemplate 的构造函数中找到答案。

```
CDocTemplate::CDocTemplate(UINT nIDResource, CRuntimeClass* pDocClass,
    CRuntimeClass* pFrameClass, CRuntimeClass* pViewClass)
{
    … // 代码省略
    if (CDocManager::bStaticinit)
    {
        m_bAutoDelete = FALSE;
        if (CDocManager::pStaticList == NULL)
            CDocManager::pStaticList = new CPtrList;
        if (CDocManager::pStaticDocManager == NULL)
            CDocManager::pStaticDocManager = new CDocManager;
        CDocManager::pStaticList->AddTail(this);
    }
    else
    {
        m_bAutoDelete = TRUE;
        LoadTemplate();
    }
}
```

当在程序中定义一个全局的文档模板对象时，会执行黑体部分代码，创建全局文档模板列表和全局文档管理器，然后将文档模板添加到全局文档模板列表中。

对于第二个问题，可以在应用程序的 InitApplication 方法中得到答案。

```
BOOL CWinApp::InitApplication()
{
    if (CDocManager::pStaticDocManager != NULL)
    {
        if (m_pDocManager == NULL)
            m_pDocManager = CDocManager::pStaticDocManager;
        CDocManager::pStaticDocManager = NULL;
    }
    if (m_pDocManager != NULL)
        m_pDocManager->AddDocTemplate(NULL);
    else
        CDocManager::bStaticInit = FALSE;
    return TRUE;
}
```

在应用程序启动时，会执行 InitApplication 方法，将应用程序的文档管理器 m_pDocManager 指向全局的文档管理器，然后调用文档管理器的 AddDocTemplate 方法开始创建文档、框架、视图，再次分析该方法。

```
void CDocManager::AddDocTemplate(CDocTemplate* pTemplate)
{
  if (pTemplate == NULL)
  {
    if (pStaticList != NULL)
    {
        POSITION pos = pStaticList->GetHeadPosition();
        while (pos != NULL)
        {
            CDocTemplate* pTemplate =
                (CDocTemplate*)pStaticList->GetNext(pos);
            AddDocTemplate(pTemplate);
        }
        delete pStaticList;
        pStaticList = NULL;
    }
    bStaticInit = FALSE;
  }
  else
  {
    ASSERT_VALID(pTemplate);
    ASSERT(m_templateList.Find(pTemplate, NULL) == NULL);
    pTemplate->LoadTemplate();
    m_templateList.AddTail(pTemplate);
  }
}
```

由于在 InitApplication 方法中调用 AddDocTemplate 时，传递的是 NULL 参数，因此程序将执行黑体部分代码，利用递归的方式将全局文档模板列表中的数据添加到文档模板列表 m_templateList 中。

为了管理文档模板，文档管理器还提供了多个方法。

（1）GetFirstDocTemplatePosition 方法

该方法获取文档管理器中第一个文档模板的位置，语法格式如下。

virtual POSITION GetFirstDocTemplatePosition() const;

（2）GetNextDocTemplate 方法

该方法返回指定位置的文档模板，然后将位置指向下一个文档模板，语法格式如下。

virtual CDocTemplate* GetNextDocTemplate(POSITION& pos) const;

其中，pos 标识文档的位置。

（3）GetOpenDocumentCount 方法

该方法用于获取文档模板列表中的文档对象数量，语法格式如下。

virtual int GetOpenDocumentCount();

（4）CloseAllDocuments 方法

该方法用于关闭文档模板列表中的所有文档，语法格式如下。

```
virtual void CloseAllDocuments(BOOL bEndSession);
```

其中，bEndSession 标识会话是否被结束，如果为 TRUE，会话将要被结束。

（5）SaveAllModified 方法

该方法保存所有修改的文档，语法格式如下。

```
virtual BOOL SaveAllModified();
```

（6）OpenDocumentFile 方法

该方法用于创建或打开一个文档，语法格式如下。

```
virtual CDocument* OpenDocumentFile(LPCTSTR lpszFileName);
```

其中，lpszFileName 如果为 NULL，将创建一个新的文档对象，否则根据文件名打开文档。

13.3.2　文档模板

MFC 提供了两种文档模板，单文档模板 CSingleDocTemplate 和多文档模板 CmultiDoc Template。这两个模板均继承于 CDocTemplate。下面介绍 CDocTemplate 的主要成员和方法。

（1）CDocTemplate 方法

该方法用于构造一个文档模板，语法格式如下。

```
CDocTemplate(UINT nIDResource, CRuntimeClass* pDocClass,CRuntimeClass* pFrameClass,
CRuntimeClass* pViewClass);
```

其中，nIDResource 标识一个字符串资源句柄，用于初始化 m_strDocStrings 成员。pDocClass、pFrameClass、pViewClass 分别为文档、框架、视图类的指针。

（2）AddDocument 方法

该方法用于将文档添加到文档模板的列表中，语法格式如下。

```
virtual void AddDocument(CDocument* pDoc);
```

其中，pDoc 标识一个文档指针。在 CDocTemplate 类中，该方法只是设置文档对象的模板设置。派生类 CSingleDocTemplat 和 CMultiDocTemplate 均改写了该方法，真正地将文档添加到文档模板列表中。

（3）GetFirstDocPosition 方法

该方法用于获取文档模板列表中第一个文档的位置，语法格式如下。

```
virtual POSITION GetFirstDocPosition() const = 0;
```

其中，该方法是一个纯虚函数，派生类 CSingleDocTemplat 和 CMultiDocTemplate 均改写了该方法。

（4）GetNextDoc 方法

该方法用于获取指定位置的文档对象，并将当前位置设置为下一个文档所在位置，语法格式如下。

```
virtual CDocument* GetNextDoc(POSITION& rPos) const = 0;
```

其中，rPos 标识文档的位置。该方法是一个纯虚函数。派生类 CSingleDocTemplat 和 CMultiDocTemplate 均改写了该方法。在 CSingleDocTemplat 中，由于只有一个文档对象，因此当 rPos 为 BEFORE_START_POSITION 时，会返回一个文档对象，否则函数值为 NULL。在 CMultiDocTemplate 中，该方法才真正具有意义。

（5）CreateNewDocument 方法

该方法用于创建一个新的文档对象，然后调用 AddDocument 方法将文档对象添加到文档列表中，语法格式如下。

```
virtual CDocument* CreateNewDocument();
```

（6）CloseAllDocuments 方法

该方法用于关闭所有文档。实际上，文档管理器的 CloseAllDocuments 方法调用了文档模板的 CloseAllDocuments 方法实现关闭文档的功能，语法格式如下。

```
virtual void CloseAllDocuments(BOOL bEndSession);
```

其中，bEndSession 标识会话是否被结束，如果为 TRUE，会话将要被结束。

（7）SaveAllModified 方法

该方法用于保存所有修改的文档，语法格式如下。

```
virtual BOOL SaveAllModified();
```

（8）SetDefaultTitle 方法

该方法用于设置默认的文档标题，语法格式如下。

```
virtual void SetDefaultTitle(CDocument* pDocument) = 0;
```

其中，pDocument 标识一个文档对象指针。该方法是一个纯虚函数，CSingleDocTemplat 和 CMultiDocTemplate 均改写了该方法。对于单文档模板，利用 docName 对应的字符串作为文档标题；对于多文档应用程序，需要对文档进行记数。

视频讲解

13.4 文档对象

13.4.1 文档对象的主要方法

文档对象作为数据的载体，提供了多个方法用于管理数据，其主要方法如下。

（1）GetTitle 方法

该方法用于获取文档的标题，语法格式如下。

```
const CString& GetTitle() const;
```

（2）SetTitle 方法

该方法用于设置文档标题，语法格式如下。

```
virtual void SetTitle(LPCTSTR lpszTitle);
```

其中，lpszTitle 是一个字符串指针，标识文档标题。

（3）GetDocTemplate 方法

该方法用于获取文档对象所在的文档模板，语法格式如下。

```
CDocTemplate* GetDocTemplate() const;
```

（4）IsModified 方法

该方法用于判断文档是否已经被修改，语法格式如下。

```
virtual BOOL IsModified();
```

（5）SetModifiedFlag 方法

该方法用于设置或清除修改标记，语法格式如下。

```
virtual void SetModifiedFlag(BOOL bModified = TRUE);
```

其中，当 bModified 的值为 TRUE 时，将设置修改标记；为 FALSE 时，将清除修改标记。

（6）AddView 方法

该方法用于向视图列表（CDocument 的数据成员 m_viewList）中添加视图对象，语法格式如下。

```
void AddView(CView* pView);
```

其中，pView 标识一个视图指针。

（7）GetFirstViewPosition 方法

该方法用于返回视图列表中第一个视图的位置，语法格式如下。

```
virtual POSITION GetFirstViewPosition() const;
```

（8）GetNextView 方法

该方法用于获取视图列表中指定位置的视图对象，并将当前位置设置为下一个视图对象的位置，语法格式如下。

```
virtual CView* GetNextView(POSITION& rPosition) const;
```

其中，rPosition 标识视图位置。

（9）OnNewDocument 方法

在 CDocument 中，该方法主要用于清除修改标记。用户可以改写该方法，当文档被创建时，应用程序会调用该方法，这样就可以执行用户的代码，语法格式如下。

```
virtual BOOL OnNewDocument();
```

（10）OnOpenDocument 方法

该方法用于打开指定的文档，语法格式如下。

```
virtual BOOL OnOpenDocument(LPCTSTR lpszPathName)
```

其中，lpszPahtName 标识文档名称，包含完整路径。

（11）OnSaveDocument 方法

该方法用于保存指定的文档，语法格式如下。

```
virtual BOOL OnSaveDocument(LPCTSTR lpszPathName);
```

其中，lpszPathName 标识指定的文档名称，包含完整路径。

（12）OnCloseDocument 方法

该方法用于关闭文档，文档关联的框架和视图将要被释放，语法格式如下。

```
virtual void OnCloseDocument();
```

（13）GetFile 方法

该方法用于打开指定的文件，并返回文件指针，语法格式如下。

```
virtual CFile* GetFile(LPCTSTR lpszFileName, UINT nOpenFlags,CFileException* pError);
```

其中，lpszFileName 标识文件名称；nOpenFlags 标识文件打开标记；pError 标识一个文件异常指针，如果文件打开错误，pError 中将记录错误信息。返回值是打开的文件指针。

（14）DoSave 方法

该方法用于保存文档。它在内部调用 OnSaveDocumen 方法实现保存操作，语法格式如下。

```
virtual BOOL DoSave(LPCTSTR lpszPathName, BOOL bReplace = TRUE);
```

其中，lpszPathName 标识文件名称，如果为空，将弹出保存对话框；bReplace 标识执行保存操作还是另存为操作。

（15）DoFileSave 方法

该方法用于保存文档。DoFileSave 首先读取文件属性，然后根据文件属性的不同调用 DoSave 方法，语法格式如下。

```
virtual BOOL DoFileSave();
```

13.4.2　文档的初始化

文档对象是通过调用文档模板的 OpenDocumentFile 方法创建的。在文档对象被新建时，将会进行一系列的初始化。

☑　调用 SetDefaultTitle 方法设置文档标题。

☑　调用 OnNewDocument 方法，执行用户编写的 OnNewDocument 事件代码。

☑　调用 DeleteContents 方法进行清理工作。默认情况下，该方法不执行任何动作，用户可以改写该方法执行必要的清理工作。

☑　调用 SetModifiedFlag 方法将修改标记设置为 FALSE。

对于单文档模板，当用户再次新建或打开一个文档时，程序会复用以前的文档对象。下面列出打开一个文档时发生的一系列动作。

☑　调用 SaveModified 方法保存当前文档。

☑　调用 SetModifiedFlag 方法将修改标记设置为 FALSE。

☑　调用 GetFile 方法获取打开的文件指针。

☑　调用 DeleteContents 方法进行清理工作。默认情况下，该方法不执行任何动作，用户可以改写该方法执行必要的清理工作。

☑　调用 SetModifiedFlag 方法将修改标记设置为 TRUE。

☑　调用 Serialize 方法进行序列化。

☑　调用 ReleaseFile 方法删除文件指针。

☑　调用 SetModifiedFlag 方法清除修改标记。

13.4.3　保存文档

在第 13.4.1 节介绍文档对象的方法时，曾讲解了几个关于保存文档的方法。那么，用户在菜单中单击"保存"按钮时，这些方法是如何相互调用的呢？

在保存文档时，首先调用 OnFileSave 方法，然后调用 DoFileSave 方法，接着调用 DoSave 方法，最后调用 OnSaveDocument 方法，有关这些方法的介绍请参考第 13.4.1 节。

13.4.4　文档的命令处理

文档 CDocument 派生于 CCmdTarget，所以能够处理命令消息。

```
BOOL CDocument::OnCmdMsg(UINT nID, int nCode, void* pExtra,
    AFX_CMDHANDLERINFO* pHandlerInfo)
{
    if (CCmdTarget::OnCmdMsg(nID, nCode, pExtra, pHandlerInfo))
      return TRUE;
    if (m_pDocTemplate != NULL &&
     m_pDocTemplate->OnCmdMsg(nID, nCode, pExtra, pHandlerInfo))
      return TRUE;

    return FALSE;
}
```

从上述代码可以知道，对于文档对象没有处理的命令消息，将交给文档模板进行处理。当用户选择"保存""另存为"菜单项时，实际上就是通过 CDocument 类的消息映射调用 OnFileSave、OnFileSaveAs 方法进行保存。当用户选择"保存"菜单项时，程序将调用框架类 CFrameWnd 的 OnCmdMsg 方法。在 CFrameWnd 的 OnCmdMsg 方法中，首先调用当前视图的 OnCmdMsg 方法，如果在视图类的消息映射表中没有处理该消息，继续判断是否在框架类的消息映射表中处理了该消息，如果还没有处理，最后将调用应用程序的 OnCmdMsg 方法，即在应用程序类的消息映射表中搜索消息对象的处理函数。CFrameWnd 的 OnCmdMsg 方法代码如下。

```
BOOL CFrameWnd::OnCmdMsg(UINT nID, int nCode, void* pExtra,
    AFX_CMDHANDLERINFO* pHandlerInfo)
{
    CPushRoutingFrame push(this);
    CView* pView = GetActiveView();
    if (pView != NULL && pView->OnCmdMsg(nID, nCode, pExtra, pHandlerInfo))
        return TRUE;
    if (CWnd::OnCmdMsg(nID, nCode, pExtra, pHandlerInfo))
        return TRUE;
    CWinApp* pApp = AfxGetApp();
    if (pApp != NULL && pApp->OnCmdMsg(nID, nCode, pExtra, pHandlerInfo))
        return TRUE;
    return FALSE;
}
```

在上面的代码中，并没有直接调用文档对象的 OnCmdMsg 方法。下面继续分析视图类的 OnCmdMsg 方法。

```
BOOL CView::OnCmdMsg(UINT nID, int nCode, void* pExtra,
    AFX_CMDHANDLERINFO* pHandlerInfo)
{
    if (CWnd::OnCmdMsg(nID, nCode, pExtra, pHandlerInfo))
        return TRUE;
    if (m_pDocument != NULL)
    {
        CPushRoutingView push(this);
        return m_pDocument->OnCmdMsg(nID, nCode, pExtra, pHandlerInfo);
    }
    return FALSE;
}
```

由以上代码可以看出，视图类的 OnCmdMsg 方法中调用了文档类的 OnCmdMsg 方法。如果没有在视图类的消息映射表中发现相应的消息处理函数，将调用文档类的 OnCmdMsg 方法。那"保存"菜单项的命令 ID（ID_FILE_SAVE）是如何与 OnFileSave 方法关联的呢？在 DOCCORE.CPP 的源文件中，有下面的代码。

```
BEGIN_MESSAGE_MAP(CDocument, CCmdTarget)
    //{{AFX_MSG_MAP(CDocument)
    ON_COMMAND(ID_FILE_CLOSE, OnFileClose)
    ON_COMMAND(ID_FILE_SAVE, OnFileSave)
    ON_COMMAND(ID_FILE_SAVE_AS, OnFileSaveAs)
    //}}AFX_MSG_MAP
END_MESSAGE_MAP()
```

分析上面的代码，可以这样猜想：如果在视图类中处理了 ID_FILE_SAVE 命令消息，就不会调用文档类的 OnCmdMsg 方法，因此也就不会执行保存操作？为了验证这种想法，可以先做一个测试。

（1）创建一个单文档 / 视图应用程序。

（2）按 Ctrl+W 快捷键，打开类向导对话框，如图 13.4 所示。

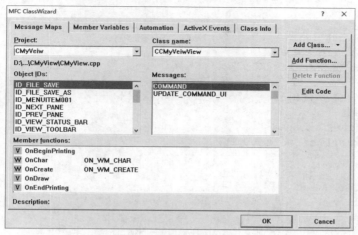

图 13.4 MFC 类向导

（3）在 Class name 组合框中选择视图类，在 Object IDs 列表框中选择 ID_FILE_SAVE 选项，在 Messages 列表框中双击 COMMAND 选项，编写事件处理方法 OnFileSave。

（4）在 OnFileSave 方法中可以不写任何代码，运行程序，选择"文件"/"保存"菜单项，发现程序没有任何反应。所以，上面的猜想是正确的。

13.4.5 文档的销毁

文档的销毁是指删除文档对象。在应用程序中，通常在两种情况下会销毁文档：一是应用程序结束时，用户单击"退出"按钮，会销毁文档；二是调用文档对象的 OnFileClose 方法。这两种方式最终都是通过调用文档对象的 OnCloseDocument 方法销毁文档的。

首先分析第一种情况。当应用程序结束时会调用 OnAppExit 方法向主窗口（框架窗口）发送 WM_CLOSE 消息。

```
void CWinApp::OnAppExit()
{
    same as double-clicking on main window close box
    ASSERT(m_pMainWnd != NULL);
    m_pMainWnd->SendMessage(WM_CLOSE);
}
```

由于当前主窗口是框架窗口，因此会调用框架窗口的 OnClose 方法，在该方法中调用了 CloseAll-Documents 方法关闭所有文档。

```
void CFrameWnd::OnClose()
{
    if (m_lpfnCloseProc != NULL && !(*m_lpfnCloseProc)(this))
        return;
    CDocument* pDocument = GetActiveDocument();
```

```
if (pDocument != NULL && !pDocument->CanCloseFrame(this))
{
    return;
}
CWinApp* pApp = AfxGetApp();
if (pApp != NULL && pApp->m_pMainWnd == this)
{
    if (pDocument == NULL && !pApp->SaveAllModified())
        return;
    pApp->HideApplication();
    pApp->CloseAllDocuments(FALSE);
    if (!AfxOleCanExitApp())
    {
        AfxOleSetUserCtrl(FALSE);
        return;
    }
    if (!afxContextIsDLL && pApp->m_pMainWnd == NULL)
    {
        AfxPostQuitMessage(0);
        return;
    }
}
}
```

跟踪应用程序的 CloseAllDocuments 方法，该方法调用了文档管理器的 CloseAllDocuments 方法，代码如下。

```
void CWinApp::CloseAllDocuments(BOOL bEndSession)
{
    if (m_pDocManager != NULL)
        m_pDocManager->CloseAllDocuments(bEndSession);
}
```

文档管理器的 CloseAllDocuments 方法遍历所有的文档模板，调用文档模板的 CloseAllDocuments 方法，代码如下。

```
void CDocManager::CloseAllDocuments(BOOL bEndSession)
{
    POSITION pos = m_templateList.GetHeadPosition();
    while (pos != NULL)
    {
        CDocTemplate* pTemplate = (CDocTemplate*)m_templateList.GetNext(pos);
        ASSERT_KINDOF(CDocTemplate, pTemplate);
        pTemplate->CloseAllDocuments(bEndSession);
    }
}
```

继续跟踪文档模板的 CloseAllDocuments 方法，发现在该方法中最终调用了文档对象的 OnCloseDocument 列表销毁文档。

稍后再讨论文档对象的 OnCloseDocument 方法。下面分析调用文档对象的 OnFileClose 方法是如何销毁文档的。

```
void CDocument::OnFileClose(
{
    if (!SaveModified())
        return;
    OnCloseDocument();
}
```

在 OnFileClose 方法中调用了 OnCloseDocument 方法。如前所述，两种方式均调用 OnCloseDocument 方法销毁文档，该方法是如何销毁文档的呢？

```
void CDocument::OnCloseDocument()
{
    BOOL bAutoDelete = m_bAutoDelete;
    m_bAutoDelete = FALSE;
    while (!m_viewList.IsEmpty())
    {
        CView* pView = (CView*)m_viewList.GetHead();
        ASSERT_VALID(pView);
        CFrameWnd* pFrame = pView->GetParentFrame();
        ASSERT_VALID(pFrame);
        PreCloseFrame(pFrame);
        pFrame->DestroyWindow();
    }
    m_bAutoDelete = bAutoDelete;
    DeleteContents();
    if (m_bAutoDelete)
        delete this;
}
```

在文档对象的 OnCloseDocument 方法中有 delete this 语句，该语句将执行文档对象的析构函数销毁文档。

```
CDocument::~CDocument()
{
#ifdef _DEBUG
    if (IsModified())
        TRACE0("Warning: destroying an unsaved document.\n");
#endif
    DisconnectViews();
    ASSERT(m_viewList.IsEmpty());
    if (m_pDocTemplate != NULL)
        m_pDocTemplate->RemoveDocument(this);
    ASSERT(m_pDocTemplate == NULL);
}
```

在文档对象的析构函数中，首先调用 DisconnectViews 方法清空视图列表，断开视图列表与文档的关联；然后调用文档模板的 RemoveDocument，清空文档对象关联的文档模板，也就是将文档对象的 m_pDocTemplate 成员设置为空。

文档对象的 DisconnectViews 方法的代码如下。

```
void CDocument::DisconnectViews()
```

```
{
    while (!m_viewList.IsEmpty())
    {
        CView* pView = (CView*)m_viewList.RemoveHead();
        ASSERT_VALID(pView);
        ASSERT_KINDOF(CView, pView);
        pView->m_pDocument = NULL;
    }
}
```

文档模板的 RemoveDocument 方法的代码如下。

```
void CDocTemplate::RemoveDocument(CDocument* pDoc)
{
    ASSERT_VALID(pDoc);
    ASSERT(pDoc->m_pDocTemplate == this);
    pDoc->m_pDocTemplate = NULL;
}
```

视频讲解

13.5 视 图 对 象

13.5.1 视图对象的主要方法

视图的作用是显示文档中的数据，用户也可以通过视图修改文档中的数据。在视图 CView 中还封装了打印和打印预览功能，使打印工作变得简单。下面介绍视图对象的主要方法。

（1）DoPreparePrinting 方法
该方法用于显示打印对话框，创建打印机画布，语法格式如下。

```
BOOL DoPreparePrinting( CPrintInfo* pInfo );
```

其中，PInfo 标识打印信息。如果进行打印或打印预览操作，返回值为非零，否则为零。
（2）GetDocument 方法
该方法用于获取视图关联的文档对象，语法格式如下。

```
CDocument* GetDocument() const;
```

（3）OnDraw 方法
该方法用于在视图上绘制数据，语法格式如下。

```
virtual void OnDraw( CDC* pDC ) = 0;
```

（4）OnBeginPrinting 方法
该方法在打印或打印预览之前调用，用户可以改写该方法，以实现特殊的功能，语法格式如下。

```
virtual void OnBeginPrinting( CDC* pDC, CPrintInfo* pInfo );
```

其中，pDC 标识一个画布指针；pInfo 包含了打印信息，用户可以在该方法中修改打印信息。

（5）OnEndPrinting 方法

该方法在打印或打印预览结束后，由框架调用。用户可以改写该方法，以实现特殊的功能。通常情况下，在该方法中释放 OnBeginPrinting 方法中分配的 GDI 资源，语法格式如下。

```
virtual void OnEndPrinting( CDC* pDC, CPrintInfo* pInfo );
```

其中，pDC 标识一个画布指针；pInfo 包含了打印信息，用户可以在该方法中修改打印信息。

（6）OnEndPrintPreview 方法

该方法在用户退出打印预览时由框架调用。用户可以改写该方法，在打印预览结束时实现其他功能，语法格式如下。

```
virtual void OnEndPrintPreview( CDC* pDC, CPrintInfo* pInfo, POINT point, CPreviewView* pView );
```

其中，pDC 标识打印机设备指针，pInfo 记录打印信息，point 标识最后一页上的点，PView 标识预览视图指针。

（7）OnPrepareDC 方法

该方法在 OnDraw 方法或 OnPrint 方法被调用前，由框架调用。默认情况下，该方法没有实现任何功能，用户可以在派生类中改写该方法，设置画布的属性，语法格式如下。

```
virtual void OnPrepareDC( CDC* pDC, CPrintInfo* pInfo = NULL );
```

其中，pDC 标识一个画布指针，pInfo 标识打印信息。如果是由绘画导致调用该方法，则 pInfo 为NULL；如果是由打印或打印预览导致调用该方法，则 pInfo 包含了打印信息。

（8）OnPrint 方法

在打印或打印预览文档中的每一页时，由框架调用该方法，语法格式如下。

```
virtual void OnPrint( CDC* pDC, CPrintInfo* pInfo );
```

其中，pDC 标识打印机画布，PInfo 记录打印信息。

13.5.2 视图的初始化

前面已经介绍，视图是通过调用框架的 CreateView 方法创建的。当视图调用 Create 方法时，会通过 ::CreateWindowEx 方法引发 WM_Create 消息，执行 OnCreate 事件处理函数，将自身添加到文档对象的视图列表中。那么视图在被创建时，是如何初始化的呢？

这需要查看文档模板的 OpenDocumentFile 方法。在 OpenDocumentFile 方法的结尾处调用了InitialUpdateFrame 方法初始化更新，而该方法直接调用了框架对象的 Initial UpdateFrame 方法，在框架对象的 InitialUpdateFrame 方法中向所有视图发送了 WM_INITIAL UPDATE 消息。

```
SendMessageToDescendants(WM_INITIALUPDATE, 0, 0, TRUE, TRUE);
```

这样，视图对象将处理 WM_INITIALUPDATE 消息，执行 OnInitialUpdate 方法，而该方法直接调用 OnUpdate 方法更新数据。

```
void CView::OnInitialUpdate()
{
    OnUpdate(NULL, 0, NULL);
}
void CView::OnUpdate(CView* pSender, LPARAM /*lHint*/, CObject* /*pHint*/)
{
    ASSERT(pSender != this);
    UNUSED(pSender);
    Invalidate(TRUE);
}
```

13.5.3　视图的绘制

视图的主要作用是显示数据，但视图是如何显示数据的呢？

第 13.5.2 节已经介绍过，视图的初始化通过调用 OnUpdate 方法来更新数据。分析 OnUpdate 方法，该方法调用了 Invalidate 方法，进而引发了 WM_PAINT 消息，最终调用了视图对象的 OnPaint 消息处理函数。

```
void CView::OnPaint()
{
    CPaintDC dc(this);
    OnPrepareDC(&dc);
    OnDraw(&dc);
}
```

在视图类的 OnPaint 方法中，首先调用 OnPrepareDC 方法设置画布属性，然后调用 OnDraw 方法绘制数据。

当用户创建一个文档 / 视图应用程序时，系统会自动实现视图的 OnDraw 方法。例如：

```
void CCustomViewView::OnDraw(CDC* pDC)
{
    CCustomViewDoc* pDoc = GetDocument();
    ASSERT_VALID(pDoc);
}
```

用户可以在该方法中利用画布指针 pDC 绘制视图数据。默认情况下，OnDraw 方法只是获得文档对象指针，不绘制任何数据。下面的代码演示了如何在视图中绘制数据。

```
void CCustomViewView::OnDraw(CDC* pDC)
{
    CCustomViewDoc* pDoc = GetDocument();
    ASSERT_VALID(pDoc);
    pDC->TextOut(10,30," 绘制视图 ");
}
```

13.5.4 视图的销毁

视图作为框架的子窗口，当框架被关闭时，视图将被自动销毁。视图 CView 派生于 CWnd，因此视图的销毁也分为两个过程，首先销毁窗口资源，然后释放窗口对象。

在应用程序中，视图的销毁通常是由框架关闭引起的。因此，这里就从框架关闭开始介绍视图是如何被销毁的。

当框架 CFrameWnd 关闭时，会接收到 WM_CLOSE 消息，通过消息映射会执行 OnClose 方法。

```cpp
void CFrameWnd::OnClose()
{
    if (m_lpfnCloseProc != NULL && !(*m_lpfnCloseProc)(this))
        return;
    CDocument* pDocument = GetActiveDocument();
    if (pDocument != NULL && !pDocument->CanCloseFrame(this))
    {
                return;
    }
    CWinApp* pApp = AfxGetApp();
    if (pApp != NULL && pApp->m_pMainWnd == this)
    {
        if (pDocument == NULL && !pApp->SaveAllModified())
            return;
        pApp->HideApplication();
        pApp->CloseAllDocuments(FALSE);
        if (!AfxOleCanExitApp())
        {
                AfxOleSetUserCtrl(FALSE);
                return;
        }
        if (!afxContextIsDLL && pApp->m_pMainWnd == NULL)
        {
                AfxPostQuitMessage(0);
                return;
        }
    }
    ...      // 代码省略
}
```

在 OnClose 方法中，由于框架是应用程序的主窗口，因此会调用应用程序的 CloseAllDocuments 方法。

```cpp
void CWinApp::CloseAllDocuments(BOOL bEndSession)
{
    if (m_pDocManager != NULL)
        m_pDocManager->CloseAllDocuments(bEndSession);
}
```

应用程序的 CloseAllDocuments 方法调用了文档管理器的 CloseAllDocuments 方法。

```
void CDocManager::CloseAllDocuments(BOOL bEndSession)
{
    POSITION pos = m_templateList.GetHeadPosition();
    while (pos != NULL)
    {
        CDocTemplate* pTemplate = (CDocTemplate*)m_templateList.GetNext(pos);
        ASSERT_KINDOF(CDocTemplate, pTemplate);
        pTemplate->CloseAllDocuments(bEndSession);
    }
}
```

文档管理器的 CloseAllDocuments 方法调用了文档模板的 CloseAllDocuments 方法。

```
void CDocTemplate::CloseAllDocuments(BOOL)
{
    POSITION pos = GetFirstDocPosition();
    while (pos != NULL)
    {
        CDocument* pDoc = GetNextDoc(pos);
        pDoc->OnCloseDocument();
    }
}
```

文档模板的 CloseAllDocuments 方法调用了文档对象的 OnCloseDocument 方法。

```
void CDocument::OnCloseDocument()
{
    BOOL bAutoDelete = m_bAutoDelete;
    m_bAutoDelete = FALSE;
    while (!m_viewList.IsEmpty())
    {
        CView* pView = (CView*)m_viewList.GetHead();
        ASSERT_VALID(pView);
        CFrameWnd* pFrame = pView->GetParentFrame();
        ASSERT_VALID(pFrame);
        PreCloseFrame(pFrame);
        pFrame->DestroyWindow();
    }
    m_bAutoDelete = bAutoDelete;
    DeleteContents();
    if (m_bAutoDelete)
        delete this;
}
```

文档对象的 OnCloseDocument 方法调用了框架的 DestroyWindow 方法，框架的 DestroyWindow 方法直接调用了 CWnd 的 DestroyWindow 方法释放窗口。

```
BOOL CWnd::DestroyWindow()
{
    if (m_hWnd == NULL)
```

```
        return FALSE;

    CHandleMap* pMap = afxMapHWND();
    ASSERT(pMap != NULL);
    CWnd* pWnd = (CWnd*)pMap->LookupPermanent(m_hWnd);
#ifdef _DEBUG
    HWND hWndOrig = m_hWnd;
#endif
#ifdef _AFX_NO_OCC_SUPPORT
    BOOL bResult = ::DestroyWindow(m_hWnd);
#else
    BOOL bResult;
    if (m_pCtrlSite == NULL)
        bResult = ::DestroyWindow(m_hWnd);
    else
        bResult = m_pCtrlSite->DestroyControl();
    … // 代码省略
    return bResult;
}
```

在窗口类 CWnd 的 DestroyWindow 方法中，调用了 API 函数 DestroyWindow 释放窗口。该函数会向窗口发送 WM_DESTROY 消息，执行框架类的 OnDestroy 方法，然后向子窗口（包括视图对象）发送 WM_DESTROY 消息，执行视图类的 OnDestroy 方法，接着释放掉视图窗口，在视图窗口被释放后，向视图窗口发送最后一个窗口消息 WM_NCDESTROY，执行视图的 PostNcDestroy 方法。

```
void CView::PostNcDestroy()
{
    delete this;
}
```

语句 delete this 最终会调用视图的析构函数释放掉视图对象。图 13.5 显示了框架关闭时，视图被销毁的流程。

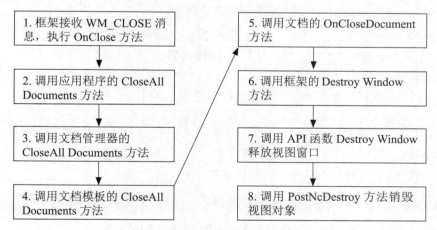

图 13.5　消息流程图

视频讲解

13.6　框架窗口

13.6.1　框架对象的主要方法

框架作为视图的容器，提供了多个方法以维护和管理视图。

（1）LoadFrame 方法

该方法从资源模板中加载框架资源，语法格式如下。

```
virtual BOOL LoadFrame( UINT nIDResource, DWORD dwDefaultStyle = WS_OVERLAPPEDWINDOW |
FWS_ADDTOTITLE, CWnd* pParentWnd = NULL, CCreateContext* pContext = NULL );
```

其中，nIDResource 标识管理框架窗口的资源 ID，dwDefaultStyle 标识窗口风格，pParentWnd 用于指定框架的父窗口，pContext 用于指定框架关联的文档、视图信息。

（2）ActivateFrame 方法

该方法用于激活或显示一个框架窗口，语法格式如下。

```
virtual void ActivateFrame( int nCmdShow = -1 );
```

其中，nCmdShow 标识用于传递到 ShowWindow 的参数，默认值为 -1，表示框架被显示，并且还原到之前的大小。

（3）GetActiveFrame 方法

该方法用于获得当前活动的框架窗口，多用于 MDI 应用程序，语法格式如下。

```
virtual CFrameWnd* GetActiveFrame();
```

（4）SetActiveView 方法

该方法用于将某个视图设置为当前视图，语法格式如下。

```
void SetActiveView( CView* pViewNew, BOOL bNotify = TRUE );
```

其中，pViewNew 标识框架中的一个视图对象；bNotify 标识在视图被激活时，是否调用 OnActivateView 方法，如果为 TRUE，则调用 OnActivateView 方法，否则不调用。

（5）GetActiveView 方法

该方法用于返回框架中当前活动的视图对象，语法格式如下。

```
CView* GetActiveView() const;
```

（6）CreateView 方法

该方法用于创建一个框架内的视图，语法格式如下。

```
CWnd* CreateView( CCreateContext* pContext, UINT nID = AFX_IDW_PANE_FIRST );
```

其中，pContext 记录文档、视图的类型信息，nID 标识视图的 ID。

（7）GetActiveDocument 方法

该方法用于返回关联当前视图的文档对象指针，语法格式如下。

```
virtual CDocument* GetActiveDocument();
```

（8）OnCreateClient 方法

该方法用于为框架创建客户窗口，语法格式如下。

```
virtual BOOL OnCreateClient( LPCREATESTRUCT lpcs, CCreateContext* pContext );
```

其中，lpcs 记录了窗口结构信息；pContext 记录了文档、视图类型信息；OnCreateClient 方法在框架执行 OnCreate 方法时自动调用，不需要在程序中再次调用该方法。

13.6.2 框架的初始化

在 13.2.3 节中，介绍了框架对象最终是通过调用 CreateWindowEx 的 API 函数创建框架窗口的，该函数在创建窗口时发送 WM_CREATE 消息，导致调用 CFrameWnd 的 OnCreate 方法。下面从 CFrameWnd 的 OnCreate 方法开始讨论框架窗口是如何被初始化的。

```
int CFrameWnd::OnCreate(LPCREATESTRUCT lpcs)
{
    CCreateContext* pContext = (CCreateContext*)lpcs->lpCreateParams;
    return OnCreateHelper(lpcs, pContext);
}
```

在 OnCreate 方法中获取了文档、视图的类型信息，记录在 pContext 中，然后调用 OnCreateHelper 方法，代码如下。

```
int CFrameWnd::OnCreateHelper(LPCREATESTRUCT lpcs, CCreateContext* pContext)
{
    if (CWnd::OnCreate(lpcs) == -1)
        return -1;
    if (!OnCreateClient(lpcs, pContext))
    {
        TRACE0("Failed to create client pane/view for frame.\n");
        return -1;
    }
    PostMessage(WM_SETMESSAGESTRING, AFX_IDS_IDLEMESSAGE);
    RecalcLayout();
    return 0;
}
```

在 OnCreateHelper 方法中，首先调用基类的 OnCreate 方法，然后调用 OnCreateClient 方法创建视图窗口，最后调用 RecalcLayout 方法排列子窗口大小。

13.6.3 命令消息处理

在 MFC 中，命令消息的处理就不像系统消息那么单纯了。以文档 / 视图应用程序为例，当用户选择某个菜单项时，会执行框架窗口的 OnCmdMsg 方法。

```
BOOL CFrameWnd::OnCmdMsg(UINT nID, int nCode, void* pExtra,
    AFX_CMDHANDLERINFO* pHandlerInfo)
{
    CPushRoutingFrame push(this);
    CView* pView = GetActiveView();
    if (pView != NULL && pView->OnCmdMsg(nID, nCode, pExtra, pHandlerInfo))
        return TRUE;
    if (CWnd::OnCmdMsg(nID, nCode, pExtra, pHandlerInfo))
        return TRUE;
    CWinApp* pApp = AfxGetApp();
    if (pApp != NULL && pApp->OnCmdMsg(nID, nCode, pExtra, pHandlerInfo))
        return TRUE;
    return FALSE;
}
```

在 OnCmdMsg 方法中首先调用了视图对象的 OnCmdMsg 方法。也就是说，视图会最先处理框架的命令消息，如果没有处理，消息会继续向下传递。分析视图的 OnCmdMsg 方法如下。

```
BOOL CView::OnCmdMsg(UINT nID, int nCode, void* pExtra,
    AFX_CMDHANDLERINFO* pHandlerInfo)
{
    if (CWnd::OnCmdMsg(nID, nCode, pExtra, pHandlerInfo))
        return TRUE;
    if (m_pDocument != NULL)
    {
        CPushRoutingView push(this);
        return m_pDocument->OnCmdMsg(nID, nCode, pExtra, pHandlerInfo);
    }
    return FALSE;
}
```

在视图的命令消息中，首先会搜索视图本身的消息映射表，如果没有发现处理函数，则调用文档对象的 OnCmdMsg 方法。

如果文档没有处理命令消息，会执行 CWnd::OnCmdMsg 语句，搜索框架本身的消息映射表。如果没有搜索到命令消息的处理方法，会执行 pApp->OnCmdMsg 语句，调用应用程序的 OnCmdMsg 方法。图 13.6 显示了命令消息的处理流程。

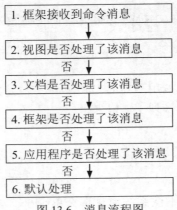

图 13.6 消息流程图

13.7　文档 / 视图的应用

通过前面的讲解可知，在文档 / 视图结构中，数据保存在文档中，视图是用于显示数据的。本书通过一个具体实例来介绍文档 / 视图结构的应用。

本实例首先要把数据保存在文档中，以便使用文档进行文件读写。这样视图使用数据时，就要先从文档中去取，即获取文档指针 GetDocument()，有了文档指针，方可操作文档中的数据。如果文档要访问视图中的数据，就要用到视图指针，GetFirstViewPosition 和 GetNextView 可以获取视图指针。如果文档只是想更新视图的显示，而不需要访问视图中的具体数据，这时只要调用 UpdateAllViews 即可。

13.7.1　实例说明

实例功能很简单，只是画一些直线，即按住鼠标按键，确定直线起始点；释放鼠标按键，确定直线终止点，并画一条直线。这部分功能在视图类中实现，需要用到视图类的 LBUTTONDOWN、LBUTTONUP 事件和 OnDraw 方法。画线用到的参数除了两点坐标，还有颜色、粗细和线的样式（虚线或实线），这些参数通过工具栏输入。所有参数定义为一个结构体类型，保存在结构体中，多条直线则用一个链表来表示。MFC 中的 CObList 类实现了对链表的封装，这样可以把所有数据用一个链表表示，它作为文档类的成员存在。视图每产生一条直线时，都将直线保存在文档类的链表中。

在文档类中，用序列化方法（Serialize）保存数据。它直接使用默认工具栏上的打开、保存按钮。Carchive 对象的 IsStoring() 表示正在执行保存操作，否则就是打开操作。这部分内容可以参考第 15 章文件部分。

程序运行效果如图 13.7 所示。

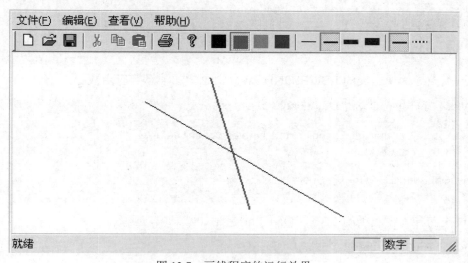

图 13.7　画线程序的运行效果

13.7.2 实例实现

【例 13.1】 文档视图的应用。 （实例位置：资源包 \TM\sl\13\1）
具体操作步骤如下：
（1）创建一个单文档视图应用程序，工程文件名为 xa。
（2）定义一个直线结构体类型。为使用方便，该结构体定义在文档类的头文件中（XaDoc.h）。

```cpp
struct CLine
{
    CPoint start;              // 起始点坐标
    CPoint end;                // 终止点坐标
    COLORREF color;            // 线条颜色
    int thick;                 // 线条粗细
    int style;                 // 线条样式（虚线或实线）
};
```

（3）在文档类中定义一个链表类型成员，用于保存以上结构体类型数据。

```cpp
CObList list;
```

（4）在视图类中定义一个直线对象 l，保存正在绘制的那条直线的信息。还有一个逻辑值 isFinished，表示一条直线是否已经画完，该值释放鼠标按键时为 true，按下鼠标按键时为 false。

```cpp
CLine l;
bool isFinished;
```

（5）在视图类的构造函数中完成第一条直线颜色、粗细和样式的初始化。

```cpp
CXaView::CXaView()
{
    // TODO: add construction code here
    isFinished=false;
    l.color=0;                 // 颜色为黑色
    l.thick=1;                 // 粗细为一个像素
    l.style=PS_SOLID;          // 样式为实线
}
```

（6）通过类向导为视图类的 LBUTTONDOWN 消息增加消息响应函数。

```cpp
void CXaView::OnLButtonDown(UINT nFlags, CPoint point)
{
    // TODO: Add your message handler code here and/or call default
    l.start=point;
    isFinished=false;
    CView::OnLButtonDown(nFlags, point);
}
```

（7）通过类向导为视图类的 LBUTTONUP 消息增加消息响应函数。

```cpp
void CXaView::OnLButtonUp(UINT nFlags, CPoint point)
```

```
{
    //TODO: Add your message handler code here and/or call default
    l.end=point;
    isFinished=true;
    Invalidate();
    CView::OnLButtonUp(nFlags, point);
}
```

（8）在视图类的 OnDraw 方法中完成绘图。

```
void CXaView::OnDraw(CDC* pDC)
{
    CXaDoc* pDoc = GetDocument();                   // 文档指针
    ASSERT_VALID(pDoc);
    CPen pen,*oldpen;
    CObList *list=&pDoc->list;                      // 取文档类的链表对象
    if(isFinished)                                  // 是否完成一条线
        list->AddTail((CObject*)new CLine(l));      // 加入链表尾
    POSITION p=list->GetHeadPosition();             // 链表头结点位置
    CLine *t;
    while(p){                                       // 遍历链表，更新所有直线
        t=(CLine*)list->GetNext(p);                 // 从链表中取数据
        pen.CreatePen(t->style,t->thick,t->color);  // 创建画笔
        oldpen=pDC->SelectObject(&pen);
        pDC->MoveTo(t->start);
        pDC->LineTo(t->end);                        // 画线
        pDC->SelectObject(oldpen);                  // 恢复原画笔
        pen.DeleteObject();                         // 删除画笔
    }

    isFinished=false;                               // 避免重复向链表加入同一直线
    //TODO: add draw code for native data here
}
```

（9）在类视图中打开工具栏，增加新的工具按钮，如图 13.8 所示。

图 13.8　新增工具栏

其中，4 个颜色按钮、4 个粗细按钮和 2 个样式（虚实）按钮是新增加的。

（10）通过类向导为 10 个按钮增加 COMMAND 消息响应函数。

红色按钮的消息响应函数如下，其他 3 种颜色类似。

```
void CXaView::OnButtonRed()
{
    //TODO: Add your command handler code here
    l.color=RGB(255,0,0);

}
```

工具栏中 1 个像素按钮的消息响应函数如下，其他 3 种类似。

```
void CXaView::OnButton1()
{
    //TODO: Add your command handler code here
    l.thick=1;
}
```

实线的消息响应函数如下。虚线的样式值为 PS_DASHDOT。

```
void CXaView::OnButtonSolid()
{
    //TODO: Add your command handler code here
    l.style=PS_SOLID;
}
```

（11）工具栏按钮的当前选中状态，有时希望在按钮上显示出来。例如，当前线条颜色是红色，希望红色按钮处于按下的状态，其他两组也是这样。

可以通过按钮的 SetCheck 方法来实现，选中时用 SetCheck(true)，未选中时用 SetCheck(false)。程序可以写在对应按钮的 UPDATE_COMMAND_UI 事件中，并为每个按钮增加一个事件处理函数。以红色为例，代码如下。

```
void CXaView::OnUpdateButtonBlue(CCmdUI* pCmdUI)
{
    //TODO: Add your command update UI handler code here
    pCmdUI->SetCheck(l.color==RGB(0,0,255));
}
```

（12）文档类中的文件打开、保存操作在文档类的序列化函数（Serialize）中实现。

```
void CXaDoc::Serialize(CArchive& ar)
{
    if (ar.IsStoring())                              // 保存数据
    {
        //TODO: add storing code here
        CLine *t;
        POSITION p=list.GetHeadPosition();           // 链表头结点位置
        ar<<list.GetCount();                         // 为文件读数据，先把链表结点个数存入文件
        while(p)
        {
            t=(CLine*)list.GetNext(p);               // 每个结点数据
            ar<<t->start<<t->end<<t->color<<t->style<<t->thick ;   // 存入文件
        }
    }
    else
    {
        //TODO: add loading code here
        CLine *t;
        int n,i;
        ar>>n;                                       // 从文件中取出结点个数
        for(i=0;i<n;i++)
        {
```

```
            t=new CLine;
            ar>>t->start>>t->end>>t->color>>t->style>>t->thick;        // 逐一从文件中取出数据
            list.AddTail((CObject*)t);                                 // 放入链表
        }
    //POSITION p=this->GetFirstViewPosition();
    //((CXaView*)this->GetNextView(p))->isFinished=true;
    }
}
```

13.8　术　　语

（1）文档 / 视图结构：文档 / 视图结构是 MFC 应用程序的重要组成部分。文档是数据的载体，负责数据的存储、管理和维护；视图是一个子窗口，负责显示文档中的数据。

（2）文档类：负责内存数据与磁盘之间的交互，最重要的是包括 3 项：OnOpenDocument（读入）、OnSaveDocument（写盘）和 Serialize（读写）。

（3）视图类：负责内存数据与用户的交互，包括数据的显示、用户操作的响应（如菜单的选取、鼠标的响应）。最重要的是 OnDraw（重画窗口），通常用 CWnd::Invalidate() 来启动。另外，它通过消息映射表处理菜单、工具条、快捷键和其他用户消息。

（4）框架类：框架是视图的容器，其中可以包含工具栏、菜单栏和状态栏等。

13.9　小　　结

通过本章的学习，读者可以初步了解文档 / 视图应用程序的构建及使用，理解文档和视图之间的交互方法，并能设计出简单的文档 / 视图结构应用程序。

13.10　实践与练习

设计一个文档 / 视图结构程序，在工具栏中增加一个字体按钮，单击此按钮，调用字体对话框设置字体，改变视图区显示的字体。（**答案位置：资源包 \TM\sl\13\2**）

高级应用

　　本篇主要介绍打印技术、文件与注册表操作、ADO 编程、动态链接库、多线程程序设计和网络套接字编程等内容。学习完本篇，读者将能够开发数据库应用程序、多线程程序和网络程序等。

第14章

打印技术

(📹 视频讲解: 26分钟)

　　打印机是计算机常用的外设之一。由于人们在工作和学习中经常需要打印文件，因此在编写应用程序时就需要加入打印功能。使用 Visual C++ 开发的程序可以通过两种方法实现打印：一种是使用文档/视图结构中封装的打印功能；另一种是在对话框程序中通过获得打印机设备上下文来绘制要打印的文件。本章将通过大量实例，详细介绍在程序中如何编辑打印功能。

　　通过阅读本章，您可以：

▶▶　了解如何获取打印机设备上下文

▶▶　掌握文档/视图应用程序的打印

▶▶　掌握对话框应用程序的打印

▶▶　掌握"打印设置"对话框的使用

▶▶　掌握"页面设置"对话框的使用

▶▶　掌握如何修改文档/视图结构的打印预览

视频讲解

14.1 打 印 基 础

在进行打印编程之前，首先要了解一些打印的基础知识。其中，设置映射模式是必不可少的，掌握映射模式之后还要获取打印机设备上下文才能进行打印操作。

14.1.1 映射模式

要在屏幕上绘制图像或文字，使用 GDI 对象可以很容易实现。但将这些图形和文字打印出来，能否与屏幕的效果相同呢？这取决于映射模式。映射模式反映了逻辑设备单位与实际物理坐标单位之间的对应转换关系。映射模式可以通过设备环境类的一个成员函数 SetMapMode 来设置。

语法格式如下：

```
virtual int SetMapMode(int nMapMode);
```

其中，nMapMode 表示 Windows 提供的映射模式，可选值如表 14.1 所示。

表 14.1　Windows 映射模式

映 射 模 式	Y 轴正方向	描　　　　　述
MM_TEXT	向下	默认模式，1 像素（文本映射模式）
MM_LOMETRIC	向上	0.1 毫米（固定比率映射模式）
MM_HIMETRIC	向上	0.01 毫米（固定比率映射模式）
MM_LOENGLISH	向上	0.01 英寸（固定比率映射模式）
MM_HIENGLISH	向上	0.001 英寸（固定比率映射模式）
MM_TWIPS	向上	1/1440 英寸（固定比率映射模式）
MM_ISOTROPIC	用户自定义	相等缩放轴上的任意单位，X 轴和 Y 轴单位相等（可变比率映射模式）
MM_ANISOTROPIC	用户自定义	任意缩放轴上的任意单位（可变比率映射模式）

注意

y 轴正方向的映射模式在不改变原点时，因为逻辑坐标 y 值向上增长，所以视口中的逻辑坐标值都是负的，绘制图形时很容易将图形绘制到屏幕上方。

14.1.2 获取打印机设备上下文

打印机的设备上下文可以通过"打印"对话框来获取。首先创建一个"打印"对话框，然后调用 GetPrinterDC 方法获取打印机设备上下文。

【例 14.1】　获取打印机设备上下文。

```
DWORD dwflags=PD_PAGENUMS|PD_HIDEPRINTTOFILE|PD_SELECTION;    // 设置"打印"对话框风格
CPrintDialog dlg(false,dwflags,NULL);                         // 创建"打印"对话框
if (dlg.DoModal()==IDOK)                                      // 是否单击"打印"按钮
```

```
{
    CDC dc;                                    // 声明设备上下文
    dc.Attach(m_printdlg.GetPrinterDC());      // 获取打印机 DC
}
```

14.2　文档 / 视图应用程序打印

视频讲解

在 MFC 的文档 / 视图结构中内置了功能强大的打印和打印预览功能，极大地简化了用户对打印参数的编辑。用户在编写打印程序时，需要重载 OnDraw 函数，通过该函数可以将图像输出到屏幕上。在打印时，用户选择"文件"/"打印"命令，窗口将把打印机的设备上下文传递给 OnDraw 函数，从而实现在打印机上绘制图像。

在 OnDraw 函数中调用 IsPrinting 函数，该函数用于确定正在使用的设备上下文是否用于打印。语法格式如下：

```
BOOL IsPrinting() const;
```

返回值：使用打印机设备上下文时返回非零值。

【例 14.2】　文档 / 视图应用程序打印。（实例位置：资源包 \TM\sl\14\1）
具体操作步骤如下。

（1）创建一个基于文档 / 视图结构的应用程序。

（2）在视图类的头文件中声明变量，代码如下。

```
int screenx,screeny;                // 屏幕每英寸像素数
int printx,printy;                  // 打印机每英寸像素数
double ratex,ratey;                 // 打印机与屏幕的像素比率
CFont m_Font;                       // 文本字体
CString str[6];                     // 保存本文的数组
```

（3）添加 PrintText 函数，在该函数中设置打印文本。

（4）重载 OnBeginPrinting 函数，在该函数中获取打印机每英寸像素数，并计算打印机与屏幕的像素比率，代码如下。

```
void CPrintView::OnBeginPrinting(CDC* pDC, CPrintInfo* /*pInfo*/)
{
    // 获取打印机每英寸像素数
    printx =pDC->GetDeviceCaps(LOGPIXELSX);
    printy =pDC->GetDeviceCaps(LOGPIXELSY);
    // 计算打印机与屏幕的比率
    ratex = (double)printx /screenx;
    ratey = (double)printy /screeny;
}
```

注意

打印机的打印分辨率与计算机的屏幕分辨率是不同的。为了将窗口中的信息原样输出到打印机中，需要处理计算打印分辨率与屏幕分辨率的比率。

（5）重载 OnDraw 函数，在应用程序窗口中绘制打印文本，代码如下。

```cpp
void CPrintView::OnDraw(CDC* pDC)
{
    CPrintDoc* pDoc = GetDocument();
    ASSERT_VALID(pDoc);
    // 获取屏幕每英寸像素数
    screenx =pDC->GetDeviceCaps(LOGPIXELSX);
    screeny =pDC->GetDeviceCaps(LOGPIXELSY);
    PrintText();                                                    // 设置打印文本
    if(pDC->IsPrinting())                                          // 判断是否打印
    {
        m_Font.CreatePointFont(int(150*ratex)," 宋体 ");           // 创建字体
        pDC->SelectObject(&m_Font);                                // 将字体选入设备上下文
        for(int i=0;i<6;i++)
        {
            pDC->TextOut(int(50*ratex),int((30+i*40)*ratey),str[i]); // 绘制文本
        }
    }
    else                                                           // 不打印时
    {
        m_Font.CreatePointFont(150," 宋体 ");                      // 创建字体
        pDC->SelectObject(&m_Font);                                // 将字体选入设备上下文
        for(int i=0;i<6;i++)
        {
            pDC->TextOut(50,30+i*40,str[i]);                       // 绘制文本
        }
    }
    m_Font.DeleteObject();                                         // 释放字体
}
```

运行程序，结果如图 14.1 所示。

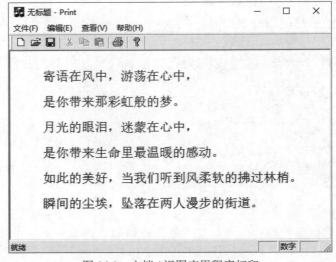

图 14.1　文档 / 视图应用程序打印

视频讲解

14.3 对话框应用程序打印

在基于对话框的应用程序中并没有封装打印功能，要进行打印只能调用"打印"对话框或者使用具有打印功能的函数。本节将介绍在对话框程序中如何进行打印。

14.3.1 打印对话框中的表格

使用 Visual C++ 编写的很多程序都是基于对话框的应用程序，如果要编写打印功能，可以通过调用 Windows 的"打印"对话框来实现。"打印"对话框的创建和常用方法参见第 6.7.5 节。

【例 14.3】 打印对话框中的表格。（实例位置：资源包 \TM\sl\14\2）

具体操作步骤如下。

（1）创建一个基于对话框的应用程序，将对话框的 Caption 属性修改为"打印对话框中的表格"。

（2）向对话框中添加一个列表视图控件和一个按钮控件，为列表视图控件关联变量 m_List。

（3）在对话框的 OnInitDialog 函数中设置列表视图的扩展风格，并向列表视图中插入数据，代码如下。

```
m_Title[0] = " 商品名称 ";
m_Title[1] = " 销售数量 ";
m_Title[2] = " 销售金额 ";
m_Title[3] = " 售货员 ";
m_List.SetExtendedStyle(LVS_EX_FLATSB                          // 扁平风格显示滚动条
    |LVS_EX_FULLROWSELECT                                     // 允许整行选中
    |LVS_EX_HEADERDRAGDROP                                    // 允许整列拖动
    |LVS_EX_ONECLICKACTIVATE                                  // 单击选中项
    |LVS_EX_GRIDLINES);                                       // 画出网格线
// 设置列标题及列宽度
m_List.InsertColumn(0," 商品名称 ",LVCFMT_LEFT,100,0);
m_List.InsertColumn(1," 销售数量 ",LVCFMT_LEFT,100,1);
m_List.InsertColumn(2," 销售金额 ",LVCFMT_LEFT,100,2);
m_List.InsertColumn(3," 售货员 ",LVCFMT_LEFT,100,3);
try
{
    m_pConnection.CreateInstance("ADODB.Connection");         // 创建连接对象实例
    _bstr_t strConnect="DRIVER={Microsoft Access Driver (*.mdb)};\
        uid=;pwd=;DBQ=Database.mdb;";
    m_pConnection->Open(strConnect,"","",adModeUnknown);      // 打开数据库
}
catch (_com_error e)                                         // 捕捉错误
{
    AfxMessageBox(e.Description());                           // 弹出错误
}
_bstr_t sql;
sql = "select * from SellInfo";
```

```
m_pRecordset.CreateInstance(__uuidof(Recordset));
m_pRecordset->Open(sql,m_pConnection.GetInterfacePtr()
    ,adOpenDynamic,adLockOptimistic,adCmdText);
int i=0;
while(m_pRecordset->adoEOF==0)
{
    m_List.InsertItem(i,"");                                              // 向列表视图控件中插入行
    // 向列表视图控件中插入列
    m_List.SetItemText(i,0,(char*)(_bstr_t)m_pRecordset->GetCollect(" 商品名称 "));
    m_List.SetItemText(i,1,(char*)(_bstr_t)m_pRecordset->GetCollect(" 销售数量 "));
    m_List.SetItemText(i,2,(char*)(_bstr_t)m_pRecordset->GetCollect(" 销售金额 "));
    m_List.SetItemText(i++,3,(char*)(_bstr_t)m_pRecordset->GetCollect(" 售货员 "));
    m_pRecordset->MoveNext();                                             // 将记录集指针移动到下一条记录
}
m_pRecordset->Close();                                                    // 关闭记录集
m_pConnection->Close();                                                   // 断开数据库连接
```

注意

本实例使用了数据库，请参照第 16 章的内容进行学习。

（4）处理"打印"按钮的单击事件，调用"打印"对话框打印列表视图中的数据，代码如下。

```
void CPrintTableDlg::OnButprint()
{
    int count = m_List.GetItemCount();
    CDC* pDC = GetDC();
    double xscreen = pDC->GetDeviceCaps(LOGPIXELSX);                      // 获取屏幕分辨率
    double yscreen = pDC->GetDeviceCaps(LOGPIXELSY);
    ReleaseDC(pDC);
    CPrintDialog dlg (FALSE,PD_RETURNDEFAULT);                            // 构造"打印"对话框
    if (dlg.DoModal() == IDOK)
    {
        CDC dc;
        dc.Attach(dlg.GetPrinterDC());
        double xprint = dc.GetDeviceCaps(LOGPIXELSX);
        double yprint = dc.GetDeviceCaps(LOGPIXELSY);
        double ratex = (double)(xprint)/xscreen;                         // 计算屏幕和打印机分辨率的比例
        double ratey = (double)(yprint)/yscreen;
        CRect rect(25*ratex,0,dc.GetDeviceCaps(PHYSICALWIDTH)-50*ratex
            ,dc.GetDeviceCaps(PHYSICALHEIGHT));                           // 打印纸区域
        CRect rc;
        int k=0;
        dc.StartDoc("print");                                            // 开始打印
        for (int i=0;i<(count+2)*4;i++)                                  // 根据列表项数量循环
        {
            if(i%4 == 0)                                                  // 判断绘制横线条件
            {
                                                                         // 绘制横线
                dc.MoveTo(rect.left,(rect.top+40*(i/4))*ratey);
                dc.LineTo(rect.right,(rect.top+40*(i/4))*ratey);
            }
                                                                         // 设置文本区域
```

```
        rc.left   = rect.left+rect.Width()*(i%4)/4;
        rc.top    = rect.top+40*(i/4)*ratey;
        rc.right  = rc.left+rect.Width()/4;
        rc.bottom = rc.top+30*ratey;
        if(i < 4)                                                   // 绘制标题
            dc.DrawText(m_Title[i],&rc,DT_CENTER|DT_SINGLELINE|DT_VCENTER );
        else                                                        // 绘制表文
            dc.DrawText(m_List.GetItemText(i/4-1,k++),&rc
                ,DT_CENTER|DT_SINGLELINE|DT_VCENTER);
        if(k == 4)
            k = 0;
    }
                                                                    // 绘制竖线
    for (int j=0;j<5;j++)
    {
        dc.MoveTo(rect.left+rect.Width()*j/4,rect.top*ratey);
        dc.LineTo(rect.left+rect.Width()*j/4,(rect.top+40*(i/4-1))*ratey);
    }
    dc.EndDoc();                                                    // 结束打印
    }
}
```

运行程序，结果如图 14.2 所示。

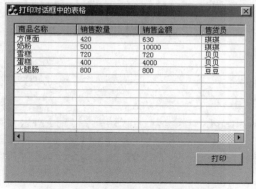

图 14.2　打印对话框中的表格

14.3.2　打印磁盘中的文件

打印磁盘中的文件可以使用 API 函数 ShellExecute 来实现。
语法格式如下：

```
HINSTANCE APIENTRY ShellExecute(HWND hwnd,LPCTSTR lpOperation,LPCTSTR lpFile,LPCTSTR
lpParameters,LPCTSTR lpDirectory,INT nShowCmd);
```

参数说明：
- ☑　hwnd：窗口句柄。
- ☑　lpOperation：执行的操作，包括 open、print 和 explore。

377

- ☑ lpFile：文件路径。
- ☑ lpParameters：执行操作的参数。
- ☑ lpDirectory：指定默认目录。
- ☑ nShowCmd：是否显示。

【例 14.4】 打印磁盘中的文件。（实例位置：资源包 **\TM\sl\14\3**）

具体操作步骤如下。

（1）创建一个基于对话框的应用程序，将对话框的 Caption 属性修改为"打印磁盘中的文件"。

（2）向对话框中添加一个群组控件、一个静态文本控件和两个按钮控件。

（3）处理"选择文件"按钮的单击事件，获取选择文件的完整路径，并通过静态文本控件显示出来，代码如下。

```
void CPrintFileDlg::OnButfile()                              // "选择文件"按钮单击事件处理函数
{
    CFileDialog dlg(TRUE,NULL,NULL,OFN_HIDEREADONLY|OFN_OVERWRITEPROMPT,
        "All Files(*.*)|*.*||",AfxGetMainWnd());              // 创建文件打开对话框
    if(dlg.DoModal() == IDOK)                                 // 判断是否单击"打开"按钮
    {
        CString StrPath = dlg.GetPathName();                 // 获取文件完整路径
        m_Path.SetWindowText(StrPath);                       // 显示文件路径
    }
}
```

（4）处理"打印"按钮的单击事件，在该事件中调用 ShellExecute 函数实现打印文件的功能，代码如下。

```
void CPrintFileDlg::OnButprint()                             // "打印"按钮单击事件处理函数
{
    CString StrPath;                                         // 声明字符串
    m_Path.GetWindowText(StrPath);                           // 获取文件路径
    ::ShellExecute(NULL,"print",StrPath,"","",SW_HIDE);      // 打印文件
}
```

运行程序，结果如图 14.3 所示。

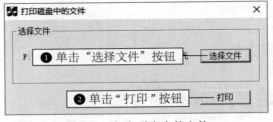

图 14.3 打印磁盘中的文件

说明

外壳函数 ShellExecute 不仅可以实现打印磁盘文件的功能，还可以直接运行磁盘中的可执行文件。

14.4　打　印　设　置

视频讲解

　　编写打印程序之所以复杂，在于其处理的信息比较复杂，所以要想编写一个好的打印程序，掌握打印相关的设置是必不可少的。本节通过"打印设置"和"页面设置"对话框来介绍打印设置。

14.4.1　设置打印方向

　　"打印设置"对话框也是使用 CPrintDialog 类创建的，将 bPrintSetupOnly 参数设置为 TRUE，即可创建"打印设置"对话框。然后调用 GetDevMode 方法即可获取包含打印机的初始化信息和环境信息的 DEVMODE 结构指针。DEVMODE 结构中的成员 dmOrientation 用于保存打印方向，可选值有两个，即为 DMORIENT_LANDSCAPE 值时是横向打印，为 DMORIENT_PORTRAIT 值时是纵向打印。

　　【例 14.5】　使用"打印设置"对话框设置打印方向。（实例位置：资源包 \TM\sl\14\4）
　　具体操作步骤如下。

　　（1）创建一个基于对话框的应用程序，将对话框的 Caption 属性修改为"使用'打印设置'对话框设置打印方向"。

　　（2）在工作区窗口中选择 RecourceView 选项卡，导入 3 个图标资源。

　　（3）在对话框头文件中声明变量，代码如下。

```
CToolBar        m_ToolBar;                      // 工具栏对象
CImageList      m_ImageList;                    // 列表视图对象
CString         str[7];                         // 保存打印字符串的字符串数组
CFont           font;                           // 字体对象
int             screenx,screeny;                // 窗口每英寸像素数
int             printx,printy;                  // 打印机每英寸像素数
double          ratex,ratey;                    // 打印机与屏幕的像素比率
BOOL            m_IsWay;                         // 打印方向
```

　　（4）在对话框的 OnInitDialog 函数中创建工具栏并设置打印文本，代码如下。

```
m_ImageList.Create(32,32,ILC_COLOR24|ILC_MASK,1,1);             // 创建图像列表
m_ImageList.Add(AfxGetApp()->LoadIcon(IDI_ICON1));             // 向图像列表中添加图标
m_ImageList.Add(AfxGetApp()->LoadIcon(IDI_ICON2));             // 向图像列表中添加图标
m_ImageList.Add(AfxGetApp()->LoadIcon(IDI_ICON3));             // 向图像列表中添加图标
UINT array[3]={10000,10001,10002};                            // 声明数组
m_ToolBar.Create(this);                                        // 创建工具栏窗口
m_ToolBar.SetButtons(array,3);                                 // 设置工具栏按钮索引
m_ToolBar.SetButtonText(0," 打印设置 ");                         // 设置工具栏按钮文本
m_ToolBar.SetButtonText(1," 打印 ");                            // 设置工具栏按钮文本
m_ToolBar.SetButtonText(2," 退出 ");                            // 设置工具栏按钮文本
m_ToolBar.GetToolBarCtrl().SetImageList(&m_ImageList);         // 关联图像列表
m_ToolBar.SetSizes(CSize(60,50),CSize(32,32));                 // 设置按钮和图标的大小
m_ToolBar.EnableToolTips(TRUE);                                // 激活工具栏的提示功能
// 显示工具栏
RepositionBars(AFX_IDW_CONTROLBAR_FIRST,AFX_IDW_CONTROLBAR_LAST,0);
```

```
// 设置打印文本
str[0] = " 花间一壶酒，独酌无相亲。\r\n";
str[1] = " 举杯邀明月，对影成三人。\r\n";
str[2] = " 月既不解饮，影徒随我身。\r\n";
str[3] = " 暂伴月将影，行乐须及春。\r\n";
str[4] = " 我歌月徘徊，我舞影凌乱。\r\n";
str[5] = " 醒时同交欢，醉后各分散。\r\n";
str[6] = " 永结无情游，相期渺云汉。\r\n";
m_IsWay = TRUE;                                    // 设置默认打印方向
```

（5）处理 WM_CTLCOLOR 消息，在该消息中将对话框的背景颜色改为白色。

说明

在 WM_CTLCOLOR 消息的处理函数中创建一个白色的画刷，然后使用画刷填充窗体的客户区域。

（6）定义一个自定义函数 DrawText，用于绘制打印和预览的文本，代码如下。

```
void CSetPrintDlg::DrawText(CDC *pDC, BOOL isprinted)
{
    if(!isprinted)                                // 预览
    {
        ratex = 1;                                // 当预览时设置比率为 1
        ratey = 1;                                // 当预览时设置比率为 1
    }
    else                                          // 判断是打印
    {
        pDC->StartDoc("printstart");              // 开始打印
    }
    font.CreatePointFont(120," 宋体 ",pDC);        // 创建字体
    for(int i=0;i<7;i++)                          // 设置循环
    {
        pDC->SelectObject(&font);                 // 将字体选入设备上下文
        pDC->TextOut(int(50*ratex),int((80+i*30)*ratey),str[i]); // 打印文本
    }
    if(isprinted)                                 // 判断是打印
    {
        pDC->EndDoc();                            // 结束打印
    }
    font.DeleteObject();                          // 释放字体
}
```

（7）处理工具栏中"打印设置"按钮的单击事件，判断获取打印方向，代码如下。

```
void CSetPrintDlg::OnSet()                        // "打印设置"按钮的单击事件处理函数
{
    DWORD dwflags = PD_ALLPAGES | PD_NOPAGENUMS | PD_USEDEVMODECOPIES
        | PD_SELECTION | PD_HIDEPRINTTOFILE;      // 设置"打印设置"对话框属性
    CPrintDialog dlg(TRUE,dwflags,NULL);          // 创建"打印设置"对话框
    if(dlg.DoModal()==IDOK)                       // 显示"打印设置"对话框
    {
```

```
        LPDEVMODE dev = dlg.GetDevMode();                        // 获取打印机信息
        if(dev->dmOrientation == DMORIENT_PORTRAIT)              // 判断是否为纵向打印
            m_IsWay = TRUE;                                      // 纵向打印
        else
            m_IsWay = FALSE;                                     // 横向打印
    }
}
```

（8）处理工具栏中"打印"按钮的单击事件，调用"打印"对话框进行打印，代码如下。

```
void CSetPrintDlg::OnPrint()                                    // "打印"按钮的单击事件处理函数
{
    DWORD dwflags = PD_ALLPAGES | PD_NOPAGENUMS | PD_USEDEVMODECOPIES
        | PD_SELECTION | PD_HIDEPRINTTOFILE;                    // 设置"打印"对话框属性
    CPrintDialog dlg(FALSE,dwflags,NULL);                       // 创建"打印"对话框
    if(dlg.DoModal()==IDOK)                                     // 显示"打印"对话框
    {
        LPDEVMODE dev = dlg.GetDevMode();                       // 获得打印机信息
        if(m_IsWay)
            dev->dmOrientation = DMORIENT_PORTRAIT;             // 设置纵向打印
        else
            dev->dmOrientation = DMORIENT_LANDSCAPE;            // 设置横向打印
        CDC dc;                                                 // 声明设备上下文
        dc.Attach(dlg.CreatePrinterDC());                      // 创建打印机设备上下文
        printx = dc.GetDeviceCaps(LOGPIXELSX);                 // 获取打印机像素
        printy = dc.GetDeviceCaps(LOGPIXELSY);                 // 获取打印机像素
        ratex = (double)(printx)/screenx;                      // 计算屏幕和打印机像素比率
        ratey = (double)(printy)/screeny;                      // 计算屏幕和打印机像素比率
        DrawText(&dc,TRUE);                                    // 绘制打印文本
    }
}
```

运行程序结果如图 14.4 所示。

图 14.4　使用"打印设置"对话框设置打印方向

说明

在设置横向打印时，也可以不使用"打印设置"对话框，而直接使用代码进行打印方向的控制。

14.4.2 设置打印页面

通过"页面设置"对话框可以进行设置纸张、页边距、打印方向等操作。可以通过 CPageSetupDialog 类的构造函数来创建"页码设置"对话框。

语法格式如下：

```
CPageSetupDialog( DWORD dwFlags = PSD_MARGINS | PSD_INWININIINTLMEASURE, CWnd*
pParentWnd = NULL );
```

参数说明：

☑ dwFlags：定制对话框的标志。

☑ pParentWnd：指向对话框父窗口的指针。

设置"页面设置"对话框后，可以调用 GetMargins 来获取打印机当前的页边距设置。

语法格式如下：

```
void GetMargins( LPRECT lpRectMargins, LPRECT lpRectMinMargins ) const;
```

参数说明：

☑ lpRectMargins：当前打印机的打印边距。

☑ lpRectMinMargins：当前打印机的最小打印边距。

【例 14.6】 使用"页面设置"对话框设置打印页面。（实例位置：资源包 \TM\sl\14\5）

具体操作步骤如下：

（1）创建一个基于文档 / 视图结构的应用程序。

（2）打开菜单资源编辑器，在菜单资源中添加一个"页面设置"菜单项，如图 14.5 所示。

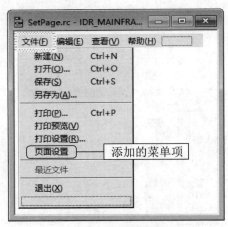

图 14.5　菜单资源

（3）在视图类的头文件中声明变量，代码如下。

```
int m_LeftMargin,m_TopMargin;          // 左边距和上边距
int screenx,screeny;                   // 屏幕每英寸像素数
int printx,printy;                     // 打印机每英寸像素数
double ratex,ratey;                    // 打印机与屏幕的像素比率
```

```
CFont m_Font;                                              // 文本字体
```

（4）通过类向导为"页面设置"菜单项处理单击事件，在该事件的处理函数中调用"页面设置"对话框，代码如下。

```
void CSetPageView::OnMenupageset()                         // "页面设置"菜单项单击事件处理函数
{
    CPageSetupDialog dlg;                                  // 创建"页面设置"对话框
    if (dlg.DoModal()==IDOK)                               // 显示"页面设置"对话框
    {
        CRect rect,minrect;                                // 声明区域对象
        dlg.GetMargins(rect,minrect);
        m_LeftMargin = rect.left/100;                      // 计算左边距，单位是毫米
        m_TopMargin = rect.top/100;                        // 计算上边距，单位是毫米
    }
}
```

（5）重载 OnBeginPrinting 函数，在该函数中获取打印机每英寸像素数，并计算打印机与屏幕的像素比率，代码如下。

```
void CSetPageView::OnBeginPrinting(CDC* pDC, CPrintInfo* /*pInfo*/)
{
    // 获取打印机每英寸像素数
    printx =pDC->GetDeviceCaps(LOGPIXELSX);
    printy =pDC->GetDeviceCaps(LOGPIXELSY);
    // 计算打印机与屏幕的比率
    ratex = (double)printx /screenx;
    ratey = (double)printy /screeny;
}
```

注意

在默认情况下，OnBeginPrinting 函数的参数 pDC 是被注释的，用户需要手动删除两边的注释符 "/*" 和 "*/"。

（6）重载 OnDraw 函数，在应用程序窗口中绘制打印文本，打印时在指定页面位置绘制文本，代码如下。

```
void CSetPageView::OnDraw(CDC* pDC)
{
    CSetPageDoc* pDoc = GetDocument();
    ASSERT_VALID(pDoc);
    // 获取屏幕每英寸像素数
    screenx =pDC->GetDeviceCaps(LOGPIXELSX);
    screeny =pDC->GetDeviceCaps(LOGPIXELSY);
    CString str;                                           // 声明字符串
    str = " 会当凌绝顶，一览众山小 ";                         // 设置字符串
    if(pDC->IsPrinting())                                  // 判断是否打印
    {
        int leftmargin = int((m_LeftMargin / 25.4) * printx);    // 将毫米转换为像素
        int topmargin  = int((m_TopMargin / 25.4) * printx);     // 将毫米转换为像素
        m_Font.CreatePointFont(int(150*ratex)," 宋体 ");         // 创建字体
```

```
        pDC->SelectObject(&m_Font);                        // 将字体选入设备上下文
        pDC->TextOut(int(50 * ratex + leftmargin),
             int(50 * ratey + topmargin),str);             // 绘制文本
    }
    else                                                   // 不打印时
    {
        m_Font.CreatePointFont(150," 宋体 ");              // 创建字体
        pDC->SelectObject(&m_Font);                        // 将字体选入设备上下文
        pDC->TextOut(50,50,str);                           // 绘制文本
    }
    m_Font.DeleteObject();                                 // 释放字体
}
```

运行程序，结果如图 14.6 所示。

图 14.6　默认设置时预览

（7）选择"页面设置"命令，在打开的"页面设置"对话框中设置页边距，结果如图 14.7 所示。

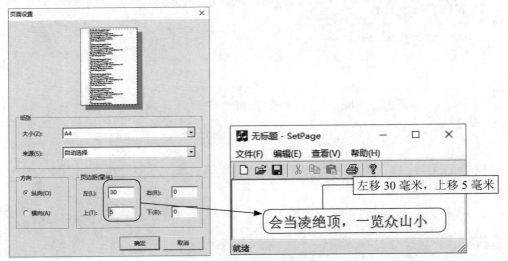

图 14.7　设置页边距

视频讲解

14.5　修改打印预览

文档 / 视图结构默认的打印预览是可以修改的，下面通过 CPreviewView 类的派生类 CPreView 来

修改文档/视图结构默认的打印预览的按钮，使打印预览的界面看起来更美观。调用 DoPrintPreview 函数可以修改工具栏。

语法格式如下：

```
BOOL CView::DoPrintPreview(UINT nIDResource,CView* pPrintView,CRuntimeClass* pPreviewViewClass,
CPrintPreviewState* pState)
```

DoPrintPreview 方法中的参数说明如表 14.2 所示。

表 14.2　DoPrintPreview 方法中的参数说明

参　　数	描　　述	参　　数	描　　述
nIDResource	工具栏	pPreviewViewClass	打印预览视图类
pPrintView	打印视图	pState	打印预览状态

【例 14.7】　修改文档/视图结构默认的打印预览。（实例位置：资源包 \TM\sl\14\6）

具体操作步骤如下。

（1）创建一个基于文档/视图结构的应用程序。

（2）在工作区窗口中选择 RecourceView 选项卡，导入 4 个图标资源。

（3）新建一个对话框资源，将 ID 改为 IDD_TOOLBAR_DIALOG，设置 Style 属性为 Child，Border 属性为 None。向对话框中添加 4 个按钮控件，分别设置 ID 属性为 AFX_ID_PREVIEW_PRINT、AFX_ID_PREVIEW_PREV、AFX_ID_PREVIEW_NEXT 和 AFX_ID_PREVIEW_CLOSE，为 4 个按钮选择 Owner draw 属性，使按钮允许自绘。对话框资源如图 14.8 所示。

图 14.8　对话框资源

（4）以 CButton 类为基类派生一个 CIconBtn 类，该类的创建过程参见第 11.2.1 节。

（5）以 CPreviewView 类为基类派生一个 CPreView 类。

注意

在该类的头文件中引用 afxpriv.h 头文件和 IconBtn.h 头文件，目的是可以访问 CPreviewView 类和 CIconBtn 类。

（6）在 CPreView 类头文件中声明变量，代码如下。

```
CPrintPreviewState*    m_pPreviewState;                           //CPrintPreviewState 类指针
CIconBtn               m_Print,m_Before,m_Next,m_Close;           //CIconBtn 类对象
CImageList             m_ImageList;                               // 图像列表指针
```

（7）添加 WM_CREATE 消息的处理函数，将 4 个 CIconBtn 类对象关联到对话框中的按钮资源，代码如下。

```
int CPreView::OnCreate(LPCREATESTRUCT lpCreateStruct)
{
    int retVal = CPreviewView::OnCreate(lpCreateStruct);
    CCreateContext* pContext = (CCreateContext*)lpCreateStruct->lpCreateParams;
    m_Print.SubclassDlgItem(AFX_ID_PREVIEW_PRINT,m_pToolBar);     // 发送按钮消息
    m_Before.SubclassDlgItem(AFX_ID_PREVIEW_PREV,m_pToolBar);     // 发送按钮消息
```

```
        m_Next.SubclassDlgItem(AFX_ID_PREVIEW_NEXT,m_pToolBar);      // 发送按钮消息
        m_Close.SubclassDlgItem(AFX_ID_PREVIEW_CLOSE,m_pToolBar);    // 发送按钮消息
        m_ImageList.Create(16,16,ILC_COLOR24|ILC_MASK,1,0);          // 创建图像列表
        m_ImageList.Add(AfxGetApp()->LoadIcon(IDI_ICON1));           // 加载图标
        m_ImageList.Add(AfxGetApp()->LoadIcon(IDI_ICON2));           // 加载图标
        m_ImageList.Add(AfxGetApp()->LoadIcon(IDI_ICON3));           // 加载图标
        m_ImageList.Add(AfxGetApp()->LoadIcon(IDI_ICON4));           // 加载图标
        m_Print.SetImageList(&m_ImageList);                          // 关联图像列表
        m_Before.SetImageList(&m_ImageList);                         // 关联图像列表
        m_Next.SetImageList(&m_ImageList);                           // 关联图像列表
        m_Close.SetImageList(&m_ImageList);                          // 关联图像列表
        m_Print.SetImageIndex(0);                                    // 设置按钮显示图像
        m_Before.SetImageIndex(1);                                   // 设置按钮显示图像
        m_Next.SetImageIndex(2);                                     // 设置按钮显示图像
        m_Close.SetImageIndex(3);                                    // 设置按钮显示图像
        m_pOrigView = (CPrintPreviewView*)pContext->m_pLastView;
        ASSERT(m_pOrigView != NULL);
        ASSERT_KINDOF(CPrintPreviewView, m_pOrigView);
        return 0;
}
```

（8）在 CPrintPreviewView 类中为 ID_FILE_PRINT_PREVIEW 消息添加消息处理函数，代码如下。

```
void CPrintPreviewView::OnFilePrintPreview()
{
    CPrintPreviewState* pState = new CPrintPreviewState;
    // 修改工具栏
    if(!DoPrintPreview(IDD_TOOLBAR_DIALOG, this,RUNTIME_CLASS(CPreView), pState))
    {
        AfxMessageBox(AFX_IDP_COMMAND_FAILURE);                      // 弹出错误提示
        delete pState;                                              // 释放指针
    }
}
```

（9）在视图类的头文件中声明变量，代码如下。

```
int screenx,screeny;                                               // 屏幕每英寸像素数
int printx,printy;                                                 // 打印机每英寸像素数
double ratex,ratey;                                                // 打印机与屏幕的像素比率
CFont m_Font;                                                       // 文本字体
CString str[12];                                                   // 保存文本的数组
```

（10）添加 PrintText 函数，在该函数中设置打印文本。

说明

在 PrintText 函数中，要给 str 数组中的元素赋值。

（11）重载 OnBeginPrinting 函数，在该函数中获取打印机每英寸像素数，并计算打印机与屏幕的像素比率，代码如下。

```
void CPrintView::OnBeginPrinting(CDC* pDC, CPrintInfo* /*pInfo*/)
{
```

```
// 获取打印机每英寸像素数
printx =pDC->GetDeviceCaps(LOGPIXELSX);
printy =pDC->GetDeviceCaps(LOGPIXELSY);
// 计算打印机与屏幕的比率
ratex = (double)printx /screenx;
ratey = (double)printy /screeny;
}
```

（12）重载 OnDraw 函数，在应用程序窗口中绘制打印文本，代码如下。

```
void CPrintView::OnDraw(CDC* pDC)
{
    CPrintDoc* pDoc = GetDocument();
    ASSERT_VALID(pDoc);
    // 获取屏幕每英寸像素数
    screenx =pDC->GetDeviceCaps(LOGPIXELSX);
    screeny =pDC->GetDeviceCaps(LOGPIXELSY);
    PrintText();                                            // 设置打印文本
    if(pDC->IsPrinting())                                   // 判断是否打印
    {
        m_Font.CreatePointFont(int(150*ratex)," 宋体 ");     // 创建字体
        pDC->SelectObject(&m_Font);                         // 将字体选入设备上下文
        for(int i=0;i<12;i++)
        {
            pDC->TextOut(int(50*ratex),int((30+i*40)*ratey),str[i]);   // 绘制文本
        }
    }
    else                                                    // 不打印时
    {
        m_Font.CreatePointFont(150," 宋体 ");                // 创建字体
        pDC->SelectObject(&m_Font);                         // 将字体选入设备上下文
        for(int i=0;i<6;i++)
        {
            pDC->TextOut(50,30+i*40,str[i]);                // 绘制文本
        }
    }
    m_Font.DeleteObject();                                  // 释放字体
}
```

运行程序，结果如图 14.9 所示。

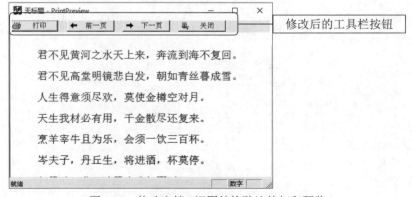

图 14.9 修改文档 / 视图结构默认的打印预览

387

14.6　小　　结

本章介绍了 Windows 提供的映射模式，并通过实例重点讲解了文档 / 视图应用程序的打印和对话框应用程序的打印，以及通过"打印设置"和"页面设置"对话框进行打印设置等，读者从中可以由浅入深地逐步了解有关打印编程的知识，为以后设计打印"打印即所得"程序打下坚实的基础。

14.7　实践与练习

1. 设计一个实例，实现个人简历的打印。（答案位置：资源包 \TM\sl\14\7）
2. 设计一个实例，打印一份简单的报表，结果如图 14.10 和图 14.11 所示。（答案位置：资源包 \TM\sl\14\8）

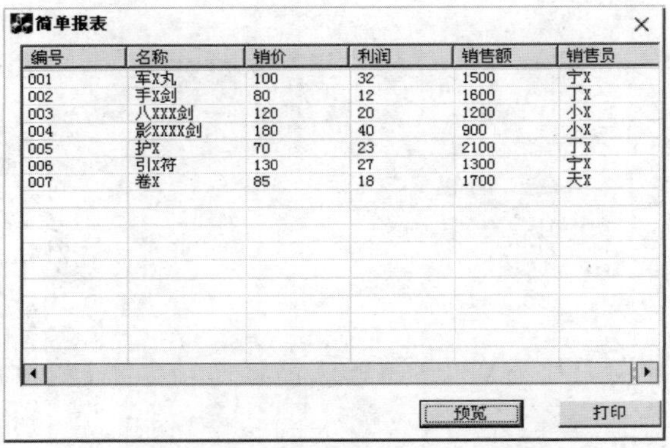

图 14.10　简单报表

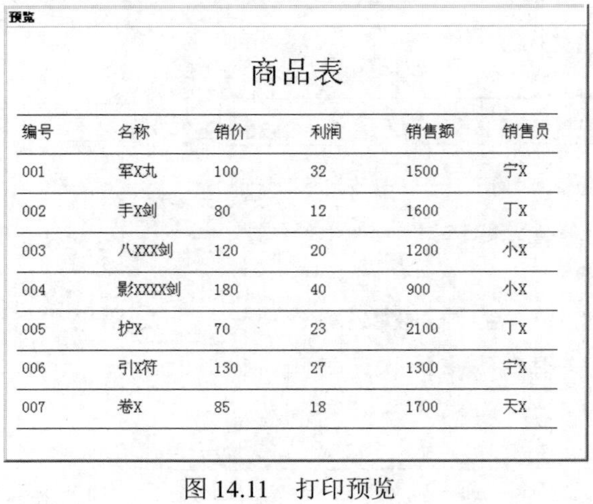

图 14.11　打印预览

第15章

文件与注册表操作

(📹 视频讲解：40分钟)

在开发程序时，经常需要对文件和注册表进行操作。例如，从文件或注册表中加载程序的初始化信息，或将程序中的数据导出到磁盘文件或注册表中，以持久地保存这些数据。本章将介绍有关文件与注册表的相关知识。

通过阅读本章，您可以：

▶▶ 掌握如何使用 C 函数对文件进行操作

▶▶ 掌握如何使用 CFile 类对文件进行操作

▶▶ 掌握如何查找文件

▶▶ 掌握如何设计串行化类

▶▶ 掌握如何读写 INI 文件

▶▶ 掌握如何读写注册表

视频讲解

15.1 普通文件操作

文件操作主要包括文件的读写、创建、删除、查找等操作。本节将从 C 语言和 MFC 类库的角度介绍如何对文件进行操作。

15.1.1 应用 C 函数进行文件操作

文件操作是进行程序开发的基本操作，因此程序设计语言都提供有读写文件的函数。下面介绍一些 C 语言中有关文件操作的函数。

1. fopen

fopen 函数用于打开一个文件。
语法格式如下：

```
FILE *fopen(const char* filename,const char* mode);
```

参数说明：
- ☑ filename：打开的文件名称。
- ☑ mode：文件打开模式，可选值如表 15.1 所示。

表 15.1 文件打开模式

值	描　述
r	以读的方式打开文件，如果文件不存在或没有发现，函数将执行失败
w	以写的方式打开文件，如果文件已经存在，则删除文件中的所有数据
a	以写的方式打开文件，如果文件存在，将文件指针设置在文件的末尾；如果文件不存在，将创建新文件
r+	以读写的方式打开文件
w+	以读写的方式打开文件，如果文件存在，则删除文件中的数据
a+	以读和插入的方式打开文件。所谓插入方式，是指在尾数据插入之前移除文件末尾 EOF 标记，在数据插入后设置文件末尾标记
t	以文本的形式打开文件
b	以二进制的形式打开文件
c	激活关联文件名的提交标记，当 fflush 函数或 _flushall 函数被调用时，文件缓冲区中的数据被直接写入磁盘
n	重新设置提交标记为未提交标记

返回值：函数返回一个关联文件的指针。

注意

在文件的打开模式中，有些模式可以组合在一起使用。

2．fclose

fclose 函数用于关闭打开的文件。

语法格式如下：

```
int fclose(FILE* stream);
```

其中，stream 表示之前打开的文件指针。

3．fflush

fflush 函数用于清理文件缓冲区。

语法格式如下：

```
int fflush(FILE* stream);
```

其中，stream 表示之前打开的文件指针。

如果文件关联的流是输出流（从内存中读取数据表示输出），则函数写缓冲区中的数据到文件；如果文件关联的流是输入流，函数将清空缓冲区的内容。

4．fread

fread 函数从文件中读取数据。

语法格式如下：

```
size_t fread( void* buffer,size_t size, size_t count,FILE* stream);
```

参数说明：

- ☑　buffer：存储数据的缓冲区。
- ☑　size：读取数据单位的大小。
- ☑　count：读取的单位数量，即读取多少个单位。
- ☑　stream：之前打开的文件指针。

返回值：函数返回实际读取的单位数量。

5．fwrite

fwrite 函数用于向文件中写入数据。

语法格式如下：

```
size_t fwrite(const void* buffer,size_t size, size_t count,FILE* stream);
```

参数说明：

- ☑　buffer：被写入数据的缓冲区。
- ☑　size：写入数据单位的大小。
- ☑　count：写入数据的最大单位数量。
- ☑　stream：之前打开的文件指针。

返回值：函数返回实际写入的单位数量。

6．fgetc

fgetc 函数从文件中读取一个字符。

语法格式如下：

```
int fgetc(FILE *stream);
```

其中，stream 表示之前打开的文件指针。

返回值：函数返回一个以整数值表示的字符，如果有错误发生或者文件指针到达文件尾，EOF 被返回。

7．fputc

fputc 函数用于向文件中写入一个字符。

语法格式如下：

```
int fputc(int c,FILE* stream);
```

参数说明：

☑　c：以整数表示被写入的字符。

☑　stream：之前打开的文件指针。

 说明

在读取和写入文件时，fread、fwrite 比较常用，而 fgetc、fputc 使用得较少。

8．feof

feof 函数用于判断文件是否到达文件尾。

语法格式如下：

```
int feof(FILE* stream );
```

其中，stream 表示之前打开的文件指针。

返回值：如果文件指针到达了文件尾，函数返回非零值，否则返回 0。

9．fseek

fseek 函数用于将文件指针设置在指定的位置。

语法格式如下：

```
int fseek(FILE* stream,long offset,int origin );
```

参数说明：

☑　stream：之前打开的文件指针。

☑　offset：基于 origin 位置偏移的数量。

☑　origin：初始位置，函数将从该点开始移动文件指针。当为 SEEK_CUR，表示当前位置；为 SEEK_END，表示文件尾；为 SEEK_SET，表示文件开始位置。

下面通过一个实例来演示如何使用 C 函数进行文件操作。实例将以文本的形式写入和读取数据。

【**例 15.1**】　以文本的形式写入和读取数据。　(**实例位置：资源包 \TM\sl\15\1**)

具体操作步骤如下。

（1）创建一个基于对话框的工程，工程名称为 WriteReadFile。

（2）处理"写入"按钮的单击事件，向文件中写入数据，代码如下。

```
void CWriteReadFileDlg::OnOK()
{
    FILE *pFile = fopen("demo.txt","w+t");        // 以读写形式打开文件
    if (pFile)                                     // 判断文件是否被正确打开
    {
        char *pchData = "BeiJing 2022";            // 设置待写入的数据
        fwrite(pchData,sizeof(char),strlen(pchData),pFile);   // 向文件中写入数据
        fclose(pFile);                             // 关闭文件
    }
}
```

（3）处理"读取"按钮的单击事件，从文件中读取数据，代码如下。

```
void CWriteReadFileDlg::OnRead()
{
    FILE *pFile = fopen("demo.txt","r");           // 以读的形式打开文件
    if (pFile)                                      // 判断文件是否被正确打开
    {
        char pchData[MAX_PATH] = {0};               // 定义数据缓冲区
        fread(pchData,sizeof(char),MAX_PATH,pFile); // 读取数据到缓冲区中
        fclose(pFile);                              // 关闭文件
        MessageBox(pchData," 提示 ");               // 显示读取的信息
    }
}
```

（4）运行程序，向文件中写入数据，并读取数据，如图 15.1 所示。

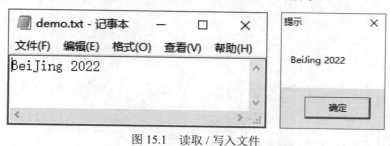

图 15.1　读取 / 写入文件

15.1.2　使用 CFile 类进行文件操作

为了方便对文件进行操作，MFC 类库提供了一个 CFile 类，该类封装了对文件的各种操作。使用 CFile 类，用户可以非常容易地对文件进行操作。CFile 类的主要方法介绍如下。

1．Open

Open 方法用于打开一个文件。

语法格式如下：

```
virtual BOOL Open( LPCTSTR lpszFileName, UINT nOpenFlags, CFIleException* pError = NULL );
```

参数说明：

☑ lpszFileName：要打开的文件名。可以包含完整路径，也可以是相对的文件名。

☑ nOpenFlags：文件打开标记，可选值如表 15.2 所示。

表 15.2 CFile 打开标记

值	描 述
CFile::modeCreate	创建一个新文件，如果文件已经存在，则删除文件中的数据
CFile::modeNoTruncate	该标记与 CFile::modeCreate 组合使用，如果文件已存在，不删除文件现有数据
CFile::modeRead	以只读的方式打开文件
CFile::modeReadWrite	以读写的方式打开文件
CFile::modeWrite	以只写的方式打开文件
CFile::modeNoInherit	阻止文件句柄被子进程继承
CFile::shareDenyNone	以不阻止其他进程读写文件的方式打开文件
CFile::shareDenyRead	以阻止其他进程读取文件的方式打开文件
CFile::shareDenyWrite	以阻止其他进程写入文件的方式打开文件
CFile::shareExclusive	以独占的方式打开文件，阻止其他进程对文件进行操作
CFile::shareCompat	在 32 位 MFC 中无效。此标志在使用 CFile::Open 时映射为 CFile::ShareExclusive
CFile::typeText	设置文本模式，对回车换行符进行特殊处理
CFile::typeBinary	设置二进制模式

☑ pError：一个异常的指针。一般情况下可以使用 NULL 指针，这个指针在打开文件过程中如果产生错误，Open 将抛出一个 CFileException 异常，而不是返回 FALSE。

2．Close

Close 方法用于关闭打开的文件。

语法格式如下：

```
virtual void Close();
```

3．Read

Read 方法用于从文件中读取数据到缓冲区中。

语法格式如下：

```
virtual UINT Read( void* lpBuf, UINT nCount );
```

参数说明：

☑ lpBuf：接收数据的缓冲区。

☑ nCount：从文件中读取数据的最大数量。

返回值：函数返回实际读取的字节数。

4．ReadHuge

ReadHuge 方法从文件中读取数据到缓冲区，主要用于大文件的读取。

语法格式如下：

```
DWORD ReadHuge( void* lpBuffer, DWORD dwCount );
```

参数说明：

- ☑ lpBuffer：接收数据的缓冲区。
- ☑ dwCount：从文件中读取数据的最大数量。

返回值：函数返回实际读取的字节数。

5．Write

Write 方法用于从缓冲区写入数据到文件中。

语法格式如下：

```
virtual void Write( const void* lpBuf, UINT nCount );
```

参数说明：

- ☑ lpBuf：表示待写入数据的缓冲区。
- ☑ nCount：表示向文件中写入数据的数量。

6．WriteHuge

WriteHuge 方法用于从缓冲区中写入数据到文件中，主要用于较大数据量数据的写入。

语法格式如下：

```
void WriteHuge( const void* lpBuf, DWORD dwCount );
```

参数说明：

- ☑ lpBuf：待写入数据的缓冲区。
- ☑ dwCount：向文件中写入数据的数量。

注意

平常在读写文件时，使用 Read 函数和 Write 函数即可。

7．Flush

Flush 方法将文件缓冲区中的数据强制写入文件中。

语法格式如下：

```
virtual void Flush();
```

8．Seek

Seek 方法用于重新设置文件指针的位置。

语法格式如下：

`virtual ULONGLONG Seek(LONGLONG lOff,UINT nFrom );`

参数说明：

☑ lOff：文件指针移动的字节数。

☑ nFrom：指针移动的起点。当为 CFile::begin，表示从文件头开始，把指针向后移动 lOff 字节；为 CFile::current，表示从当前位置开始，把指针向后移动 lOff 字节；为 CFile::end，表示从文件尾开始，把指针向前移动 lOff 字节。

9．LockRange

LockRange 方法用于锁定文件中指定区域的数据，以阻止其他进程对该区域数据的访问。
语法格式如下：

`virtual void LockRange( DWORD dwPos, DWORD dwCount );`

参数说明：

☑ dwPos：从开始字节到被封锁的字节的偏移量。

☑ dwCount：封锁的字节数。

10．UnlockRange

UnlockRange 方法用于解锁文件中指定区域的数据，以允许其他进程对该区域数据的访问。
语法格式如下：

`virtual void UnlockRange(ULONGLONG dwPos,ULONGLONG dwCount );`

参数说明：

☑ dwPos：从开始字节到被解锁的字节的偏移量。

☑ dwCount：解锁的字节数。

11．Rename

Rename 方法用于对文件进行重命名。
语法格式如下：

`static void PASCAL Rename( LPCTSTR lpszOldName, LPCTSTR lpszNewName );`

参数说明：

☑ lpszOldName：原文件名。

☑ lpszNewName：新文件名。

12．GetStatus

GetStatus 方法用于获取文件的状态。
语法格式如下：

`BOOL GetStatus( CFileStatus& rStatus ) const;`

其中，rStatus 是文件状态对象，其类型是 CFileStatus。CFileStatus 是一个存储状态信息的数据结构，其结构成员如表 15.3 所示。

表 15.3 CFileStatus 结构成员

类 型	成 员	描 述
CTime	m_ctime	文件的创建时间
	m_mtime	文件的修改时间
	m_atime	文件的最后访问时间
LONG	m_size	文件的逻辑大小
BYTE	m_attribute	文件的系统属性
char	m_szFullName[_MAX_PATH]	文件的绝对路径

注意

GetStatus 是静态方法，调用时可以不创建 CFile 类对象而直接进行使用。例如，语句 "CFile:: GetStatus(name,status);"，其中 name 是文件名字符串，status 是 CFileStatus 的结构成员。

13. SetStatus

SetStatus 方法用于设置文件的状态。
语法格式如下：

```
static void SetStatus( LPCTSTR lpszFileName, const CFileStatus& status );
```

参数说明：

☑ lpszFileName：文件的名称。可以是绝对的，也可以是相对的，但不能是网络路径。

☑ status：CFileStatus 结构指针，表示设置的文件状态。

14. GetLength

GetLength 方法用于获取文件的长度。
语法格式如下：

```
virtual ULONGLONG GetLength() const;
```

下面通过一个实例来介绍如何使用 CFile 类进行文件操作。

【例 15.2】 使用 CFile 类进行文件操作。 （实例位置：资源包 \TM\sl\15\2）

具体操作步骤如下。

（1）创建一个基于对话框的工程，工程名称为 OperateFile。

（2）处理 "写入" 按钮的单击事件，向文件中写入数据，代码如下。

```
void COperateFileDlg::OnWrite()
{
    CFile file;                                               // 定义一个文件对象
    file.Open("demo.txt",CFile::modeCreate|CFile::modeReadWrite);   // 创建文件
    file.Write(" 复兴之路，大国崛起 ",18);                      // 向文件中写入数据
    file.Close();                                            // 关闭文件
}
```

（3）处理 "读取" 按钮的单击事件，读取文件的内容和属性信息，代码如下。

```
void COperateFileDlg::OnRead()
{
```

```
CFile file;                                              // 定义文件对象
file.Open("demo.txt",CFile::modeRead);                  // 以读的方式打开文件
unsigned char pchData[MAX_PATH] = {0};                  // 定义数据缓冲区
file.Read(pchData,MAX_PATH);                             // 读取数据到缓冲区
CFileStatus flStatus;                                   // 定义文件状态
file.GetStatus(flStatus);                               // 获取文件状态
file.Close();                                           // 关闭文件
// 获取文件创建时间
CString createtime = flStatus.m_ctime.Format("%Y-%m-%d %H:%M:%S");
CString hint = " 文件内容：";                            // 定义一个字符串
hint += (char*)pchData;                                 // 添加字符串
hint +="\n";                                            // 添加换行符
hint +=" 创建时间 : ";                                  // 添加数据
hint +=createtime;                                      // 添加数据
MessageBox(hint," 提示 ");                              // 弹出提示对话框
}
```

（4）运行程序，结果如图 15.2 所示。

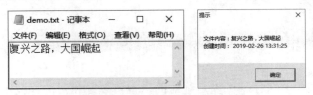

图 15.2　使用 CFile 类操作文件

15.1.3　使用 CFileFind 类进行文件查找

MFC 提供的 CFile 类封装了对文件的基本操作，但是没有提供文件查找的功能，而是单独提供了 CFileFind 类用于文件查找。下面介绍 CFileFind 类的主要方法。

1. MatchesMask

MatchesMask 方法用于设置要查找文件的属性，即只查找符合指定文件属性的文件。
语法格式如下：

```
virtual BOOL MatchesMask( DWORD dwMask ) const;
```

其中，dwMask 用来指定文件属性。文件属性定义在 WIN32_FIND_DATA 结构中，其可选值如表 15.4 所示。

表 15.4　文件属性

值	描　述	值	描　述
FILE_ATTRIBUTE_ARCHIVE	表示存档文件	FILE_ATTRIBUTE_HIDDEN	表示隐藏文件
FILE_ATTRIBUTE_COMPRESSED	表示文件被压缩	FILE_ATTRIBUTE_READONLY	表示只读文件
FILE_ATTRIBUTE_DIRECTORY	表示文件是一个目录	FILE_ATTRIBUTE_SYSTEM	表示系统文件
FILE_ATTRIBUTE_NORMAL	表示普通文件	FILE_ATTRIBUTE_TEMPORARY	表示临时文件

说明

> 　　在此介绍一下存档属性。存档属性又称为 A 属性（Archive），通常是提供给备份软件或备份命令使用的。当用户创建或修改一个文件时，存档属性自动被标识，以提示备份软件文档尚未备份，当备份后，存档属性自动取消。如果用户再次修改了文件，存档属性会再次标识。

2．GetFileName

GetFileName 方法用于获取查找的文件名称，包含扩展名，不包含路径。
语法格式如下：

```
virtual CString GetFileName() const;
```

返回值：返回查找的文件名称。

3．GetFileTitle

GetFileTitle 方法用于获取文件的名称，去除扩展名，不包含路径。
语法格式如下：

```
virtual CString GetFileTitle() const;
```

4．GetFilePath

GetFilePath 方法用于获取文件的完整名称，包括扩展名和完整路径。
语法格式如下：

```
virtual CString GetFilePath() const;
```

5．GetFileURL

GetFileURL 方法用于获取已查找到文件的网络全路径，对查找本地文件没有实际意义，主要是为继承自 CFileFind 类的子类提供接口。
语法格式如下：

```
virtual CString GetFileURL() const;
```

6．GetRoot

GetRoot 方法用于获取文件所在的路径，不包含文件名。
语法格式如下：

```
virtual CString GetRoot() const;
```

7．GetCreationTime

GetCreationTime 方法用于获取文件的创建时间。
语法格式如下：

```
virtual BOOL GetCreationTime( CTime& refTime ) const;
```

其中，refTime 表示一个 CTime 对象，记录文件的创建时间。

8. IsDots

IsDots 方法用于判断文件夹是否为 "." 或 ".." 文件夹。"." 和 ".." 表示两类系统文件夹，"."
代表文件夹本身，".." 代表父文件夹。

语法格式如下：

```
virtual BOOL IsDots() const;
```

返回值：如果查找到的是 "." 或 ".." 文件夹，则返回值为 1，否则返回值为 0。

9. FindFile

FindFile 方法用于查找文件，即设置待查找文件的文件名称。

语法格式如下：

```
virtual BOOL FindFile( LPCTSTR pstrName = NULL, DWORD dwUnused = 0 );
```

参数说明：

☑ pstrName：设置待查找文件的文件名。要查找所有文件，可以将此名称设为 "*.*"。

☑ dwUnused：保留，以后用作多态的基类。

返回值：如果成功，返回非零值。

10. FindNextFile

FindNextFile 方法用来查看当前已查找到的文件的下一个文件。此方法当待查找的文件不止一个
时使用，即在调用 FindFile 和 FindNextFile 后返回值不是 0 的情况下使用。

语法格式如下：

```
virtual BOOL FindNextFile();
```

返回值：如果成功，返回非零值。

下面通过一个实例介绍如何使用 CFileFind 类进行文件查找。

【例 15.3】 使用 CFileFind 类进行文件查找。（实例位置：资源包 \TM\sl\15\3）

具体操作步骤如下。

（1）创建一个基于对话框的工程，工程名称为 FindFile，对话框资源设计窗口如图 15.3 所示。

（2）向对话框中添加 EnumDisk 方法，列举系统磁盘，代码如下。

```
void CFindFileDlg::EnumDisk()
{
    DWORD dirlen = GetLogicalDriveStrings(0,NULL);                      // 获取字符串长度
    HANDLE hp = GetProcessHeap();                                      // 获取进程堆句柄
    LPSTR pdir = (LPSTR)HeapAlloc(hp,HEAP_ZERO_MEMORY,dirlen);  // 在堆中分配空间
    GetLogicalDriveStrings(dirlen,pdir);                                // 获取磁盘目录字符串
    LPSTR ptmp = pdir;                                                  // 定义一个临时指针
    while (*pdir != 0)                                                  // 遍历磁盘目录
    {
        m_Disk.AddString(pdir);                                        // 向组合框中添加磁盘名称
        pdir = strchr(pdir,0)+1 ;                                       // 查找下一个磁盘名称
    }
    HeapFree(hp,HEAP_NO_SERIALIZE,ptmp);                              // 释放堆空间
}
```

注意

GetLogicalDriveStrings 函数用于获取磁盘目录字符串。

（3）处理"查找"按钮的单击事件，查找文件，代码如下。

```
void CFindFileDlg::OnOK()
{
    CString flname,dir,findret;                         // 定义字符串
    BOOL result = FALSE;                                // 记录查找结果
    m_FileName.GetWindowText(flname);                   // 获取查找的文件名
    m_Disk.GetWindowText(dir);                          // 获取搜索目录
    if (!flname.IsEmpty() && !dir.IsEmpty())            // 判断字符串是否为空
    {
        CFileFind flFind;                               // 定义文件查找对象
        strcat(dir.GetBuffer(0),"*.*");                 // 填充字符串
        flFind.MatchesMask(FILE_ATTRIBUTE_NORMAL);      // 设置文件查找属性
        BOOL ret = flFind.FindFile(dir);                // 开始查找文件
        while(ret)                                      // 遍历当前目录
        {
            if (flFind.IsDots())                        // 判断是否为 . 或 .. 目录
                    continue;
            ret = flFind.FindNextFile();                // 查找下一个文件
            if (ret == TRUE)
            {
                findret = flFind.GetFileName();         // 获取文件名
                if (findret == flname)                  // 比较文件名
                {
                    result = TRUE;                      // 发现文件
                    break;                              // 终止循环
                }
            }
        }
        if (result)
        {
            CString strHint = " 发现文件，位于： ";      // 设置提示字符串
            strHint += flFind.GetFilePath();            // 设置字符串信息
            flFind.Close();                             // 关闭文件查找
            MessageBox(strHint," 提示 ");               // 显示对话框
        }
    }
}
```

（4）运行程序，结果如图 15.4 所示。

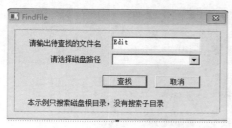

图 15.3　对话框资源设计窗口

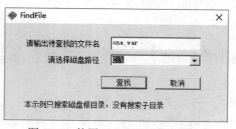

图 15.4　使用 CFileFind 类查找文件

401

视频讲解

15.2 串 行 化

对象数据的持久化过程被称为串行化，也被称为序列化。通常在程序中定义一个类对象，其数据在对象释放时会消失，串行化使得对象在释放时其数据可以永久地保存到磁盘文件中。用户也可以通过磁盘文件将对象恢复到原来的状态。本节将介绍有关串行化的相关知识。

15.2.1 串行化基础

在介绍串行化之前，先来了解一下与串行化有关的 CArchive 类。CArchive 类简化了对文件的读写操作，它能够将对象的数据永久地保留到磁盘文件中，并能够从磁盘文件中恢复对象。在 CArchive 类中重载了 C++ 的 "<<" 和 ">>" 运算符，其中 "<<" 用于将 CObject 类型或基本类型的数据存储到文件中，">>" 用于从文件中加载 CObject 或基本类型的数据。下面介绍 CArchive 类的主要方法。

1. CArchive

CArchive 方法是 CArchive 类的构造函数。
语法格式如下：

```
CArchive(CFile* pFile,UINT nMode,int nBufSize = 4096,void* lpBuf = NULL );
```

参数说明：
- ☑ pFile：文件对象指针，对象的数据将存储在该文件中。
- ☑ nMode：表示对象是加载数据还是保存数据。当为 CArchive::load，表示从存档对象中加载数据；为 CArchive::store，表示存储对象到存档对象中；为 CArchive::bNoFlushOnDelete，表示禁止存档对象在释放时自动调用 Flush 方法。
- ☑ nBufSize：内部文件缓冲区大小，默认为 4096 个字节。
- ☑ lpBuf：一个可选的指针，指向用户提供的 nBufSize 大小的缓冲区。如果未指定该参数，存档对象从应用程序的局部堆中分配缓冲区，并且在对象释放时释放缓冲区。如果用户指定了该缓冲区，在对象释放后需要手动释放该缓冲区。

2. Read

Read 方法用于从存档对象中读取数据。
语法格式如下：

```
UINT Read(void* lpBuf,UINT nMax);
```

参数说明：
- ☑ lpBuf：接收数据的缓冲区。
- ☑ nMax：以字节为单位，表示读取数据的大小。

3．Write

Write 方法用于向存档对象中写入数据。
语法格式如下：

```
void Write(const void* lpBuf,UINT nMax);
```

参数说明：
☑ lpBuf：写入数据的缓冲区。
☑ nMax：以字节为单位，表示写入数据的大小。

4．IsLoading

IsLoading 方法用于确定存档对象是否被加载数据。
语法格式如下：

```
BOOL IsLoading() const;
```

5．IsStoring

IsStoring 方法用于确定存档对象是否存储数据。
语法格式如下：

```
BOOL IsStoring() const;
```

下面通过一个实例来演示如何使用 CArchive 类读写文件。
【例 15.4】 使用 CArchive 类读写文件。（实例位置：资源包 \TM\sl\15\4）
具体操作步骤如下。
（1）创建一个基于对话框的工程，工程名称为 RWFile。
（2）处理"写入"按钮的单击事件，向文件中写入数据，代码如下。

```
void CRWFileDlg::OnWrite()
{
    CFile file("demo.txt",CFile::modeCreate|CFile::modeWrite);    // 定义一个文件对象，并创建文件
    CArchive ar(&file,CArchive::store);                           // 定义一个存档对象
    int idata = 100;                                              // 定义整型变量
    char chdata = 'M';                                           // 定义字符变量
    double fdata = 50.45;                                        // 定义实型变量
    CString strInfo = " 明天会更好 ";                              // 定义字符串变量
    ar<<idata<<chdata<<fdata<<strInfo;                           // 写入数据
}
```

注意

只有在调试状态下才能通过 Debug Windows 命令激活相应的调试窗口。

（3）处理"读取"按钮的单击事件，从文件中读取数据，代码如下。

```
void CRWFileDlg::OnRead()
{
    CFile file("demo.txt",CFile::modeRead);                       // 定义文件对象，读取文件
```

```
    CArchive ar(&file,CArchive::load);                              // 定义存档对象，加载文件
    int idata;                                                      // 定义整型变量
    char chdata;                                                    // 定义字符变量
    double fdata;                                                   // 定义实型变量
    CString strInfo;                                                // 定义字符串变量
    ar>>idata>>chdata>>fdata>>strInfo;                              // 读取数据
    CString strText;                                                // 定义字符变量
    strText.Format("%d,%c,%f,%s",idata,chdata,fdata,strInfo);       // 格式化字符串
    MessageBox(strText," 提示 ");                                   // 弹出对话框
}
```

（4）运行程序，结果如图 15.5 所示。

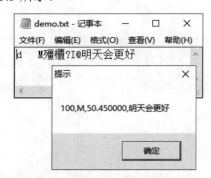

图 15.5　使用 CArchive 类读写文件

15.2.2　编写串行化类

第 15.2.1 节介绍了使用 CArchive 类进行文件操作，本节将介绍使用 CArchive 类实现类的串行化。要设计一个串行化类，通常需要 5 个步骤。首先，用户定义的类必须派生于 CObject 或 CObject 的子类；然后重载 Serialize 方法，用以保存对象的数据成员到 CArchive 对象以及从 CArchive 对象载入对象的数据成员的状态；接着在类体中加入 DECLARE_SERIAL 宏，这是串行化类所必需的；然后为类提供一个无参数的构造函数，也就是默认构造函数；最后在类的源文件中加入 IMPLEMENT_SERIAL 宏。下面通过一个实例来介绍如何编写串行化类。

【例 15.5】 编写串行化类。（实例位置：资源包 \TM\sl\15\5）

具体操作步骤如下。

（1）创建一个基于对话框的工程，工程名称为 Serialize。

（2）创建一个 CSerialClass 类，该类派生于 CObject，头文件代码如下。

```
class CSerialClass : public CObject                                 // 定义 CSerialClass 类
{
public:
    CSerialClass();                                                 // 默认构造函数
    DECLARE_SERIAL(CSerialClass)                                    // 添加序列化宏
public:
    int m_Data;                                                     // 定义整型的数据成员
    CString m_Text;                                                 // 定义字符串类型数据成员
public:
```

```
public:
    virtual void Serialize(CArchive& ar);                                    // 改写虚方法
public:
    virtual ~CSerialClass();                                                 // 析构函数
};
```

（3）编写 CSerialClass 类源文件代码，如下所示。

```
CSerialClass::CSerialClass()                                                 // 定义默认构造函数
{
}
CSerialClass::~CSerialClass()                                                // 定义析构函数
{
}
IMPLEMENT_SERIAL( CSerialClass, CObject, 1 )                                 // 添加序列化宏
void CSerialClass::Serialize(CArchive& ar)                                   // 改写 Serialize 方法，实现序列化
{
    if (ar.IsStoring())                                                      // 判断是否存储数据
    {
        ar<<m_Data<<m_Text;                                                  // 向存档对象中写入数据
    }
    else                                                                     // 加载数据
    {
        ar>>m_Data>>m_Text;                                                  // 从存档对象中读取数据
    }
}
```

说明

　　"<<"符号用于写入，">>"符号用于读取。

（4）处理对话框中"保存对象"按钮的单击事件，保存对象的数据成员，代码如下。

```
void CSerializeDlg::OnOK()
{
    CSerialClass serial;                                                     // 定义 CSerialClass 类对象
    CFile file("SerialClass.dat",CFile::modeCreate|CFile::modeWrite);        // 定义文件对象
    CArchive ar(&file,CArchive::store);                                      // 定义存档对象
    serial.m_Data = 2008;                                                    // 设置对象的数据成员
    serial.m_Text = " 同一个世界，同一个梦想 ";                               // 设置对象的数据成员
    serial.Serialize(ar);                                                    // 串行化对象，存储数据
}
```

（5）处理"加载对象"按钮的单击事件，加载文件中的数据到对象的数据成员中，代码如下。

```
void CSerializeDlg::OnLoad()
{
    CSerialClass serial;                                                     // 定义 CSerialClass 类对象
    CFile file("SerialClass.dat",CFile::modeRead);                          // 定义文件对象
    CArchive ar(&file,CArchive::load);                                       // 定义存档对象
    serial.Serialize(ar);                                                    // 串行化对象，加载数据
    MessageBox(serial.m_Text," 提示 ");
}
```

（6）运行程序，结果如图 15.6 所示。

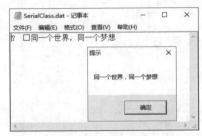

图 15.6　串行化

15.3　INI 文件操作

INI 文件多用于存储程序的初始化信息，如记录程序连接数据库的名称、上一次用户登录的名称、用户的注册信息等。本节将介绍有关 INI 文件操作的相关知识。

15.3.1　INI 文件基本结构

在介绍操作 INI 文件之前，先来了解 INI 文件的基本结构。一个典型的 INI 文件主要由节名、键名和键值 3 部分构成，如图 15.7 所示。

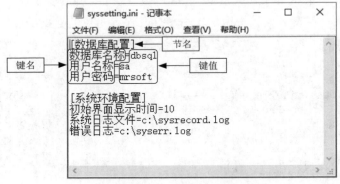

图 15.7　INI 文件结构图

在 INI 文件中，节名由"[]"标识（其中的内容为节名），其后是键名，键名之后有一个等号，然后是键值。对于一个 INI 文件，可以有多个节，如图 15.7 所示的 INI 文件中包含了两个节。

> **注意**
>
> 在 INI 文件中，键名与"="之间和键值与"="之间的空格数量可以是任意的，它们不会影响键名和键值。

15.3.2　读写 INI 文件

为了方便读写 INI 文件，系统提供了函数。下面分别进行介绍。

1．WritePrivateProfileString

WritePrivateProfileString 函数用于向 INI 文件中写入一个字符串数据。
语法格式如下：

```
BOOL WritePrivateProfileString(LPCTSTR lpAppName,LPCTSTR lpKeyName,LPCTSTR lpString, LPCTSTR
lpFileName);
```

参数说明：

- ☑ lpAppName：节名。如果 INI 文件中节名不存在，将创建一个节名。
- ☑ lpKeyName：键名。如果该键名在所在的节中不存在，将创建一个键名。如果该参数为
  NULL，节及节下的所有项目都将被删除。
- ☑ lpString：写入到键值中的数据。
- ☑ lpFileName：INI 文件的名称。

2．GetPrivateProfileString

GetPrivateProfileString 函数用于获取 INI 文件中的字符串数据。
语法格式如下：

```
DWORD GetPrivateProfileString(LPCTSTR lpAppName,LPCTSTR lpKeyName,LPCTSTR lpDefault,LPTSTR
lpReturnedString, DWORD nSize, LPCTSTR lpFileName);
```

参数说明：

- ☑ lpAppName：节名。如果该参数为 NULL，函数将复制所有的节名到所标识的缓冲区中。
- ☑ lpKeyName：键名。如果该参数为 NULL，函数将 lpAppName 节下所有的键名复制到
  lpReturnedString 缓冲区中。
- ☑ lpDefault：默认值。
- ☑ lpReturnedString：用于接收数据的缓冲区。
- ☑ nSize：以字符为单位，表示 lpReturnedString 缓冲区的大小。
- ☑ lpFileName：文件名称。

3．GetPrivateProfileInt

GetPrivateProfileInt 函数用于从 INI 文件中获取整型数据。
语法格式如下：

```
UINT GetPrivateProfileInt(LPCTSTR lpAppName,LPCTSTR lpKeyName,INT nDefault,LPCTSTR lpFileName);
```

参数说明：

- ☑ lpAppName：节名。
- ☑ lpKeyName：键名。

☑ nDefault：默认值。

☑ lpFileName：文件名称。

返回值：函数返回实际读取的整数值。

注意

如果节名为空，函数将复制所有节名到所标识的缓冲区中；如果键名为空，函数将把 lpAppName 节下所有的键名复制到缓冲区中。

4．GetPrivateProfileSectionNames

GetPrivateProfileSectionNames 函数用于返回 INI 文件中的所有节名。

语法格式如下：

```
DWORD GetPrivateProfileSectionNames(LPTSTR lpszReturnBuffer,DWORD nSize,LPCTSTR lpFileName);
```

参数说明：

☑ lpszReturnBuffer：接收节名的数据缓冲区。

☑ nSize：缓冲区的大小。

☑ lpFileName：INI 文件名称。

5．GetPrivateProfileSection

GetPrivateProfileSection 函数返回指定节下所有的键名和键值。

语法格式如下：

```
DWORD GetPrivateProfileSection(LPCTSTR lpAppName,LPTSTR lpReturnedString,DWORD nSize, LPCTSTR lpFileName);
```

参数说明：

☑ lpAppName：节名。

☑ lpReturnedString：接收数据的缓冲区。

☑ nSize：缓冲区的大小。

☑ lpFileName：INI 文件名称。

下面举例介绍如何读写 INI 文件。

【例 15.6】 读写 INI 文件。 （实例位置：资源包 \TM\sl\15\6）

具体操作步骤如下。

（1）创建一个基于对话框的工程，工程名称为 OperateIniFile，对话框资源设计窗口如图 15.8 所示。

（2）处理"确定"按钮的单击事件，向 INI 文件中写入数据，代码如下。

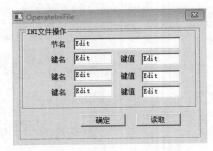

图 15.8　对话框资源设计窗口

```
void COperateIniFileDlg::OnOK()
{
    CString section,keyOne,keyTwo,keyThree,
            valOne,valTwo,valThree;                              // 定义字符串变量
```

```
        m_Section.GetWindowText(section);                                   // 获取节名
        m_KeyOne.GetWindowText(keyOne);                                     // 获取键名
        m_KeyTwo.GetWindowText(keyTwo);                                     // 获取键名
        m_KeyThree.GetWindowText(keyThree);                                 // 获取键名
        m_ValOne.GetWindowText(valOne);                                     // 获取键值
        m_ValTwo.GetWindowText(valTwo);                                     // 获取键值
        m_ValThree.GetWindowText(valThree);                                 // 获取键值
        WritePrivateProfileString(section,keyOne,valOne,"c:\\setting.ini");     // 写入键名和键值
        WritePrivateProfileString(section,keyTwo,valTwo,"c:\\setting.ini");     // 写入键名和键值
        WritePrivateProfileString(section,keyThree,valThree,"c:\\setting.ini"); // 写入键名和键值
}
```

技巧

如果 INI 文件在当前程序的根目录下，可以直接设置为 "./setting.ini"。

（3）处理"读取"按钮的单击事件，从 INI 文件中读取数据，代码如下。

```
void COperateIniFileDlg::OnRead()
{
        CString section;                                                    // 定义字符串变量
        GetPrivateProfileSectionNames(section.GetBuffer(0),100,"c:\\setting.ini"); // 获取节名
        char keys[MAX_PATH]= {0};                                           // 定义一个字符数组
        GetPrivateProfileSection(section,keys,MAX_PATH,"c:\\setting.ini");   // 获取键名和键值
        char *cmp = "=";                                                    // 定义一个字符指针
        int pos = strcspn(keys,cmp);                                        // 查找 "=" 在字符串中的位置
        char vals[MAX_PATH] = {0};                                          // 定义字符数组
        strncpy(vals,keys,pos);                                             // 赋值键名
        char* ptmp = keys+pos+1;                                            // 将字符指针指向键值
        m_Section.SetWindowText(section);                                   // 设置编辑框节名文本
        m_KeyOne.SetWindowText(vals);                                       // 设置编辑框键名文本
        m_ValOne.SetWindowText(ptmp);                                       // 设置编辑框键值文本
        int len = strlen(ptmp);                                             // 获取字符串长度
        ptmp +=len+1;                                                       // 指向下一个键名
        pos = strcspn(ptmp,cmp);                                            // 查找 "=" 在字符串中的位置
        memset(vals,0,MAX_PATH);                                            // 初始化 vals
        strncpy(vals,ptmp,pos);                                             // 赋值键名
        m_KeyTwo.SetWindowText(vals);                                       // 设置键名文本
        ptmp +=pos+1;                                                       // 指向键值
        m_ValTwo.SetWindowText(ptmp);                                       // 设置键值编辑框文本
        len = strlen(ptmp);                                                 // 获取字符串长度
        ptmp +=len+1;                                                       // 指向下一个键名
        pos = strcspn(ptmp,cmp);                                            // 查找 "=" 在字符串中的位置
        memset(vals,0,MAX_PATH);                                            // 初始化 vals
        strncpy(vals,ptmp,pos);                                             // 赋值键名
        ptmp += pos+1;                                                      // 指向键值
        m_KeyThree.SetWindowText(vals);                                     // 设置编辑框键名文本
        m_ValThree.SetWindowText(ptmp);                                     // 设置编辑框键值文本
}
```

（4）运行程序，结果如图 15.9 所示。

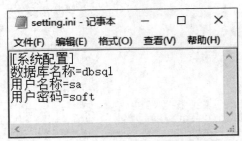

图 15.9　操作 INI 文件

15.4　注册表操作

注册表（Registry）是 Windows 系统存储系统配置信息的数据库。在早期的 Windows 3.x 操作系统中，硬件设备信息和应用程序的配置信息都保存在 INI 文件中。随着应用程序的不断增加，INI 文件变得越来越大，在 INI 文件中查找信息变得越来越慢。从 Windows 95 操作系统开始，引入了注册表的概念，将原来保存在 INI 文件中的数据转移到注册表中保存。本节将介绍有关注册表操作的相关知识。

15.4.1　使用 API 函数操作注册表

在操作注册表之前，先来介绍一下注册表的基本结构。注册表实际上是一个树结构，由根键、子键和项构成，其中项是子键下的数据，包括项的名称、数据类型和数据。为了查看注册表的信息，用户可以在运行窗口中输入 regedit 命令，打开"注册表编辑器"窗口，如图 15.10 所示。

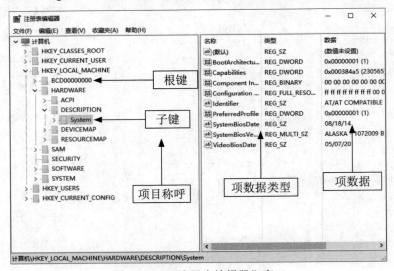

图 15.10　"注册表编辑器"窗口

为了方便用户读写注册表，系统提供了一组注册表函数。下面对主要函数进行介绍。

说明

有 3 种操作注册表的函数，两种是 API 函数，一种是 MFC 类库。API 函数包括以 SH 开头的函数和以 Reg 开头的函数，其中最基础的是以 Reg 开头的 API 函数，也就是接下来要介绍的函数。

1．RegCreateKey

RegCreateKey 函数用于打开指定的键，如果键不存在，则新建一个键或子键。
语法格式如下：

```
LONG RegCreateKey(HKEY hKey,LPCTSTR lpSubKey,PHKEY phkResult);
```

参考说明：
- ☑ hKey：打开键的句柄。可以是系统预定义的值，如 HKEY_CLASSES_ROOT、HKEY_CURRENT_USER 和 HKEY_LOCAL_MACHINE 等。
- ☑ lpSubKey：函数打开或创建的键名。
- ☑ phkResult：函数返回的打开或创建键的句柄指针。

2．RegCloseKey

RegCloseKey 函数用于关闭注册表中的键。

语法格式如下：

```
LONG RegCloseKey(HKEY hKey);
```

其中，hKey 表示之前打开的键句柄。

3．RegCreateKeyEx

RegCreateKeyEx 函数用于创建或打开注册表中的键。
语法格式如下：

```
LONG RegCreateKeyEx(HKEY hKey,LPCTSTR lpSubKey,DWORD Reserved,LPTSTR lpClass,
  DWORD dwOptions,REGSAM samDesired,LPSECURITY_ATTRIBUTES lpSecurityAttributes,
  PHKEY phkResult, LPDWORD lpdwDisposition);
```

参考说明：
- ☑ hKey：父键句柄。可以是系统预定义的值，如 HKEY_CLASSES_ROOT、HKEY_CURRENT_USER 和 HKEY_LOCAL_MACHINE 等，也可以是由 RegOpenKeyEx 函数返回的句柄。
- ☑ lpSubKey：函数打开或创建的键名。
- ☑ Reserved：保留，必须为 0。
- ☑ lpClass：键的类型。
- ☑ dwOptions：键的打开方式。为 REG_OPTION_BACKUP_RESTORE，表示以备份或还原的方式打开键；为 REG_OPTION_NON_VOLATILE，表示键信息在系统重启后保存到文件中，这是默认的设置；为 REG_OPTION_VOLATILE，表示键信息保存在内存中，当系统关闭后这些信息将不被保存。

☑ samDesired：访问权限。如果为 KEY_ALL_ACCESS，表示具有全部的访问权限。

☑ lpSecurityAttributes：安全属性信息，即子进程能否继承父进程中的该句柄。

☑ phkResult：函数打开或创建的键句柄。

☑ lpdwDisposition：用于返回函数执行的动作。如果为 REG_CREATED_NEW_KEY，表示键不存在，函数将创建键信息；为 REG_OPENED_EXISTING_KEY，表示键已存在，函数只是打开键。

4．RegDeleteKey

RegDeleteKey 函数用于从注册表中删除某个子键。

语法格式如下：

```
LONG RegDeleteKey(HKEY hKey,LPCWSTR lpSubKey);
```

参考说明：

☑ hKey：当前打开的父键句柄。

☑ lpSubKey：将要删除的子键名称。

5．RegOpenKey

RegOpenKey 函数用于打开注册表中所标识的键。

语法格式如下：

```
LONG RegOpenKey(HKEY hKey,LPCTSTR lpSubKey,PHKEY phkResult);
```

参考说明：

☑ hKey：当前打开的父键句柄。

☑ lpSubKey：将要打开的子键名称。

☑ phkResult：用于返回打开的子键句柄。

6．RegOpenKeyEx

RegOpenKeyEx 函数用于打开注册表中所标识的键。

语法格式如下：

```
LONG RegOpenKeyEx(HKEY hKey, LPCWSTR lpSubKey,DWORD ulOptions,REGSAM samDesired, PHKEY
phkResult );
```

参考说明：

☑ hKey：当前打开的父键句柄。

☑ lpSubKey：将要打开的子键名称。

☑ ulOptions：保留，必须为 0。

☑ samDesired：未使用，必须为 0。

☑ phkResult：用于返回打开的子键句柄。

7．RegDeleteValue

RegDeleteValue 函数用于从注册表中移除指定键下的项。
语法格式如下：

```
LONG RegDeleteValue(HKEY hKey, LPCWSTR lpValueName );
```

参考说明：
- ☑　hKey：当前打开的键句柄。
- ☑　lpValueName：将要删除的项名称。

8．RegQueryValue

RegQueryValue 函数用于获取注册表中指定键下的默认值。
语法格式如下：

```
LONG RegQueryValue(HKEY hKey,LPCTSTR lpSubKey,LPTSTR lpValue,PLONG lpcbValue);
```

参考说明：
- ☑　hKey：当前打开的键句柄。
- ☑　lpSubKey：子键名称。
- ☑　lpValue：返回的数据。
- ☑　lpcbValue：标识 lpValue 缓冲区的大小。

9．RegQueryValueEx

RegQueryValueEx 函数用于获取注册表中指定键下某个项的值。
语法格式如下：

```
LONG RegQueryValueEx(HKEY hKey,LPCWSTR lpValueName,LPDWORD lpReserved, LPDWORD lpType,
LPBYTE lpData, LPDWORD lpcbData );
```

参考说明：
- ☑　hKey：当前打开的键句柄。
- ☑　lpValueName：项名称。
- ☑　lpReserved：保留，必须为 NULL。
- ☑　lpType：一个指针，用于接收项的数据类型。
- ☑　lpData：一个数据缓冲区，用于存储函数返回的数据。
- ☑　lpcbData：lpData 数据缓冲区的大小。

10．RegSetValue

RegSetValue 函数用于设置关联键的默认值。
语法格式如下：

```
LONG RegSetValue(HKEY hKey,LPCTSTR lpSubKey,DWORD dwType,LPCTSTR lpData,DWORD cbData);
```

参考说明：
- ☑　hKey：打开的父键句柄。

☑ lpSubKey：子键名称。

☑ dwType：数据的存储类型。

☑ lpData：待设置的数据。

☑ cbData：lpData 缓冲区的大小。

11．RegSetValueEx

RegSetValueEx 函数用于设置指定键下的项信息。

语法格式如下：

```
LONG RegSetValueEx(HKEY hKey,LPCWSTR lpValueName,DWORD Reserved,DWORD dwType,const
BYTE* lpData,DWORD cbData);
```

参考说明：

☑ hKey：打开的键句柄。

☑ lpValueName：项名称。

☑ Reserved：保留，必须为 0。

☑ dwType：项的数据类型。

☑ lpData：待设置的数据。

☑ cbData：lpData 缓冲区的大小。

下面通过一个实例来介绍如何应用注册表函数操作注册表。

【例 15.7】 应用注册表函数操作注册表。（实例位置：资源包 \TM\sl\15\7）

具体操作步骤如下。

（1）创建一个基于对话框的工程，工程名称为 OperateReg，对话框资源设计窗口如图 15.11 所示。

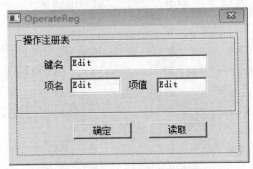

图 15.11　对话框资源设计窗口

（2）处理"确定"按钮的单击事件，向注册表中写入数据，代码如下。

```
void COperateRegDlg::OnOK()
{
    HKEY hroot;                                              // 定义注册表句柄
    DWORD action;                                           // 定义一个整型变量
    CString keyname;                                        // 定义一个字符串变量
    m_KeyName.GetWindowText(keyname);                       // 获取键名
    keyname += "\\";                                        // 设置键名
    // 在注册表中创建键名
    RegCreateKeyEx(HKEY_CURRENT_USER ,keyname,0,NULL,0,KEY_WRITE,NULL,&hroot,&action);
    CString itemname;                                       // 定义字符串变量
```

```
    m_ItemName.GetWindowText(itemname);                        // 获取项名
    CString itemvalue;                                          // 定义字符串变量
    m_ItemValue.GetWindowText(itemvalue);                      // 获取项值
    DWORD size = itemvalue.GetLength();                        // 获取字符串长度
    if (ERROR_SUCCESS== RegSetValueEx(hroot,itemname,0,
        REG_SZ ,(unsigned char*)itemvalue.GetBuffer(0),size))  // 设置项值
        MessageBox("Successfull!");
    RegCloseKey(hroot);                                        // 关闭键句柄
}
```

说明

当 RegSetValueEx 函数的返回值为 ERROR_SUCCESS 时，表示设置成功。

（3）处理"读取"按钮的单击事件，从注册表中读取数据，代码如下。

```
void COperateRegDlg::OnRead()
{
    HKEY hroot;                                                // 定义键句柄
    CString keyname;                                           // 定义字符串变量
    m_KeyName.GetWindowText(keyname);                         // 获取键名
    RegOpenKeyEx(HKEY_CURRENT_USER ,keyname,0,KEY_READ,&hroot); // 打开注册表键值
    CString itemname;                                          // 定义字符串变量
    m_ItemName.GetWindowText(itemname);                       // 获取项名称
    DWORD type = REG_SZ;                                       // 设置项的数据类型
    CString data= "temp";                                     // 定义一个字符串变量
    DWORD size = MAX_PATH;                                    // 设置字符串代码
    // 从注册表中获取项信息
    RegQueryValueEx(hroot,itemname,0,&type,(unsigned char*)data.GetBuffer(0),&size);
    RegCloseKey(hroot);                                       // 关闭键句柄
    MessageBox(data," 提示 ");                                 // 以对话框形式显示数据
}
```

（4）运行程序，结果如图 15.12 所示。

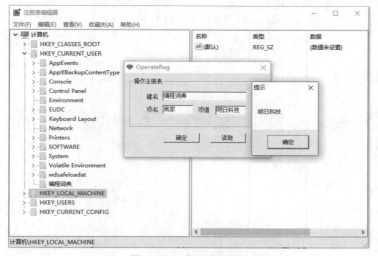

图 15.12 注册表操作

415

15.4.2 基于 CRegKey 类操作注册表

在 Visual C++ 中，为了简化注册表操作，MFC 提供了一个 CRegKey 类。该类封装了对注册表的相关操作，用户可以非常方便地操作注册表。CRegKey 类的主要方法介绍如下。

注意

在使用 CRegKey 类前，需要引用头文件 atlbase.h。

1. Create

Create 方法用于创建所标识的键。
语法格式如下：

```
LONG Create( HKEY hKeyParent, LPCTSTR lpszKeyName, LPTSTR lpszClass = REG_NONE, DWORD
dwOptions = REG_OPTION_NON_VOLATILE, REGSAM samDesired = KEY_ALL_ACCESS, LPSECURITY_
ATTRIBUTES lpSecAttr = NULL, LPDWORD lpdwDisposition = NULL );
```

参考说明：
- ☑ hKeyParent：打开的父键句柄。
- ☑ lpszKeyName：键名称。
- ☑ lpszClass：键的类型。
- ☑ dwOptions：键的打开方式。如果为 REG_OPTION_BACKUP_RESTORE，表示以备份或还原的方式打开键；为 REG_OPTION_NON_VOLATILE，表示键信息在系统重启后保存到文件中，这是默认的设置；为 REG_OPTION_VOLATILE，表示键信息保存在内存中，系统关闭后这些信息将不被保存。
- ☑ samDesired：访问权限。
- ☑ lpSecAttr：键句柄的安全属性。
- ☑ lpdwDisposition：用于返回函数执行的动作。如果为 REG_CREATED_NEW_KEY，表示键不存在，函数将创建键信息；为 REG_OPENED_EXISTING_KEY，表示键已存在，函数只能打开键。

2. Open

Open 方法用于打开注册表键值。
语法格式如下：

```
LONG Open( HKEY hKeyParent, LPCTSTR lpszKeyName, REGSAM samDesired = KEY_ALL_ACCESS );
```

参考说明：
- ☑ hKeyParent：打开的父键句柄。
- ☑ lpszKeyName：打开的键名称。
- ☑ samDesired：键的访问权限。

3. SetValue

SetValue 方法用于设置指定键下的项信息。

语法格式如下：

```
LONG SetValue( DWORD dwValue, LPCTSTR lpszValueName );
LONG SetValue( LPCTSTR lpszValue, LPCTSTR lpszValueName = NULL );
LONG SetValue( HKEY hKeyParent, LPCTSTR lpszKeyName, LPCTSTR lpszValue, LPCTSTR lpszValueName =
NULL );
```

参考说明：

- ☑　dwValue：设置的整数值。
- ☑　lpszValueName：设置的项名称。
- ☑　lpszValue：设置的字符串数据。
- ☑　hKeyParent：父键句柄。
- ☑　lpszKeyName：键名称。
- ☑　lpszValue：设置的项数据。
- ☑　lpszValueName：项名称。

4．QueryValue

QueryValue 方法用于获取指定键下的数据。
语法格式如下：

```
LONG QueryValue(LPCTSTR pszValueName,DWORD* pdwType, void* pData,ULONG* pnBytes);
ATL_DEPRECATED LONG QueryValue(DWORD& dwValue,LPCTSTR lpszValueName );
ATL_DEPRECATED LONG QueryValue(LPTSTR szValue,LPCTSTR lpszValueName,DWORD* pdwCount );
```

参考说明：

- ☑　pszValueName：查询的项名称。
- ☑　pdwType：整型指针，用于返回项的数据类型。
- ☑　pData：数据缓冲区，用于存储函数返回的数据。
- ☑　pnBytes：数据缓冲区 pData 的大小。在函数返回后，该参数表示实际返回的数据大小。
- ☑　dwValue：用于存储函数返回的整型数据。
- ☑　lpszValueName：要查询的注册表项名称。
- ☑　szValue：数据缓冲区，用于存储函数返回的字符串数据。
- ☑　pdwCount：表示字符串数据的大小。

下面举例介绍如何应用 CRegKey 类对注册表进行操作。

【例 15.8】应用 CRegKey 类对注册表进行操作。（**实例位置：
资源包 \TM\sl\15\8**）

具体操作步骤如下。

（1）创建一个基于对话框的工程，工程名称为 RWReg，对
话框资源设计窗口如图 15.13 所示。

（2）在对话框的源文件中引用 atlbase.h 头文件，目的是使
用 CRegKey 类。

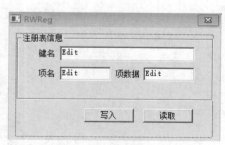

图 15.13　对话框资源设计窗口

```
#include "atlbase.h"                                    // 引用 atlbase.h 头文件
```

（3）处理"写入"按钮的单击事件，将编辑框中的文本写入注册表中，代码如下。

```
void CRWRegDlg::OnOK()
{
    CRegKey reg;                                 // 定义一个 CRegKey 对象
    CString key;                                 // 定义一个字符串变量
    m_KeyName.GetWindowText(key);                // 获取编辑框文本
    reg.Create(HKEY_CURRENT_USER,key);           // 创建注册表键值
    CString item;                                // 定义字符串变量
    m_ItemName.GetWindowText(item);              // 获取项名
    CString value;                               // 定义字符串变量
    m_ItemValue.GetWindowText(value);            // 获取项值
    reg.SetValue(value,item);                    // 向注册表中写入数据
    reg.Close();                                 // 关闭注册表键句柄
}
```

> **注意**
>
> 使用 Create 方法创建注册表键时，设置好父键句柄和键名以后，其他参数可以省略。

（4）处理"读取"按钮的单击事件，从注册表中读取数据，代码如下。

```
void CRWRegDlg::OnLoad()
{
    CRegKey reg;                                 // 定义一个 CRegKey 对象
    CString key;                                 // 定义字符串变量
    m_KeyName.GetWindowText(key);                // 获取键名
    reg.Open(HKEY_CURRENT_USER,key);             // 打开注册表键值
    CString item;                                // 定义字符串变量
    m_ItemName.GetWindowText(item);              // 获取项名
    CString value;                               // 定义字符串变量
    DWORD size = MAX_PATH;                        // 定义整型变量
    reg.QueryValue(value.GetBuffer(0),item,&size); // 从注册表中读取数据
    MessageBox(value," 提示 ");                   // 以对话框形式弹出读取的数据
}
```

（5）运行程序，结果如图 15.14 所示。

图 15.14　使用 CRegKey 类操作注册表

15.5　小　　结

　　本章介绍了普通文件的读写操作、类的串行化、INI 文件的读写操作、注册表的读写操作等知识。对普通文件、INI 文件及注册表的操作在程序开发中经常使用到，读者应该熟练掌握。类的串行化在程序开发中很少使用，读者了解即可。

15.6　实践与练习

1. 设计一个应用程序，获取文件的属性信息。（答案位置：资源包 \TM\sl\15\9）
2. 设计一个应用程序，实现局域网中文件的复制功能。（答案位置：资源包 \TM\sl\15\10）
3. 设计一个应用程序，实现文件和文件夹的重命名。（答案位置：资源包 \TM\sl\15\11）
4. 设计一个应用程序，实现文件的查找。（答案位置：资源包 \TM\sl\15\12）

第 **16** 章

ADO 编程

（ 📹 视频讲解：**31** 分钟）

操作数据库时，ADO 技术有着广泛的应用，已经逐步取代了 ODBC 和 DAO 等数据库操作技术。本章将介绍 ADO 的相关知识，其中详细讲解了 ADO 对象中常用的 4 种对象，使读者初步了解 ADO 对象，为日后开发数据库系统打下良好的基础。为了便于读者理解，在讲解过程中列举了 ADO 对象的应用。

通过阅读本章，您可以：

▶▶ 了解 ADO

▶▶ 了解如何在 Visual C++ 中应用 ADO 技术

▶▶ 掌握 ADO 对象

▶▶ 掌握 ADO 对象的封装

▶▶ 掌握使用 ADO 对象操作数据

▶▶ 掌握使用 ADO 对象检索数据

视频讲解

16.1　ADO 编程基础

ADO（ActiveX Data Objects）是当前流行的数据库访问技术。要使用 ADO 进行编程，首先要对 ADO 有所了解，本节将对 ADO 进行简单的介绍。

16.1.1　ADO 概述

ADO 是 Microsoft 数据库应用程序开发的新接口，是建立在 OLE DB 底层技术之上的高层数据库访问技术。OLE DB 是数据库底层接口，为各种数据源提供了高性能的访问；ADO 封装了 OLE DB 所提供的接口，用户通过编写应用程序，可以访问和操作数据库服务器中的数据。ADO 的优点在于使用简便、速度快、内存支出少和占用磁盘空间少，同时还具有远程数据服务功能，可以在一次往返过程中将数据从服务器移动到客户端程序，然后在客户端对数据进行处理，并将更新结果返回到服务器。此外，ADO 还提供了多语言支持，除了面向 Visual C++ 外，还提供了面向其他各种开发工具的应用。

16.1.2　在 Visual C++ 中应用 ADO 技术

在 Visual C++ 中使用 ADO 操作数据库有两种方法，一种是使用 ActiveX 控件，另一种是使用 ADO 对象。

1. ActiveX 控件

使用 ActiveX 控件操作数据库相对简单，使用 ActiveX 控件绑定数据源即可对数据库进行操作。

2. ADO 对象

使用 ADO 对象操作数据库虽然比使用 ActiveX 控件复杂一些，但是使用 ADO 对象具有更大的灵活性，将 ADO 对象封装到类中可以很好地简化对数据库的操作。

视频讲解

16.2　ADO 对象

ADO 中包含了 7 个对象，分别是 ADO 连接对象（Connection）、ADO 记录集对象（Recordset）、ADO 命令对象（Command）、ADO 参数对象（Parameter）、ADO 域对象（Field）、ADO 错误对象（Error）和 ADO 属性对象（Property）。本节将对其中的 4 个对象进行介绍。

16.2.1　ADO 连接对象

ADO 连接对象用于连接数据源，并处理一些命令和事务。在使用 ADO 访问数据库之前，必须先创建一个 ADO 连接对象，然后才能通过该对象打开到数据库的连接。

1．ADO 连接对象操作

使用 ADO 连接对象的集合、方法和属性可执行下列操作。

☑　在打开到数据库的连接之前，需要使用 ConnectionString、ConnectionTimeout 和 Mode 属性配置连接。

☑　使用 CursorLocation 属性指定支持批更新的"客户端游标提供者"的位置。

☑　使用 DefaultDatabase 属性设置连接的默认数据库。

☑　使用 IsolationLevel 属性设置在连接上打开的事务的隔离级别。

☑　使用 Provider 属性指定 OLE DB 提供者。

☑　使用 Open 方法建立到数据源的物理连接，使用 Close 方法中断连接。

☑　使用 Execute 方法执行对连接的命令，并且可以使用 CommandTimeout 属性对执行的命令进行配置。

☑　使用 BeginTrans、CommitTrans 和 RollbackTrans 方法以及 Attributes 属性管理打开的连接上的事务（如果提供者支持则包括嵌套的事务）。

☑　使用 Errors 集合检查数据源返回的错误。

☑　通过 Version 属性读取所使用的 ADO 执行版本。

☑　使用 OpenSchema 方法获取数据库概要信息。

2．ADO 连接对象属性

ADO 连接对象的属性介绍如下。

☑　Attributes：读 / 写，其值可以为以下值中的任意一个或多个。

　　➤　AdXactCommitRetaining：执行保留的事务提交。

　　➤　AdXactAbortRetaining：执行保留的事务终止。

☑　CommandTimeout：该属性允许由于网络拥塞或服务器负载过重产生的延迟而取消 Execute 方法调用。指示在终止尝试和产生错误之前执行命令期间需等待的时间。

☑　ConnectionString：该属性包含用来建立到数据源的连接的信息。通过传递包含一系列由分号分隔的 argument = value 语句的详细连接字符串可指定数据源。ADO 支持以下 7 个 argument 语句。

　　➤　Provider：指定连接所需的提供者名称。

　　➤　Data Source：指定连接所需的数据源名称。

　　➤　User ID：指定打开连接所需的用户名。

　　➤　Password：指定打开连接所需的密码。

　　➤　File Name：指定提供者描述文件名。

　　➤　Remote Provider：指定打开客户端连接所需的提供者名称。

➢ 　Remote Server：指定打开客户端连接所需的服务器名称。

☑ 　ConnectionTimeout：由于网络堵塞或服务器负载过重导致的延迟使得必须放弃连接尝试时，使用该属性，指示在终止尝试和产生错误前建立连接期间所等待的时间。

☑ 　CursorLocation：该属性允许在可用于提供者的各种游标库中进行选择，或返回游标引擎的位置。可选值如下。

➢ 　adUseClient：使用客户端游标引擎。

➢ 　adUseServer：使用数据提供者游标引擎。

☑ 　DefaultDatabase：设置或返回指定 Connection 对象上默认数据库的名称。

☑ 　IsolationLevel：该属性允许读 / 写，表示 Connection 对象的隔离级别。直到下次调用 BeginTrans 方法时，该设置才会生效。可选值如下。

➢ 　adXactUnspecified：不使用指定的级别，级别不确定。

➢ 　adXactChaos：不能覆盖更高级别事务中未提交的更改。

➢ 　adXactBrowse：可以浏览其他事务中未提交的更改。

➢ 　adXactCursorStability：可以浏览其他事务中已提交的更改。

➢ 　adXactRepeatableRead：重新查询可以获得新的记录集。

➢ 　adXactIsolated：事务管理与其他事务分隔。

☑ 　Mode：可设置或返回当前连接上提供者正在使用的访问权限。Mode 属性在关闭 Connection 对象时方可设置。可选值如下。

➢ 　adModeUnknown：未知的权限。

➢ 　adModeRead：只读权限。

➢ 　adModeWrite：只写权限。

➢ 　adModeReadWrite：读写权限。

➢ 　adModeShareDenyRead：只读共享权限。

➢ 　adModeShareDenyWrite：只写共享权限。

➢ 　adModeShareExclusive：独占权限。

➢ 　adModeShareDenyNone：无权限。

☑ 　Provider：设置或返回连接提供者的名称。

☑ 　State：指定对象的当前状态。该属性是只读的，可选值如下。

➢ 　adStateClosed：默认，指示对象是关闭的。

➢ 　adStateOpen：指示对象是打开的。

☑ 　Version：ADO 版本号。

3．ADO 连接对象方法

ADO 连接对象的方法介绍如下。

☑ 　BeginTrans：开始一个新事务。

☑ 　CommitTrans：保存所有更改并结束当前事务，也可以启动新事务。

☑ 　RollbackTrans：取消当前事务中所做的任何更改并结束事务，也可以启动新事务。

☑ 　Cancel：取消执行挂起的异步 Execute 或 Open 方法的调用。

☑ Close：关闭打开的对象及任何相关对象。

☑ Execute：执行指定的查询、SQL 语句、存储过程或特定提供者的文本等内容。

☑ Open：打开到数据源的连接。

☑ OpenSchema：从提供者获取数据库纲要信息。

下面对 ADO 连接对象的常用方法进行详细介绍。

（1）Open 方法

语法格式如下：

```
HRESULT Open(_bstr_t ConnectionString,_bstr_t UserID,_bstr_t Password,long Options);
```

Open 方法中的参数说明如表 16.1 所示。

表 16.1　Open 方法中的参数说明

参　　数	描　　述
ConnectionString	指定连接信息的字符串
UserID	指定建立连接所需的用户名
Password	指定建立连接所需的密码
Options	打开选项，分为 adConnectUnspecified（同步）和 adAsyncConnect（异步）

（2）Execute 方法

语法格式如下：

```
_RecordSetPtr Execute(_bstr_t CommandText,VARIANT *RecordsAffected,long Options);
```

参数说明：

☑ CommandText：指定要执行的命令文本。

☑ RecordsAffected：返回受影响的记录数。

☑ Options：指定命令类型。

 说明

　　如果 Execute 方法执行的 SQL 语句要求有记录集返回，如执行 Select 查询语句，Execute 方法则返回一个 ADO 记录集对象。

（3）Close 方法

语法格式如下：

```
HRESULT Close();
```

16.2.2　ADO 记录集对象

ADO 记录集对象可操作来自数据源的数据，通过 Recordset 对象可对几乎所有的数据进行操作。所有的 Recordset 对象均使用记录（行）和字段（列）进行构造。

1．ADO 记录集对象操作

使用 ADO 记录集对象的集合、方法和属性可执行下列操作。

☑　使用 CursorType 属性或 Open 方法指定游标类型。

☑　使用 Open 方法打开记录集，使用 Close 方法关闭记录集。

☑　使用 AddNew、Update 和 Delete 方法编辑记录。

2．ADO 记录集对象属性

ADO 记录集对象的属性介绍如下。

☑　AbsolutePage：识别当前记录所在的页码，可以为 1 至所含页码的长整型值，或以下值。

　➢　adPosUnknown：记录集为空。

　➢　adPosBof：当前记录集指针在 BOF。

　➢　adPosEof：当前记录集指针在 EOF。

☑　AbsolutePosition：根据其在 Recordset 中的序号位置移动记录，或确定当前记录的序号位置。

☑　ActiveConnection：确定在其上将执行指定命令的对象或打开指定记录集的连接对象。

☑　BOF：表示当前记录位置位于记录集对象的第一个记录之前。

☑　EOF：表示当前记录位置位于记录集对象的最后一个记录之后。

☑　Bookmark：保存当前记录的位置并随时返回到该记录。

☑　CacheSize：控制提供者在缓存中所保存的记录数目，并可控制一次恢复到本地内存的记录数。

☑　CursorLocation：允许在各种游标库中进行选择。可选值如下。

　➢　adUseClient：使用客户端游标。

　➢　adUseServer：使用提供者游标。

☑　CursorType：指定打开记录集对象时应该使用的游标类型。可选值如下。

　➢　adOpenUnspecified：指出一个光标类型的不确定值，利用这个光标类型可以查询 OLE DB 允许什么样的光标存取。

　➢　adOpenForwardOnly：仅向前游标，除仅允许在记录中向前滚动外，其行为类似于动态游标。这样，当需要在记录集中单程移动时即可提高性能。

　➢　adOpenKeyset：键集游标。其行为类似于动态游标，不同的只是禁止查看其他用户添加的记录，并禁止访问其他用户删除的记录，其他用户所做的数据更改将依然可见。它始终支持书签，因此允许记录集中各种类型的移动。

　➢　adOpenDynamic：动态游标，用于查看其他用户所做的添加、更改和删除，并用于不依赖书签的记录集中各种类型的移动。如果提供者支持，可使用书签。

　➢　adOpenStatic：静态游标，提供记录集合的静态副本以查找数据或生成报告。它始终支持书签，因此允许记录集中各种类型的移动。其他用户所做的添加、更改或删除将不可见。这是打开客户端（ADOR）记录集对象时唯一允许使用的游标类型。

☑　EditMode：确定当前记录的编辑状态。可选值如下。

　➢　adEditNone：无编辑操作。

　➢　adEditInProgress：已经被编辑，还未保存。

　➢　adEditAdd：已经调用 AddNew 方法，新记录还未保存到数据库中。

☑ Filter：选择性地屏蔽记录集对象中的记录，已筛选的记录集将成为当前游标。可选值如下。

> adFilterNone：移除当前过滤器，恢复记录视图。

> adFilterPendingRecords：允许查看已更改但还未发送到服务器的记录。

> adFilterAffectedRecords：允许查看受 CancelBatch 、Delete、Resync 和 UpdateBatch 方法调用影响的记录。

> adFilterFetchedRecords：允许查看当前缓冲区中的记录。

☑ LockType：指定打开时提供者应该使用的锁定类型。可选值如下。

> adLockUnspecified：未指定。

> adLockReadOnly：只读记录集。

> adLockPessimistic：数据在更新时锁定其他所有动作，这是最安全的锁定机制。

> adLockOptimistic：只在实际的更新命令执行时才锁定记录，锁定状态维持时间最短，因此使用得最频繁。

> adLockBatchOptimistic：在数据库执行批量操作时使用，是一种非常不安全的记录锁定方式，但是在应用程序需要处理许多记录时经常使用。

☑ MarshalOptions：要被调度返回服务器的记录。可选值如下。

> adMarshalAll：所有行的记录都可以返回给服务器。

> adMarshalModifiedOnly：只有编辑过的行可以返回给服务器。

☑ MaxRecords：对提供者从数据源返回的记录数加以限制。

☑ PageCount：确定记录集对象中数据的页数。

☑ PageSize：确定组成逻辑数据页的记录数。

☑ RecordCount：确定记录集对象中记录的数目。

☑ Sort：指定一个或多个以 Recordset 关键字（ASCENDING 或 DSCENDING）排序的字段名，并指定按升序还是降序对字段进行排序。

☑ Source：记录集对象中数据的来源（命令对象、SQL 语句、表的名称或存储过程）。

☑ State：确定指定对象的当前状态。该属性是只读的。

☑ Status：有关批更新或其他大量操作的当前记录的状态。

3．ADO 记录集对象方法

ADO 记录集对象的方法介绍如下。

☑ AddNew：可创建和初始化新记录。

☑ Cancel：取消执行挂起的异步 Execute 或 Open 方法的调用。

☑ CancelBatch：可取消批更新模式下记录集中所有挂起的更新。

☑ CancelUpdate：可取消对当前记录所作的任何更改或放弃新添加的记录。

☑ Clone：从现有的记录集对象创建记录集对象的副本。可选择指定该副本为只读。

☑ Delete：可标记记录集对象中的当前记录或一组记录以便删除。

☑ Move：移动记录集对象中当前记录的位置。

☑ MoveFirst：移动到记录集的第一条记录。

☑ MoveLast：移动到记录集的最后一条记录。

☑ MoveNext：将当前记录位置向前移动一条记录（向记录集的底部）。

- ☑ MovePrevious：将当前记录位置向后移动一条记录（向记录集的顶部）。
- ☑ NextRecordset：清除当前记录集对象并通过提前命令序列返回下一条记录集。
- ☑ Open：可打开代表基本表、查询结果或者以前保存的记录集中记录的游标。
- ☑ Requery：通过重新执行对象所基于的查询来更新记录集对象中的数据。
- ☑ Resync：从当前行数据库刷新当前记录集对象中的数据。
- ☑ Save：将记录集保存（持久）在文件中。
- ☑ Supports：确定记录集对象所支持的功能类型。
- ☑ Update：保存对记录集对象的当前记录所做的所有更改。
- ☑ UpdateBatch：将所有挂起的批更新写入磁盘。

下面对 ADO 记录集对象的常用方法进行详细介绍。

（1）Open 方法

语法格式如下：

```
HRESULT Open(const _variant_t & Source,     const _variant_t & ActiveConnection,enum CursorTypeEnum
CursorType,enum LockTypeEnum LockType,long Options);
```

Open 方法中的参数说明如表 16.2 所示。

表 16.2　Open 方法中的参数说明

参　　数	描　　述	参　　数	描　　述
Source	指定记录集的数据源	LockType	指定锁定类型
ActiveConnection	指定记录集对象使用的连接	Options	指定数据源语句的类型
CursorType	指定使用的游标类型		

（2）AddNew 方法

语法格式如下：

```
HRESULT AddNew(const _variant_t &FieldList = vtMissing,const _variant_t &values = vtMissing);
```

参数说明：

- ☑ FieldList：指定字段列表数组。
- ☑ values：指定字段值数组。

（3）Update 方法

语法格式如下：

```
HRESULT Update (const _variant_t &Fields = vtMissing,const _variant_t &values = vtMissing);
```

参数说明：

- ☑ Fields：指定字段数组。
- ☑ values：指定字段值数组。

注意

> Update 方法不仅在修改记录集记录时使用，也可在向记录集中添加记录时使用。

（4）Delete 方法

语法格式如下：

```
HRESULT Delete(enum AffectEnum AffectRecords);
```

其中，AffectRecords 是 AffectEnum 枚举类型值，指定受影响的记录数。

16.2.3　ADO 命令对象

ADO 命令对象用于执行传递给数据源的命令。

1．ADO 命令对象操作

使用 ADO 命令对象的集合、方法和属性可执行下列操作。

☑　使用 CommandText 属性定义命令的可执行文本。

☑　通过参数对象和 Parameters 集合定义参数化查询或存储过程参数。

☑　可使用 Execute 方法执行命令，并在适当的时候返回 Recordset 对象。

☑　执行前使用 CommandType 属性指定命令类型，以优化性能。

☑　使用 Prepared 属性决定提供者是否在执行前保存编译好的命令版本。

☑　使用 CommandTimeout 属性设置提供者等待命令执行的秒数。

☑　通过设置 ActiveConnection 属性，使打开的连接与命令对象关联。

☑　设置 Name 属性，将命令标识为与连接对象关联的方法。

☑　将命令对象传送给记录集的 Source 属性，以便获取数据。

2．ADO 命令对象属性

ADO 命令对象的属性介绍如下。

☑　ActiveConnection：可确定在其上将执行指定命令对象或打开指定记录的连接对象。

☑　CommandText：包含要发送给提供者的命令的文本。

☑　CommandTimeout：在终止尝试和产生错误之前执行命令期间需等待的时间。

☑　CommandType：命令对象的类型。可选值如下。

  ➢　adCmdText：文本命令。

  ➢　adCmdTable：数据表名。

  ➢　adCmdStoredProc：存储过程。

  ➢　adCmdUnknown：未知的。

☑　Prepared：可使提供者在首次执行命令对象前保存 CommandText 属性中指定的已编译的查询版本。

☑　State：可以确定指定对象的当前状态。该属性是只读的，返回值如下。

  ➢　adStateClosed：默认，指示对象是关闭的。

  ➢　adStateOpen：指示对象是打开的。

3．ADO 命令对象方法

ADO 命令对象的方法介绍如下。

☑　Cancel：取消执行挂起的异步 Execute 或 Open 方法的调用。

☑　CreateParameter：可用指定的名称、类型、方向、大小和值创建新的参数对象。

☑　Execute：执行在 CommandText 属性中指定的查询、SQL 语句或存储过程。

下面对 ADO 命令对象的常用方法进行详细介绍。

（1）CreateParameter 方法

语法格式如下：

```
ParameterPtr CreateParameter(_bstr_t Name,enum DataTypeEnum Type,enum ParameterDirectionEnum
Direction,long Size,const variant &Value);
```

CreateParameter 方法中的参数说明如表 16.3 所示。

表 16.3　CreateParameter 方法中的参数说明

参　　数	描　　述
Name	指定参数对象的名称
Type	指定数据类型
Direction	指定参数的传递方向
Size	指定参数值的最大长度
Value	参数对象的值

（2）Execute 方法

语法格式如下：

```
_RecordsetPtr Execute(VARIANT* RecordsAffected,VARIANT* Parameters,long Options);
```

参数说明：

☑　RecordsAffected：返回受影响的记录数。

☑　Parameters：指定使用的具体参数。

☑　Options：指定命令类型。

16.2.4　ADO 参数对象

ADO 参数对象代表参数或基于参数化的命令对象的参数信息。需要进行的操作在这些命令中只定义一次，但可以使用参数改变命令的细节。

1．ADO 参数对象操作

使用 ADO 参数对象的集合、方法和属性可执行下列操作。

☑　使用 Name 属性可设置或返回参数名称。

☑　使用 Value 属性可设置或返回参数值。

☑　使用 Attributes、Direction、Precision、NumericScale、Size 以及 Type 属性可设置或返回参数特性。

☑　使用 AppendChunk 方法可将长整型二进制或字符数据传递给参数。

2．ADO 参数对象属性

ADO 参数对象的属性介绍如下。

☑　Attributes：读 / 写。可选值如下。

➢　AdParamSigned：默认值。指示该参数接受带符号的值。

> ➤ AdParamNullable：指示该参数接受 NULL 值。
> ➤ AdParamLong：指示该参数接受长二进制数据。

☑ Direction：参数的传递方向。可选值如下。
> ➤ adParamUnknown：指示参数方向为未知。
> ➤ adParamInput：默认值。指示为输入参数。
> ➤ adParamOutput：指示为输出参数。
> ➤ adParamInputOutput：指示为输入和输出参数。
> ➤ adParamReturnValue：指示为返回值。

☑ Name：对象的名称。
☑ NumericScale：可确定用于表明数字型参数或字段对象的值的小数位数。
☑ Precision：可确定表示数字参数或字段对象值的最大位数。
☑ Size：参数对象的最大值（按字节或字符）。
☑ Type：指示参数对象、字段对象或属性对象的操作类型或数据类型，对参数对象是读 / 写，对其他所有对象 Type 属性是只读。
☑ Value：可以设置或返回来自 Field 对象的数据、Parameter 对象的参数值或者 Property 对象的属性设置。

3．ADO 参数对象方法

AppendChunk 方法：可将长二进制或字符数据填写到对象中。

语法格式如下：

```
HRESULT AppendChunk(const variant & Data);
```

其中，Data 表示长二进制或字符数据。

说明

> 在使用操作数据库时，主要使用的是连接对象和记录集对象。

视频讲解

16.3　ADO 对象应用

ADO 对象应用是本章的重点，通过本节的介绍，读者可以了解 ADO 对象在程序中是如何应用的。

16.3.1　封装 ADO 对象

为了简化程序的操作，在使用 ADO 对象时可以将其封装到类中。这样做的好处是在程序的不同模块中操作数据库时，只要引用封装类的头文件，即可使用封装过的 ADO 对象。

在此笔者封装了一个 ADO 类，该类的主要功能是完成数据库和记录集的打开与关闭操作。ADO

类的头文件如下:

```
class ADO
{
public:
    _ConnectionPtr m_pConnection;                          // 连接对象指针
    _RecordsetPtr  m_pRecordset;                           // 记录集对象指针

public:
    ADO();
    virtual ~ADO();
    void OnInitADOConn();                                  // 连接数据库
    _RecordsetPtr&  OpenRecordset(CString sql);            // 打开记录集
    void CloseRecordset();                                 // 关闭记录集
    void CloseConn();                                      // 关闭数据库连接
    UINT GetRecordCount(_RecordsetPtr pRecordset);         // 获得记录数
};
```

接下来介绍各个成员函数是如何实现的。

（1）ADO 类中的成员函数 OnInitADOConn 用于连接数据库，在该函数中调用 ADO 连接对象的
Open 方法，连接数据库，代码如下。

```
void ADO::OnInitADOConn()
{
    ::CoInitialize(NULL);                                  // 初始化 COM 环境
    try
    {
        m_pConnection.CreateInstance("ADODB.Connection");  // 创建连接对象实例
        _bstr_t strConnect=" 连接语句 ";
        m_pConnection->Open(strConnect,"","",adModeUnknown); // 打开数据库
    }
    catch(_com_error e)                                    // 捕捉错误
    {
        AfxMessageBox(e.Description());                    // 弹出错误
    }
}
```

📢 注意

　　在使用时，需要将加粗部分的"连接语句"换成实际连接数据库的字符串。如果用户不知道
连接字符串如何设置，可以在桌面上创建一个文本文件，然后将其扩展名改为".udl"，双击该文件，
也可以弹出数据库连接属性对话框。在该对话框中设置连接的数据库，然后用记事本打开该文件，
即可获得连接字符串。

（2）OpenRecordset 成员函数用来打开记录集，在该函数中调用 ADO 记录集对象的 Open 方法打
开记录集，代码如下。

```
_RecordsetPtr&  ADO::OpenRecordset(CString sql)
{
```

```
    ASSERT(!sql.IsEmpty());                                    //SQL 语句不能为空
    try
    {
        m_pRecordset.CreateInstance(__uuidof(Recordset));      // 创建记录集对象实例
        m_pRecordset->Open(_bstr_t(sql), m_pConnection.GetInterfacePtr(),
                adOpenDynamic, adLockOptimistic, adCmdText);   // 执行 SQL 得到记录集
    }
    catch(_com_error e)                                        // 捕获可能的异常
    {
        AfxMessageBox(e.Description());                        // 弹出错误
    }
    return m_pRecordset;                                       // 返回记录集指针
}
```

（3）CloseRecordset 成员函数用来关闭记录集，代码如下。

```
void ADO::CloseRecordset()
{
    if(m_pRecordset->GetState() == adStateOpen)               // 判断当前的记录集状态
        m_pRecordset->Close();                                // 关闭记录集
}
```

（4）CloseConn 成员函数用来关闭数据库连接，代码如下。

```
void ADO::CloseConn()
{
    m_pConnection->Close();                                   // 关闭数据库连接
    ::CoUninitialize();                                       // 释放 COM 环境
}
```

（5）GetRecordCount 成员函数用于获得记录集中记录的个数，代码如下。

```
UINT ADO::GetRecordCount(_RecordsetPtr pRecordset)
{
    int nCount = 0;                                           // 声明保存记录数的变量
    try{
        pRecordset->MoveFirst();                              // 将记录集指针移动到第一条记录
    }
    catch(...)                                                // 捕捉可能出现的错误
    {
        return 0;                                             // 产生错误时返回 0
    }
    if(pRecordset->adoEOF)                                    // 判断记录集中是否有记录
        return 0;                                             // 无记录时返回 0
    while (!pRecordset->adoEOF)                               // 当记录集指针没有指向最后时
    {
        pRecordset->MoveNext();                               // 将记录集指针移动到下一条记录
        nCount = nCount + 1;                                  // 记录个数的变量加 1
    }
    pRecordset->MoveFirst();                                  // 将记录集指针移动到第一条记录
    return nCount;                                            // 返回记录数
}
```

> **注意**
>
> 不要使用记录集对象的 RecordCount 属性来获取记录数，而要通过循环记录集中记录的方法进行统计。

16.3.2　使用 ADO 对象添加、修改、删除数据

本节将使用 ADO 对象对数据库中的数据进行添加、修改和删除等操作。首先创建一个 ADO 类，通过 ADO 类连接数据库，并打开记录集。

【例 16.1】　使用 ADO 对象添加、修改、删除数据。（实例位置：资源包 \TM\sl\16\1）

具体操作步骤如下。

（1）创建一个基于对话框的应用程序，将对话框的 Caption 属性修改为"使用 ADO 对象添加、修改、删除数据"。

（2）向对话框中添加 1 个列表视图控件、3 个静态文本控件、3 个编辑框控件和 4 个按钮控件，并为控件关联变量。

（3）创建一个 ADO 类，参照第 16.3.1 节封装 ADO 对象。

（4）在 StdAfx.h 中导入 ADO 动态链接库，代码如下。

```
#import "C:\Program Files\Common Files\System\ado\msado15.dll" no_namespace\
rename("EOF","adoEOF")rename("BOF","adoBOF")                                  // 导入 ADO 动态链接库
```

（5）在对话框的 OnInitDialog 函数中设置列表视图控件的扩展风格和列标题，代码如下。

```
m_Grid.SetExtendedStyle(LVS_EX_FLATSB                    // 扁平风格显示滚动条
    |LVS_EX_FULLROWSELECT                                // 允许整行选中
    |LVS_EX_HEADERDRAGDROP                               // 允许整列拖动
    |LVS_EX_ONECLICKACTIVATE                             // 单击选中项
    |LVS_EX_GRIDLINES);                                  // 画出网格线
// 设置列标题及列宽度
m_Grid.InsertColumn(0," 编号 ",LVCFMT_LEFT,110,0);
m_Grid.InsertColumn(1," 姓名 ",LVCFMT_LEFT,110,1);
m_Grid.InsertColumn(2," 学历 ",LVCFMT_LEFT,110,2);
AddToGrid();                                             // 向列表中插入数据
```

（6）添加 AddToGrid 函数，向列表视图控件中插入数据，代码如下。

```
void CUseAdoDlg::AddToGrid()
{
    ADO m_Ado;                                           // 声明 ADO 类对象
    m_Ado.OnInitADOConn();                               // 连接数据库
    CString SQL = "select * from employees order by 编号  desc";   // 设置查询字符串
    m_Ado.m_pRecordset = m_Ado.OpenRecordset(SQL);       // 打开记录集
    while(!m_Ado.m_pRecordset->adoEOF)                   // 记录集不为空时循环
    {
        m_Grid.InsertItem(0,"");                         // 向列表视图控件中插入行
        // 向列表视图控件中插入列
```

```
    m_Grid.SetItemText(0,0,(char*)(_bstr_t)m_Ado.m_pRecordset->GetCollect(" 编号 "));
    m_Grid.SetItemText(0,1,(char*)(_bstr_t)m_Ado.m_pRecordset->GetCollect(" 姓名 "));
    m_Grid.SetItemText(0,2,(char*)(_bstr_t)m_Ado.m_pRecordset->GetCollect(" 学历 "));
    m_Ado.m_pRecordset->MoveNext();                          // 将记录集指针移动到下一条记录
    }
    m_Ado.CloseRecordset();                                  // 关闭记录集
    m_Ado.CloseConn();                                       // 断开数据库连接
}
```

注意

在使用 ADO 类时，需要引用该类的头文件 ADO.h。

（7）处理"添加"按钮的单击事件，将编辑框中的文本添加到数据库中，代码如下。

```
void CUseAdoDlg::OnButadd()
{
    UpdateData(TRUE);
    if(m_ID.IsEmpty() || m_Name.IsEmpty() || m_Culture.IsEmpty())     // 数据不能为空
    {
        MessageBox(" 基础信息不能为空！ ");                           // 为空时弹出提示信息
        return;
    }
    ADO m_Ado;                                               // 声明 ADO 类对象
    m_Ado.OnInitADOConn();                                   // 连接数据库
    CString sql = "select * from employees";                 // 设置查询字符串
    m_Ado.m_pRecordset = m_Ado.OpenRecordset(sql);           // 打开记录集
    try
    {
        m_Ado.m_pRecordset->AddNew();                        // 添加新行
        // 向数据库中插入数据
        m_Ado.m_pRecordset->PutCollect(" 编号 ",(_bstr_t)m_ID);
        m_Ado.m_pRecordset->PutCollect(" 姓名 ",(_bstr_t)m_Name);
        m_Ado.m_pRecordset->PutCollect(" 学历 ",(_bstr_t)m_Culture);
        m_Ado.m_pRecordset->Update();                        // 更新数据表记录
        m_Ado.CloseRecordset();                              // 关闭记录集
        m_Ado.CloseConn();                                   // 断开数据库连接
    }
    catch(...)                                               // 捕捉可能出现的错误
    {
        MessageBox(" 操作失败 ");                             // 弹出错误提示
        return;
    }
    MessageBox(" 添加成功 ");                                 // 提示操作成功
    m_Grid.DeleteAllItems();                                 // 删除列表视图控件
    AddToGrid();                                             // 向列表中插入数据
}
```

（8）处理列表视图控件的单击事件，在列表项被选中时，将列表项中的数据显示到编辑框中，代码如下。

```
void CUseAdoDlg::OnClickList1(NMHDR* pNMHDR, LRESULT* pResult)
{
    int pos    = m_Grid.GetSelectionMark();              // 获得当前选中列表项索引
    // 获得列表项数据
    m_ID      = m_Grid.GetItemText(pos,0);
    m_Name  = m_Grid.GetItemText(pos,1);
    m_Culture= m_Grid.GetItemText(pos,2);
    UpdateData(FALSE);                                    // 更新控件显示
    *pResult = 0;
}
```

（9）处理"修改"按钮的单击事件，根据编辑框中的数据修改数据库中的数据，代码如下。

```
void CUseAdoDlg::OnButmod()
{
    UpdateData(TRUE);
    if(m_ID.IsEmpty() || m_Name.IsEmpty() || m_Culture.IsEmpty())    // 数据不能为空
    {
        MessageBox(" 基础信息不能为空！ ");                            // 为空时弹出提示信息
        return;
    }
    int pos  = m_Grid.GetSelectionMark();                // 获得当前选中列表项索引
    ADO m_Ado;                                            // 声明 ADO 类对象
    m_Ado.OnInitADOConn();                               // 连接数据库
    CString sql = "select * from employees";             // 设置查询字符串
    m_Ado.m_pRecordset = m_Ado.OpenRecordset(sql);       // 打开记录集
    try
    {
        m_Ado.m_pRecordset->Move((long)pos,vtMissing);   // 将记录集指针移动到选中的记录
        // 设置选中记录的文本
        m_Ado.m_pRecordset->PutCollect(" 编号 ",(_bstr_t)m_ID);
        m_Ado.m_pRecordset->PutCollect(" 姓名 ",(_bstr_t)m_Name);
        m_Ado.m_pRecordset->PutCollect(" 学历 ",(_bstr_t)m_Culture);
        m_Ado.m_pRecordset->Update();                    // 更新记录集
        m_Ado.CloseRecordset();                          // 关闭记录集
        m_Ado.CloseConn();                               // 断开数据库连接
    }
    catch(...)                                           // 捕捉可能出现的错误
    {
        MessageBox(" 操作失败 ");                          // 弹出错误提示
        return;
    }
    MessageBox(" 添加成功 ");                              // 提示操作成功
    m_Grid.DeleteAllItems();                             // 删除列表视图控件
    AddToGrid();                                          // 向列表中插入数据
}
```

> **注意**
>
> 使用 Move 方法可以移动记录集指针，但是一定要计算好移动的位置，否则会发生错误。

（10）处理"删除"按钮的单击事件，删除列表框中被选中的列表项，代码如下。

```
void CUseAdoDlg::OnButdel()
{
    int pos  = m_Grid.GetSelectionMark();            // 获得当前选中列表项索引
    ADO m_Ado;                                        // 声明 ADO 类对象
    m_Ado.OnInitADOConn();                            // 连接数据库
    CString sql = "select * from employees";          // 设置查询字符串
    m_Ado.m_pRecordset = m_Ado.OpenRecordset(sql);    // 打开记录集
    try
    {
        m_Ado.m_pRecordset->Move(pos,vtMissing);       // 将记录集指针移动到选中的记录
        m_Ado.m_pRecordset->Delete(adAffectCurrent);   // 删除选中的记录
        m_Ado.m_pRecordset->Update();                  // 更新记录集
        m_Ado.CloseRecordset();                        // 关闭记录集
        m_Ado.CloseConn();                             // 断开数据库连接
    }
    catch(...)                                         // 捕捉可能出现的错误
    {
        MessageBox(" 操作失败 ");                       // 弹出错误提示
        return;
    }
    MessageBox(" 删除成功 ");                           // 提示操作成功
    OnButclear();                                      // 清空编辑框中的数据
    m_Grid.DeleteAllItems();                           // 删除列表视图控件中的数据
    AddToGrid();                                       // 向列表中插入数据
}
```

> **注意**
>
> 在使用 Delete 方法删除记录后，要调用 Update 方法更新记录集。

实例的运行结果如图 16.1 所示。

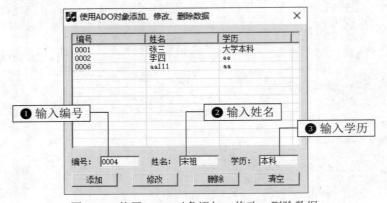

图 16.1　使用 ADO 对象添加、修改、删除数据

16.3.3　使用 ADO 对象检索数据

通过 ADO 记录集对象可以检索数据。在 ADO 记录集对象中有一个 Filter 成员变量，该变量中存放着 SQL 语句中 WHERE 子句的条件字符串，查询时对记录集进行过滤，返回过滤后的结果。

【例 16.2】　使用 ADO 对象检索数据。（实例位置：资源包 \TM\sl\16\2）

具体操作步骤如下。

（1）创建一个基于对话框的应用程序，将对话框的 Caption 属性修改为"使用 ADO 对象检索数据"。

（2）向对话框中添加一个列表视图控件、两个静态文本控件、一个组合框控件、一个编辑框控件和一个按钮控件，并为控件关联变量。

（3）创建一个 ADO 类，参照第 16.3.1 节封装 ADO 对象。

（4）在 StdAfx.h 中导入 ADO 动态链接库，代码如下。

```
#import "C:\Program Files\Common Files\System\ado\msado15.dll" no_namespace\
rename("EOF","adoEOF")rename("BOF","adoBOF")                    // 导入 ADO 动态链接库
```

（5）在对话框的 OnInitDialog 函数中设置列表视图控件的扩展风格以及列标题，并向列表视图控件中插入数据，代码如下。

```
m_Grid.SetExtendedStyle(LVS_EX_FLATSB                          // 扁平风格显示滚动条
    |LVS_EX_FULLROWSELECT                                      // 允许整行选中
    |LVS_EX_HEADERDRAGDROP                                     // 允许整列拖动
    |LVS_EX_OvNECLICKACTIVATE                                  // 单击选中项
    |LVS_EX_GRIDLINES);                                        // 画出网格线
// 设置列标题及列宽度
m_Grid.InsertColumn(0," 编号 ",LVCFMT_LEFT,130,0);
m_Grid.InsertColumn(1," 姓名 ",LVCFMT_LEFT,130,1);
m_Grid.InsertColumn(2," 学历 ",LVCFMT_LEFT,130,2);
ADO m_Ado;                                                     // 声明 ADO 类对象
m_Ado.OnInitADOConn();                                         // 连接数据库
CString SQL = "select * from employees order by 编号  desc";   // 设置查询字符串
m_Ado.m_pRecordset = m_Ado.OpenRecordset(SQL);                 // 打开记录集
while(!m_Ado.m_pRecordset->adoEOF)                             // 记录集不为空时循环
{
    m_Grid.InsertItem(0,"");                                   // 向列表视图控件中插入行
    // 向列表视图控件中插入列
    m_Grid.SetItemText(0,0,(char*)(_bstr_t)m_Ado.m_pRecordset->GetCollect(" 编号 "));
    m_Grid.SetItemText(0,1,(char*)(_bstr_t)m_Ado.m_pRecordset->GetCollect(" 姓名 "));
    m_Grid.SetItemText(0,2,(char*)(_bstr_t)m_Ado.m_pRecordset->GetCollect(" 学历 "));
    m_Ado.m_pRecordset->MoveNext();                            // 将记录集指针移动到下一条记录
}
m_Ado.CloseRecordset();                                        // 关闭记录集
m_Ado.CloseConn();                                             // 断开数据库连接
m_Combo.SetCurSel(0);                                          // 设置组合框控件的选中项
```

（6）处理"检索"按钮的单击事件，在该事件中根据组合框和编辑框中的文本进行查询，将查询结果显示在列表中，代码如下。

```
void CSearchesDlg::OnButsearch()
```

```
{
    UpdateData(TRUE);
    CString strField;                                              // 声明字符串变量
    m_Combo.GetLBText(m_Combo.GetCurSel(),strField);               // 获得查询字段
    if(strField.IsEmpty() || m_Text.IsEmpty())                     // 检索信息不能为空
    {
        MessageBox(" 检索信息不能为空！ ");                         // 为空时弹出提示
        return;
    }
    ADO m_Ado;                                                     // 声明 ADO 类对象
    m_Ado.OnInitADOConn();                                         // 连接数据库
    CString sql = "select * from employees";                       // 设置查询语句
    m_Ado.m_pRecordset = m_Ado.OpenRecordset(sql);                 // 打开记录集
    CString str;                                                    // 声明查询字符串
    str.Format("%s = '%s'",strField,m_Text);                       // 设置查询字符串
    m_Ado.m_pRecordset->Filter = (_bstr_t)str;                     // 进行查询
    m_Ado.m_pRecordset->Requery(0);                                // 用查询结果更新当前记录集
    m_Grid.DeleteAllItems();                                       // 删除列表视图中的数据
    int i = 0;                                                      // 声明整型变量
    while(!m_Ado.m_pRecordset->adoEOF)                             // 记录集不为空时循环
    {
        m_Grid.InsertItem(i,"");                                   // 向列表视图控件中插入行
        // 向列表视图控件中插入列
        m_Grid.SetItemText(i,0,(char*)(_bstr_t)m_Ado.m_pRecordset->GetCollect(" 编号 "));
        m_Grid.SetItemText(i,1,(char*)(_bstr_t)m_Ado.m_pRecordset->GetCollect(" 姓名 "));
        m_Grid.SetItemText(i,2,(char*)(_bstr_t)m_Ado.m_pRecordset->GetCollect(" 学历 "));
        m_Ado.m_pRecordset->MoveNext();                            // 将记录集指针移动到下一条记录
        i++;                                                        // 设置插入的行索引
    }
    m_Ado.CloseRecordset();                                        // 关闭记录集
    m_Ado.CloseConn();                                             // 断开数据库连接
}
```

注意

查询时除了设置查询条件外，还可以通过记录集的 Sort 属性对记录进行排序。

实例的运行结果如图 16.2 所示。

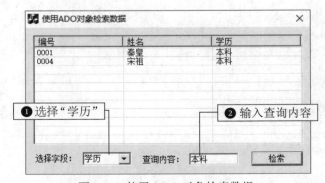

图 16.2　使用 ADO 对象检索数据

16.4 小   结

本章学习了 ADO 编程技术，并重点介绍了 ADO 连接对象、ADO 记录集对象、ADO 命令对象和 ADO 参数对象，同时为了使读者达到熟练掌握 ADO 对象的目的，加入了介绍 ADO 对象应用这一节，读者可以根据实例更好地熟悉 ADO 对象的使用，为日后开发数据库应用程序打下坚实的基础。

16.5 实践与练习

1. 设计一个实例，用 ADO 动态连接 SQL Server 数据库。（答案位置：资源包 \TM\sl\16\3）
2. 设计一个实例，对 Access 数据库录入和提取图片。（答案位置：资源包 \TM\sl\16\4）

第17章

动态链接库

（📹 视频讲解：21分钟）

　　动态链接库（Dynamic Linkable Library，DLL）是Windows操作系统的基础和核心，在最初的Windows操作系统中就包含了DLL。与普通的应用程序类似，DLL中可以有数据和代码，也可以包含各种资源（如图标、位图、对话框等），但是DLL并不能单独运行，而是为其他DLL或应用程序提供函数、资源的服务。本章将介绍有关DLL的相关知识。

　　通过阅读本章，您可以：

▶▶　了解动态链接库的优点

▶▶　掌握如何创建动态链接库

▶▶　掌握如何调用动态链接库中的函数

▶▶　掌握如何调用动态链接库中的C++类和资源

▶▶　掌握如何设计多国语言动态链接库资源

视频讲解

17.1　动态链接库基础

动态链接库通常用于封装一些功能函数，在不公开源码的情况下可以供其他应用程序使用，因此 Windows 的系统函数均是以动态链接库的形式提供的。采用动态链接库有何好处呢？本节就来解答这一问题。

17.1.1　动态链接库的特点

许多应用软件都有自己的动态链接库，其中通常是一些功能函数的实现。可是，为何不将函数的实现直接放入应用软件中，而单独放入动态链接库中呢？如果动态链接库丢失，将会导致应用程序无法运行，为什么还要使用动态链接库呢？使用动态链接库，自然有其好处。

☑　增强应用程序的扩展性

如果厂家想要更改或扩展应用程序的功能，只需要让用户更换相应的动态链接库即可，应用程序本身可以丝毫不作改动。

☑　能够用多种语言编写

动态链接库可以用 Delphi、Visual Basic、Visual C++ 等多种语言来编写，这样就使不同的团队可以协同开发项目。例如，Visual Basic 团队编写动态链接库，Visual C++ 团队设计应用程序，并调用 Visual Basic 团队编写的动态链接库。

☑　节省内存

当有多个应用程序使用同一个动态链接库时，其页面只需在内存中加载一次，所有的应用程序即可共享其内存页面。

☑　有助于资源共享

动态链接库中不仅可以包含函数，还可以包含如对话框、位图、图标和字符串等资源，其他应用程序也可以共享这些资源。

17.1.2　动态链接库的访问

当应用程序访问动态链接库时，需要加载动态链接库，并将动态链接库的文件镜像映射到进程的地址空间中。可以通过两种方式加载动态链接库，一种是静态加载，另一种是动态加载。动态链接库被成功加载后，其代码和数据会被映射到进程的地址空间中。此时应用程序如何访问动态链接库中的函数呢？通常在设计动态链接库时会提供一个头文件，其中描述了动态链接库输出的函数原型。在发布动态链接库时，该头文件会一起发布，用户程序根据该头文件可以知道动态链接库中函数的定义形式（函数原型），也可以调用动态链接库中的函数。

17.1.3　查看动态链接库

为了能够查看动态链接库信息，Visual C++ 提供了一个 dumpbin 工具。例如，查看动态链接库中的函数，用户可以通过观察动态链接库中的输出节来查看信息。下面以查看 system32 目录下的 acledit.dll 动态链接库为例，在命令窗口中输入"dumpbin -exports C:\WINDOWS\system32\acledit.dll"来获取 acledit.dll 的详细信息，如图 17.1 所示。

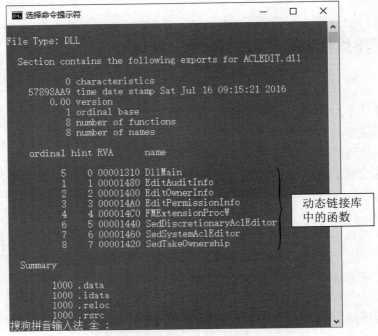

图 17.1　查看 DLL 输出节

此外，用户也可以使用 Visual C++ 提供的 Depends 工具来查看动态链接库的信息，如图 17.2 所示。

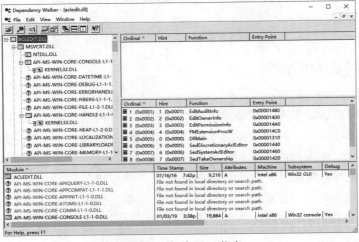

图 17.2　查看 DLL 信息

说明

在右下角的列表中列出了动态链接库中函数的序号、函数功能号、函数名以及函数的映射地址。

17.2 创建和使用 Win32 动态链接库

视频讲解

前面介绍了动态链接库的特点、作用以及查看方式，本节将介绍如何在 Visual C++ 中创建和使用 Win32 动态链接库。

17.2.1 创建动态链接库

Visual C++ 的工程窗口中提供了创建动态链接库的选项，用户可以选择该选项来创建一个动态链接库工程。

【例 17.1】 创建动态链接库。（实例位置：资源包 \TM\sl\17\1）

具体操作步骤如下。

（1）选择 File/New 命令，打开 New 对话框，选择 Projects 选项卡，如图 17.3 所示。

（2）在列表框中选择 Win32 Dynamic-Link Library 选项，表示创建动态链接库工程，在 Project name 编辑框中输入工程名称，单击 OK 按钮进入向导对话框，如图 17.4 所示。

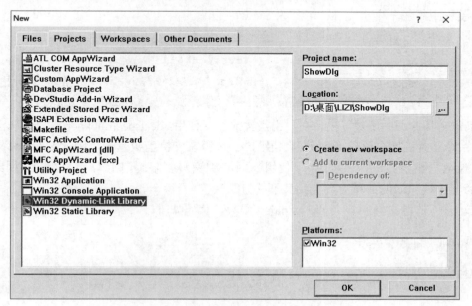

图 17.3 New（新建工程）对话框

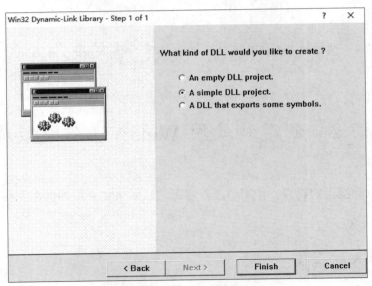

图 17.4　DLL 向导对话框

（3）在向导对话框中选中 A simple DLL project 单选按钮，单击 Finish 按钮完成工程的创建。

说明

选中 A simple DLL project 单选按钮，向导会生成以 DllMain 函数为主的程序代码及程序文件；选中 An empty DLL project 单选按钮，不会生成任何代码及文件；选中 A DLL that exports some symbols 单选按钮，生成的代码中会加入对 C++ 的支持。

（4）向工程中添加一个头文件，名称为 ShowDlg.h。

（5）在头文件 ShowDlg.h 中定义动态链接库的导出函数，代码如下。

```
#include "stdafx.h"
#define EXPORT_declspec(dllexport)                              // 定义一个宏
extern "C"  EXPORT  void   ShowDialog(char* pText);             // 定义导出函数
```

为了将动态链接库中的函数导出，在导出函数前需要使用 _declspec(dllexport) 关键字。extern"C" 用于防止 C++ 编译器对函数名进行命名改编。由于 C++ 语言支持函数重载，因此 C++ 编译器在编译动态链接库时，会对导出函数进行命名改编。使用 extern"C" 有许多限制，例如，当函数的调用约定改变时，依然会发生命名改编的情况。稍后会介绍其解决方法。

（6）在动态库的源文件中定义 ShowDialog 函数，代码如下。

```
void  ShowDialog(char* pText)
{
    MessageBox(NULL,pText," 提示 ",0);
}
```

（7）运行程序，将生成一个动态链接库文件，扩展名为 .dll。使用 Depends 工具打开生成的动态链接库，如图 17.5 所示。

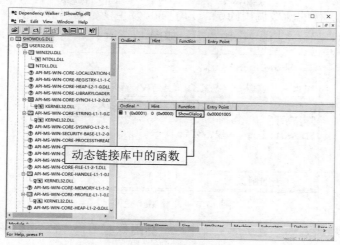

图 17.5　查看动态链接库

如果修改动态链接库中的 ShowDialog 方法，改变其默认的调用约定，如使用 _stdcall 调用约定，动态链接库中的函数将发生命名改编。修改 ShowDlg.h 头文件中的函数声明，代码如下。

```
#include "stdafx.h"
#define EXPORT _declspec(dllexport)                              // 定义宏
extern "C"  EXPORT  void _stdcall  ShowDialog(char* pText);      // 改变函数的调用约定
```

修改动态链接库源文件中的函数定义，代码如下。

```
void _stdcall ShowDialog(char* pText)                            // 改变函数调用约定
{
    MessageBox(NULL,pText," 提示 ",0);                           // 弹出提示信息
}
```

重新编译 / 运行程序，查看动态链接库中的函数信息，这时会发现函数名不再是 ShowDialog，如图 17.6 所示。

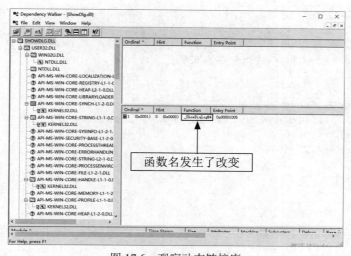

图 17.6　观察动态链接库

_stdcall 是一种比较流行的函数调用约定，为了防止发生函数命名改编的情况，可以定义一个 .def 文件，其中加入 EXPORTS 节，设置导出函数名，如图 17.7 所示。

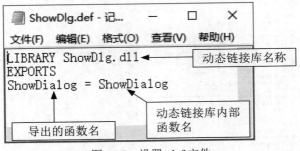

图 17.7　设置 .def 文件

将设置的 .def 文件添加到动态链接库工程中，重新运行应用程序，发现函数没有发生命名改编，如图 17.5 所示。

17.2.2　调用动态链接库

在第 17.2.1 节中创建了一个动态链接库，本节将介绍如何访问动态链接库中的函数。前文已经介绍过，动态链接库可以有两种加载方式，分别为静态加载和动态加载。下面以动态加载为例介绍动态链接库函数的调用。

【例 17.2】　调用动态链接库。（实例位置：资源包 \TM\sl\17\2）

具体操作步骤如下。

（1）创建一个基于对话框的工程，工程名称为 InvokeDll。

（2）定义一个函数指针类型，其定义与动态链接库中的函数原型相同，代码如下。

```
typedef void  (_stdcall * funShowInfo)(char* pchData);
```

（3）处理"确定"按钮的单击事件，加载动态链接库，代码如下。

```
void CInvokeDllDlg::OnOK()
{
    ShowDialog(" 编程词典 ");
/*  HMODULE hMod = LoadLibrary("ShowDlg.dll");                          // 加载动态链接库
    if (hMod != NULL)                                                   // 判断加载是否成功
    {
        funShowInfo ShowInfo;                                          // 定义函数指针
        ShowInfo = (funShowInfo)GetProcAddress(hMod,"ShowDialog");     // 获取动态链接库中的函数
        if (ShowInfo)                                                   // 判断函数指针是否为空
            ShowInfo(" 编程词典 ");                                       // 调用动态链接库中的函数
    }
    FreeLibrary(hMod);                                                 // 卸载动态链接库
*/
}
```

（4）运行程序，结果如图 17.8 所示。

动态加载动态链接库是通过使用 LoadLibrary 函数实现的。下面介绍静态加载动态链接库的方法。

静态（隐式）加载动态链接库通常需要提供 3 个文件，分别为动态链接库文件、动态链接库的头文件和 LIB 文件（编译动态链接库时生成的文件）。首先将动态链接库的头文件加载到当前的工程中，然后使用 #pragma comment (lib,"ShowDlg.lib") 语句链接 LIB 文件，最后直接访问动态链接库头文件中的函数。

图 17.8　调用动态链接库的结果

17.2.3　向动态链接库中添加 C++ 类和资源

动态链接库中不仅可以包含函数，还可以包含 C++ 类和各种资源文件。本节将介绍如何向动态链接库中添加 C++ 类和资源。

【例 17.3】　向动态链接库中添加 C++ 类和资源。（实例位置：资源包 \TM\sl\17\3）

具体操作步骤如下。

（1）选择 File/New 命令，打开 New 对话框，选择 Projects 选项卡，如图 17.9 所示。

（2）在列表框中选择 MFC AppWizard [dll] 选项，表示创建 MFC 动态链接库，在 Project name 编辑框中输入动态链接库的名称，单击 OK 按钮进入 MFC 应用程序向导对话框，如图 17.10 所示。

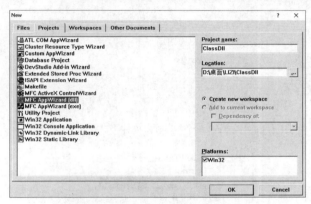

图 17.9　New（新建工程）对话框

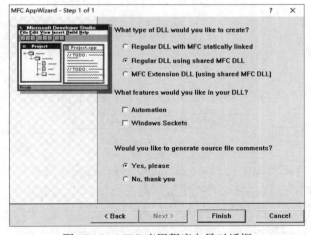

图 17.10　MFC 应用程序向导对话框

（3）保留默认的设置，单击 Finish 按钮完成工程的创建。在动态链接库的源文件中定义一个 C++ 类，代码如下。

```
#define EXPORTDLL _declspec(dllimport)                    // 定义一个宏
EXPORTDLL class CTextDlg                                  // 定义 CTextDlg 类
{
public:
    virtual void _stdcall ShowTextDlg(char* pchText)      // 定义一个成员函数
    {
        MessageBox(NULL,pchText," 提示 ",0);               // 弹出提示对话框
    }
};
```

注意

为了能够让客户端访问动态链接库中 CTextDlg 类的方法，CTextDlg 类方法必须是虚方法。

（4）定义两个全局函数，分别用于创建和释放一个 CTextDlg 类对象，代码如下。

```
CTextDlg* _stdcall GetTextDlg()                           // 定义一个全局函数
{
    return new CTextDlg();                                // 创建一个 CTextDlg 对象
}
void _stdcall ReleaseTextDlg(CTextDlg* pTextDlg)          // 定义一个全局函数
{
    delete pTextDlg;                                      // 释放 CTextDlg 对象
}
```

（5）在工作区的资源视图窗口中导入一个位图，如图 17.11 所示。

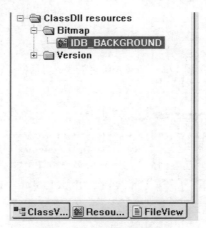

图 17.11　资源视图窗口

（6）在工作区的文件视图窗口中打开 Resource.h 文件，观察资源文件 IDB_BACKGROUND 对应的资源 ID 值，本例为 2000，在第 17.2.4 节介绍访问动态链接库中的资源时，将会使用该资源 ID 值来加载位图资源。

（7）编译并运行程序，将生成 DLL 文件。

17.2.4　访问动态链接库中的 C++ 类和资源

第 17.2.3 节介绍了如何向动态链接库中添加 C++ 类和资源，本节将继续上面的内容，介绍如何访问动态链接库中的 C++ 类和资源。

【例 17.4】　访问动态链接库中的 C++ 类和资源。（实例位置：资源包 \TM\sl\17\4)

具体操作步骤如下。

（1）创建一个基于对话框的工程，工程名称为 AccessDll，对话框资源设计窗口如图 17.12 所示。

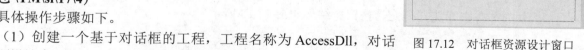

图 17.12　对话框资源设计窗口

（2）定义一个名称为 CTextDlg 的抽象类。因为需要访问动态链接库中的 CTextDlg 类，因此客户端需要定义一个框架，即抽象类 CTextDlg，代码如下。

```
class CTextDlg                                    // 定义抽象类 CTextDlg
{
public:
    virtual void _stdcall ShowTextDlg(char* pchText) = 0;// 定义纯虚方法
};
```

（3）定义两个函数指针，用于关联动态链接库中的全局函数，代码如下。

```
typedef CTextDlg*  (_stdcall *funGetTextDlg)();        // 定义函数指针类型
typedef void  (_stdcall *funReleaseTextDlg)(CTextDlg* pTextDlg); // 定义函数指针类型
```

（4）处理"确定"按钮的单击事件，访问动态链接库中 CTextDlg 类的方法，并加载动态链接库中的位图资源，代码如下。

```
void CAccessDllDlg::OnOK()
{
    HMODULE hMod = LoadLibrary("ClassDll.dll");       // 加载动态链接库
    if (hMod != NULL)                                 // 判断是否加载成功
    {
        // 获取动态链接库中的 GetTextDlg 函数
        funGetTextDlg GetTextDlg = (funGetTextDlg)GetProcAddress(hMod,"GetTextDlg");
        funReleaseTextDlg ReleaseTextDlg= (funReleaseTextDlg)GetProcAddress(hMod,
                                "ReleaseTextDlg"); // 获取动态链接库中的 ReleaseTextDlg 函数
        if (GetTextDlg != NULL && ReleaseTextDlg != NULL)    // 判断函数指针是否为空
        {
            CTextDlg* pTextDlg =  GetTextDlg();        // 调用动态链接库中的方法，创建 CTextDlg 对象
            pTextDlg->ShowTextDlg(" 编程词典 ");       // 访问 CTextDlg 类的 ShowTextDlg 方法
            ReleaseTextDlg(pTextDlg);                  // 释放 pTextDlg 对象
        }
        FreeLibrary(hMod);                            // 卸载动态链接库
    }
    // 加载动态链接库
    HMODULE hRes = LoadLibraryEx("ClassDll",NULL,LOAD_LIBRARY_AS_DATAFILE);
    if (hRes != NULL)                                 // 判断是否加载成功
    {
        // 加载动态链接库中的位图，其中 2000 为动态链接库中的位图资源 ID 值
```

```
HANDLE hBmp = LoadImage(hRes,MAKEINTRESOURCE(2000),IMAGE_BITMAP,0,0,0);
if (hBmp != NULL)                                                    // 判断加载位图是否成功
{
        m_BK.SetBitmap((HBITMAP)hBmp);                              // 在空间中显示位图
}
FreeLibrary(hRes);                                                   // 卸载动态链接库
    }
}
```

（5）运行程序，单击"确定"按钮，结果如图 17.13 所示。

图 17.13　访问动态链接库中的 C++ 类和资源

17.2.5　使用动态链接库设计多国语言的应用程序

在设计应用程序时，为了使应用程序适应多国语言，通常将程序中的资源放置在单独的动态链接库中，一个资源通常对应多个语言版本。例如，为了使应用程序能够在汉语和英语间切换，需要为每个资源提供汉语版的资源和英语版的资源。下面通过一个实例介绍如何向动态链接库中添加不同语言的资源。

【例 17.5】　向动态链接库中添加不同语言的资源。（实例位置：资源包 \TM\sl\17\5）

具体操作步骤如下。

（1）创建一个 MFC 动态链接库，工程名称为 LanguageRes。

（2）在工作区的资源视图窗口中插入一个对话框资源，如图 17.14 所示。

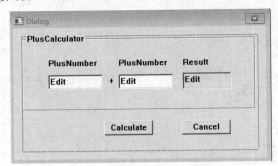

图 17.14　对话框资源设计窗口

（3）在工作区的资源视图窗口中选中对话框的资源 ID，按 Alt+Enter 快捷键打开属性窗口，如图 17.15 所示。

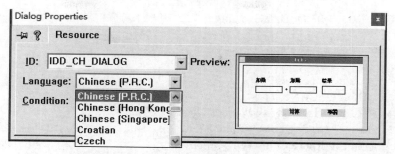

图 17.15　对话框资源属性窗口

（4）在 ID 编辑框中设置对话框资源的 ID，这里为 IDD_CH_DIALOG；在 Language 组合框中选择资源的语言为 Chinese [P.R.C.]。

（5）在工作区的资源视图窗口中选中对话框的资源 ID，复制该对话框资源。按 Alt+Enter 快捷键打开属性窗口，设置新的对话框资源 ID 也为 IDD_CH_DIALOG，在 Language 组合框中选择资源的语言为 English[U.S.]。

（6）编译并运行应用程序，将生成 DLL 文件。

注意

> 因为设置了不同的语言环境，所以两个对话框资源 ID 可以相同。

在设计完动态链接库后，下面设计一个客户端应用程序，程序将利用动态链接库中的对话框资源设计一个包含汉语和英语两个版本的简单加法计算器。

【例 17.6】设计汉语和英语两个版本的简单加法计算器。
（实例位置：资源包 \TM\sl\17\6）

具体操作步骤如下。

（1）创建一个基于对话框的工程，工程名称为 MultiLanguage，对话框资源设计窗口如图 17.16 所示。

（2）将动态链接库工程中 Resource.h 头文件中的资源 ID 复制到当前的工程 Resource.h 头文件中，代码如下。

图 17.16　对话框资源设计窗口

```
#define IDC_PLUSONE        3000
#define IDD_CH_DIALOG      3000
#define IDC_PLUSTWO        3001
#define IDC_RESULT         3002
#define IDC_CALCULATE      3003
```

（3）创建一个 MFC 类，名称为 CCalculate，基类为 CDialog，不要提供对话框的资源 ID。

（4）向 CCalculate 类中提供 3 个成员变量，分别对应于动态链接库对话框资源中的 3 个编辑框，代码如下。

```
CEdit m_PlusOne;                                    // 定义编辑框变量
CEdit m_PlusTwo;                                    // 定义编辑框变量
CEdit m_Result;                                     // 定义编辑框变量
```

（5）在 CCalculate 类的 DoDataExchange 方法中映射编辑框的名称到编辑框的资源上，代码如下。

```
void CCalculate::DoDataExchange(CDataExchange* pDX)
{
    CDialog::DoDataExchange(pDX);
    //{{AFX_DATA_MAP(CCalculate)
        // NOTE: the ClassWizard will add DDX and DDV calls here
    DDX_Control(pDX, ID C_PLUSONE, m_PlusOne);          // 映射编辑框资源到编辑框变量
    DDX_Control(pDX, IDC_PLUSTWO, m_PlusTwo);           // 映射编辑框资源到编辑框变量
    DDX_Control(pDX, IDC_RESULT, m_Result);             // 映射编辑框资源到编辑框变量
    //}}AFX_DATA_MAP
}
```

（6）向 CCalculate 类中添加 OnCalculte 方法，实现加法运算，代码如下。

```
void CCalculate::OnCalculte()
{
    CString plusone,plustwo,ret;                        // 定义 3 个字符串变量
    m_PlusOne.GetWindowText(plusone);                   // 获取编辑框文本
    m_PlusTwo.GetWindowText(plustwo);                   // 获取编辑框文本
    if (plusone.IsEmpty() || plustwo.IsEmpty())         // 判断文本是否为空
        return;
    int iplusone = atoi(plusone.GetBuffer(0));          // 将编辑框文本转换为整数
    int iplustwo = atoi(plustwo.GetBuffer(0));          // 将编辑框文本转换为整数
    int iret = iplusone + iplustwo;                     // 进行整数相加
    ret.Format("%d",iret);                              // 格式化字符串
    m_Result.SetWindowText(ret);                        // 设置编辑框文本
}
```

（7）在 CCalculate 类的消息映射部分添加 ON_BN_CLICKED 映射宏，使 OnCalculate 方法与按钮的命令 ID 关联，代码如下。

```
ON_BN_CLICKED(IDC_CALCULATE, OnCalculte)                // 按钮命令的消息映射宏
```

（8）自定义一个窗口函数，用于作为对话框的临时窗口函数，代码如下。

```
BOOL CALLBACK DialogProc( HWND hwndDlg, UINT uMsg, WPARAM wParam,  LPARAM lParam)
{
    if (uMsg == WM_INITDIALOG)                          // 如果是对话框初始化消息
    {
        // 根据对话框句柄获取对话框指针
        CDialog* pDlg = DYNAMIC_DOWNCAST(CDialog, CWnd::FromHandlePermanent(hwndDlg));
        if (pDlg != NULL)                               // 判断对话框指针是否为空
            return pDlg->OnInitDialog();                // 调用对话框的 OnInitDialog 方法
        else
            return 1;
    }
    return 0;
}
```

（9）向对话框中添加 CreateDlgFromDll 方法，搜索动态链接库中的对话框资源，并根据对话框资源创建对话框窗口，代码如下。

```cpp
HWND CCalculate::CreateDlgFromDll(LPCSTR csFileName,UINT Flag)
{
    // 以数据文件的形式加载动态链接库
    HMODULE hMod = LoadLibraryEx(csFileName,NULL,LOAD_LIBRARY_AS_DATAFILE);
    if (hMod != NULL)                                           // 判断加载是否成功
    {
        HRSRC  hDialog = NULL;                                  // 定义一个资源变量
        if (Flag == 0)                                          // 加载汉语版对话框资源
        {
            // 查找动态链接库中的对话框资源
            hDialog = FindResourceEx(hMod,RT_DIALOG,MAKEINTRESOURCE(IDD_CH_DIALOG)
                ,MAKELANGID(LANG_CHINESE,SUBLANG_CHINESE_SIMPLIFIED));
            HGLOBAL hData = LoadResource(hMod,hDialog) ;        // 加载对话框资源
            if (hData != NULL)                                  // 判断加载是否成功
            {
                // 锁定对话框资源
                LPCDLGTEMPLATE lpDialogTemplate = (LPCDLGTEMPLATE)LockResource( hData);
                // 根据对话框资源创建对话框
                CWnd::CreateDlgIndirect(lpDialogTemplate,NULL);
            }
            UnlockResource(hData);                              // 解除对资源的锁定
        }
        else if (Flag == 1)                                     // 加载英语版对话框资源
        {
            // 查找动态链接库中的对话框资源
            hDialog = FindResourceEx(hMod,RT_DIALOG,MAKEINTRESOURCE(IDD_CH_DIALOG),
                MAKELANGID(LANG_ENGLISH,SUBLANG_ENGLISH_US));
            HGLOBAL hData = LoadResource(hMod,hDialog);         // 加载对话框资源
            if (hData != NULL)                                  // 判断加载是否成功
            {
                // 锁定对话框资源
                LPCDLGTEMPLATE lpDialogTemplate = (LPCDLGTEMPLATE)LockResource( hData);
                CWnd::CreateDlgIndirect(lpDialogTemplate,NULL); // 根据对话框资源创建对话框
            }
            UnlockResource(hData);                              // 解除对资源的锁定
        }
    }
    FreeLibrary(hMod);                                          // 卸载动态链接库
    return NULL;
}
```

注意

使用 FindResourceEx 函数查找对话框资源时，要根据对话框资源的语言环境进行区分。

（10）添加 CCalculate 类的析构函数，如果该类关联一个窗口，则在释放对象时销毁窗口，代码如下。

```
CCalculate::~CCalculate()                                    // 定义析构函数
{
    if (IsWindow(m_hWnd))                                    // 判断窗口句柄是否合法
        DestroyWindow();                                    // 销毁窗口
}
```

（11）在主对话框中定义两个 CCalculate 类对象，代码如下。

```
CCalculate m_CHDialog;                                       // 定义 CCalculate 类对象
CCalculate m_ENDialog;                                       // 定义 CCalculate 类对象
```

（12）处理汉语版按钮的单击事件，从动态链接库中加载汉语版的对话框资源，并根据该资源创建窗口，代码如下。

```
void CMultiLanguageDlg::OnChEdition()
{
    ::DestroyWindow(m_CHDialog.m_hWnd);                      // 销毁窗口
    m_CHDialog.CreateDlgFromDll("LanguageRes.dll",0);       // 创建对话框
    ::ShowWindow(m_CHDialog.m_hWnd,SW_SHOW);                 // 显示对话框
}
```

（13）处理英语版按钮的单击事件，从动态链接库中加载英语版的对话框资源，并根据该资源创建窗口，代码如下。

```
void CMultiLanguageDlg::OnEnEdition()
{
    ::DestroyWindow(m_ENDialog.m_hWnd);                      // 销毁窗口
    m_ENDialog.CreateDlgFromDll("LanguageRes.dll",1);       // 创建对话框
    ::ShowWindow(m_ENDialog.m_hWnd,SW_SHOW);                 // 显示对话框
}
```

（14）运行程序，结果如图 17.17 和图 17.18 所示。

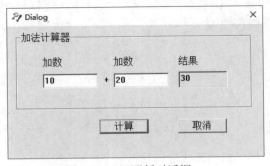

图 17.17　汉语版对话框

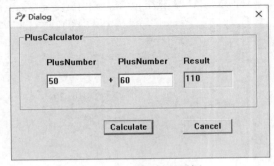

图 17.18　英语版对话框

17.3　小　　结

　　本章首先讲述了动态链接库的特点及其应用范围，然后介绍了各种动态链接库的设计和访问方法。通过本章的学习，读者应该掌握基本的动态链接库创建和访问。例如，在动态链接库中定义函数，在应用程序中访问动态链接库中的函数。

17.4　实践与练习

1. 利用动态链接库实现简单的界面换肤功能。（答案位置：资源包 \TM\sl\17\7）
2. 使用动态链接库设计具有插件功能的应用程序。（答案位置：资源包 \TM\sl\17\8）
3. 编写一个应用程序，获取应用程序使用的动态链接库。（答案位置：资源包 \TM\sl\17\9）

第18章

多线程程序设计

（视频讲解：31 分钟）

　　线程属于系统内核对象之一，描述的是代码的执行路径。一个应用程序开始运行时，系统将创建一个进程，同时创建一个主线程开始执行程序的代码。如果用户在程序中需要同时实现多个操作，如在执行一个费时操作时还能够随时响应界面操作，这就需要使用多线程来完成。本章将介绍多线程程序设计的相关知识。

　　通过阅读本章，您可以：

▶▶　理解系统内核对象

▶▶　理解进程和线程的概念

▶▶　掌握如何创建多线程应用程序

▶▶　掌握如何实现线程同步

18.1　线程概述

对于 Windows 编程的初学者来说，线程是一个抽象的概念，理解线程是比较困难的。本节将介绍与线程有关的基础知识，包括系统内核对象、进程和线程的概念及关系。

18.1.1　理解系统内核对象

线程是系统内核对象之一。在介绍线程之前，先来了解一下系统的内核对象。内核对象是系统内核分配的一个内存块，该内存块描述的是一个数据结构，其成员负责维护对象的各种信息。内核对象的数据只能由系统内核来访问，应用程序无法在内存中找到这些数据结构并直接改变它们的内容。

常用的系统内核对象有事件对象、文件对象、作业对象、互斥对象、管道对象、进程对象和线程对象等。不同类型的内核对象，其数据结构各不相同，但是内核对象有一些共有的属性。

- ☑ 引用计算属性：内核对象具有引用计数属性。内核对象在进程中被创建，但不被进程所拥有。创建一个内核对象时，内核对象的使用计数为 1；其他进程访问该内核对象时，使用计数将递增 1；当内核对象的使用计数为 0 时，系统内核将自动撤销该对象。这就意味着，如果在一个进程中创建了一个内核对象，在其他进程中访问了该内核对象，当创建内核对象的进程结束时，内核对象未必会释放，只有当内核对象的使用计数为 0 时才会被释放。
- ☑ 安全属性：内核对象还具有安全属性，由安全描述符来表示。安全描述符描述了谁创建了该内核对象，谁有权访问或使用内核对象，内核对象是否能够被继承等信息。

18.1.2　理解进程和线程

进程是一个正在运行的程序的实例，它也属于系统内核对象。进程提供了地址空间，其中包含有可执行程序和动态链接库的代码和数据，此外还提供了线程堆栈和进程堆空间等动态分配的空间。

从上述描述中可以发现，进程主要由两部分构成，即系统内核用于管理进程的进程内核对象和进程地址空间。那么进程是如何实现应用程序行为的呢？可以将进程简单理解为一个容器，它只是提供空间，执行程序的代码是由线程来实现的。线程存在于进程中，它负责执行进程地址空间中的代码。当一个进程创建时，系统会自动为其创建一个线程，该线程被称为主线程。在主线程中用户可以通过代码创建其他线程，当进程中的主线程结束时，进程也就结束了。

18.2　线程的创建

在熟悉了线程的基本概念后，接下来介绍线程的创建方法。在 Visual C++ 中，用户可以通过多种方式来创建线程，本节将逐一介绍。

18.2.1 使用 CreateThread 函数创建线程

为了能够创建线程，系统提供了 CreateThread API 函数。
语法格式如下：

```
HANDLE CreateThread(LPSECURITY_ATTRIBUTES lpsa, DWORD cbStack, LPTHREAD_START_ROUTINE
lpStartAddr, LPVOID lpvThreadParam, DWORD fdwCreate,LPDWORD lpIDThread);
```

参数说明：
- ☑ lpsa：线程的安全属性，可以为 NULL。
- ☑ cbStack：线程栈的最大大小，该参数可以被忽略。
- ☑ lpStartAddr：线程函数，当线程运行时，将执行该函数。
- ☑ lpvThreadParam：向线程函数传递的参数。
- ☑ fdwCreate：线程创建的标记。为 CREATE_SUSPENDED，表示线程创建后被立即挂起，只有在其后调用 ResumeThread 函数时才开始执行线程；为 STACK_SIZE_PARAM_IS_A_RESERVATION，表示 cbStack 参数将不被忽略，使 cbStack 参数可表示线程栈的最大大小。
- ☑ lpIDThread：一个整型指针，用于接收线程的 ID。线程 ID 在系统范围内唯一标识线程，有些系统函数需要使用线程 ID 作为参数。如果该参数为 NULL，表示线程 ID 不被返回。

返回值：如果函数执行成功，返回线程句柄，否则返回 NULL。

> **注意**
>
> lpStartAddr 参数中设置的线程函数原型为："DWORD ThreadProc(LPVOID lpParameter);"。

下面通过一个实例介绍如何使用 CreateThread 函数设计多线程应用程序。

【例 18.1】 使用 CreateThread 函数设计多线程应用程序。（实例位置：资源包 \TM\sl\18\1）
具体操作步骤如下。

（1）创建一个基于对话框的工程，工程名称为 MultiThread，对话框资源设计窗口如图 18.1 所示。

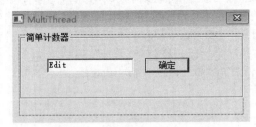

图 18.1　对话框资源设计窗口

（2）编写一个线程函数，实现简单的计数，代码如下。

```
DWORD _stdcall ThreadProc(LPVOID lpParameter)
{
        CMultiThreadDlg* pDlg = (CMultiThreadDlg*)lpParameter;                // 获取对话框
```

```
        CString str;                                          // 定义一个字符串
        for (int i=0; i<99999;i++)                            // 设计循环
        {
            str.Format("%d",i);                               // 格式化字符串
            pDlg->m_Edit.SetWindowText(str);                  // 设计编辑框文本
            pDlg->m_Edit.Invalidatel();
        }
        return 0;
}
```

（3）处理"确定"按钮的单击事件，创建一个线程，并立即执行线程，代码如下。

```
void CMultiThreadDlg::OnOK()
{
    m_hThread = CreateThread(NULL,0,ThreadProc,this,0,NULL);          // 创建线程
}
```

（4）运行程序，单击"确定"按钮，计数器开始计数。此时拖动窗口标题栏移动窗口，发现在计数过程中依然可以拖动窗口，结果如图 18.2 所示。

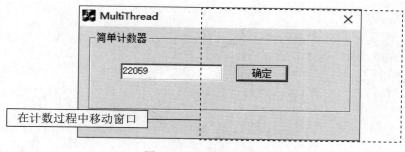

图 18.2　多线程计数器

18.2.2　使用 _beginthreadex 函数创建线程

除了可以使用 CreateThread API 函数创建线程外，用户还可以使用 C++ 语言提供的_beginthreadex 函数来创建线程。

语法格式如下：

```
uintptr_t _beginthreadex(void *security,unsigned stack_size,unsigned ( *start_address )( void * ),void *arglist,
unsigned initflag,unsigned *thrdaddr );
```

参数说明：

☑　security：线程安全属性信息，如果为 NULL，表示线程句柄不被子进程继承。

☑　stack_size：线程的栈大小，可以为 0。

☑　start_address：线程函数，线程运行时将执行该函数。

☑　arglist：传递到线程函数中的参数。

☑　initflag：线程的初始化标记。为 0，表示线程立即执行线程函数；为 CREATE_SUSPENDED，

表示线程暂时被挂起。

☑ thrdaddr：一个整型指针，用于返回线程 ID。

返回值：如果函数执行成功，返回值为线程句柄。

注意

> 要使用 _beginthreadex 函数，需要在工程中引用 process.h 头文件。

下面通过一个实例介绍如何使用 _beginthreadex 函数创建线程。

【例 18.2】 使用 _beginthreadex 函数创建线程。 （实例位置：**资源包 \TM\sl\18\2**）

具体操作步骤如下。

（1）创建一个基于对话框的工程，工程名称为 MultyThread，对话框资源设计窗口如图 18.3 所示。

（2）引用 process.h 头文件，目的是使用 _beginthreadex 函数，代码如下。

```
#include <process.h>                                                // 引用头文件
```

（3）设计线程函数。在线程函数中设计一个较大的循环，代码如下。

```
unsigned int __stdcall ThreadProc(LPVOID lpParameter)
{
    CMultyThreadDlg* pDlg = (CMultyThreadDlg*)lpParameter;          // 获取对话框指针
    pDlg->m_Prog.SetRange32(0,999999);                              // 设置进度条的范围
    for (int i=0; i<999999;i++)                                     // 设计循环
    {
        pDlg->m_Prog.SetPos(i);                                     // 设置进度条的位置
    }
    return 0;
}
```

（4）处理"确定"按钮的单击事件。调用 _beginthreadex 函数创建一个线程，代码如下。

```
void CMultiThreadDlg::OnOK()
{
    // 创建一个线程
    m_hThread = (HANDLE)_beginthreadex(NULL,0,ThreadProc,this,0,NULL);
}
```

（5）运行程序，单击"确定"按钮创建一个线程，执行循环，然后拖动窗口标题栏，发现在循环的过程中仍可以拖动窗口，结果如图 18.4 所示。

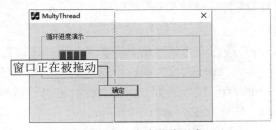

图 18.3　对话框资源设计窗口　　　　　　图 18.4　多线程演示窗口

18.2.3　使用 AfxBeginThread 函数创建线程

在 MFC 应用程序中，用户还可以使用 AfxBeginThread 函数创建一个线程。
语法格式如下：

```
CWinThread* AfxBeginThread( AFX_THREADPROC pfnThreadProc, LPVOID pParam, int nPriority = THREAD
_PRIORITY_NORMAL, UINT nStackSize = 0, DWORD dwCreateFlags = 0,LPSECURITY_ATTRIBUTES
lpSecurityAttrs = NULL );
CWinThread* AfxBeginThread( CRuntimeClass* pThreadClass, int nPriority = THREAD_PRIORITY_NORMAL,
UINT nStackSize = 0, DWORD dwCreateFlags = 0, LPSECURITY_ATTRIBUTES lpSecurityAttrs = NULL );
```

参数说明：

☑　pfnThreadProc：线程函数指针，函数原型如下。

```
UINT MyControllingFunction( LPVOID pThreadParam );
```

☑　pParam：线程函数的参数。

☑　nPriority：线程的优先级。

☑　nStackSize：线程堆栈大小。

☑　dwCreateFlags：线程的创建标记。

☑　lpSecurityAttrs：线程的安全属性。

☑　pThreadClass：派生于 CWinThread 类的运行时类对象。

返回值：新创建的线程对象指针。

下面通过一个实例介绍如何使用 AfxBeginThread 函数创建线程。

【例 18.3】　使用 AfxBeginThread 函数创建线程。　（实例位置：资源包 \TM\sl\18\3）

具体操作步骤如下。

（1）创建一个基于对话框的工程，工程名称为 OperateThread，对话框资源设计窗口如图 18.5 所示。

（2）向对话框类中添加一个成员变量，代码如下。

```
CWinThread* m_pThread;                                          // 添加一个 CWinThread 指针成员变量
```

（3）定义一个线程函数，用于执行循环，代码如下。

```
UINT ThreadFun( LPVOID pThreadParam )
{
    // 将函数参数转换为对话框指针
    COperateThreadDlg* pDlg = (COperateThreadDlg*)pThreadParam;
    pDlg->m_Prog.SetRange32(0,999999);                  // 设置进度条的范围
    for (int i=0; i<999999;i++)                         // 设计一个较大的循环
    {
        pDlg->m_Prog.SetPos(i);                         // 设置进度条的位置
    }
    return 0;
}
```

（4）处理"确定"按钮的单击事件，调用 AfxBeginThread 函数创建一个线程，代码如下。

```
void COperateThreadDlg::OnOK()
{
    m_pThread = AfxBeginThread(ThreadFun,this,0,0,0,NULL);    // 创建一个线程
}
```

（5）处理"取消"按钮的单击事件，在对话框关闭时释放线程对象，代码如下。

```
void COperateThreadDlg::OnCancel()
{
    DWORD dwExit = 0;                                    // 定义一个整型变量
    if (m_pThread!= NULL)                                // 判断线程对象是否为空
    {
        GetExitCodeThread(m_pThread,&dwExit);            // 获取线程退出代码
        if (dwExit ==STILL_ACTIVE)                       // 判断线程是否运行
            TerminateThread(m_pThread,0);                // 终止线程
        delete m_pThread;                                // 释放线程对象
    }
    CDialog::OnCancel();
}
```

说明

GetExitCodeThread 函数用于根据线程对象获取线程的退出代码，如果退出代码为 STILL_ACTIVE，则表示线程仍在运行。

（6）运行程序，单击"确定"按钮创建并执行线程，在执行循环的同时可以拖动窗口，结果如图 18.6 所示。

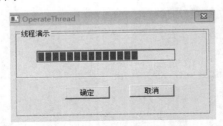

图 18.5　对话框资源设计窗口

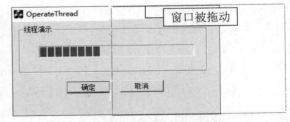

图 18.6　多线程演示程序

18.2.4　应用 MFC 类库创建线程

MFC 类库提供的 CWinThread 类封装了对线程的支持。该类提供了两种类型的线程，即工作者线程和用户界面线程。所谓工作者线程是指线程中没有消息循环，主要在后台进行计算或完成某些功能；用户界面线程是指线程具有消息循环，能够处理从系统接收的消息。下面对 CWinThread 类的主要成员和方法进行介绍。

1. m_bAutoDelete

该成员确定在线程终止时，线程对象是否自动被释放。

2．m_hThread

该成员表示线程对象关联的线程句柄。

3．m_nThreadID

该成员用于记录线程 ID。

4．m_pMainWnd

该成员表示应用程序的主窗口。

5．m_pActiveWnd

如果线程是 OLE 服务器的一部分，该成员表示容器应用程序主窗口。

6．CreateThread

该方法用于创建一个线程。

语法格式如下：

```
BOOL CreateThread( DWORD dwCreateFlags = 0, UINT nStackSize = 0,LPSECURITY_ATTRIBUTES
lpSecurityAttrs = NULL );
```

参数说明：

- ☑ dwCreateFlags：线程的创建标识。如果为 CREATE_SUSPENDED，线程在创建后会立即挂起，直到调用 ResumeThread 方法才开始执行线程函数；如果为 0，线程创建后会立即执行。
- ☑ nStackSize：线程堆栈的大小。如果为 0，堆栈的大小将与主线程堆栈的大小相同。
- ☑ lpSecurityAttrs：线程的安全属性。

7．GetMainWnd

该方法用于获取应用程序的主窗口指针。如果是 OLE 服务器应用程序，该方法返回的是 m_pActiveWnd 成员，否则返回 m_pMainWnd 成员。

语法格式如下：

```
virtual CWnd * GetMainWnd();
```

8．ResumeThread

该方法用于重新唤醒线程。它将线程的挂起计数减 1，如果线程的挂起计数为 0，将开始执行线程。

语法格式如下：

```
DWORD ResumeThread();
```

返回值：如果函数执行成功，返回值是线程之前挂起的计数，否则返回 0xFFFFFFFF。返回值为 0，表示线程之前没有被挂起；返回值为 1，表示线程之前被挂起，但是线程计数会减 1，因此线程会马上执行；返回值大于 1，线程将继续挂起。

9．SuspendThread

该方法用于挂起线程。

语法格式如下：

```
DWORD SuspendThread( );
```

返回值：如果函数执行成功，返回值为线程之前的挂起计数，否则为 0xFFFFFFFF。

下面举例介绍如何使用 CWinThread 类创建多线程应用程序。

【例 18.4】 使用 CWinThread 类创建多线程应用程序。（实例位置：资源包 **\TM\sl\18\4**）

具体操作步骤如下。

（1）创建一个基于对话框的工程，工程名称为 UserThread，对话框资源设计窗口如图 18.7 所示。

（2）在工作区的类视图窗口中再创建一个对话框类，名称为 CEmployee，对话框资源设计窗口如图 18.8 所示。

图 18.7　对话框资源设计窗口 1

图 18.8　对话框资源设计窗口 2

（3）在工作区的类视图窗口中创建一个 CUserThread 类，基类为 CWinThread。在该类的 InitInstance 方法中定义并显示一个对话框，代码如下。

```
BOOL CUserThread::InitInstance()
{
    CEmployee EmployeeDlg;                          // 定义一个对话框类
    EmployeeDlg.DoModal();                          // 以模态形式显示对话框
    return TRUE;
}
```

（4）在主对话框中编写"用户界面线程"按钮的单击事件，利用 AfxBeginThread 函数创建一个用户界面线程，代码如下。

```
void CUserThreadDlg::OnUserthread()
{
    // 创建一个用户界面线程
    m_pThread = AfxBeginThread(RUNTIME_CLASS(CUserThread),0,0,0,NULL);
}
```

> **说明**
>
> 用户界面线程需要使用一个线程类的运行时对象作为参数，可以使用 RUNTIME_CLASS 来获得某一个类的运行时类信息。

（5）在对话框关闭时释放创建的线程对象，代码如下。

```
void CUserThreadDlg::OnCancel()
{
    DWORD dwExit = 0;                              // 定义一个整型变量
    if (m_pThread != NULL)                         // 判断线程对象是否为 NULL
    {
        GetExitCodeThread(m_pThread,&dwExit);      // 获取线程退出代码
        if (dwExit ==STILL_ACTIVE)                 // 判断线程是否退出
            TerminateThread(m_pThread,0);          // 终止线程
        delete m_pThread;                          // 释放线程对象
    }
    CDialog::OnCancel();
}
```

（6）运行程序，单击"用户界面线程"按钮将创建一个用户界面线程，并执行 CUserThread 类的 InitInstance 方法，创建一个对话框，结果如图 18.9 所示。

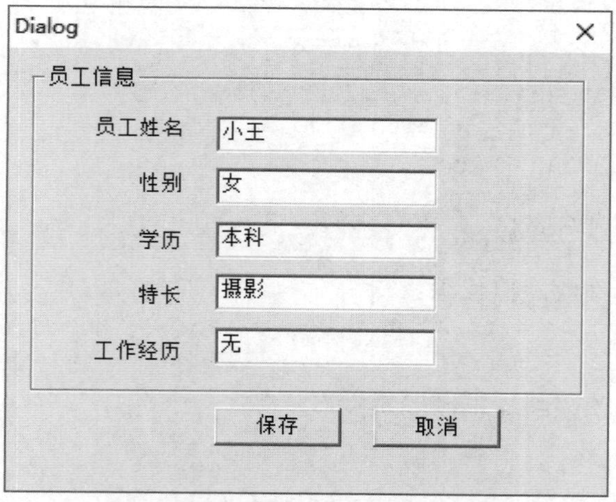

图 18.9　用户界面线程

视频讲解

18.3　线程的挂起、唤醒与终止

在线程创建并运行后，用户可以对线程执行挂起和终止操作。所谓挂起，是指暂停线程的执行，随后可以通过唤醒操作来恢复线程的执行。线程终止，是指结束线程的执行。系统提供了 SuspendThread、ResumeThread、ExitThread 和 TerminateThread 等函数实现线程的挂起、唤醒和终止操作，下面逐一介绍。

1. SuspendThread

SuspendThread 函数用于挂起线程。

语法格式如下：

```
DWORD SuspendThread(HANDLE hThread);
```

其中，hThread 表示线程句柄。

返回值：如果函数执行成功，返回值为之前挂起的线程次数；如果函数执行失败，返回值为 0xFFFFFFFF。

2．ResumeThread

ResumeThread 函数用于减少线程挂起的次数。如果线程挂起的次数为 0，将唤醒线程。

语法格式如下：

```
DWORD ResumeThread(HANDLE hThread);
```

其中，hThread 表示线程句柄。

返回值：如果函数执行成功，返回值为之前挂起的线程次数；如果函数执行失败，返回值为 0xFFFFFFFF。

3．ExitThread

ExitThread 函数用于结束当前的线程。

语法格式如下：

```
VOID ExitThread(DWORD dwExitCode);
```

其中，dwExitCode 表示线程退出代码。

4．TerminateThread

TerminateThread 函数用于强制终止线程的执行。

语法格式如下：

```
BOOL TerminateThread(HANDLE hThread,DWORD dwExitCode);
```

参数说明：

☑ hThread：待终止的线程句柄。

☑ dwExitCode：线程退出代码。

下面以一个实例介绍如何创建、挂起、唤醒和终止线程。

【例 18.5】 创建、挂起、唤醒和终止线程。 **（实例位置：资源包 \TM\sl\18\5）**

具体操作步骤如下。

（1）创建一个基于对话框的工程，工程名称为 ThreadManage，对话框资源设计窗口如图 18.10 所示。

（2）编写一个线程函数，在线程函数中设计一个较大的循环，显示进度条的进度，代码如下。

```
DWORD _stdcall ThreadProc(LPVOID lpParameter)
{
    CThreadManageDlg* pDlg = (CThreadManageDlg*)lpParameter;        // 获取对话框指针
```

```
        pDlg->m_Prog.SetRange32(0,99999);                    // 设置进度条的范围
        for (int i=0; i<99999;i++)                           // 设计循环
        {
            pDlg->m_Prog.SetPos(i);                          // 设置进度条的位置
        }
        return 0;
}
```

（3）处理"创建线程"按钮的单击事件，创建一个新的线程，并且开始执行线程函数，代码如下。

```
void CThreadManageDlg::OnBtCreate()
{
    m_hThread = CreateThread(NULL,0,ThreadProc,this,0,NULL);    // 创建线程
}
```

（4）处理"挂起线程"按钮的单击事件，挂起当前执行的线程，代码如下。

```
void CThreadManageDlg::OnBtsuspend()
{
    SuspendThread(m_hThread);                               // 挂起线程的执行
}
```

（5）处理"唤醒线程"按钮的单击事件，唤醒挂起的线程，代码如下。

```
void CThreadManageDlg::OnBtresume()
{
    ResumeThread(m_hThread);                                // 唤醒线程
}
```

注意

如果线程被挂起多次，则需要进行相同次数的唤醒操作，才能够唤醒线程。

（6）处理"终止线程"按钮的单击事件，终止线程的执行，代码如下。

```
void CThreadManageDlg::OnBtterminate()
{
    TerminateThread(m_hThread,0);                           // 终止线程
}
```

（7）运行程序，结果如图 18.11 所示。

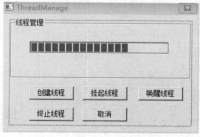

图 18.10　对话框资源设计窗口

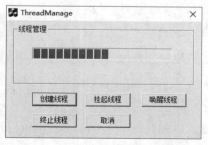

图 18.11　线程管理

467

视频讲解

18.4 线 程 同 步

在多线程应用程序中，由于每个线程都可以访问进程中的资源，因此有可能导致一些危险。例如，线程 A 正在使用一个对象，而线程 B 对这个对象进行了修改，导致线程 A 的执行结果不可预料。本节将介绍如何通过线程同步来解决资源访问冲突问题。

18.4.1 多线程潜在的危险

在多线程应用程序中，最容易出现的问题就是资源访问冲突问题。本节通过一个简单实例来演示多线程资源访问冲突的情况。实例中创建了两个线程，按照计数递增的顺序输出计数。

【例 18.6】 多线程资源访问冲突。（实例位置：资源包 \TM\sl\18\6）

具体操作步骤如下。

（1）创建一个控制台应用程序，工程名称为 ResConflict。

（2）引用 windows.h 头文件，使用系统函数。

（3）定义两个线程函数，输出一个全局计数，代码如下。

```cpp
int number = 1;                                              // 定义一个全局变量
unsigned long _stdcall ThreadProc1(void* lpParameter)
{
    while (number < 100)                                     // 定义一个循环
    {
        printf(" 线程 1 当前计数：%d\n",number);             // 输出计数
        number ++;                                           // 使计数加 1
        Sleep(100);                                          // 延时 100 毫秒
    }
    return 0;
}
unsigned long _stdcall ThreadProc2(void* lpParameter)
{
    while (number < 100)                                     // 定义一个循环
    {
        printf(" 线程 2 当前计数：%d\n",number);             // 输出计数
        number ++;                                           // 使计数加 1
        Sleep(100);                                          // 延时 100 毫秒
    }
    return 0;
}
```

（4）在主函数中创建线程，并执行线程函数，代码如下。

```cpp
int main(int argc, char* argv[])
{
    // 创建一个线程
    HANDLE hThread1 = CreateThread(NULL,0,ThreadProc1,NULL,0,NULL);
    // 创建一个线程
```

```
    HANDLE hThread2 = CreateThread(NULL,0,ThreadProc2,NULL,0,NULL);
    CloseHandle(hThread1);                                    // 关闭线程句柄
    CloseHandle(hThread2);                                    // 关闭线程句柄
    while (true)                                              // 定义一个循环，防止程序退出
    {
        ;
    }
    return 0;
}
```

📢注意

　　本实例是为了查看线程的运行结果，所以设置了 while (true) 循环。在开发程序时，切记不可这样写，否则将陷入死循环。

　　（5）运行程序，结果如图 18.12 所示。

　　从图 18.12 中可以发现，有时线程 1 或线程 2 重复输出计数，并且有时输出的计数并不连续。这就是多线程程序潜在的危险。后面几节将介绍如何通过线程同步来解决上述问题。

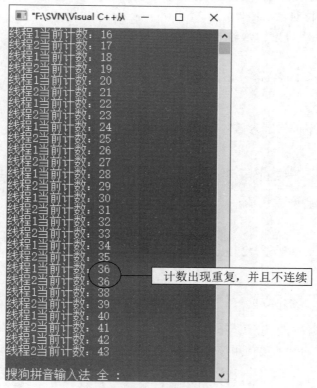

计数出现重复，并且不连续

图 18.12　资源访问冲突

18.4.2　使用事件对象实现线程同步

　　事件对象属于系统内核对象之一，经常使用事件对象来实现线程同步。事件对象可以分为两类，

即人工重置事件对象和自动重置事件对象。对于人工重置事件对象，可以同时有多个线程等待到事件对象，成为可调度线程。对于自动重置事件对象，等待该事件对象的多个线程只能有一个线程成为可调度线程。此外，如果事件对象为自动重置事件对象，当某个线程等待到事件对象后，系统会自动将事件对象设置为未通知状态。

为了使用事件对象，系统提供了一组与事件对象有关的函数，下面逐一介绍。

1. CreateEvent

CreateEvent 函数用于创建一个事件对象。

语法格式如下：

```
HANDLE CreateEvent( LPSECURITY_ATTRIBUTES lpEventAttributes, BOOL bManualReset,
BOOL bInitialState, LPCTSTR lpName );
```

参数说明：

- ☑ lpEventAttributes：事件对象的安全属性。
- ☑ bManualReset：事件对象的类型。为 TRUE，表示创建人工重置事件对象；为 FALSE，表示创建自动重置事件对象。
- ☑ bInitialState：事件对象初始的通知状态。为 TRUE，表示通知状态；为 FALSE，表示未通知状态。
- ☑ lpName：事件对象的名称。

2. SetEvent

SetEvent 函数用于将事件设置为通知状态。

语法格式如下：

```
BOOL SetEvent( HANDLE hEvent );
```

其中，hEvent 表示事件对象句柄。

3. ResetEvent

ResetEvent 函数用于将事件设置为未通知状态。

语法格式如下：

```
BOOL ResetEvent(HANDLE hEvent );
```

其中，hEvent 表示事件对象句柄。

在设计线程同步时，通常需要使用 WaitForSingleObject 函数来等待内核对象的状态。

语法格式如下：

```
DWORD WaitForSingleObject(HANDLE hHandle,DWORD dwMilliseconds );
```

参数说明：

- ☑ hHandle：等待对象的句柄。
- ☑ dwMilliseconds：等待的时间，单位为毫秒。

说明

如果 dwMilliseconds 参数设置的等待时间超过了该参数表示的时间，函数将会返回。如果将该参数设置为 INFINITE，则函数会一直等待，直到 hHandle 参数表示的对象处于通知状态。

下面改写第 18.4.1 节的例 18.6，使用事件对象实现线程同步，来解决资源访问冲突问题。

【例 18.7】 使用事件对象实现线程同步来解决资源访问冲突问题。（实例位置：资源包 \TM\sl\18\7）

具体操作步骤如下。

（1）创建一个控制台应用程序，工程名称为 ThreadSynch。

（2）引用 windows.h 头文件，使用系统函数。

（3）定义两个线程函数，输出一个全局计数，代码如下。

```
int number = 1;                                          // 定义一个全局变量
HANDLE hEvent;                                           // 定义事件句柄
unsigned long _stdcall ThreadProc1(void* lpParameter)   // 线程函数
{
    while (number < 100)                                 // 设计一个循环
    {
        WaitForSingleObject(hEvent,INFINITE);            // 等待事件对象为有信号状态
        printf(" 线程 1 当前计数：%d\n",number);          // 输出计数
        number ++;                                       // 计数加 1
        Sleep(100);                                      // 延时 100 毫秒
        SetEvent(hEvent);                                // 设置事件为有信号状态
    }
    return 0;
}
unsigned long _stdcall ThreadProc2(void* lpParameter)   // 线程函数
{
    while (number < 100)                                 // 设计一个循环
    {
        WaitForSingleObject(hEvent,INFINITE);            // 等待事件对象为有信号状态
        printf(" 线程 2 当前计数：%d\n",number);          // 输出计数
        number ++;                                       // 计数加 1
        Sleep(100);                                      // 延时 100 毫秒
        SetEvent(hEvent);                                // 设置事件为有信号状态
    }
    return 0;
}
```

（4）在主函数中创建线程，并执行线程函数，代码如下。

```
int main(int argc, char* argv[])
{
    // 创建一个线程
    HANDLE hThread1 = CreateThread(NULL,0,ThreadProc1,NULL,0,NULL);
    // 创建一个线程
```

```
HANDLE hThread2 = CreateThread(NULL,0,ThreadProc2,NULL,0,NULL);
hEvent = CreateEvent(NULL,FALSE,TRUE,"event");                    // 创建一个事件对象
CloseHandle(hThread1);                                            // 关闭线程句柄
CloseHandle(hThread2);                                            // 关闭线程句柄
while (true)                                                      // 设计一个循环，防止退出
{
    ;
}
return 0;
}
```

（5）运行程序，结果如图 18.13 所示。

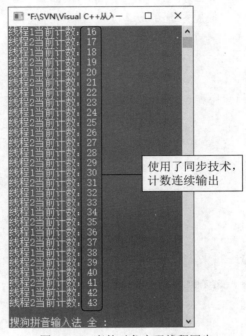

图 18.13　事件对象实现线程同步

18.4.3　使用信号量对象实现线程同步

信号量对象也属于系统内核对象之一，包含有使用计数。当使用计数为 0 时，信号量对象处于无信号状态；当使用计数大于 0 时，信号量对象处于有信号状态。系统同样提供了一组操作信号量的函数，下面分别进行介绍。

1．CreateSemaphore

CreateSemaphore 函数用于创建一个信号量对象。
语法格式如下：

```
HANDLE CreateSemaphore(LPSECURITY_ATTRIBUTES lpSemaphoreAttributes, LONG lInitialCount,
LONG lMaximumCount, LPCTSTR lpName );
```

参数说明：

- ☑　lpSemaphoreAttributes：信号量的安全属性，可以为 NULL。
- ☑　lInitialCount：信号量的初始计数。
- ☑　lMaximumCount：信号量的最大计数。
- ☑　lpName：信号量的名称。

2．ReleaseSemaphore

ReleaseSemaphore 函数用于递增信号量的使用计数。
语法格式如下：

```
BOOL ReleaseSemaphore(HANDLE hSemaphore,LONG lReleaseCount,LPLONG lpPreviousCount);
```

参数说明：

- ☑　hSemaphore：信号量对象句柄。
- ☑　lReleaseCount：信号量的递增数量。
- ☑　lpPreviousCount：用于返回之前的信号量的使用计数。

下面使用信号量对象实现线程同步来修改第 18.4.1 节的例 18.6。

【例 18.8】　使用信号量对象实现线程同步。（实例位置：资源包 \TM\sl\18\8）
具体操作步骤如下。

（1）创建一个控制台应用程序，工程名称为 ThreadSynch。

（2）引用 windows.h 头文件，使用系统函数。

（3）定义两个线程函数，输出一个全局计数，代码如下。

```
int number = 1;                                        // 定义一个全局变量
HANDLE hDemaphore;                                     // 定义一个信号量句柄
unsigned long _stdcall ThreadProc1(void* lpParameter)  // 定义线程函数
{
    long count;                                        // 定义一个整型变量
    while (number < 100)                               // 设计一个循环
    {
        WaitForSingleObject(hDemaphore,INFINITE);      // 等待信号量为有信号状态
        printf(" 线程 1 当前计数：%d\n",number);        // 输出计数
        number ++;                                     // 使计数加 1
        Sleep(100);                                    // 延时 100 毫秒
        ReleaseSemaphore(hDemaphore,1,&count);         // 使信号量有信号
    }
    return 0;
}
unsigned long _stdcall ThreadProc2(void* lpParameter)  // 定义线程函数
{
    long count;                                        // 定义一个整型变量
    while (number < 100)                               // 设计一个循环
    {
        WaitForSingleObject(hDemaphore,INFINITE);      // 等待信号量为有信号状态
        printf(" 线程 2 当前计数：%d\n",number);        // 输出计数
        number ++;                                     // 使计数加 1
        Sleep(100);                                    // 延时 100 毫秒
        ReleaseSemaphore(hDemaphore,1,&count);         // 使信号量有信号
    }
```

```
        return 0;
}
```

> 在上述代码中，线程函数部分使用了 Sleep 函数进行延时操作，这主要是为了演示数字的输出效果。

（4）在主函数中创建线程，并执行线程函数，代码如下。

```
int main(int argc, char* argv[])
{
    // 创建一个线程
    HANDLE hThread1 = CreateThread(NULL,0,ThreadProc1,NULL,0,NULL);
    // 创建一个线程
    HANDLE hThread2 = CreateThread(NULL,0,ThreadProc2,NULL,0,NULL);
    hDemaphore = CreateSemaphore(NULL,1,100,"sem");        // 创建信号量对象
    CloseHandle(hThread1);                                 // 关闭线程句柄
    CloseHandle(hThread2);                                 // 关闭线程句柄
    while (true)                                           // 设计循环，防止系统退出
    {
            ;
    }
    return 0;
}
```

（5）运行程序，结果如图 18.13 所示。

18.4.4 使用临界区对象实现线程同步

临界区又称为关键代码段，指的是一小段代码，在代码执行前，临界区需要独占某些资源。在程序中通常将多个线程同时访问某个资源的代码作为临界区。为了使用临界区，系统提供了一组操作临界区对象的函数，下面分别进行介绍。

1. InitializeCriticalSection

InitializeCriticalSection 函数用于初始化临界区对象。

语法格式如下：

```
void InitializeCriticalSection(LPCRITICAL_SECTION lpCriticalSection);
```

其中，lpCriticalSection 表示一个临界区对象指针。在使用临界区对象时，首先需要定义一个临界区对象，然后使用该函数进行初始化。

2. EnterCriticalSection

EnterCriticalSection 函数用于等待临界区对象的所有权。

语法格式如下：

```
void EnterCriticalSection(LPCRITICAL_SECTION lpCriticalSection);
```

其中，lpCriticalSection 表示一个临界区对象指针。

3．LeaveCriticalSection

LeaveCriticalSection 函数用于释放临界区对象的所有权。
语法格式如下：

```
void LeaveCriticalSection(LPCRITICAL_SECTION lpCriticalSection );
```

其中，lpCriticalSection 表示一个临界区对象指针。

4．DeleteCriticalSection

DeleteCriticalSection 函数用于释放为临界区对象分配的相关资源，使临界区对象不再可用。
语法格式如下：

```
void DeleteCriticalSection(LPCRITICAL_SECTION lpCriticalSection);
```

其中，lpCriticalSection 表示一个临界区对象指针。

说明

　　要使用这些函数，需要引用 windows.h 头文件。

下面使用临界区对象实现线程同步来修改第 18.4.1 节的例 18.6。

【例 18.9】　使用临界区对象实现线程同步。（实例位置：资源包 \TM\sl\18\9）

具体操作步骤如下。

（1）创建一个控制台应用程序，工程名称为 ThreadSynch。

（2）引用 windows.h 头文件，使用系统函数。

（3）定义两个线程函数，输出一个全局计数，代码如下。

```c
int number = 1;                                            // 定义一个全局变量
CRITICAL_SECTION Critical;                                 // 定义临界区句柄
unsigned long _stdcall ThreadProc1(void* lpParameter)      // 定义线程函数
{
    long count;                                            // 定义整型变量
    while (number < 100)                                   // 设计一个循环
    {
        EnterCriticalSection(&Critical);                   // 获取临界区对象的所有权
        printf(" 线程 1 当前计数：%d\n",number);            // 输出计数
        number ++;                                         // 使计数加 1
        Sleep(100);                                        // 延时 100 毫秒
        LeaveCriticalSection(&Critical);                   // 释放临界区对象的所有权
    }
    return 0;
}
unsigned long _stdcall ThreadProc2(void* lpParameter)      // 定义线程函数
{
    long count;                                            // 定义整型变量
    while (number < 100)                                   // 设计一个循环
    {
```

```
        EnterCriticalSection(&Critical);                    // 获取临界区对象的所有权
        printf(" 线程 2 当前计数：%d\n",number);             // 输出计数
        number ++;                                          // 使计数加 1
        Sleep(100);                                         // 延时 100 毫秒
        LeaveCriticalSection(&Critical);                    // 释放临界区对象的所有权
    }
    return 0;
}
```

（4）在主函数中创建线程，并执行线程函数，代码如下。

```
int main(int argc, char* argv[])
{
    // 初始化临界区对象
    InitializeCriticalSection(&Critical);
    // 创建线程
    HANDLE hThread2 = CreateThread(NULL,0,ThreadProc2,NULL,0,NULL);
    // 创建线程
    HANDLE hThread1 = CreateThread(NULL,0,ThreadProc1,NULL,0,NULL);
    CloseHandle(hThread1);                                  // 关闭线程句柄
    CloseHandle(hThread2);                                  // 关闭线程句柄
    while (true)
    {
            ;
    }
    return 0;
}
```

（5）运行程序，结果如图 18.13 所示。

18.4.5　使用互斥对象实现线程同步

互斥对象属于系统内核对象，能够使线程拥有对某个资源的绝对访问权。互斥对象主要包含使用数量、线程 ID 和递归计数器等信息。其中，线程 ID 表示当前拥有互斥对象的线程，递归计数器表示线程拥有互斥对象的次数。互斥对象的使用方式为：当互斥对象的线程 ID 为 0 时，表示互斥对象不被任何线程所拥有，此时系统会发出该互斥对象的通知信号，等待互斥对象的某个线程将会拥有该互斥对象，同时互斥对象的线程 ID 为拥有该互斥对象的线程 ID。当互斥对象的线程 ID 不为 0 时，表示当前有线程拥有该互斥对象，系统不会发出互斥对象的通知信号，其他等待互斥对象的线程继续等待，直到拥有互斥对象的线程释放互斥对象的所有权。下面介绍与互斥对象有关的系统函数。

1．CreateMutex

CreateMutex 函数用于创建一个互斥对象。
语法格式如下：

```
HANDLE CreateMutex( LPSECURITY_ATTRIBUTES lpMutexAttributes,BOOL bInitialOwner,
LPCTSTR lpName);
```

参数说明：
☑　lpMutexAttributes：互斥对象的安全属性，可以为 NULL。

☑　bInitialOwner：互斥对象的初始状态。如果为 TRUE，互斥对象的线程 ID 为当前调用线程的 ID，互斥对象的递归计数器为 1，当前创建互斥对象的线程拥有互斥对象的所有权；为 FALSE，互斥对象的线程 ID 为 0，互斥对象的递归计数器为 0，系统会发出该互斥对象的通知信号。

☑　lpName：互斥对象的名称。如果为 NULL，将创建一个匿名的互斥对象。

返回值：如果函数执行成功，返回值是互斥对象的句柄，否则返回值为 NULL。

2．ReleaseMutex

ReleaseMutex 函数用于释放互斥对象的所有权。

语法格式如下：

```
BOOL ReleaseMutex(HANDLE hMutex);
```

其中，hMutex 表示互斥对象句柄。

下面使用互斥对象实现线程同步来修改第 18.4.1 节的例 18.6。

【例 18.10】　使用互斥对象实现线程同步。（实例位置：资源包 \TM\sl\18\10）

具体操作步骤如下。

（1）创建一个控制台应用程序，工程名称为 ThreadSynch。

（2）引用 windows.h 头文件，使用系统函数。

（3）定义两个线程函数，输出一个全局计数，代码如下。

```
int number = 1;                                           // 定义全局变量
HANDLE hMutex;                                            // 定义互斥对象句柄
unsigned long _stdcall ThreadProc1(void* lpParameter)    // 定义线程函数
{
    long count;                                           // 定义整型变量
    while (number < 100)
    {
        WaitForSingleObject(hMutex,INFINITE);             // 等待互斥对象的所有权
        printf(" 线程 1 当前计数：%d\n",number);          // 输出计数
        number ++;                                        // 使计数加 1
        Sleep(100);                                       // 延时 100 毫秒
        ReleaseMutex(hMutex);                             // 释放互斥对象的所有权
    }
    return 0;
}
unsigned long _stdcall ThreadProc2(void* lpParameter)    // 定义线程函数
{
    long count;                                           // 定义整型变量
    while (number < 100)                                  // 设计一个循环
    {
        WaitForSingleObject(hMutex,INFINITE);             // 等待互斥对象的所有权
        printf(" 线程 2 当前计数：%d\n",number);          // 输出计数
        number ++;                                        // 使计数加 1
        Sleep(100);                                       // 延时 100 毫秒
        ReleaseMutex(hMutex);                             // 释放互斥对象的所有权
    }
```

```
        return 0;
}
```

（4）在主函数中创建线程，并执行线程函数，代码如下。

```
int main(int argc, char* argv[])
{
    // 创建线程
    HANDLE hThread2 = CreateThread(NULL,0,ThreadProc2,NULL,0,NULL);
    // 创建线程
     HANDLE hThread1 = CreateThread(NULL,0,ThreadProc1,NULL,0,NULL);
    hMutex = CreateMutex(NULL,false,"mutex");                    // 创建互斥对象
    CloseHandle(hThread1);                                       // 关闭线程句柄
    CloseHandle(hThread2);                                       // 关闭线程句柄
    while (true)
    {
             ;
    }
    return 0;
}
```

（5）运行程序，结果如图 18.13 所示。

说明

使用第 18.4.2 节 ~ 18.4.5 节介绍的方法都可以实现线程同步，读者可以根据需要进行选择。

18.5　小　　结

本章介绍了有关线程的相关知识，包括线程的各种创建方法、线程的挂起、唤醒及终止等，最后介绍了线程同步技术。通过本章的学习，读者应该掌握简单的线程应用，学会一种或多种线程同步技术。

18.6　实践与练习

1. 编写一个应用程序，描述线程的优先级。（答案位置：资源包 \TM\sl\18\11）
2. 编写一个应用程序，实现多线程文件下载。（答案位置：资源包 \TM\sl\18\12）
3. 编写一个视频显示程序，在线程函数中创建视频窗口，并处理窗口消息。（答案位置：资源包 \TM\ sl\18\13）

第**19**章

网络套接字编程

（▶ 视频讲解：54 分钟）

随着社会的进步和网络技术的不断发展，如今上网的人越来越多，人们越来越依赖于互联网来获取信息，这极大地刺激了网站、网络应用程序的开发。本章将介绍有关 Visual C++ 开发网络应用程序的相关知识。

通过阅读本章，您可以：

▶▶ 了解网络的基本结构

▶▶ 了解 TCP/IP 协议

▶▶ 理解套接字的概念

▶▶ 掌握如何使用套接字函数进行网络程序开发

▶▶ 掌握如何使用 MFC 类库进行网络程序开发

视频讲解

19.1　计算机网络基础

计算机网络是计算机和通信技术相结合的产物，代表了计算机发展的重要方向，了解计算机的网络结构有助于用户开发网络应用程序。本节将介绍有关计算机网络的基础知识和一些基本概念。

19.1.1　OSI 参考模型

开发式系统互联（Open System Interconnection，OSI）是国际标准化组织（ISO）为了实现计算机网络的标准化而颁布的参考模型。OSI 参考模型采用分层的划分原则，将网络中的数据传输划分为 7 层，每一层使用下层的服务，并向上层提供服务。表 19.1 描述了 OSI 参考模型的结构。

表 19.1　OSI 参考模型

层　　次	名　　称	功　能　描　述
第 7 层	应用层（Application）	负责网络中应用程序与网络操作系统之间的联系。例如，建立和结束使用者之间的连接，管理建立相互连接使用的应用资源
第 6 层	表示层（Presentation）	用于确定数据交换的格式，能够解决应用程序之间在数据格式上的差异，并负责设备之间所需要的字符集和数据的转换
第 5 层	会话层（Session）	是用户应用程序与网络层的接口，能够建立与其他设备的连接，即会话，并且能够对会话进行有效的管理
第 4 层	传输层（Transport）	提供会话层和网络层之间的传输服务，该服务从会话层获得数据，必要时对数据进行分割，然后传输层将数据传递到网络层，并确保数据能正确无误地传送到网络层
第 3 层	网络层（Network）	能够将传输的数据封包通过路由选择、分段组合等控制，将信息从源设备传送到目标设备
第 2 层	数据链路层（Data Link）	主要是修正传输过程中的错误信号，能够提供可靠的通过物理介质传输数据的方法
第 1 层	物理层（Physical）	利用传输介质为数据链路层提供物理连接，规范了网络硬件的特性、规格和传输速度

　说明

OSI 参考模型的建立，不仅创建了通信设备之间的物理通道，还规划了各层之间的功能，为标准化组合和生产厂家定制协议提供了基本原则，有助于用户了解复杂的协议（如 TCP/IP、X.25 协议等）。用户可以将这些协议与 OSI 参考模型对比，从而了解这些协议的工作原理。

19.1.2　IP 地址

为了使网络上的计算机能够彼此识别对方，每台计算机都需要一个 IP 地址来标识自己。IP 地址由 IP 协议规定，由 32 位的二进制数表示。最新的 IPv6 协议将 IP 地址升为 128 位，这使得 IP 地址更加广泛，能够很好地解决目前 IP 地址紧缺的问题。但是 IPv6 协议距离实际应用还有一段距离，目前多数操作系统和应用软件都是以 32 位的 IP 地址为基准的。

32 位的 IP 地址主要分为两部分，即前缀和后缀。前缀表示计算机所属的物理网络，后缀确定该网络上唯一的一台计算机。在互联网上，每一个物理网络都有一个唯一的网络号。根据网络号的不同，可以将 IP 地址分为 5 类，即 A 类、B 类、C 类、D 类和 E 类。其中，A 类、B 类和 C 类属于基本类，D 类用于多播发送，E 类属于保留类。表 19.2 描述了各类 IP 地址的范围。

表 19.2　各类 IP 地址的范围

类　型	范　围	类　型	范　围
A 类	0.0.0.0 ～ 127.255.255.255	D 类	224.0.0.0 ～ 239.255.255.255
B 类	128.0.0.0 ～ 191.255.255.255	E 类	240.0.0.0 ～ 247.255.255.255
C 类	192.0.0.0 ～ 223.255.255.255		

在上述 IP 地址中，有几个 IP 地址是特殊的，有其单独的用途。

☑　网络地址

在 IP 地址中主机地址为 0 的表示网络地址，如 128.111.0.0。

☑　广播地址

在网络号后跟所有位全是 1 的 IP 地址，表示广播地址。

☑　回送地址

127.0.0.1 表示回送地址，用于测试。

19.1.3　地址解析

地址解析是指将计算机的协议地址解析为物理地址，即 MAC 地址，又称为媒体设备地址。通常，在网络上由地址解析协议 ARP 来实现地址解析。下面以本地网络上的两台计算机通信为例，介绍 ARP 协议解析地址的过程。

假设主机 A 和主机 B 处于同一个物理网络上，主机 A 的 IP 地址为 192.168.1.21，主机 B 的 IP 地址为 192.168.1.23，当主机 A 与主机 B 进行通信时，主机 B 的 IP 地址 192.168.1.23 将按如下步骤被解析为物理地址。

（1）主机 A 从本地 ARP 缓存中查找 IP 地址为 192.168.1.23 对应的物理地址。用户可以在命令窗口中输入 arp -a 命令查看 ARP 缓存，如图 19.1 所示。

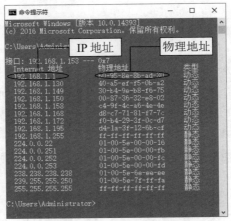

图 19.1　本地 ARP 缓存

（2）如果主机 A 在 ARP 缓存中没有发现 192.168.1.23 映射的物理地址，将发送 ARP 请求帧到本地网络上的所有主机，在 ARP 请求帧中包含了主机 A 的物理地址和 IP 地址。

（3）本地网络上的其他主机接收到 ARP 请求帧后，检查是否与自己的 IP 地址匹配，如果不匹配，则丢弃 ARP 请求帧。如果主机 B 发现与自己的 IP 地址匹配，则将主机 A 的物理地址和 IP 地址添加到自己的 ARP 缓存中，然后主机 B 将自己的物理地址和 IP 地址发送到主机 A，当主机 A 接收到主机 B 发来的信息，将以这些信息更新 ARP 缓存。

（4）当主机 B 的物理地址确定后，主机 A 即可与主机 B 通信。

19.1.4　域名系统

虽然使用 IP 地址可以标识网络中的计算机，但由于 IP 地址容易混淆，并且不容易记忆，人们更倾向于使用主机名来标识 IP 地址。在 Internet 上存在许多计算机，为了防止主机名相同，Internet 管理机构采取了在主机名后加上后缀名的方法标识一台主机，其后缀名被称为域名。例如，www.mingrisoft.com，主机名为 www，域名为 mingrisoft.com。com 为一级域名，表示商业组织；mingrisoft 为二级域名，表示本地名。为了能够利用域名进行不同主机间的通信，需要将域名解析为 IP 地址，该过程称之为域名解析。域名解析是通过域名服务器来完成的。假如主机 A 的本地域名服务器是 dns.local.com，根域名服务器是 dns.mr.com；所要访问的主机 B 的域名为 www.mingribook.com，域名服务器为 dns.mrbook.com。当主机 A 通过域名 www.mingribook.com 访问主机 B 时，将发送解析域名 www.mingribook.com 的报文；本地域名服务器收到请求后，查询本地缓存，假设没有该记录，则本地域名服务器 dns.local.com 将向根域名服务器 dns.mr.com 发出请求解析域名 www.mingribook.com；根域名服务器 dns.mr.com 收到请求后查询本地记录，如果发现 mingribook.com NS dns.mrbook.com 信息，将给出 dns.mrbook.com 的 IP 地址，并将结果返回给主机 A 的本地域名服务器 dns.local.com，当本地域名服务器 dns.local.com 收到信息后，会向主机 B 的域名服务器 dns.mrbook.com 发送解析域名 www.mingribook.com 的报文；当域名服务器 dns.mrbook.com 收到请求后，开始查询本地的记录，发现 www.mingribook.com A 211.119.X.X（其中，211.119.X.X 表示域名 www.mingribook.com 的 IP 地址）。类似的信息，则将结果返回给主机 A 的本地域名服务器 dns.local.com。

19.1.5　TCP/IP 协议

　　TCP/IP（Transmission Control Protocal/Internet Protocal，传输控制协议 / 网际协议）协议是互联网上最流行的协议，它能够实现互联网上不同类型操作系统的计算机相互通信。对于网络开发人员来说，必须了解 TCP/IP 协议的结构。TCP/IP 协议将网络分为 4 层，分别对应于 OSI 参考模型的 7 层结构。表 19.3 列出了 TCP/IP 协议与 OSI 参考模型的对应关系。

表 19.3　TCP/IP 协议与 OSI 参考模型的对应关系

TCP/IP 协议	OSI 参考模型
应用层（包括 Telnet、FTP、SNTP 协议）	会话层、表示层和应用层
传输层（包括 TCP、UDP 协议）	传输层
网络层（包括 ICMP、IP、ARP 等协议）	网络层
数据链路层	物理层和数据链路层

　　从表 19.3 中可以发现，TCP/IP 协议不是单个协议，而是一个协议簇，包含多种协议，其中主要的协议有网际协议（IP）和传输控制协议（TCP）等。下面介绍 TCP/IP 主要协议的结构。

1. TCP 协议

　　传输控制协议 TCP 是一种提供可靠数据传输的通信协议，它是 TCP/IP 体系结构中传输层上的协议。在发送数据时，应用层的数据传输到传输层，加上 TCP 的首部，数据就构成了报文。报文是网络层 IP 的数据，如果再加上 IP 首部，就构成了 IP 数据报。TCP 协议 C 语言数据描述如下。

```
typedef struct HeadTCP {
    WORD      SourcePort;      // 16 位源端口号
    WORD      DePort;          // 16 位目的端口
    DWORD     SequenceNo;      // 32 位序号
    DWORD     ConfirmNo;       // 32 位确认序号
    BYTE      HeadLen;         // 与 Flag 为一个组成部分，首部长度，占 4 位，保留 6 位，6 位标识，共 16 位
    BYTE      Flag;
    WORD      WndSize;         // 16 位窗口大小
    WORD      CheckSum;        // 16 位校验和
    WORD      UrgPtr;          // 16 位紧急指针
} HEADTCP;
```

2. IP 协议

　　IP 协议又称为网际协议，工作在网络层，主要提供无链接数据报传输。IP 协议不保证数据报的发送，只最大限度地发送数据。IP 协议 C 语言数据描述如下。

```
typedef struct HeadIP {
    unsigned char headerlen:4;    // 首部长度，占 4 位
    unsigned char version:4;      // 版本，占 4 位
    unsigned char servertype;     // 服务类型，占 8 位，即 1 个字节
    unsigned short totallen;      // 总长度，占 16 位
    unsigned short id;            // 与 idoff 构成标识，共占 16 位，前 3 位是标识，后 13 位是片偏移
    unsigned short idoff;
    unsigned char ttl;            // 生存时间，占 8 位
```

```
    unsigned char proto;                        // 协议，占 8 位
    unsigned short checksum;                     // 首部检验和，占 16 位
    unsigned int sourceIP;                       // 源 IP 地址，占 32 位
    unsigned int destIP;                         // 目的 IP 地址，占 32 位
}HEADIP;
```

说明

在 IP 数据包结构中，第 1 个成员和第 2 个成员各占 4 位，也就是半个字节。我们知道为对象分配空间最小单位是 1 个字节，为了描述 IP 数据包中的成员，在定义数据包结构时使用了位域，具体指定每一个成员占用的位数。

3．ICMP 协议

ICMP 协议又称为网际控制报文协议，负责网络上设备状态的发送和报文检查，可以将某个设备的故障信息发送到其他设备上。ICMP 协议 C 语言数据描述如下。

```
typedef struct HeadICMP {
    BYTE Type;                                  // 8 位类型
    BYTE Code;                                  // 8 位代码
    WORD ChkSum;                                // 16 位校验和
} HEADICMP;
```

4．UDP 协议

用户数据报协议 UDP 是一个面向无链接的协议，采用该协议，两个应用程序不需要先建立链接，即它可为应用程序提供一次性的数据传输服务。UDP 协议不提供差错恢复，不能够数据重传，因此该协议传输数据安全性略差。UDP 协议 C 语言数据描述如下。

```
typedef struct HeadUDP {
    WORD SourcePort;                            // 16 位源端口号
    WORD DePort;                                // 16 位目的端口
    WORD Len;                                   // 16 为 UDP 长度
    WORD ChkSum;                                // 16 位 UDP 校验和
} HEADUDP;
```

19.1.6 端口

在网络上，计算机是通过 IP 地址来标识自身的。但是当两台计算机具体通信时，还会出现一个问题——如果主机 A 中的应用程序 A1 想与主机 B 中的应用程序 B1 通信，如何知道主机 A 中是 A1 应用程序与主机 B 中的应用程序通信，而不是主机 A 中的其他应用程序与主机 B 中的应用程序通信呢？反之，当主机 B 接收到数据时，又如何知道数据是发往应用程序 B1 的呢？因为在主机 B 中可以同时运行多个应用程序。

为了解决上述问题，TCP/IP 协议提出了端口的概念，用于标识通信的应用程序。当应用程序（严格说应该是进程）与某个端口绑定后，系统会将收到的该端口的数据送往该应用程序。端口用一个 16 位的无符号整数值来表示，范围为 0 ～ 65535。低于 256 的端口被作为系统的保留端口，用于系统进

程的通信；不在这一范围的端口号被称为自由端口，可以由进程自由使用。

视频讲解

19.2　套接字概述

套接字是网络通信的基石，是网络通信的基本构件，最初是由加利福尼亚大学 Berkeley 学院为 UNIX 开发的网络通信编程接口。为了在 Windows 操作系统上使用套接字，20 世纪 90 年代初微软和第三方厂商共同制定了一套标准，即 Windows Socket 规范，简称 WinSock。本节将介绍有关 Windows 套接字的相关知识。

19.2.1　套接字概述

所谓套接字，实际上是一个指向传输提供者的句柄。在 WinSock 中，就是通过操作该句柄来实现网络通信和管理的。根据性质和作用的不同，套接字可以分为 3 种，分别为原始套接字、流式套接字和数据包套接字。原始套接字是在 WinSock 2 规范中提出的，能够使程序开发人员对底层的网络传输机制进行控制，在原始套接字下接收的数据中包含有 IP 头。流式套接字提供了双向、有序、可靠的数据传输服务，该类型套接字在通信前，需要双方建立连接。大家熟悉的 TCP 协议采用的就是流式套接字。与流式套接字对应的是数据包套接字，数据包套接字提供双向的数据流，但是它不能保证数据传输的可靠性、有序性和无重复性。UDP 协议采用的就是数据包套接字。

19.2.2　网络字节顺序

不同的计算机结构有时使用不同的字节顺序存储数据。例如，基于 Intel 的计算机存储数据的顺序与 Macintosh（Motorola）计算机相反。通常，用户不必为在网络上发送和接收的数据的字节顺序转换担心，但在有些情况下必须转换字节顺序。例如，程序中将指定的整数设置为套接字的端口号，在绑定端口号之前，必须将端口号从主机顺序转换为网络顺序，有关转换的函数将在第 19.3 节中进行介绍。

19.2.3　套接字 I/O 模式

套接字的 I/O（Input/Output）模式有两种，分别为阻塞模式和非阻塞模式。在阻塞模式下，I/O 操作完成之前，套接字函数会一直等待下去，函数调用后不会立即返回。默认情况下，套接字为阻塞模式。而在非阻塞模式下，套接字函数在调用后会立刻返回。程序中可以使用 ioctlsocket 函数来设置套接字的 I/O 模式，有关该函数的介绍参见第 19.3 节。

视频讲解

19.3　套接字函数

为了使用套接字进行网络程序开发，Windows 操作系统提供了一组套接字函数。使用这些函数，用户可以开发出功能强大的网络应用程序。本节将介绍有关套接字函数的相关知识。

19.3.1　套接字函数介绍

Windows 系统提供的套接字函数通常封装在 ws2_32.dll 动态链接库中，其头文件 winsock2.h 提供了套接字函数的原型，库文件 ws2_32.lib 提供了 ws2_32.dll 动态链接库的输出节。在使用套接字函数前，用户需要引用 winsock2.h 头文件，并链接 ws2_32.lib 库文件。例如：

```
#include "winsock2.h"                         // 引用头文件
#pragma comment (lib,"ws2_32.lib")            // 链接库文件
```

此外，在使用套接字函数前还需要初始化套接字，可以使用 WSAStartup 函数来实现。例如：

```
WSADATA wsd;                                  // 定义 WSADATA 对象
WSAStartup(MAKEWORD(2,2),&wsd);               // 初始化套接字
```

下面介绍网络程序开发中经常使用的套接字函数。

1．WSAStartup

WSAStartup 函数用于初始化 ws2_32.dll 动态链接库。在使用套接字函数之前，一定要初始化 ws2_32.dll 动态链接库。

语法格式如下：

```
int WSAStartup ( WORD wVersionRequested,LPWSADATA lpWSAData );
```

参数说明：

- ☑　wVersionRequested：调用者使用的 Windows Socket 的版本，高字节记录修订版本，低字节记录主版本。例如，如果 Windows Socket 的版本为 2.1，则高字节记录 1，低字节记录 2。
- ☑　lpWSAData：一个 WSADATA 结构指针，该结构详细记录了 Windows 套接字的相关信息。其定义如下。

```
typedef struct WSAData {
    WORD            wVersion;
    WORD            wHighVersion;
    char            szDescription[WSADESCRIPTION_LEN+1];
    char            szSystemStatus[WSASYS_STATUS_LEN+1];
    unsigned short  iMaxSockets;
    unsigned short  iMaxUdpDg;
    char FAR *      lpVendorInfo;
} WSADATA, FAR * LPWSADATA;
```

> ➢ wVersion：调用者使用的 ws2_32.dll 动态链接库的版本号。
> ➢ wHighVersion：ws2_32.dll 支持的最高版本，通常与 wVersion 相同。
> ➢ szDescription：套接字的描述信息，通常没有实际意义。
> ➢ szSystemStatus：系统的配置或状态信息，通常没有实际意义。
> ➢ iMaxSockets：最多可以打开多少个套接字。
> ➢ iMaxUdpDg：数据报的最大长度。在套接字版本 2 或以后的版本中，该成员将被忽略。
> ➢ lpVendorInfo：套接字的厂商信息。在套接字版本 2 或以后的版本中，该成员将被忽略。

注意

在套接字版本 2 及以后的版本中，iMaxSockets 成员将被忽略。

2．socket

socket 函数用于创建一个套接字。
语法格式如下：

`SOCKET socket ( int af,int type, int protocol );`

参数说明：
- ☑ af：一个地址家族，通常为 AF_INET。
- ☑ type：套接字类型，如果为 SOCK_STREAM，表示创建面向链接的流式套接字；如果为 SOCK_DGRAM，表示创建面向无链接的数据报套接字；如果为 SOCK_RAW，表示创建原始套节字。对于这些值，用户可以在 winsock2.h 头文件中找到。
- ☑ potocol：表示套接口所用的协议，如果用户不指定，可以设置为 0。
返回值：是创建的套接字句柄。

3．bind

bind 函数用于将套接字绑定到指定的端口和地址上。
语法格式如下：

`int bind (SOCKET s,const struct sockaddr FAR* name,int namelen );`

参数说明：
- ☑ s：套接字标识。
- ☑ name：一个 sockaddr 结构指针，该结构中包含了要结合的地址和端口号。
- ☑ namelen：确定 name 缓冲区的长度。
返回值：如果函数执行成功，返回值为 0，否则为 SOCKET_ERROR。

4．listen

listen 函数用于将套接字设置为监听模式。
语法格式如下：

`int listen ( SOCKET s, int backlog);`

参数说明：

☑   s：套接字标识。

☑   backlog：等待连接的最大队列长度。例如，如果 backlog 被设置为 2，此时有 3 个客户端同时发出连接请求，那么前两个客户端连接会放置在等待队列中，第 3 个客户端会得到错误信息。

 注意

对于流式套接字，必须处于监听模式才能接收客户端套接字的连接。

5. accept

accept 函数用于接受客户端的连接。对于流式套接字，必须处于监听状态，才能接受客户端的连接。

语法格式如下：

```
SOCKET accept ( SOCKET s, struct sockaddr FAR* addr, int FAR* addrlen );
```

参数说明：

☑   s：一个套接字，应处于监听状态。

☑   addr：一个 sockaddr_in 结构指针，包含一组客户端的端口号、IP 地址等信息。

☑   addrlen：用于接收参数 addr 的长度。

返回值：一个新的套接字，它对应于已经接受的客户端连接，对于该客户端的所有后续操作，都应使用这个新的套接字。

6. closesocket

closesocket 函数用于关闭套接字。

语法格式如下：

```
int closesocket (SOCKET s);
```

其中，s 用于标识一个套接字。如果参数 s 设置有 SO_DONTLINGER 选项，则调用该函数后会立即返回，但此时如果有数据尚未传送完毕，会继续传递数据，然后才关闭套接字。

7. connect

connect 函数用于发送一个连接请求。

语法格式如下：

```
int connect (SOCKET s,const struct sockaddr FAR*  name,int namelen );
```

参数说明：

☑   s：一个套接字。

☑   name：套接字 s 想要连接的主机地址和端口号。

☑   namelen：name 缓冲区的长度。

否则返回值为：如果函数执行成功，返回值为 0；否则为 SOCKET_ERROR，用户可以通过 WSAGETLASTERROR 得到其错误描述。

8. htons

htons 函数将一个 16 位的无符号短整型数据，由主机排列方式转换为网络排列方式。
语法格式如下：

`u_short htons (u_short hostshort );`

其中，hostshort 是一个主机排列方式的无符号短整型数据。
返回值：16 位的网络排列方式数据。

9. htonl

htonl 函数将一个无符号长整型数据，由主机排列方式转换为网络排列方式。
语法格式如下：

`u_long htonl ( u_long hostlong);`

其中，hostlong 表示一个主机排列方式的无符号长整型数据。
返回值：32 位的网络排列方式数据。

10. inet_addr

inet_addr 函数将一个由字符串表示的地址转换为 32 位的无符号长整型数据。
语法格式如下：

`unsigned long inet_addr (const char FAR * cp);`

其中，cp 表示一个 IP 地址的字符串。
返回值：32 位无符号长整数。

11. recv

recv 函数用于从面向连接的套接字中接收数据。
语法格式如下：

`int recv (SOCKET s,char FAR* buf,int len,int flags);`

参数说明：
- ☑ s：一个套接字。
- ☑ buf：接收数据的缓冲区。
- ☑ len：buf 的长度。
- ☑ flags：函数的调用方式。如果为 MSG_PEEK，表示查看传来的数据，数据被复制到接收缓冲区，但是不会从输入队列中移走；为 MSG_OOB，表示用来处理 Out-Of-Band 数据，也就是带外数据。

12．send

send 函数用于在面向连接方式的套接字间发送数据。

语法格式如下：

```
int send (SOCKET s,const char FAR * buf, int len,int flags);
```

参数说明：

- ☑ s：一个套接字。
- ☑ buf：存放要发送数据的缓冲区。
- ☑ len：缓冲区长度。
- ☑ flags：函数的调用方式。

13．select

select 函数用来检查一个或多个套接字是否处于可读、可写或错误状态。

语法格式如下：

```
int select (int nfds,fd_set FAR * readfds,fd_set FAR * writefds,fd_set FAR * exceptfds, const struct timeval FAR *
timeout);
```

参数说明：

- ☑ nfds：无实际意义，只是为了和 UNIX 下的套接字兼容。
- ☑ readfds：一组被检查可读的套接字。
- ☑ writefds：一组被检查可写的套接字。
- ☑ exceptfds：被检查有错误的套接字。
- ☑ timeout：函数的等待时间。

14．WSACleanup

WSACleanup 函数用于释放为 ws2_32.dll 动态链接库初始化时分配的资源。

语法格式如下：

```
int  WSACleanup (void);
```

15．WSAAsyncSelect

WSAAsyncSelect 函数用于将网络中发生的事件关联到窗口的某个消息中。

语法格式如下：

```
int WSAAsyncSelect (SOCKET s, HWND hWnd,unsigned int wMsg,long lEvent);
```

参数说明：

- ☑ s：套接字。
- ☑ hWnd：接收消息的窗口句柄。
- ☑ wMsg：窗口接收来自套接字中的消息。
- ☑ lEvent：网络中发生的事件。

16．ioctlsocket

ioctlsocket 函数用于设置套接字的 I/O 模式。

语法格式如下：

```
int ioctlsocket(SOCKET s,long cmd,u_long FAR* argp);
```

参数说明：

☑　s：待更改 I/O 模式的套接字。

☑　cmd：对套接字的操作命令。

☑　argp：命令参数。

注意

cmd 参数如果为 FIONBIO，当 argp 为 0 时表示禁止非阻塞模式，当 argp 为非零时表示设置非阻塞模式；如果为 FIONREAD，表示从套接字中可以读取的数据量；如果为 SIOCATMARK，表示是否所有的带外数据都已被读入，这个命令仅适用于流式套接字，并且该套接字已被设置为可以在线接收带外数据（SO_OOBINLINE）。

19.3.2　基于套接字函数的网络聊天系统

在介绍了套接字函数后，本节利用套接字函数设计一个网络聊天系统。网络聊天系统分为两部分，即客户端和服务器端。客户端用于发送和显示数据，服务器端则用于转发客户端的数据。下面分别介绍客户端和服务器端的设计过程。

1．客户端程序设计

【例 19.1】　使用套接字函数设计网络聊天室系统客户端。（实例位置：资源包 \TM\sl\19\1）

具体操作步骤如下。

（1）创建一个基于对话框的工程，工程名称为 Client，对话框资源设计窗口如图 19.2 所示。

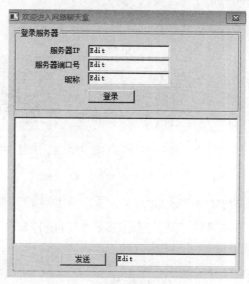

图 19.2　对话框资源设计窗口

（2）在对话框类的头文件中引用 winsock2.h 头文件，并导入 ws2_32.lib 库文件，代码如下。

```
#include "winsock2.h"                              // 引用头文件
#pragma comment (lib,"ws2_32.lib")                 // 链接库文件
```

（3）在应用程序的 InitInstance 方法中初始化套接字，代码如下。

```
WSADATA wsd;                                        // 定义 WSADATA 对象
WSAStartup(MAKEWORD(2,2),&wsd);                     // 初始化套接字
```

（4）改写应用程序的 ExitInstance 虚方法，在应用程序结束时释放套接字资源，代码如下。

```
int CClientApp::ExitInstance()
{
    WSACleanup();                                   // 释放套接字资源
    return CWinApp::ExitInstance();
}
```

（5）在对话框类中添加如下成员变量。

```
SOCKET     m_SockClient;                            // 定义一个套接字
UINT       m_Port;                                  // 定义端口
CString    m_IP;                                    // 定义 IP
```

（6）在对话框初始化时创建套接字，代码如下。

```
m_SockClient = socket(AF_INET,SOCK_STREAM,0);       // 创建套接字
```

说明

在本实例中，创建的是面向链接的流式套接字。

（7）向对话框中添加 ReceiveInfo 方法，用于接收服务器端发来的数据，代码如下。

```
void CClientDlg::ReceiveInfo()
{
    char buffer[1024];                              // 定义一个数据缓冲区
    int num = recv(m_SockClient,buffer,1024,0);     // 接收数据
    buffer[num] = 0;                                // 定义结束标记
    m_MsgList.AddString(buffer);                    // 读取数据到列表中
}
```

（8）在对话框的消息映射部分添加 ON_MESSAGE 消息映射宏，将自定义的消息与 ReceiveInfo 方法关联，代码如下。

```
ON_MESSAGE(CM_RECEIVE,ReceiveInfo)                  // 添加消息映射宏
```

（9）处理"登录"按钮的单击事件，开始登录服务器，代码如下。

```
void CClientDlg::OnLogin()
{
```

```
    sockaddr_in serveraddr;                                          // 服务器端地址
    CString strport;                                                 // 定义一个字符串，记录端口
    m_ServerPort.GetWindowText(strport);                            // 获取端口字符串
    m_ServerIP.GetWindowText(m_IP);                                 // 获取 IP
    if (strport.IsEmpty() || m_IP.IsEmpty())                        // 判断端口和 IP 是否为空
    {
        MessageBox(" 请设置服务器 IP 和端口号 ");                       // 弹出提示对话框
        return;
    }
    m_Port = atoi(strport);                                         // 将端口字符串转换为整数
    serveraddr.sin_family = AF_INET;                               // 设置服务器地址家族
    serveraddr.sin_port = htons(m_Port);                          // 设置服务器端口号
    serveraddr.sin_addr.S_un.S_addr = inet_addr(m_IP);           // 设置服务器 IP
    // 开始连接服务器
    if (connect(m_SockClient,(sockaddr*)&serveraddr,sizeof(serveraddr))!=0)
    {
        MessageBox(" 连接失败 ");                                     // 弹出提示对话框
        return;
    }
    else
        MessageBox(" 连接成功 ");                                     // 弹出提示对话框
    WSAAsyncSelect(m_SockClient,m_hWnd,1000,FD_READ);             // 设置异步模型
    CString strname,info ;                                         // 定义字符串变量
    m_NickName.GetWindowText(strname);                            // 获取昵称
    info.Format("%s------>%s",strname," 进入聊天室 ");               // 设置发送的信息
    send(m_SockClient,info.GetBuffer(0),info.GetLength(),0);      // 向服务器发送数据
}
```

说明

如果在程序中两次调用 WSAAsyncSelect 函数，则第一次调用 WSAAsyncSelect 函数设置的网络事件将被取消。

（10）处理"发送"按钮的单击事件，向服务器发送数据，再由服务器转发数据，代码如下。

```
void CClientDlg::OnSend()
{
    CString strData,name,info ;                                    // 定义字符串变量
    m_NickName.GetWindowText(name);                              // 获取昵称
    m_SendData.GetWindowText(strData);                           // 获取发送的数据
    if (!name.IsEmpty() && !strData.IsEmpty())                   // 判断字符串是否为空
    {
        info.Format("%s 说 : %s",name,strData);                   // 格式化发送的数据
        send(m_SockClient,info.GetBuffer(0),info.GetLength(),0);  // 开始发送数据
        m_MsgList.AddString(info);                               // 向列表框中添加数据
        m_SendData.SetWindowText("");                           // 清空编辑框文本
    }
}
```

（11）运行程序，结果如图 19.3 和图 19.4 所示。

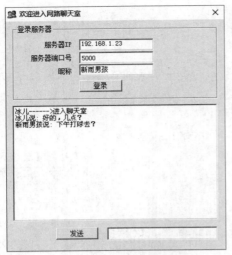

图 19.3　客户端窗口 1

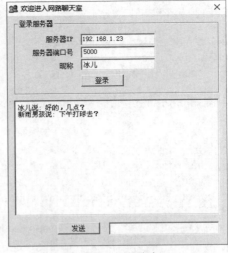

图 19.4　客户端窗口 2

2. 服务器端程序设计

【例 19.2】　使用套接字函数设计网络聊天室系统服务器。（实例位置：资源包 \TM\sl\19\2）

具体操作步骤如下。

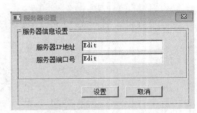

图 19.5　对话框资源设计窗口

（1）创建一个基于对话框的工程，工程名称为 Server，对话框资源设计窗口如图 19.5 所示。

（2）在对话框类的头文件中引用 winsock2.h 头文件，并导入 ws2_32.lib 库文件，代码如下。

```
#include "winsock2.h"                          // 引用头文件
#pragma comment (lib,"ws2_32.lib")             // 链接库文件
```

（3）在应用程序的 InitInstance 方法中初始化套接字，代码如下。

```
WSADATA wsd;                                   // 定义 WSADATA 对象
WSAStartup(MAKEWORD(2,2),&wsd);                // 初始化套接字
```

（4）改写应用程序的 ExitInstance 虚方法，在应用程序结束时释放套接字资源，代码如下。

```
int CServerApp::ExitInstance()
{
    WSACleanup();                              // 释放套接字资源
    return CWinApp::ExitInstance();
}
```

（5）向对话框类中添加如下成员变量。

```
SOCKET m_SockServer,m_SockClient;              // 定义套接字
SOCKET m_Clients[MAXNUM];                      // 客户端套接字
int    m_ConnectNum;                           // 当前连接的客户数量
CString m_IP;                                  // 定义 IP
```

```
UINT m_Port;                                            // 定义端口
```

（6）在对话框初始化时创建套接字，代码如下。

```
m_SockServer = socket(AF_INET,SOCK_STREAM,0);          // 创建套接字
// 将网络中的事件关联到窗口的消息函数中
WSAAsyncSelect(m_SockServer,m_hWnd,WM_USER+1,FD_WRITE|FD_READ|FD_ACCEPT);
m_ConnectNum = 0;                                       // 初始化客户端连接数量
for (int i = 0; i< MAXNUM;i++)                          // 初始化客户端套接字
    m_Clients[i]= 0;
```

注意

> WM_USER+1 设置的是来自套接字的消息。

（7）向对话框中添加 TranslateData 方法，接受客户端的连接，并转发客户端发来的数据，代码如下。

```
void CServerDlg::TranslateData()
{
    sockaddr_in serveraddr;                             // 定义一个网络地址
    char buffer[1024];                                  // 定义一个缓冲区
    int len =sizeof(serveraddr);                        // 获取网络地址大小
    int curlink = -1;                                   // 定义整型变量
    int num = -1;                                       // 定义整型变量
    for (int i = 0; i < MAXNUM; i++)                    // 遍历客户端套接字
    {
        num= recv(m_Clients[i],buffer,1024,0);          // 获取客户端接收的数据
        if (num != -1)                                  // 判断哪个客户端向服务器发送数据
        {
            curlink = i;                                // 记录客户端索引
            break;                                      // 终止循环
        }
    }
    buffer[num]= 0;                                     // 设置数据结束标记
    if (num == -1)                                      // 接受客户端的连接
    {
        if (m_ConnectNum < MAXNUM)                      // 判断当前客户端连接数量是否大于上限
        {
            // 接受客户端的连接
            m_Clients[m_ConnectNum] = accept(m_SockServer,(struct sockaddr*)
                &serveraddr,&len);
            m_ConnectNum++;                             // 将连接数量加 1
        }
        return;
    }
    for (int j = 0; j < m_ConnectNum; j++)              // 将接收的数据发送给客户端
        if (j != curlink)                              // 不向发送方本身发送数据
            send(m_Clients[j],buffer,num,0);
}
```

（8）在对话框的消息映射部分添加 ON_MESSAGE 消息映射宏，将消息与 TranslateData 方法关

495

联，代码如下。

```
ON_MESSAGE(WM_USER+1,TranslateData)
```

（9）处理"设置"按钮的单击事件，绑定套接字到指定的地址上，使套接字处于监听模式，代码如下。

```
void CServerDlg::OnSetting()
{
    m_ServerIP.GetWindowText(m_IP);
    CString strPort;
    m_ServerPort.GetWindowText(strPort);
    if (m_IP.IsEmpty() || strPort.IsEmpty())
    {
        MessageBox(" 请设置服务器 IP 和端口号 "," 提示 ");
        return;
    }
    m_Port = atoi(strPort);
    sockaddr_in serveraddr;
    serveraddr.sin_family = AF_INET;
    serveraddr.sin_addr.S_un.S_addr  = inet_addr(m_IP);
    serveraddr.sin_port = htons(m_Port);
    if (bind(m_SockServer,(sockaddr*)&serveraddr,sizeof(serveraddr)))
    {
        MessageBox(" 绑定地址失败 .");
        return;
    }
    listen(m_SockServer,20);
}
```

（10）运行程序，结果如图 19.6 所示。

图 19.6   "服务器设置"窗口

19.4   MFC 套接字编程

为了降低网络程序开发的难度，MFC 对套接字函数进行了封装，提供了 CAsyncSocket 类和 CSocket 类用于网络程序开发。本节将介绍 CAsyncSocket 类和 CSocket 类的相关知识。

19.4.1 CAsyncSocket 类

CAsyncSocket 类对套接字函数进行了简单封装，提供了基于事件的 I/O 异步模型，使用户可以方便地处理接收和发送等事件。但是，用户需要自己处理网络的字节顺序、不同字符集间的转换等问题。下面介绍 CAsyncSocket 类的主要方法和事件。

1. Create

Create 方法用于创建一个 Windows 套接字，并将其附加到 CAsyncSocket 类对象上。
语法格式如下：

```
BOOL Create(UINT nSocketPort = 0,int nSocketType = SOCK_STREAM,long lEvent = FD_READ | FD_WRITE
| FD_OOB | FD_ACCEPT | FD_CONNECT | FD_CLOSE, LPCTSTR lpszSocketAddress = NULL)
```

参数说明：
- ☑ nSocketPort：套接字端口，如果为 0，系统将自动选择一个端口。
- ☑ nSocketType：套接字的类型。如果为 SOCK_STREAM，表示流式套接字；如果为 SOCK_DGRAM，表示数据包套接字。
- ☑ lEvent：套接字能够处理的网络事件，其值可以是表 19.4 描述的任意值的组合。

表 19.4 套接字网络事件

值	描 述
FD_READ	当套接字中有数据需要读取时触发事件
FD_WRITE	当向套接字写入数据时触发事件
FD_OOB	当接收到外带数据时触发事件
FD_ACCEPT	当接收连接请求时触发事件
FD_CONNECT	当连接完成时触发事件
FD_CLOSE	当套接字关闭时触发事件

- ☑ lpszSocketAddress：套接字的 IP 地址。

2. GetLastError

GetLastError 方法用于获取最后一次操作失败的状态信息。
语法格式如下：

```
static int GetLastError();
```

 说明

> 在进行网络操作时，如果某一项操作失败，想要了解其错误原因，可以调用 GetLastError 方法来获取错误代码。

3. GetPeerName

GetPeerName 方法用于获取套接字连接的 IP 地址信息。

语法格式如下：

```
BOOL GetPeerName( CString& rPeerAddress, UINT& rPeerPort );
BOOL GetPeerName( SOCKADDR* lpSockAddr, int* lpSockAddrLen );
```

参数说明：

☑ rPeerAddress：用于接收函数返回的 IP 地址。

☑ rPeerPort：用于记录端口号。

☑ lpSockAddr：一个 sockaddr 结构指针，用于记录套接字名称。

☑ lpSockAddrLen：用于确定 lpSockAddr 的大小。

4．Accept

Accept 方法用于接受客户端的连接。

语法格式如下：

```
virtual BOOL Accept( CAsyncSocket& rConnectedSocket, SOCKADDR* lpSockAddr = NULL, int*
lpSockAddrLen = NULL );
```

参数说明：

☑ rConnectedSocket：对应当前连接的套接字引用。

☑ lpSockAddr：一个 sockaddr 结构指针，用于记录套接字地址。

☑ lpSockAddrLen：用于确定 lpSockAddr 的大小。

5．Bind

Bind 方法用于将 IP 地址和端口号绑定到套接字上。

语法格式如下：

```
BOOL Bind( UINT nSocketPort, LPCTSTR lpszSocketAddress = NULL );
BOOL Bind ( const SOCKADDR* lpSockAddr, int nSockAddrLen );
```

参数说明：

☑ nSocketPort：套接字端口。

☑ lpszSocketAddress：IP 地址。

☑ lpSockAddr：一个 sockaddr 结构指针，该结构记录了套接字的地址信息。

☑ nSockAddrLen：用于确定 lpSockAddr 的大小。

6．Connect

Connect 方法用于发送一个连接请求。

语法格式如下：

```
BOOL Connect( LPCTSTR lpszHostAddress, UINT nHostPort );
BOOL Connect( const SOCKADDR* lpSockAddr, int nSockAddrLen );
```

参数说明：

☑ lpszHostAddress：主机的 IP 地址或网址。

☑ nHostPort：主机的端口。

☑　lpSockAddr：一个 sockaddr 结构指针，该结构标识套接字地址信息。

☑　nSockAddrLen：用于确定 lpSockAddr 的大小。

7. Close

Close 方法用于关闭套接字。

语法格式如下：

```
virtual void Close();
```

8. Listen

Listen 方法用于将套接字置于监听模式。

语法格式如下：

```
BOOL Listen( int nConnectionBacklog = 5 );
```

其中，nConnectionBacklog 表示等待连接的最大队列长度。

9. Receive

Receive 方法用于在流式套接字中接收数据。

语法格式如下：

```
virtual int Receive( void* lpBuf, int nBufLen, int nFlags = 0 );
```

参数说明：

☑　lpBuf：接收数据的缓冲区。

☑　nBufLen：确定缓冲区的长度。

☑　nFlags：确定函数的调用模式。

 说明

nFlags 参数如果为 MSG_PEEK，表示查看传来的数据，此时数据被复制到接收缓冲区，但不会从输入队列中移走；为 MSG_OOB，表示处理带外数据。

10. ReceiveFrom

ReceiveFrom 方法用于从数据包套接字中接收数据。

语法格式如下：

```
int ReceiveFrom( void* lpBuf, int nBufLen, CString& rSocketAddress, UINT& rSocketPort, int nFlags = 0 );
int ReceiveFrom( void* lpBuf, int nBufLen, SOCKADDR* lpSockAddr, int* lpSockAddrLen, int nFlags = 0 );
```

参数说明：

☑　lpBuf：接收数据的缓冲区。

☑　nBufLen：缓冲区的大小。

☑　rSocketAddress：用于接收数据报的目的地（IP 地址）。

☑　rSocketPort：用于记录端口号。

☑ lpSockAddr：一个 sockaddr 结构指针，用于记录套接字地址信息。

☑ lpSockAddrLen：用于确定 lpSockAddr 的大小。

☑ nFlags：确定函数的调用模式。如果为 MSG_PEEK，表示用来查看传来的数据，数据会被复制到返回缓冲区，但是不会从输入队列中移走；为 MSG_OOB，表示处理带外数据。

11．Send

Send 方法用于向流式套接字中发送数据。

语法格式如下：

```
virtual int Send( const void* lpBuf, int nBufLen, int nFlags = 0 );
```

参数说明：

☑ lpBuf：要发送数据的缓冲区。

☑ nBufLen：用于确定缓冲区的大小。

☑ nFlags：函数调用方法。

12．SendTo

SendTo 方法用于在流式套接字或数据包套接字上发送数据。

语法格式如下：

```
int SendTo( const void* lpBuf, int nBufLen, UINT nHostPort, LPCTSTR lpszHostAddress=NULL, int nFlags = 0 );
int SendTo( const void* lpBuf, int nBufLen, const SOCKADDR* lpSockAddr, int nSockAddrLen, int nFlags = 0 );
```

参数说明：

☑ lpBuf：要发送数据的缓冲区。

☑ nBufLen：缓冲区大小。

☑ nHostPort：主机端口号。

☑ lpszHostAddress：主机地址。

☑ lpSockAddr：一个 sockaddr 结构指针，用于确定主机套接字地址信息。

☑ nSockAddrLen：用于确定 lpSockAddr 的大小。

☑ nFlags：函数调用方式。

13．ShutDown

ShutDown 方法用于在套接字上断开数据的发送或接收。

语法格式如下：

```
BOOL ShutDown( int nHow = sends );
```

其中，nHow 用于确定 ShutDown 函数的行为，0 表示不允许接收，1 表示不允许发送，2 表示不允许接收和发送。

14．OnAccept

当套接字接受连接请求时触发 OnAccept 事件。

语法格式如下：

```
virtual void OnAccept( int nErrorCode );
```

其中，nErrorCode 表示错误代码。

15．OnClose

当套接字关闭时触发 OnClose 事件。
语法格式如下：

```
virtual void OnClose( int nErrorCode );
```

其中，nErrorCode 表示错误代码。

16．OnConnect

当套接字连接后触发 OnConnect 事件。
语法格式如下：

```
virtual void OnConnect( int nErrorCode);
```

其中，nErrorCode 表示错误代码。

17．OnReceive

当套接字上有数据被接收时触发 OnReceive 事件。
语法格式如下：

```
virtual void OnReceive( int nErrorCode );
```

其中，nErrorCode 表示错误代码。

18．OnSend

当套接字发送数据时触发 OnSend 事件。
语法格式如下：

```
virtual void OnSend( int nErrorCode);
```

其中，nErrorCode 表示错误代码。

19.4.2　CSocket 类

CSocket 类派生于 CAsyncSocket 类，该类对套接字函数进行了更高层次的封装，并提供了同步技术，用户可以独立使用 CSocket 类进行套接字网络程序开发。下面介绍 CSocket 类的主要方法。

1．Create

Create 方法用于创建一个套接字，将其附加到 CSocket 类对象上。

语法格式如下：

BOOL Create(UINT nSocketPort=0,int nSocketType=SOCK_STREAM, LPCTSTR lpszSocketAddress= NULL);

参数说明：
- ☑ nSocketPort：套接字端口号，如果为 0，MFC 将自动选择一个端口。
- ☑ nSocketType：套接字的类型。如果为 SOCK_STREAM，表示流式套接字；如果为 SOCK_ DGRAM，表示数据包套接字。
- ☑ lpszSocketAddress：套接字 IP 地址。

2．Attach

Attach 方法用于将一个套接字句柄附加到 CSocket 类对象上。
语法格式如下：

BOOL Attach(SOCKET hSocket);

其中，hSocket 表示套接字句柄。

3．FromHandle

FromHandle 方法根据套接字句柄获得 CSocket 对象指针。
语法格式如下：

static CSocket* PASCAL FromHandle(SOCKET hSocket);

其中，hSocket 表示套接字句柄。
返回值：CSocket 对象指针。

4．IsBlocking

IsBlocking 方法用于判断套接字是否处于阻塞模式。
语法格式如下：

BOOL IsBlocking();

返回值：如果返回值为 0，表示处于非阻塞状态；非零，表示处于阻塞状态。

5．CancelBlockingCall

CancelBlockingCall 方法用于取消套接字的阻塞模式。
语法格式如下：

void CancelBlockingCall();

19.4.3 基于 TCP 协议的网络聊天室系统

在介绍完 MFC 提供的 CAsyncSocket 类和 CSocket 类后，下面利用 CSocket 类设计一个网络聊天室系统。系统分为客户端和服务器端两个模块，下面分别介绍其实现过程。

1．客户端模块实现过程

【例 19.3】　使用 CSocket 类设计网络聊天室系统客户端。（实例位置：资源包 **\TM\sl\19\3**）
具体操作步骤如下。

（1）创建一个基于对话框的工程，工程名称为 Client，窗户端对话框资源设计窗口如图 19.7
所示。

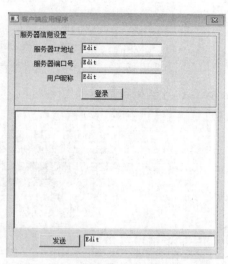

图 19.7　客户端对话框资源设计窗口

（2）在应用程序的 InitInstance 方法中初始化套接字，代码如下。

```
WSADATA wsd;                                    // 定义 WSADATA 对象
WSAStartup(MAKEWORD(2,2),&wsd);                 // 初始化套接字
```

（3）从 CSocket 类派生一个子类 CClientSocket，在该类中添加 m_pDialog 成员，代码如下。

```
CClientDlg *m_pDialog;                          // 添加成员变量
```

📓 **说明**

在 CClientSocket 类的头文件中要引用 CClientDlg 类的头文件 ClientDlg.h。

（4）在 CClientSocket 中添加 SetDialog 方法，用于设置成员变量，代码如下。

```
void CClientSocket::SetDialog(CClientDlg *pDialog)
{
    m_pDialog = pDialog;                        // 设置成员变量
}
```

（5）改写 CClientSocket 类的 OnReceive 方法，在套接字有数据接收时调用该方法，代码如下。

```
void CClientSocket::OnReceive(int nErrorCode)
{
```

```
    CSocket::OnReceive(nErrorCode);
    if (m_pDialog != NULL)                              // 判断成员变量是否为空
        m_pDialog->ReceiveText();                       // 调用对话框类的 ReceiveText 方法接收数据
}
```

说明

m_pDialog 是主窗口类的对象指针，ReceiveText 是用于接收数据的方法。

（6）在对话框类中添加如下成员变量。

```
CClientSocket m_SockClient;                             // 定义套接字成员变量
CString  m_Name;                                        // 定义一个字符串变量
```

（7）向对话框类中添加 ReceiveText 方法接收数据，代码如下。

```
void CClientDlg::ReceiveText()
{
    char buffer[BUFFERSIZE];                            // 定义接收数据的缓冲区
    int len =  m_SockClient.Receive(buffer,BUFFERSIZE);// 开始接收数据
    if (len != -1)                                      // 判断是否接收到数据
    {
        buffer[len] = '\0';                             // 设置结束标记
        m_List.AddString(buffer);                       // 向列表中添加接收到的信息
    }
}
```

（8）在对话框初始化时创建套接字，代码如下。

```
m_SockClient.Create();                                  // 创建套接字
m_SockClient.SetDialog(this);                           // 设置套接字的成员变量
```

（9）处理"登录"按钮的单击事件，开始登录服务器，代码如下。

```
void CClientDlg::OnLogin()
{
    CString strIP,strPort;                              // 定义两个字符串变量
    UINT port ;                                         // 定义一个整型端口变量
    m_ServerIP.GetWindowText(strIP);                    // 获取服务器 IP
    m_NickName.GetWindowText(m_Name);                   // 获取用户昵称
    m_ServerPort.GetWindowText(strPort);                // 获取端口
    // 判断服务器 IP、端口号和用户昵称是否为空
    if (strIP.IsEmpty() || strPort.IsEmpty() || m_Name.IsEmpty())
    {
        MessageBox(" 请设置服务器信息 "," 提示 ");       // 显示提示对话框
        return;
    }
    port = atoi(strPort);                               // 将端口字符串转换为整数
    if (m_SockClient.Connect(strIP,port))               // 开始连接服务器
    {
        MessageBox(" 连接服务器成功 !"," 提示 ");        // 弹出提示信息
```

```
        CString str;                                        // 定义字符串变量
        str.Format("%s----->%s",m_Name," 进入聊天室 ");      // 设置输出信息
        m_SockClient.Send(str.GetBuffer(0),str.GetLength()); // 向服务器发送数据，再由服务器转发
    }
    else
    {
        MessageBox(" 连接服务器失败 !"," 提示 ");            // 显示提示对话框
    }
}
```

说明

如果连接服务器成功，则向服务器端发送信息，通知客户端用户进入聊天室。

（10）处理"发送"按钮的单击事件，向服务器发送数据，再由服务器转发这些数据，代码如下。

```
void CClientDlg::OnSendText()
{
    CString strText,strInfo;                                // 定义两个字符串变量
    m_Text.GetWindowText(strText);                          // 获取发送的内容
    if (!strText.IsEmpty() && !m_Name.IsEmpty())            // 判断发送信息和昵称是否为空
    {
        strInfo.Format("%s 说 : %s",m_Name,strText);         // 设置发送的文本
        // 开始发送数据
        int len = m_SockClient.Send(strInfo.GetBuffer(strInfo.GetLength()),strInfo.GetLength());
    }
}
```

（11）运行程序，结果如图 19.8 和图 19.9 所示。

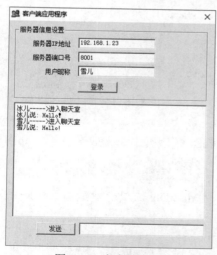

图 19.8　客户端窗口 1

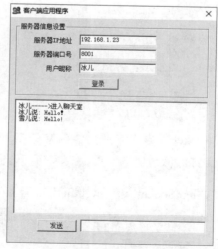

图 19.9　客户端窗口 2

2. 服务器端模块实现过程

【例 19.4】　使用 CSocket 类设计网络聊天室系统服务器端。（实例位置：资源包 \TM\sl\19\4）

具体操作步骤如下。

（1）创建一个基于对话框的应用程序，工程名称为 Server，服务器对话框资源设计窗口如图 19.10 所示。

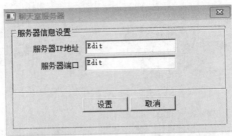

图 19.10　服务器端对话框资源设计窗口

（2）在应用程序的 InitInstance 方法中初始化套接字，代码如下。

```
WSADATA wsd;                                        // 定义 WSADATA 对象
AfxSocketInit(&wsd);                                // 初始化套接字
```

（3）从 CSocket 类派生一个子类 CServerSocket，在该类中定义成员变量 m_pDlg，代码如下。

```
CServerDlg* m_pDlg;
```

（4）向 CServerSocket 类中添加 SetDialog 函数，为 m_pDlg 成员变量赋值，代码如下。

```
void CServerSocket::SetDialog(CServerDlg* pDialog)
{
    m_pDlg = pDialog;                              // 为成员变量赋值
}
```

（5）改写 CServerSocket 类的 OnAccept 虚方法，在套接字中有连接请求时接受其连接，代码如下。

```
void CServerSocket::OnAccept(int nErrorCode)
{
    CSocket::OnAccept(nErrorCode);
    if (m_pDlg)                                     // 判断 m_pDlg 是否为空
        m_pDlg->AcceptConnect();                    // 调用主对话框的 AcceptConnect 方法
}
```

（6）从 CSocket 类再次派生一个新类 CClientSocket，在该类中定义成员变量 m_pDlg，代码如下。

```
CServerDlg* m_pDlg;
```

（7）向 CClientSocket 类中添加 SetDialog 函数，为 m_pDlg 成员变量赋值，代码如下。

```
void CClientSocket::SetDialog(CServerDlg* pDialog)
{
    m_pDlg = pDialog;                              // 为成员变量赋值
}
```

（8）改写 CClientSocket 类的 OnReceive 方法，在套接字有数据接收时接收数据，代码如下。

```
void CClientSocket::OnReceive(int nErrorCode)
```

```
{
    CSocket::OnReceive(nErrorCode);
    if(m_pDlg)                                              // 判断对话框是否为空
    {
        m_pDlg->ReceiveData(*this);                         // 调用对话框类的 ReceiveData 方法
    }
}
```

（9）在对话框类中添加如下成员变量。

```
CPtrList m_socketlist;                                      // 定义套接字列表容器
CServerSocket m_ServerSock;                                 // 定义套接字
```

> **说明**
>
> m_socketlist 变量用于装载连接服务器端的客户端套接字。

（10）向对话框类中添加 AcceptConnect 方法，接受客户端的连接，代码如下。

```
void CServerDlg::AcceptConnect()
{
    CClientSocket* psocket = new CClientSocket();           // 创建一个套接字
    psocket->SetDialog(this);                               // 设置套接字的成员变量
    if (m_ServerSock.Accept(*psocket))                      // 接受套接字连接
        m_socketlist.AddTail(psocket);                      // 将套接字添加到列表容器中
    else
        delete psocket;                                     // 连接失败，释放套接字
}
```

（11）向对话框类中添加 ReceiveData 方法，用于接收套接字数据，代码如下。

```
void CServerDlg::ReceiveData(CSocket &socket)
{
    char bufferdata[BUFFERSIZE];                            // 定义数据缓冲区
    int len = socket.Receive(bufferdata,BUFFERSIZE);       // 开始接收数据
    if (len != -1)                                          // 判断是否接收到数据
    {
        bufferdata[len] = 0;                                // 设置数据结束标记
        POSITION pos = m_socketlist.GetHeadPosition();      // 获取容器列表的首位置
        while (pos != NULL)                                 // 遍历容器列表
        {
            // 获取容器列表中的指定套接字
            CClientSocket* socket = (CClientSocket*)m_socketlist.GetNext(pos);
            if (socket != NULL)                             // 判断套接字是否为空
                socket->Send(bufferdata,len);               // 向套接字发送数据
        }
    }
}
```

（12）处理"设置"按钮的单击事件，创建并开始监听套接字，代码如下。

```
void CServerDlg::OnConfig()
```

```
{
    m_ServerSock.SetDialog(this);                           // 设置套接字成员变量
    CString strPort,strIP;                                  // 定义两个字符串变量
    m_ServerPort.GetWindowText(strPort);                    // 获取端口字符串
    m_ServerIP.GetWindowText(strIP);                        // 获取服务器 IP
    if (!strPort.IsEmpty() && !strIP.IsEmpty())             // 判断端口和 IP 是否为空
    {
        UINT port = atoi(strPort);                          // 将端口转换为整数值
        m_ServerSock.Create(port,SOCK_STREAM,strIP);        // 创建套接字
        BOOL ret = m_ServerSock.Listen();                   // 将套接字置于监听模式
        if (ret)
            MessageBox(" 设置成功 !"," 提示 ");               // 弹出提示对话框
    }
}
```

（13）运行程序，结果如图 19.11 所示。

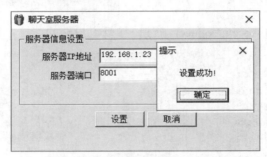

图 19.11　服务器窗口

19.5　小　　结

　　本章首先介绍了网络的基础知识，如 IP 地址、域名系统和 TCP/IP 协议等，然后介绍了网络程序开发使用的套接字函数，最后结合实例演示了如何使用 MFC 类库提供的 CAsyncSocket 类和 CSocket 类开发网络应用程序。通过本章的学习，读者应该掌握使用套接字开发网络应用程序的思路和方法，为开发复杂的网络应用程序打下基础。

19.6　实践与练习

1. 编写一个应用程序，获取本机的名称和 IP 地址。（答案位置：资源包 \TM\sl\19\5）
2. 利用 UDP 协议进行信息广播。（答案位置：资源包 \TM\sl\19\6）
3. 编写一个应用程序，实现 IP 端口扫描。（答案位置：资源包 \TM\sl\19\7）

项目实战

　　本篇运用软件工程的设计思想，通过开发一个大型、完整的图像处理系统，学习进行软件项目开发的全流程。书中按照编写"开发背景→需求分析系统设计→公共模块设计→主窗体设计→图像旋转模块设计→图像缩放模块设计→图像水印效果模块设计 → PSD 文件浏览模块设计→照片版式处理模块设计→开发技巧与难点分析"的流程进行介绍，带领读者一步一步亲身体验项目开发的全过程。

第20章

图像处理系统

（Visual C++ 6.0+GDI+ 技术实现）

（📷 视频讲解：3 小时 14 分钟）

　　图像处理技术在计算机领域有着很重要的地位，现实生活中也随处可以见到图像处理技术的应用场景。例如，设计广告宣传页、装修效果图或模具等。如今，优秀的图像处理软件有很多，如大家熟知的 Photoshop、CorelDraw 等。本章将使用 Visual c++ 和 GDI 技术设计一个图像处理软件。

　　通过阅读本章，可以学习到：

▶▶　图像的任意角度旋转

▶▶　图像浮雕效果

▶▶　图像水印效果

▶▶　照片版式设置

视频讲解

20.1 开发背景

随着图形图像技术的蓬勃发展，在现实生活中，人们对图像的要求越来越高，图像处理软件的应用也越来越广泛。例如，设计宣传图、装修效果图或模具等。所以，一款简单实用的图像处理软件是人们迫切需要的。本章介绍的图像处理软件虽然功能没有那么强大，但却简单实用，符合广大用户的图像处理需求。

20.2 需求分析

在使用图像处理软件时，对图像文件进行旋转、反色、灰度化等处理是必不可少的。另外，作为一款图像处理软件，需要具有格式转换功能，使用户在处理好图像后可以方便地存储为指定的格式。最后，添加水印、PSD 文件管理和照片处理功能也是用户迫切需要的功能。所以，经过分析，本系统应具有以下功能：

- ☑ 可显示 BMP、JPEG、GIF 等各种格式图像。
- ☑ 可实现 BMP 与 JPEG、GIF 图像的批量转换。
- ☑ 可实现对位图的旋转、反色和灰度化等各种操作。
- ☑ 可实现对位图添加水印的功能。
- ☑ 可实现 PSD 文件管理。
- ☑ 可实现照片处理功能。

20.3 系统设计

20.3.1 系统目标

本系统属于小型的图像处理软件，主要用于实现图像的显示与批量转换操作。具体设计要求如下。

- ☑ 能实现各种图像格式的显示。
- ☑ 采用良好的人机对话模式，界面设计美观、友好。
- ☑ 支持图像的单一转换与批量转换。
- ☑ 能实现位图的各种常规操作，如图像旋转、灰度化处理等。

☑ 能实现对 PSD 文件的管理操作以及照片处理功能。

☑ 能最大限度地实现易维护性和易操作性。

☑ 系统运行稳定、安全可靠。

20.3.2 系统功能结构

图像处理系统主要包含图像处理、批量转换与处理、PSD 文件管理和照片处理 4 个部分。其中，图像处理部分主要是对图像进行各个效果的显示，如图像的锐化效果、浮雕效果等；批量转换与处理部分主要实现各种图像格式之间的转换；PSD 文件管理部分主要是对 PSD 文件进行浏览和转换操作；照片处理部分主要用于照片的排版。图像处理系统的功能结构如图 20.1 所示。

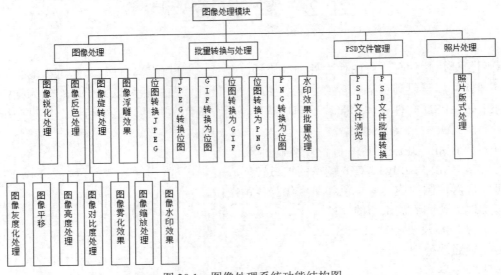

图 20.1　图像处理系统功能结构图

20.3.3 系统预览

图像处理系统由多个功能模块组成，下面仅列出几个典型的功能模块，其他功能模块的设计与开发可参见资源包中的源程序。

图像锐化处理窗口如图 20.2 所示，该窗口用于对位图文件进行锐化操作；图像旋转处理窗口如图 20.3 所示，该窗口用于对位图文件进行旋转操作。

图像缩放处理窗口如图 20.4 所示，该窗口用于放大或缩小位图；图像水印处理窗口如图 20.5 所示，该窗口用于为图像添加水印。

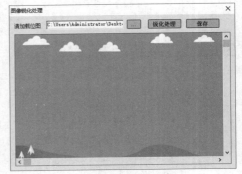

图 20.2　图像锐化处理窗口

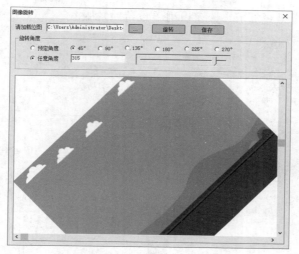

图 20.3　图像旋转处理窗口

图 20.4　图像缩放处理窗口

图 20.5　图像水印处理窗口

照片版式处理窗口如图 20.6 所示，该窗口用于设置照片版式。

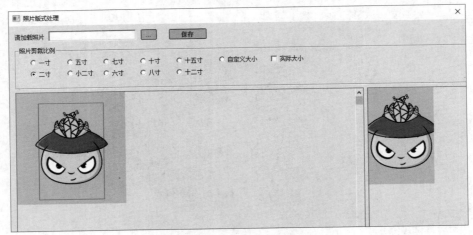

图 20.6　照片版式处理窗口

20.3.4　业务流程

图像处理系统的业务流程图如图 20.7 所示。

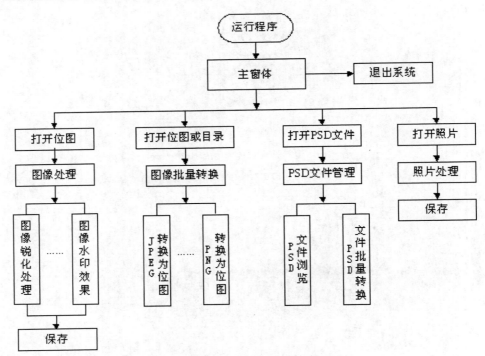

图 20.7　图像处理系统的业务流程图

视频讲解

20.4 公共模块设计

设计图像显示时，有些图像可能比较大，在窗口中不能完全显示出来。为了让用户浏览图像，可以单独设计一个滚动窗口，用户通过滚动条来浏览图像的各个部分。滚动窗口设计步骤如下。

（1）创建一个对话框，类名为 CImageContainer，对话框的属性设置如图 20.8 所示。

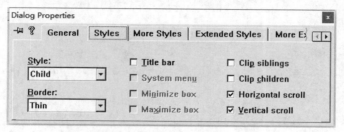

图 20.8 对话框属性设置

（2）处理对话框的 WM_HSCROLL 消息，在用户触发水平滚动消息时，根据触发消息的不同方式（如单击左右的滚动箭头、拖动滚动条、单击滚动区域等），设置相应的滚动位置，代码如下。

```
void CImagePanel::OnHScroll(UINT nSBCode, UINT nPos, CScrollBar* pScrollBar)
{
    int nCurpos,nMin,nMax,nThumbWidth;
    SCROLLINFO siInfo;                              // 定义滚动信息独享
    GetScrollInfo(SB_HORZ,&siInfo);                 // 获取滚动信息
    nCurpos = siInfo.nPos;                          // 获取当前位置
    nMin = siInfo.nMin;                             // 获取最小位置
    nMax = siInfo.nMax;                             // 获取最大滚动位置
    nThumbWidth = siInfo.nPage;                     // 获取滚动块大小
    switch (nSBCode)                                // 判断滚动方式
    {
    break;
    case SB_THUMBTRACK:                             // 拖动滚动块
        ScrollWindow(-(nPos-nCurpos),0);           // 滚动窗口
        SetScrollPos(SB_HORZ,nPos);                // 设置水平滚动条的滚动位置
    break;
    case SB_LINELEFT :                             // 单击左箭头
        SetScrollPos(SB_HORZ,nCurpos-1);           // 设置水平滚动条的滚动位置
        if (nCurpos != 0)
            ScrollWindow(1,0);                     // 向左滚动一个位置
    break;
    case SB_LINERIGHT:                             // 单击右箭头
        SetScrollPos(SB_HORZ,nCurpos+1);           // 设置水平滚动条的滚动位置
        if (nCurpos+nThumbWidth < nMax)
            ScrollWindow(-1,0);                    // 向右滚动一个位置
```

```
            break;
        case SB_PAGELEFT:                                   // 在滚动条的左侧空白滚动区域单击，增量为6
            SetScrollPos(SB_HORZ,nCurpos-6);                // 设置水平滚动条的滚动位置
            if (nCurpos+nThumbWidth >0)
                ScrollWindow(6,0);                          // 向左滚动 6 个单位
        break;
        case SB_PAGERIGHT:                                  // 在滚动条的右侧空白滚动区域单击，增量为6
            SetScrollPos(SB_HORZ,nCurpos+6);                // 设置水平滚动条的滚动位置
            if (nCurpos+nThumbWidth <nMax)
                ScrollWindow(-6,0);                         // 向右滚动 6 个单位
        break;
        case SB_LEFT:                                       // 滚动到最左边
            SetScrollPos(SB_HORZ,0);                        // 设置滚动位置为 0
            ScrollWindow(nCurpos,0);                        // 设置窗口滚动位置
        break;
        }
        CDialog::OnHScroll(nSBCode, nPos, pScrollBar);

}
```

（3）处理对话框的 **WM_VSCROLL** 消息，在用户触发垂直滚动消息时，根据触发消息的不同方式（如单击上下的滚动箭头、拖动滚动条、单击滚动区域等），设置相应的滚动位置，代码如下。

```
void CImagePanel::OnVScroll(UINT nSBCode, UINT nPos, CScrollBar* pScrollBar)
{
    int nCurpos,nMin,nMax,nThumbWidth;
    SCROLLINFO siInfo;                                      // 定义滚动信息对象
    GetScrollInfo(SB_VERT,&siInfo);                         // 获取滚动信息
    nCurpos = siInfo.nPos;                                  // 获取当前位置
    nMin = siInfo.nMin;                                     // 获取最小位置
    nMax = siInfo.nMax;                                     // 获取最大滚动位置
    nThumbWidth = siInfo.nPage;                             // 获取滚动条大小
    switch (nSBCode)
    {
    case SB_THUMBTRACK:                                     // 拖动滚动条
        nCurpos = GetScrollPos(SB_VERT);                   // 获取垂直滚动条滚动位置
        ScrollWindow(0,-(nPos-nCurpos));                   // 滚动窗口
        SetScrollPos(SB_VERT,nPos);                        // 设置垂直滚动条滚动位置
    break;

    case SB_LINELEFT:                                       // 单击上方的滚动箭头
        nCurpos = GetScrollPos(SB_VERT);                   // 获取滚动位置
        SetScrollPos(SB_VERT,nCurpos-1);                   // 设置滚动位置
        if (nCurpos !=0)
                ScrollWindow(0,1);                         // 向上滚动一个单位
    break;
    case SB_LINERIGHT:                                      // 单击下方的滚动箭头
        nCurpos = GetScrollPos(SB_VERT);                   // 获取滚动位置
```

```
                SetScrollPos(SB_VERT,nCurpos+1);                    // 设置滚动位置
                if (nCurpos+nThumbWidth < nMax)
                    ScrollWindow(0,-1);                             // 向下滚动一个单位
        break;
        case SB_PAGELEFT:                                          // 在滚动条的上方空白滚动区域单击，增量为 6
                SetScrollPos(SB_VERT,nCurpos-6);                   // 设置滚动位置
                if (nCurpos+nThumbWidth >0)
                    ScrollWindow(0,6);                             // 向上滚动 6 个单位
        break;
        case SB_PAGERIGHT:                                         // 在滚动条的下方空白滚动区域单击，增量为 6
                SetScrollPos(SB_VERT,nCurpos+6);                   // 设置滚动位置
                if (nCurpos+nThumbWidth < nMax)
                    ScrollWindow(0,-6);                            // 向下滚动 6 个单位
        break;
        case SB_LEFT:                                              // 滚动到最上方
                SetScrollPos(SB_VERT,0);                           // 设置滚动位置为 0
                ScrollWindow(0,nCurpos);                           // 设置滚动窗口
        break;
        }
        CDialog::OnVScroll(nSBCode, nPos, pScrollBar);
}
```

（4）处理鼠标滚动时的事件，适当地滚动窗口，代码如下。

```
BOOL CImagePanel::OnMouseWheel(UINT nFlags, short zDelta, CPoint pt)
{
        SCROLLINFO siInfo;                                        // 定义滚动信息对象
        GetScrollInfo(SB_VERT,&siInfo);                          // 获取滚动信息
        int nMin,nMax,nThumbWidth;
        nMin = siInfo.nMin;                                      // 获取滚动最小值
        nMax = siInfo.nMax;                                      // 获取滚动最大值
        nThumbWidth = siInfo.nPage;                              // 获取滚动条大小
        int nPos = GetScrollPos(SB_VERT);                       // 获取垂直滚动条当前位置
        if (zDelta > 0)                                          // 向上滚动
        {
            if (nPos == 0)
                return TRUE;
            SetScrollPos(SB_VERT,nPos-6);                       // 设置垂直滚动条位置
            ScrollWindow(0,6);                                  // 向上滚动窗口
        }
        else                                                    // 向下滚动
        {
            if ((nPos+nThumbWidth >= nMax))
                return TRUE;
            SetScrollPos(SB_VERT,nPos+6);                       // 设置垂直滚动条位置
            ScrollWindow(0,-6);                                 // 向下滚动窗口
        }
        return TRUE;
}
```

视频讲解

20.5　主窗体设计

图像处理系统的主窗口设计如图 20.9 所示。

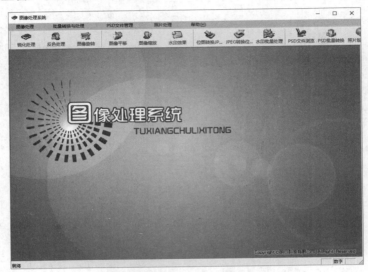

图 20.9　图像处理系统主窗口

主窗体设计步骤如下。

（1）启动 Visual C++ 6.0，选择 File/New 命令，打开 New 对话框。在该对话框左侧的列表视图中选择 MFC AppWizard[exe] 选项，在 Project name 文本框中输入工程名称，在 Location 文本框中设置工程保存的路径，如图 20.10 所示。

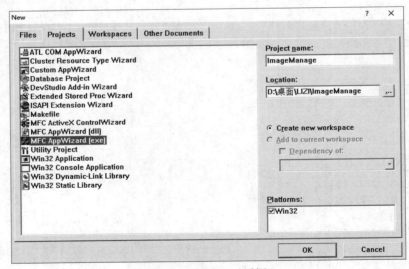

图 20.10　New 对话框

（2）单击 OK 按钮进入 MFC AppWizard-Step1 对话框，如图 20.11 所示。

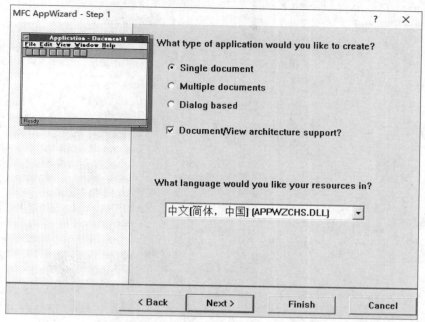

图 20.11　MFC AppWizard-Step1 对话框

（3）单击 Finish 按钮，完成工程的创建。

（4）在工作区窗口的 ResourceView 视图中右击，在弹出的快捷菜单中选择 Insert Bitmap 命令，插入 BMP 图像资源。

（5）在工作区的资源视图窗口中修改菜单资源 ID 为 IDR_MAINMENU，菜单资源文件代码如下。

```
IDR_MAINFRAME MENU PRELOAD DISCARDABLE
BEGIN
    POPUP " 图像处理 "
    BEGIN
        MENUITEM " 图像锐化处理 ",                    ID_IMAGE_SHARP
        MENUITEM " 图像反色处理 ",                    ID_IMAGE_REVERSE
        MENUITEM " 图像旋转处理 ",                    ID_IMAGE_ROTATION
        MENUITEM " 图像浮雕效果 ",                    ID_IMAGE_CARVE
        MENUITEM SEPARATOR
        MENUITEM " 灰度化处理 ",                      ID_IMAGE_GRAY
        MENUITEM " 图像平移处理 ",                    ID_IMAGE_REMOVE
        MENUITEM " 图像亮度处理 ",                    ID_IMAGE_BRIGHT
        MENUITEM " 图像对比度处理 ",                  ID_IMAGE_BRIGHT
        MENUITEM " 图像雾化效果 ",                    ID_ATOMIZEIMAGE
        MENUITEM " 图像缩放处理 ",                    ID_STRETCHIMAGE
        MENUITEM " 图像水印效果 ",                    ID_IMAGEWATER
    END
    POPUP " 批量转换与处理 "
    BEGIN
        MENUITEM " 位图转换为 JPEG",                  ID_BMPTOJPEG
        MENUITEM "JPEG 转换为位图 ",                  ID_JPEGTOBMP
```

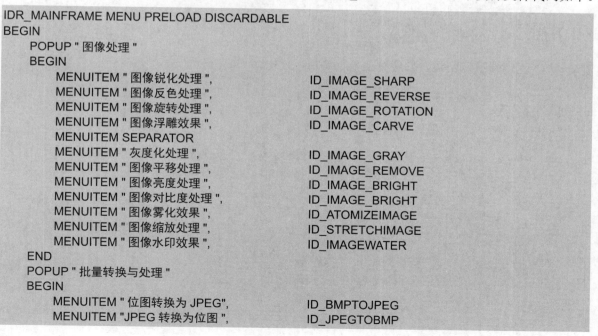

```
            MENUITEM " 位图转换为 GIF",              ID_BMPTOGIF
            MENUITEM "GIF 转换为位图 ",              ID_GIFTOBMP
            MENUITEM " 位图转换为 PNG",              ID_BMPTOPNG
            MENUITEM "PNG 转换为位图 ",              ID_PNGTOBMP
            MENUITEM " 水印效果批量处理 ",            ID_WATERMARK
        END
        POPUP "PSD 文件管理 "
        BEGIN
            MENUITEM "PSD 文件浏览 ",                ID_PSDBROWN
            MENUITEM "PSD 文件批量转换 ",            ID_PSDCONVERT
        END
        POPUP " 照片处理 "
        BEGIN
            MENUITEM " 照片版式处理 ",               ID_PHOTOHANDLE
        END
        POPUP " 帮助 (&H)"
        BEGIN
            MENUITEM " 关于  ImageManage(&A)...",    ID_APP_ABOUT
        END
END
```

（6）在主窗口（框架类）的头文件中引用自定义菜单和工具栏类的头文件，代码如下。

```
#include "dllforvc.h"
#pragma comment (lib,"dllforvc.lib")
```

（7）向框架类的头文件中添加成员变量，代码如下。

```
CImageList          m_ImageList;
CCustomMenu         m_Menu;
CStatusBar          m_wndStatusBar;
CCustomBar          m_wndToolBar;
```

（8）在框架窗口创建时创建菜单和工具栏，代码如下。

```
int CMainFrame::OnCreate(LPCREATESTRUCT lpCreateStruct)
{
    if (CFrameWnd::OnCreate(lpCreateStruct) == -1)
        return -1;
❶   if (!m_wndToolBar.CreateEx(this, TBSTYLE_FLAT, WS_CHILD | WS_VISIBLE | CBRS_TOP
        | CBRS_GRIPPER | CBRS_TOOLTIPS | CBRS_FLYBY | CBRS_SIZE_DYNAMIC) ||
        !m_wndToolBar.LoadToolBar(IDR_MAINFRAME))               // 创建工具栏
    {
        TRACE0("Failed to create toolbar\n");
        return -1;
    }
    if (!m_wndStatusBar.Create(this) ||
        !m_wndStatusBar.SetIndicators(indicators,
            sizeof(indicators)/sizeof(UINT)))                  // 创建状态栏
    {
        TRACE0("Failed to create status bar\n");
```

```
            return -1;
        }
        m_ImageList.Create(30,25,ILC_COLOR32|ILC_MASK,1,1);              // 创建图像列表
        m_ImageList.SetBkColor(CLR_NONE);                                // 设置图像列表背景颜色
        for(int i=0; i<12; i++)
        {
            m_ImageList.Add(AfxGetApp()->LoadIcon(IDI_ICON1+i));         // 加载图标资源
        }
        m_wndToolBar.GetToolBarCtrl().SetImageList(&m_ImageList);        // 工具栏关联图像列表
        // 设置工具栏按钮
        m_wndToolBar.SetButtonText(0," 锐化处理 ");
        m_wndToolBar.SetButtonText(1," 反色处理 ");
        m_wndToolBar.SetButtonText(2," 图像旋转 ");
        m_wndToolBar.SetButtonText(4," 图像平移 ");
        m_wndToolBar.SetButtonText(5," 图像缩放 ");
        m_wndToolBar.SetButtonText(6," 水印效果 ");
        m_wndToolBar.SetButtonText(8," 位图转换为 JPEG");
        m_wndToolBar.SetButtonText(9,"JPEG 转换为位图 ");
        m_wndToolBar.SetButtonText(10," 水印批量处理 ");
        m_wndToolBar.SetButtonText(12,"PSD 文件浏览 ");
        m_wndToolBar.SetButtonText(13,"PSD 批量转换 ");
        m_wndToolBar.SetButtonText(14," 照片版式处理 ");
❷      m_wndToolBar.SetSizes(CSize(80,50),CSize(30,25));
        m_wndToolBar.EnableDocking(CBRS_ALIGN_ANY);
        EnableDocking(CBRS_ALIGN_ANY);
        DockControlBar(&m_wndToolBar);
        SetIcon(LoadIcon(AfxGetResourceHandle(),MAKEINTRESOURCE(IDI_ICON1)),TRUE);
        m_Menu.AttachMenu(GetMenu()->GetSafeHmenu());                    // 关联菜单句柄
        m_Menu.SetMenuItemInfo(&m_Menu);                                 // 设置菜单信息
        return 0;
    }
```

📢 代码贴士

❶ CreateEx：该方法用于创建工具栏。

❷ SetSizes：该方法用于设置工具栏按钮的大小。

（9）在视图类的 OnDraw 方法中绘制背景图像，代码如下。

```
void CImageManageView::OnDraw(CDC* pDC)
{
    CImageManageDoc* pDoc = GetDocument();
    ASSERT_VALID(pDoc);
    ::SetWindowText(GetParent()->m_hWnd," 图像处理系统 ");           // 修改主窗体标题
    CBitmap bmp;                                                     // 定义位图对象
    bmp.LoadBitmap(IDB_BITMAPBK);                                    // 加载位图资源
    CDC memDC;
    memDC.CreateCompatibleDC(pDC);                                   // 创建内存兼容的设备上下文
    memDC.SelectObject(&bmp);                                        // 选中位图对象
    BITMAP bmInfo;
    bmp.GetBitmap(&bmInfo);                                          // 获得位图信息
```

```
int width = bmInfo.bmWidth;                                          // 位图宽
int height = bmInfo.bmHeight;                                        // 位图高
CRect rc;
GetClientRect(rc);
pDC->StretchBlt(0,0,rc.Width(),rc.Height(),&memDC,0,0,width,height,SRCCOPY);   // 绘制图像
memDC.DeleteDC();
bmp.DeleteObject();
}
```

说明

绘制背景以后，还要为菜单项和工具栏按钮设置消息响应。消息响应函数中的代码用于打开各个功能模块窗口，其中涉及的类是各个模块窗口对应的类。读者可参见资源包中的源代码进行设计。

20.6　图像旋转模块设计

20.6.1　图像旋转模块概述

图像旋转模块主要实现对图像的任意角度旋转，窗口界面效果如图 20.12 所示。

图 20.12　图像旋转模块

20.6.2　图像旋转模块技术分析

在进行图像旋转时，用户可以使用 GDI+ 提供的类来实现，也可以利用数学公式来实现。使用

GDI+ 只能实现一些固定角度的旋转，如 45°、90° 和 135° 等，利用数学公式则可以实现任意角度的旋转。在本模块中就是利用数学公式实现图像旋转。

在数学中，利用矩阵变换可以轻而易举地实现旋转，但是在计算机图形学中，需要进行坐标原点的转换。以一幅图像为例，计算机中的原点为图像的左上角，如图 20.13 所示。而在数学中，坐标原点为图像的中心点，如图 20.14 所示。

图 20.13　计算机图像坐标

图 20.14　数学坐标

在进行某一点的旋转前，需要将计算机的图像坐标转换为数学坐标，公式为：

$$\begin{cases} x = x_0 - 0.5W \\ y = -y_0 + 0.5H \end{cases}$$

式中，W 表示源图像的宽度；H 表示源图像的高度。

在旋转之后，还需要将数学坐标转换为图像坐标，公式为：

$$\begin{cases} x = x_0 + 0.5W_{\text{new}} \\ y = -y_0 + 0.5H_{\text{new}} \end{cases}$$

式中，W_{new} 和 H_{new} 分别表示新图像的宽度和高度。通过三角函数或线性代数可知，一个点的旋转坐标可以表示为：

$$\begin{cases} x_0 = x\cos A + y\sin A \\ y_0 = -x\sin A + y\cos A \end{cases}$$

式中，A 表示旋转角度。需要注意的是，公式中的坐标都是数学坐标，在编写代码时首先需要将图像坐标转换为数学坐标，然后再将数学坐标转换为图像坐标。这里可以通过矩阵变换，抽象出两个与 x 和 y 无关的变量，如下所示：

$$\begin{cases} D_x = -0.5W_{\text{new}}\cos A - 0.5H_{\text{new}}\sin A + 0.5W \\ D_y = 0.5W_{\text{new}}\sin A - 0.5H_{\text{new}}\cos A + 0.5H \end{cases}$$

通过这两个变量，可以在旋转之后计算出正确的坐标。

$$\begin{cases} x_0 = x\cos A + y\sin A + D_x \\ y_0 = -x\sin A + y\cos A + D_y \end{cases}$$

这就是图像旋转的公式，有了这个公式，就可以轻而易举地实现图像旋转。

20.6.3　图像旋转模块实现过程

图像旋转模块的实现过程如下。

（1）创建一个对话框类，类名为 CRotateImage。

（2）向对话框中添加按钮、编辑框、单选按钮、滑块和图像等控件。

（3）设置主要控件属性，如表 20.1 所示。

表 20.1　控件属性设置

控件 ID	控件属性	对应变量
IDC_FIXDEGREE	Caption：预定角度 Group：TRUE	无
IDC_RANDDEGREE	Caption：任意角度	无
IDC_SETDEGREE	BORDER：TRUE	CSliderCtrl m_SetDegre
IDC_IMAGE	TYPE：Bitmap	CStatic m_Image

（4）处理"…"按钮的单击事件，首先加载位图图像，读取位图信息，然后将位图数据转换为 4 个字节表示的位图数据，以对图像进行处理，最后根据位图的大小设置窗口的滚动范围，代码如下。

```
void CRotateImage::OnBtLoad()
{
    CFileDialog flDlg(TRUE,"","",OFN_HIDEREADONLY | OFN_OVERWRITEPROMPT,
        "位图文件 |*.bmp||",this);                        // 定义文件打开窗口
    if (flDlg.DoModal()==IDOK)
    {
        CString csFileName = flDlg.GetPathName();          // 获取选择的图像名称
        m_SrcFile = flDlg.GetPathName();
        m_BmpName.SetWindowText(csFileName);
        if (m_hBmp != NULL)                                // 判断之前是否已加载了图像
        {
            DeleteObject(m_hBmp);                          // 删除之前加载的图像
            m_hBmp = NULL;
        }
        m_hBmp = (HBITMAP)LoadImage(NULL,csFileName,IMAGE_BITMAP,0,0,
            LR_LOADFROMFILE);                             // 加载图像信息
        if (m_hBmp)                                        // 图像是否加载成功
        {
            m_Image.SetBitmap(m_hBmp);                     // 显示图像
            m_bLoaded = TRUE;                              // 设置加载标记为已加载
        }
        CFile file;                                        // 定义文件对象
        file.Open(csFileName,CFile::modeRead);             // 打开文件
        file.Read(&m_bmFileHeader,sizeof(BITMAPFILEHEADER)); // 读取位图文件头
        file.Read(&m_bmInfoHeader,sizeof(BITMAPINFOHEADER)); // 读取位图信息头
        int szPalette = 0;
        if (m_bmInfoHeader.biBitCount != 24)               // 判断是否为真彩色位图
        {
            file.Close();
            MessageBox("请选择真彩色位图 !","提示 ");
            return;
        }
        int nBmpData = m_bmInfoHeader.biSizeImage;         // 获取位图数据的大小
        if (m_pBmpData != NULL)                            // 判断是否已有位图数据
```

```
        {
                delete []m_pBmpData;                                    // 删除位图数据
                m_pBmpData = NULL;
        }
        m_pBmpData = new BYTE[nBmpData];                                // 为位图数据分配空间
        file.ReadHuge(m_pBmpData,nBmpData);                            // 从文件中读取位图数据
        file.Close();                                                  // 关闭文件
        // 将位图数据转换为每个像素 4 字节形式，计算转换后的图像大小
        int sizeofbuffer = m_bmInfoHeader.biWidth * m_bmInfoHeader.biHeight * 4;
        // 计算位图每行填充的字节数
        int externWidth;
        externWidth = m_bmInfoHeader.biWidth * 3;
        if(externWidth % 4 != 0)
                externWidth = 4 - externWidth % 4;
        else
                externWidth = 0;
        int k = 0;
        // 为转换后的位图数据分配空间
        BYTE* m_pImageTempBuffer = new BYTE[sizeofbuffer];
        // 按行遍历位图
        for (int n = m_bmInfoHeader.biHeight - 1; n >= 0; n--)
        {
                // 按列遍历位图
                for (UINT m = 0; m < m_bmInfoHeader.biWidth * 3; m += 3)
                {
                        // 将源位图数据读取到目标位图中
                        m_pImageTempBuffer[k] = m_pBmpData[n*(m_bmInfoHeader.biWidth*3+
                                externWidth)+m];
                        m_pImageTempBuffer[k+1] = m_pBmpData[n*(m_bmInfoHeader.biWidth*3+
                                externWidth)+m+1];
                        m_pImageTempBuffer[k+2] = m_pBmpData[n*(m_bmInfoHeader.biWidth*3+
                                externWidth)+m+2];
                        m_pImageTempBuffer[k+3] = 255;                  // 第 4 位填充为 255
                        k += 4;                                        // 填充下一个像素
                }
        }
        delete []m_pBmpData;                                           // 释放位图数据
        m_pBmpData = new BYTE[sizeofbuffer];                           // 重新分配空间
        memcpy(m_pBmpData, m_pImageTempBuffer, sizeofbuffer);         // 复制图像数据
        delete []m_pImageTempBuffer;                                   // 释放临时的图像数据

        CRect bmpRC,wndRC;
        m_ImagePanel.GetClientRect(wndRC);                            // 获取面板的客户区域
        m_Image.GetClientRect(bmpRC);                                 // 获取图像控件的客户区域
        m_ImagePanel.OnHScroll(SB_LEFT, 1, NULL);
        m_ImagePanel.OnVScroll(SB_LEFT, 1, NULL);
        // 设置滚动范围
        m_ImagePanel.SetScrollRange(SB_VERT,0,bmpRC.Height()-wndRC.Height());
        m_ImagePanel.SetScrollRange(SB_HORZ,0,bmpRC.Width()-wndRC.Width());
```

```
        }
}
```

📢 代码贴士

❶ GetPathName: 该方法用于返回用户选择文件的完整路径, 包括文件的路径、文件名和文件扩展名。

❷ ReadHuge: 该方法用于读取文件到缓冲区, 主要用来读取大文件。

（5）向对话框中添加 RotateBmp 方法, 按指定的角度旋转图像。其中, 参数 pBmpData 表示源位图的实际数据, pDesData 表示缩放后的位图数据, nWidth 和 nHeight 表示源位图的宽度和高度, nDesWidth 和 nDesHeight 表示缩放后的位图宽度和高度, dAngle 表示要旋转的角度, 代码如下。

```cpp
void CRotateImage::RotateBmp(BYTE *pBmpData, BYTE *&pDesData, int nWidth, int nHeight,
    int nDesWidth, int nDesHeight, double dAngle)
{
    double dSin = sin(dAngle);                              // 计算正弦值
    double dCos = cos(dAngle);                              // 计算余弦值
    pDesData = new BYTE[nDesWidth * nDesHeight * 4];        // 为目标位图数据分配内存空间
    memset(pDesData, 255, nDesWidth * nDesHeight * 4);      // 初始化内存空间为 0
    // 计算与坐标 X、Y 无关的变量
    double dX = -0.5*nDesWidth*dCos - 0.5*nDesHeight*dSin + 0.5*nWidth;
    double dY = 0.5*nDesWidth*dSin - 0.5*nDesHeight*dCos + 0.5*nHeight;
    BYTE* pSrc = NULL;                                      // 定义指向源位图数据的指针
    BYTE* pDes = NULL;                                      // 定义指向目的位图数据的指针
    int x = 0;
    int    y = 0;
    for (int h = 0; h < nDesHeight; h++)                    // 按行遍历位图
    {
        for (int w = 0; w < nDesWidth; w++)                // 按列遍历位图
        {
            // 加 0.5 是为了向上取整
            x = (int)(w * dCos + h * dSin + dX + 0.5);      // 获取旋转前的横坐标
            y = (int)(-w * dSin + h * dCos + dY + 0.5);     // 获取旋转前的纵坐标
            if (x == nWidth)
            {
                x--;
            }
            if (y == nHeight)
            {
                y--;
            }
            pSrc = pBmpData + y * nWidth * 4 + x * 4;       // 根据坐标获取源位图指定点的数据
            pDes = pDesData + h * nDesWidth * 4 + w * 4;    // 根据坐标获取目的位图指定点的数据
            if (x >= 0 && x < nWidth && y >= 0 && y < nHeight)
            {
                memcpy(pDes, pSrc, 4);                      // 复制源位图数据到目的位图数据
            }
        }
    }
}
```

（6）向对话框中添加 RotationImage 方法，获取源图像和目的图像的信息，并调用 RotateBmp 方法旋转图像数据，代码如下。

```cpp
void CRotateImage::RotationImage(BITMAPINFOHEADER *pBmInfo, int nDegree)
{
    UINT srcWidth = pBmInfo->biWidth;                                    // 获取源图像宽度
    UINT srcHeight = pBmInfo->biHeight;                                  // 获取源图像高度
    double pi = 3.1415926535;                                           // 定义 π 的值
    double dRadian =nDegree* (pi/180.0);                                // 将角度转换为弧度
    // 计算目标图像宽度和高度
    UINT desWidth = (abs)(srcHeight*sin(dRadian)) + (abs)(srcWidth*cos(dRadian))+1;
    UINT desHeight = (abs)(srcHeight*cos(dRadian)) + (abs)(srcWidth*sin(dRadian))+1;
    UINT desLineBytes = desWidth * pBmInfo->biBitCount / 8;             // 计算每行字节数
    int mod = desLineBytes % 4;                                         // 计算每行填充字节数
    if (mod != 0)
        desLineBytes += 4 - mod;
    BYTE* psrcData = m_pBmpData;                                        // 获取源图像数据
    BYTE* psrcPixData = NULL;
    BYTE* pdesPixData = NULL;
    // 为目标图像数据分配空间
    m_hGlobal = GlobalAlloc(GMEM_MOVEABLE,desHeight*desLineBytes);
    m_RotData = (BYTE*)GlobalLock(m_hGlobal);                           // 锁定堆空间，获取指向堆空间的指针
    memset(m_RotData,0,desHeight*desLineBytes);                         // 初始化目标图像数据
    desBmInfo.biBitCount = pBmInfo->biBitCount;                         // 设置目标位图的颜色位数
    desBmInfo.biClrImportant = pBmInfo->biClrImportant;
    desBmInfo.biClrUsed = pBmInfo->biClrUsed;
    desBmInfo.biCompression = pBmInfo->biCompression;
    desBmInfo.biPlanes = pBmInfo->biPlanes;                             // 设置调色板数量
    desBmInfo.biSize = sizeof(BITMAPINFOHEADER);                        // 设置位图信息头结构大小
    desBmInfo.biXPelsPerMeter = pBmInfo->biXPelsPerMeter;
    desBmInfo.biYPelsPerMeter = pBmInfo->biYPelsPerMeter;
    BYTE* pTemp = NULL;
    // 调用 RotateBmp 方法旋转图像
    RotateBmp(psrcData,pTemp,srcWidth,srcHeight,desWidth,desHeight,dRadian);
    desBmInfo.biHeight = desHeight;                                     // 设置目标图像高度
    desBmInfo.biWidth = desWidth;                                       // 设置目标图像宽度
    desLineBytes = desWidth * pBmInfo->biBitCount / 8;                  // 计算每行字节数
    mod = desLineBytes % 4;                                             // 计算每行数据需要填充几个字节
    if (mod != 0)
        desLineBytes += 4 - mod;
    desBmInfo.biSizeImage = desHeight*desLineBytes;                     // 设置图像数据大小
    m_bmInfoHeader = desBmInfo;
    if (m_pBmpData != NULL)                                             // 判断位图数据是否为空
    {
        delete []m_pBmpData;                                           // 释放位图数据
        m_pBmpData = NULL;
    }
    m_pBmpData = new BYTE[desHeight*desWidth*4];                        // 重新分配空间
    memset(m_pBmpData,255,desHeight*desWidth*4);                       // 初始化内存空间
```

```
        memcpy(m_pBmpData,pTemp,desHeight*desWidth*4);        // 复制位图数据
        delete [] pTemp;                                       // 删除临时的位图数据
        pTemp = NULL;
}
```

（7）处理"旋转"按钮的单击事件，旋转已加载的位图。首先确定用户设置的旋转方式和旋转角度，然后调用 RotationImage 方法旋转图像数据，接着将旋转后的图像数据转换为 3 个字节表示像素的位图数据格式，最后显示旋转后的位图图像，代码如下。

```
void CRotateImage::OnBtRotate()
{
    if (m_bLoaded)
    {
        // 确定旋转方式
        CButton* pButton = (CButton*)GetDlgItem(IDC_FIXDEGREE);
        int nState = 0;
        int nDegree = 0;
        if (pButton != NULL)
        {
            nState = pButton->GetCheck();                      // 判断按钮是否处于选中状态
        }
        if (nState)                                            // 预定角度
        {
            // 利用循环遍历单选按钮，确定用户选择的旋转角度
            for (int nID = IDC_ROTATE45; nID <= IDC_ROTATE270; nID++)
            {
                pButton = (CButton*)GetDlgItem(nID);
                if (pButton != NULL)
                {
                    nState = pButton->GetCheck();
                    if (nState)
                    {
                        CString csText;
                        pButton->GetWindowText(csText);
                        int nPos = csText.Find("°");
                        nDegree = atoi(csText.Left(nPos)); // 获取旋转角度
                        break;
                    }
                }
            }
        }
        else                                                   // 固定角度
        {
            UpdateData(FALSE);
            nDegree = m_nDegree;                               // 读取旋转角度
        }
        RotationImage(&m_bmInfoHeader,nDegree);                // 调用 RotationImage 方法旋转图像
        BYTE byByteAlign ;                                     // 位图行字节对齐
        UINT outHeight = m_bmInfoHeader.biHeight;              // 获取旋转后的位图高度
        UINT outWidth = m_bmInfoHeader.biWidth;                // 获取旋转后的位图宽度
```

```
        // 为位图数据分配空间
        BYTE* pBmpData = new BYTE [m_bmInfoHeader.biSizeImage];
        memset(pBmpData,0,m_bmInfoHeader.biSizeImage);                   // 初始化内存空间
        // 获取旋转后的图像数据（4 字节表示），指向最后一行数据
        BYTE * pListData =m_pBmpData+((DWORD)outHeight-1)*outWidth*4;
        // 计算每行位图数据需要填充的字节数
        if (outWidth %4 != 0)
            byByteAlign = 4- ((outWidth*3L) % 4);
        else
            byByteAlign = 0;
        BYTE byZeroData = 0;
        BYTE* pTmpData = pBmpData;
        for (int y=0 ;y<outHeight;y++)                                    // 按行遍历图像
        {
            for (int x=0;x<outWidth;x++)                                  // 按列遍历图像
            {
                memcpy(pTmpData,pListData,3);                             // 赋值图像数据
                pTmpData += 3;                                            // 指向下一个像素数据
                pListData += 4;                                           // 指向下一个像素数据
            }
            for (int i=0; i<byByteAlign; i++)                            // 每行填充数据
            {
                memcpy(pTmpData,&byZeroData,1);
                pTmpData =pTmpData + 1;
            }
            pListData -= 2L*outWidth*4;                                   // 指向上一行数据
        }
        CDC *pDC = m_Image.GetDC();
        BITMAPINFO bInfo;
        bInfo.bmiHeader = m_bmInfoHeader;
        // 创建并显示位图
        HBITMAP hBmp = m_Image.SetBitmap(CreateDIBitmap(pDC->m_hDC,&m_bmInfoHeader,
            CBM_INIT,pBmpData,&bInfo,DIB_RGB_COLORS));
        if (hBmp != NULL)                                                 // 判断之前是否显示图像
        {
            ::DeleteObject(hBmp);                                        // 删除之前显示的图像
        }
        delete [] pBmpData;                                              // 删除位图数据
        CRect bmpRC,wndRC;
        m_ImagePanel.GetClientRect(wndRC);                              // 获取面板客户区域
        m_Image.GetClientRect(bmpRC);                                   // 获取图像控件客户区域
        m_ImagePanel.OnHScroll(SB_LEFT, 1, NULL);
        m_ImagePanel.OnVScroll(SB_LEFT, 1, NULL);
        // 设置滚动范围
        m_ImagePanel.SetScrollRange(SB_VERT,0,bmpRC.Height()-wndRC.Height());
        m_ImagePanel.SetScrollRange(SB_HORZ,0,bmpRC.Width()-wndRC.Width());
    }
}
```

（8）处理"保存"按钮的单击事件，保存旋转后的图像。方法是将旋转后的图像数据转换为 3

个字节表示像素的实际位图数据，然后根据位图信息定义位图文件头和位图信息头，有了位图文件头、位图信息头和位图数据，就可以生成位图文件了，代码如下。

```cpp
void CRotateImage::OnBtSave()
{
    if (m_bLoaded)                                              // 已经加载图像
    {
        CFileDialog flDlg(FALSE,"bmp","Demo.bmp",OFN_HIDEREADONLY |
            OFN_OVERWRITEPROMPT," 位图文件 |*.bmp||");            // 定义文件保存对话框
        if (flDlg.DoModal()==IDOK)
        {
            try
            {
                CString csSaveName = flDlg.GetPathName();        // 获取保存的图像名称
                CFile file;                                       // 定义文件对象
                // 创建并打开文件
                file.Open(csSaveName,CFile::modeCreate|CFile::modeReadWrite);
                // 写入位图文件头
                file.Write(&m_bmFileHeader,sizeof(m_bmFileHeader));
                // 写入位图信息头
                file.Write(&m_bmInfoHeader,sizeof(m_bmInfoHeader));
                BYTE byByteAlign;
                UINT outHeight = m_bmInfoHeader.biHeight;        // 获取位图的高度
                UINT outWidth = m_bmInfoHeader.biWidth;          // 获取位图的宽度
                // 指向旋转的图像数据的最后一行
                BYTE * pListData = m_pBmpData+((DWORD)outHeight-1)*outWidth*4;
                // 计算需要填充的字节数
                if (outWidth % 4 != 0)
                    byByteAlign = 4-((outWidth * 3L) % 4);
                else
                    byByteAlign = 0;
                BYTE byZeroData = 0;
                for (int y=0; y<outHeight; y++)                  // 按行遍历图像
                {
                    for (int x=0; x<outWidth; x++)               // 按列遍历图像
                    {
                        file.Write(pListData, 3);               // 写入位图实际数据
                        pListData += 4;                          // 指向下一个像素
                    }
                    for (int i=0; i<byByteAlign; i++)            // 位图字节填充
                    {
                        file.Write(&byZeroData,1);               // 写入位图实际数据
                    }
                    pListData -= 2L*outWidth*4;                  // 指向下一行数据
                }
                file.Close();                                    // 关闭文件
            }
            catch(...)
            {
                MessageBox(" 文件保存失败 !"," 提示 ");
```

```
                }
            }
        }
}
```

視頻講解

20.7 图像缩放模块设计

20.7.1 图像缩放模块概述

图像缩放模块主要实现对图像的比例缩放和非比例缩放，缩放方式可以按百分比和实际的图像像素缩放。图像缩放模块窗口界面如图 20.15 所示。

图 20.15 图像缩放模块

20.7.2 图像缩放模块技术分析

图像缩放主要是改变图像大小，使得图像在缩放后宽度和高度发生变化。缩放主要有两种方式：一种是按比例缩放，即缩放后的图像宽度和高度比保持不变；另一种是随意缩放。图像缩放可以采用多种方法，如最临近插值法、双线性插值法等，这里采用最临近插值法。该算法的思想非常简单，可理解为四舍五入，使一个实数的坐标像素等于与该点最近的图像像素值，如图 20.16 所示。

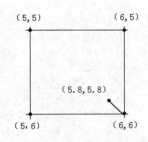

图 20.16 最临近插值法示意图

531

从图中可以发现，当坐标为（5.8,5.8）时，它的取值将为（6,6）。有些读者可能会问，坐标怎么能为 5.8 呢？这是由缩放比例造成的。下面的语句就使用最临近插值法根据图像中的坐标获取了对应源图像坐标。

```
nY = (int)(i / dYRate + 0.5);                              // 加 0.5 是为了向上取整
nX = (int)(j / dXRate + 0.5);
```

这里的 dYRate 和 dXRate 表示缩放的比例。

20.7.3　图像缩放模块实现过程

图像缩放模块的实现过程如下。

（1）新建一个对话框类，类名为 CStretchImage。

（2）向对话框中添加按钮、静态文本、群组框、滑块、复选框和图像等控件。

（3）设置主要控件属性，如表 20.2 所示。

表 20.2　控件属性设置

控 件 ID	控 件 属 性	对 应 变 量
IDC_BMPNAME	默认	CEdit m_BmpName
IDC_PERCENT	Caption：百分比缩放	无
IDC_ HORSETDEGREE	Border：TRUE	CSliderCtrl m_HorDegree
IDC_PANEL	Type：Frame Color：Black	CStatic m_Panel
IDC_IMAGE	Type：Bitmap	CStatic m_Image

（4）向对话框中添加 ZoomImage 方法，对位图数据进行缩放操作。参数 pBmpData 表示源位图数据，pTmpData 表示目标位图数据，nWidth 和 nHeight 表示源位图的宽度和高度，nzmWidth 和 nzmHeight 表示缩放后位图的宽度和高度，dXRate 和 dYRate 表示水平和垂直方向的缩放比例，代码如下。

```
void CStretchImage::ZoomImage(BYTE *pBmpData, BYTE * &pTmpData, int nWidth, int nHeight,
    int nzmWidth, int nzmHeight, double dXRate, double dYRate)
{
    // 计算缩放后图像数据字节数
    int nLineFill = 4- 4 % (nzmWidth*3);
    (nLineFill == 4) ? 0 : nLineFill;
    DWORD dwSize = nzmHeight*(nzmWidth*4);                   // 获取缩放后的图像大小
    pTmpData = new BYTE[dwSize];                             // 为缩放的图像分配空间
    memset(pTmpData,255,dwSize);                            // 初始化内存空间
    int nX = 0;
    int nY = 0;
    BYTE *pSrcData,*pDesData;                               // 定义指向源位图和缩放位图数据的指针
    long ltmpX,ltmpY;
    for (int i=0; i<nzmHeight; i++)                         // 按行遍历位图
```

```
    {
        nY = (int)(i / dYRate + 0.5);                       // 加 0.5 是为了向上取整
        if (nY >= nHeight)
            nY --;
        ltmpX = nY * nWidth * 4;
        ltmpY = i * nzmWidth * 4;
        for (int j=0; j<nzmWidth; j++)                      // 按列遍历位图
        {
            nX = (int)(j / dXRate + 0.5);
            if (nX >= nWidth)
                nX--;
            pSrcData = pBmpData + ltmpX + nX*4;             // 获取对应的源位图数据指针
            pDesData = pTmpData + ltmpY + j*4;              // 获取目标位图数据指针
            memcpy(pDesData,pSrcData,4);                    // 将源位图数据复制到目标位图数据中
        }
    }
}
```

（5）处理"…"按钮的单击事件。利用文件打开对话框从磁盘中加载图像文件，读取位图文件头、位图信息头和位图数据。利用位图信息头获取位图的宽度和高度，并修改位图数据为 4 字节形式，便于进行图像处理，代码如下。

```
void CStretchImage::OnBtLoad()
{
    CFileDialog flDlg(TRUE,"","",OFN_HIDEREADONLY | OFN_OVERWRITEPROMPT,
        " 位图文件 |*.bmp||",this);                          // 定义文件打开对话框
    if (flDlg.DoModal()==IDOK)
    {
        CString csFileName = flDlg.GetPathName();           // 获取打开的文件名称
        m_BmpName.SetWindowText(csFileName);
        if (m_hBmp != NULL)                                 // 判断之前是否加载了图像
        {
            DeleteObject(m_hBmp);                           // 删除已加载的图像
            m_hBmp = NULL;
        }
        m_hBmp = (HBITMAP)LoadImage(NULL,csFileName,IMAGE_BITMAP,0,0 ,LR_LOADFROMFILE);

                                                            // 加载图像文件
        if (m_hBmp)                                         // 判断是否加载成功
        {
            m_Image.SetBitmap(m_hBmp);                      // 显示加载的图像
            m_bLoaded = TRUE;
        }
        CFile file;                                         // 定义文件对象
        file.Open(csFileName,CFile::modeRead);              // 以只读形式打开文件
        // 读取位图文件头
        file.Read(&m_bmFileHeader,sizeof(BITMAPFILEHEADER));
        // 读取位图信息头
        file.Read(&m_bmInfoHeader,sizeof(BITMAPINFOHEADER));
        m_nZoomHeight = m_bmInfoHeader.biHeight;            // 获取图像的高度
```

```
m_nZoomWidth = m_bmInfoHeader.biWidth;                              // 获取图像的宽度
CString csText,csCaption;
csText.Format("%d",m_nZoomHeight);
csCaption = " 高度 : " + csText;
m_BmpHeight.SetWindowText(csCaption);                              // 显示图像的高度
csText.Format("%d",m_nZoomWidth);
csCaption = " 宽度 : " + csText;
m_BmpWidth.SetWindowText(csCaption);                              // 显示图像的宽度
int szPalette = 0;
if (m_bmInfoHeader.biBitCount != 24)                              // 是否为真彩色位图
{
    file.Close();                                                 // 关闭文件
    MessageBox(" 请选择真彩色位图 !"," 提示 ");
    return;
}
int nBmpData = m_bmInfoHeader.biSizeImage;                        // 获取位图数据的大小
if (m_pBmpData != NULL)                                           // 判断之前是否加载了图像数据
{
    delete []m_pBmpData;                                          // 释放图像数据
    m_pBmpData = NULL;
}
m_pBmpData = new BYTE[nBmpData];                                  // 为图像数据分配空间
file.ReadHuge(m_pBmpData,nBmpData);                              // 读取位图数据
file.Close();                                                     // 关闭文件
// 计算转换为 4 字节形式的位图数据的大小
int sizeofbuffer = m_bmInfoHeader.biWidth * m_bmInfoHeader.biHeight * 4;
// 计算每行位图数据需要填充的字节数
int externWidth;
externWidth = m_bmInfoHeader.biWidth * 3;
if(externWidth % 4 != 0)
    externWidth = 4 - externWidth % 4;
else
    externWidth = 0;
int k = 0;
// 为转换后的位图分配空间
BYTE* m_pImageTempBuffer = new BYTE[sizeofbuffer];
for (int n = m_bmInfoHeader.biHeight - 1; n >= 0; n--)            // 按行遍历图像
{
    for (UINT m = 0; m < m_bmInfoHeader.biWidth * 3; m += 3)      // 按列遍历图像
    {
        // 复制每个像素的数据
        m_pImageTempBuffer[k] = m_pBmpData[n*(m_bmInfoHeader.biWidth*3+
            externWidth)+m];
        m_pImageTempBuffer[k+1] = m_pBmpData[n*(m_bmInfoHeader.biWidth*3+
            externWidth)+m+1];
        m_pImageTempBuffer[k+2] = m_pBmpData[n*(m_bmInfoHeader.biWidth*3+
            externWidth)+m+2];
        m_pImageTempBuffer[k+3] = 255;                            // 填充第 4 个字节
        k += 4;                                                   // 指向下一个像素
    }
```

```
        }
        delete []m_pBmpData;                                              // 释放位图数据
        m_pBmpData = new BYTE[sizeofbuffer];                              // 重新分配空间
        memcpy(m_pBmpData, m_pImageTempBuffer, sizeofbuffer);             // 复制转换后的数据
        delete []m_pImageTempBuffer;                                      // 删除临时的缓冲区
        CRect bmpRC,wndRC;
        m_ImagePanel.GetClientRect(wndRC);                               // 获取面板客户区域
        m_Image.GetClientRect(bmpRC);                                    // 获取图像控件客户区域
        m_ImagePanel.OnHScroll(SB_LEFT, 1, NULL);
        m_ImagePanel.OnVScroll(SB_LEFT, 1, NULL);
        // 设置滚动范围
        m_ImagePanel.SetScrollRange(SB_VERT,0,bmpRC.Height()-wndRC.Height());
        m_ImagePanel.SetScrollRange(SB_HORZ,0,bmpRC.Width()-wndRC.Width());
        m_Zoomed = FALSE;
    }
}
```

（6）处理"缩放"按钮的单击事件。根据用户选择的缩放方式和数据计算缩放后的图像宽度和高度，然后调用 ZoomImage 方法缩放图像数据，最后将 4 字节形式的图像（每个像素需要 4 个字节表示）数据转换为 3 字节形式的位图数据（每个像素需要 3 个字节来表示），并显示位图，代码如下。

```
void CStretchImage::OnBtAtomize()
{
    if (m_bLoaded)
    {
        CButton * pButton = (CButton *)this->GetDlgItem(IDC_PERCENT);    // 获取百分比缩放单选按钮
❶       int nSelState = pButton->GetCheck();                            // 获取按钮的选中状态
        double dXRate = 0.0;
        double dYRate = 0.0;
        if (nSelState)                                                   // 按百分比缩放
        {
            dXRate = (m_HorParam / 100.0);                              // 计算压缩比
            (dXRate > 1.0)? dXRate: 1-dXRate;
            dYRate = (m_VerParam / 100.0);
            (dYRate > 1.0)? dYRate: 1-dYRate;
        }
        else                                                            // 按实际像素缩放
        {
            dXRate = (double)m_HorParam / m_bmInfoHeader.biWidth;        // 计算压缩比
            dYRate = (double)m_VerParam / m_bmInfoHeader.biHeight;
        }
        m_nZoomWidth= (int)(m_bmInfoHeader.biWidth*dXRate + 0.5);        // 计算压缩后的图像宽度
        m_nZoomHeight = (int)(m_bmInfoHeader.biHeight*dYRate + 0.5);     // 计算压缩后的图像高度
        if (m_pZoomData != NULL)                                         // 判断之前是否包含压缩数据
        {
            delete [] m_pZoomData;                                       // 释放压缩数据
            m_pZoomData = NULL;
        }
ZoomImage(m_pBmpData,m_pZoomData,m_bmInfoHeader.biWidth,m_bmInfoHeader.biHeight,
```

```
                m_nZoomWidth, m_nZoomHeight,dXRate,dYRate);        // 调用 ZoomImage 方法压缩数据
    BYTE byByteAlign ;                                             // 位图行字节对齐
    // 获取指向压缩数据的最后一行数据指针
    BYTE * pListData =m_pZoomData+((DWORD)m_nZoomHeight-1)*m_nZoomWidth*4;
    // 计算位图每行需要填充的字节数
    if (m_nZoomWidth %4 != 0)
        byByteAlign = 4- ((m_nZoomWidth*3L) % 4);
    else
        byByteAlign = 0;
    // 计算压缩后的位图数据大小
    m_nBmpSize = (m_nZoomWidth*3+byByteAlign)*m_nZoomHeight;
    BYTE* pBmpData  = new BYTE [m_nBmpSize];                       // 为位图数据分配空间
    memset(pBmpData,0,m_nBmpSize);                                 // 初始化位图数据
    BYTE byZeroData = 0;
    BYTE* pSrcData = pBmpData ;
    for (int y=0 ;y<m_nZoomHeight;y++)                             // 按行遍历位图
    {
        for (int x=0;x<m_nZoomWidth;x++)                          // 按列遍历位图
        {
            memcpy(pSrcData,pListData,3);                          // 复制位图数据
            pSrcData += 3;                                         // 指向下一个像素数据
            pListData += 4;                                        // 指向下一个像素数据
        }
        for (int i=0; i<byByteAlign; i++)                         // 每行结尾填充字节
        {
            memcpy(pSrcData,&byZeroData,1);
            pSrcData += 1;
        }
        pListData -= 2L*m_nZoomWidth*4;                           // 指向上一行数据
    }
    CDC *pDC = m_Image.GetDC();                                   // 获取图像控件的设备上下文
    BITMAPINFOHEADER bHeader = m_bmInfoHeader;                    // 定义位图信息头
    bHeader.biHeight = m_nZoomHeight;                             // 设置位图信息头的图像高度
    bHeader.biWidth = m_nZoomWidth;                              // 设置位图信息头的图像宽度
    bHeader.biSizeImage = m_nBmpSize;                            // 设置位图数据的大小
    BITMAPINFO bInfo;                                             // 定义位图信息对象
    bInfo.bmiHeader = bHeader;
    HBITMAP hBmp = m_Image.SetBitmap(CreateDIBitmap(pDC->m_hDC,&bHeader,CBM_INIT,
        pBmpData,&bInfo,DIB_RGB_COLORS));                         // 创建并显示位图
    if (hBmp != NULL)                                             // 判断之前是否显示位图
    {
        ::DeleteObject(hBmp);                                     // 释放之前显示的位图
    }
    delete [] pBmpData;                                          // 删除位图数据
    CRect bmpRC,wndRC;
    m_ImagePanel.GetClientRect(wndRC);                           // 获取面板的客户区域
    m_Image.GetClientRect(bmpRC);                               // 获取图像控件的客户区域
    m_ImagePanel.OnHScroll(SB_LEFT, 1, NULL);
    m_ImagePanel.OnVScroll(SB_LEFT, 1, NULL);
    // 设置滚动范围
```

```
❷    m_ImagePanel.SetScrollRange(SB_VERT,0,bmpRC.Height()-wndRC.Height());
     m_ImagePanel.SetScrollRange(SB_HORZ,0,bmpRC.Width()-wndRC.Width());
     m_Zoomed = TRUE;
    }
}
```

🔊 代码贴士

❶ GetCheck: 该方法用于返回按钮的选中状态。
❷ SetScrollRange: 该方法用于设置滚动条的滚动范围。

20.7.4 单元测试

在开发完图像缩放模块后，为了保证程序正常运行，需要对该模块进行单元测试。单元测试在程序开发中非常重要，只有通过单元测试才能发现模块中的不足之处，使该模块更加完善。下面将对图像缩放模块中容易出现的错误进行分析。

在测试图像缩放模块的过程中，添加图片后会发生错误，从而退出程序。这是为什么呢？打开源代码，通过调试可以发现，在加载位图资源以后，用于记录位图数据大小的 nBmpData 变量的值竟然是空的，所以会产生错误。找到错误以后，解决起来就方便了。当发现记录的位图大小为 0 时，重新计算位图的大小，然后再赋值给 nBmpData 变量就可以了。添加的代码如下：

```
if (m_bmInfoHeader.biSizeImage == 0)
{
    int externWidth;
    // 计算源位图每行使用的字节数
    externWidth = m_bmInfoHeader.biWidth * 3;
    if(externWidth % 4 != 0)
        externWidth = 4 - externWidth % 4;
    else
        externWidth = 0;
    m_bmInfoHeader.biSizeImage = m_bmInfoHeader.biHeight*(m_bmInfoHeader.biWidth*3 +externWidth);
}
```

20.8 图像水印效果模块设计

视频讲解

20.8.1 图像水印效果模块概述

图像水印是指在原有图像的基础上添加文字。通常，网站为了防止图片被他人非法盗用，会为图片添加水印效果。图像水印效果模块的窗口界面如图 20.17 所示。

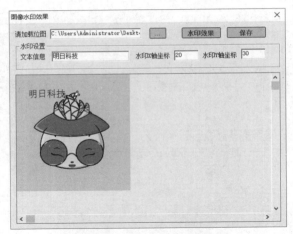

图 20.17　图像水印效果模块

20.8.2　图像水印效果模块技术分析

图像水印处理技术应用得非常广泛。在图像处理模块中，设计了一个给图像添加水印的功能，主要是使用 GDI+ 实现的。

首先使用 Graphics 类的 DrawImage 方法绘制位图，接着调用 DrawString 方法在位图中输出字符串，这样就实现了图像的水印效果。主要代码如下。

```
Bitmap *pBmp = Bitmap::FromFile(strfile.AllocSysString());
if (pBmp)
{
    Graphics *pGraph = Graphics::FromImage(pBmp);               // 根据图像关联一个 Graphics 对象指针
    PointF origin(0.0f, 0.0f);                                  // 定义坐标点
    RectF TextRC;                                               // 定义区域对象
    // 获取字符串的宽度
    pGraph->MeasureString(m_WateText.AllocSysString(),nLen,font,origin,&TextRC);
    // 绘制位图
    pGraph->DrawImage(pBmp, 0, 0, pBmp->GetWidth(), pBmp->GetHeight());
    // 在位图上绘制文本，实现水印效果
        pGraph->DrawString(m_WateText.AllocSysString(),nLen, font,ptf, brush);
}
```

20.8.3　图像水印效果模块实现过程

图像水印效果模块的实现过程如下。

（1）创建一个对话框类，类名为 CImageWater。

（2）向对话框中添加静态文本、按钮、群组框、编辑框和图像等控件。

（3）设置主要控件属性，如表 20.3 所示。

表 20.3　控件属性设置

控件 ID	控 件 属 性	对 应 变 量
IDC_BMPNAME	默认	CEdit m_BmpName
IDC_WATERTEXT	默认	CEdit m_WaterText
IDC_PANEL	Type：Frame Color：Black	CStatic m_Panel
IDC_IMAGE	Type：Bitmap	CBmpCtrl m_Image

（4）处理 "…" 按钮单击事件，加载图像文件到对话框中。由于每次设置水印效果时需要清除原来的水印文字，这里采用的方式是在首次加载图像时，以流的形式保存图像信息。每次进行水印处理时，都从流中获取位图对象并进行处理，代码如下。

```
void CImageWater::OnBtLoad()
{
    CFileDialog flDlg(TRUE,"","",OFN_HIDEREADONLY | OFN_OVERWRITEPROMPT,
        "图像文件 |*.bmp;*.jpg;*.jpeg||");                      // 定义文件打开对话框
    if (flDlg.DoModal()==IDOK)
    {
        if (m_hData != NULL)                                    // 判断之前是否加载了图像
        {
            GlobalFree(m_hData);                                // 释放之前加载的图像数据
            m_hData = NULL;
        }
        CString csFileName = flDlg.GetPathName();               // 获取文件名称
        m_BmpName.SetWindowText(csFileName);
        CFile file;                                             // 定义文件对象
        file.Open(csFileName,CFile::modeReadWrite);             // 以读写的形式打开文件
        DWORD dwLen = file.GetLength();                         // 获取文件长度
        m_hData = GlobalAlloc(GMEM_MOVEABLE,dwLen);             // 根据文件长度在堆中分配空间
        BYTE* pData = (BYTE*) GlobalLock(m_hData);              // 锁定堆空间，获取堆指针
        file.ReadHuge(pData,dwLen);                             // 读取图像数据
        GlobalUnlock(m_hData);                                  // 解除对堆的锁定
        IStream *pIStream = NULL;
        // 在堆中创建流对象
❶      CreateStreamOnHGlobal(m_hData,TRUE,(IStream**)&pIStream);
        pBmp = Bitmap::FromStream(pIStream);                   // 根据流信息获取位图
        file.Close();                                          // 关闭文件
        if (pBmp != NULL)
        {
            Color clr;
            HBITMAP hBmp ;                                     // 定义位图句柄
❷          pBmp->GetHBITMAP(clr,&hBmp);                       // 获取位图句柄
            m_Image.SetBitmap(hBmp);                          // 显示位图
            CRect bmpRC,wndRC;
            m_ImagePanel.GetClientRect(wndRC);                // 获取面板客户区域
            m_Image.GetClientRect(bmpRC);                     // 获取图像控件的客户区域
            m_ImagePanel.OnHScroll(SB_LEFT, 1, NULL);
            m_ImagePanel.OnVScroll(SB_LEFT, 1, NULL);
            // 设置滚动范围
            m_ImagePanel.SetScrollRange(SB_VERT,0,bmpRC.Height()-wndRC.Height());
            m_ImagePanel.SetScrollRange(SB_HORZ,0,bmpRC.Width()-wndRC.Width());
```

```
        m_bLoaded = TRUE;
    }
  }
}
```

代码贴士

❶ CreateStreamOnHGlobal：该函数用于在堆中创建一个流对象。

❷ GetHBITMAP：该方法用于获取位图的句柄。

（5）处理"水印效果"按钮的单击事件，将用户设置的文本输出在预定的位置。这里主要使用 GDI+ 提供的 Graphics 类实现，通过调用该类的 DrawString 方法可以在图像上输出文本，详细信息请参考 20.8.2 节，代码如下。

```
void CImageWater::OnBtMark()
{
    UpdateData();
    CString csText;
    m_WaterText.GetWindowText(csText);                                    // 获取水印文本
    if (m_bLoaded )
    {
        // 复制位图
        pPreBmp  = pBmp->Clone(0,0,pBmp->GetWidth(),pBmp->GetHeight(),PixelFormatDontCare);
        Graphics *pGraph = Graphics::FromImage(pPreBmp);                  // 获取一个 Graphics 对象指针
        // 绘制位图
        pGraph->DrawImage(pPreBmp, 0, 0, pBmp->GetWidth(), pBmp->GetHeight());
        Brush *brush = new SolidBrush (Color(255, 0, 0, 0));              // 定义颜色画刷
        Font *font = new Font(L"Arial", 16);                             // 定义字体
        PointF ptf;                                                      // 定义坐标点
        ptf.X = m_TextX;                                                 // 设置坐标点
        ptf.Y = m_TextY;
        // 获取多字节转换为宽字节的字符串的长度
        int nLen = MultiByteToWideChar(CP_ACP,0,csText,-1,NULL,0);
        // 输出水印文本
        pGraph->DrawString(csText.AllocSysString(),nLen, font,ptf, brush);
        csText.ReleaseBuffer();                                          // 释放字符缓冲区
        if (pPreBmp != NULL)                                             // 更新图像
        {
            Color clr;
            HBITMAP hBmp ;                                               // 定义位图句柄
            pPreBmp->GetHBITMAP(clr,&hBmp);                              // 获取位图句柄
            m_Image.SetBitmap(hBmp);                                     // 显示位图
            CRect bmpRC,wndRC;
            m_ImagePanel.GetClientRect(wndRC);                          // 获取面板的客户区域
            m_Image.GetClientRect(bmpRC);                              // 获取图像控件的客户区域
            m_ImagePanel.OnHScroll(SB_LEFT, 1, NULL);
            m_ImagePanel.OnVScroll(SB_LEFT, 1, NULL);
            // 设置滚动范围
            m_ImagePanel.SetScrollRange(SB_VERT,0,bmpRC.Height()-wndRC.Height());
            m_ImagePanel.SetScrollRange(SB_HORZ,0,bmpRC.Width()-wndRC.Width());
        }
    }
}
```

20.9　PSD 文件浏览模块设计

20.9.1　PSD 文件浏览模块概述

PSD 文件是 Photoshop 图像软件使用的图像文件格式。由于 Photoshop 软件被广泛地应用于图像设计，因此能处理 PSD 文件也成为很多用户的需求。例如，用户可能需要在未安装 Photoshop 的情况下浏览 PSD 文件，需要将大量的 PSD 文件转换为其他格式的文件等。本模块实现了对 PSD 文件的浏览，窗口界面效果如图 20.18 所示。

图 20.18　PSD 文件浏览模块窗口

20.9.2　PSD 文件浏览模块技术分析

PSD 是 Photoshop 软件使用的图像格式。鉴于 Photoshop 软件的广泛应用，PSD 也成了一种通用的图像格式。由于 PSD 文件格式不公开，因此不使用 Photoshop 软件很难读取 PSD 文件中的图像。当用户需要将大量的 PSD 文件转换为位图或 JPEG 图像时，只能通过 Photoshop 进行转换。在图像处理模块中，实现了对 PSD 文件的浏览和转换。实际上，只要能够读取 PSD 文件中的图像数据，就可以实现 PSD 文件的浏览和转换。为了读取 PSD 文件，这里使用了开发包 libpsd，该开发包是基于开源的，用户可以在其基础上修改并重新发布。

实际上使用 libpsd，用户可以非常方便地进行 PSD 文件操作。在获取解压后的 PSD 图像数据后，其每个像素占用 4 个字节，而不是像真彩色位图那样占用 3 个字节。每个像素占用 4 个字节避免了位图的字节对齐，因为每一行数据一定是 4 的整数倍，另外，像素采用 4 个字节可以方便地进行图像处理。在本模块的许多地方，位图数据也是采用 4 个字节方式存储，然后在保存或显示位图时，再将其转换为 3 个字节的形式。了解了这些内容，显示 PSD 文件就非常简单了。首先调用 psd_image_load

方法加载位图，然后根据第一个参数的 merged_image_data 成员获得解压后的图像数据，最后将 4 个字节形式的图像数据转换为 3 个字节形式的真彩色位图数据即可。主要代码如下：

```
psd_context * context = NULL;                          // 定义一个 PSD 内容上下文的指针
psd_status status;                                     // 定义状态变量，记录函数的返回状态
psd_argb_color * pTmpData;                             // 定义一个颜色数据指针
psd_layer_record* lyRecord;                            // 定义一个图层指针
status = psd_image_load(&context, csFileName.GetBuffer(0));  // 加载 PSD 文件
if (status != psd_status_done)                         // 判断是否加载成功
{
    psd_image_free(context);                           // 释放加载的 PSD 文件
    MessageBox("PSD 文件读取错误 !"," 提示 ");
    return;
}
csFileName.ReleaseBuffer();                            // 释放字符串缓冲区
pTmpData = context->merged_image_data;                 // 获取解压后的图像数据
m_bLoaded = TRUE;
int nBmpWidth = context->width;                        // 读取图像的宽度
int nBmpHeight = context->height;                      // 读取图像的高度
m_LayerHeight = nBmpHeight;
m_LayerWidth = nBmpWidth;
m_LayerCount =  context->layer_count;                  // 读取图层的数量
m_LayerName = context->layer_records->layer_name;      // 读取图层的名称
UpdateData(FALSE);
// 计算由于字节对齐，每行需要填充的字节
int nByteAlign;                                        // 定义一个整型变量，计算字节对齐
if (nBmpWidth %4 != 0)
    nByteAlign = 4- ((nBmpWidth*3L) % 4);
else
    nByteAlign = 0;
int nBmpSize = (nBmpWidth*3 + nByteAlign) * nBmpHeight;  // 计算图像数据大小
m_bmFileHeader.bfReserved1 = m_bmFileHeader.bfReserved2 = 0;// 设置位图文件头
m_bmFileHeader.bfOffBits = 54;
m_bmFileHeader.bfSize = 54+ nBmpSize;
m_bmFileHeader.bfType = 0x4d42;                        // 设置位图的类型，即 BMP
memset(&m_bmInfoHeader,0,sizeof(BITMAPINFOHEADER));    // 初始化位图信息头
m_bmInfoHeader.biBitCount = 24;                        // 设置真彩色位图
m_bmInfoHeader.biHeight = nBmpHeight;                  // 设置位图高度
m_bmInfoHeader.biWidth = nBmpWidth;                    // 设置位图宽度
m_bmInfoHeader.biPlanes = 1;                           // 设置调色板数量
m_bmInfoHeader.biXPelsPerMeter = m_bmInfoHeader.biYPelsPerMeter = 2834;
m_bmInfoHeader.biSize = 40;                            // 设置位图信息头的结构大小
m_bmInfoHeader.biSizeImage = nBmpSize;                 // 设置位图数据的实际大小
BYTE* pFactData = new BYTE[nBmpSize];                  // 为位图数据分配空间
memset(pFactData,255,nBmpSize);                        // 初始化内存空间
BYTE* pTmp,*pSrc,*pData;
pData = (BYTE*)pTmpData;                               // 指向 PSD 文件中的图像数据
pSrc = pData + ((nBmpHeight-1)*nBmpWidth*4);           // 指向第一行图像数据（图像数据为倒序）
// 对位图数据进行处理，将第 4 位去掉
```

```
for(int i =0; i < nBmpHeight; i++)                              // 按行遍历
{
    pTmp = pFactData+(i*(nBmpWidth*3+nByteAlign));              // 根据坐标获取对应目的数据的指针

    for (int j=0 ; j<nBmpWidth; j++)                            // 按行遍历
    {
        pTmp[0] = pSrc[0];                                     // 为目标数据赋值
        pTmp[1] = pSrc[1];
        pTmp[2] = pSrc[2];
        pTmp += 3;                                             // 指向下一个像素数据
        pSrc += 4;                                             // 指向下一个像素数据
    }
    pTmp -= 3;
    for(j=0; j<nByteAlign; j++)
    {
        pTmp+=1;
        pTmp[0] = 0;
    }
    pSrc -= 2L *nBmpWidth*4;                                    // 指向上一行数据
}
BITMAPINFO bmpInfo;                                             // 定义位图信息对象
bmpInfo.bmiHeader = m_bmInfoHeader;                            // 设置位图信息头
CDC *pDC = m_Image.GetDC();                                    // 获取设备上下文指针
m_Image.SetBitmap(CreateDIBitmap(pDC->m_hDC,&m_bmInfoHeader,CBM_INIT,
    pFactData,&bmpInfo,DIB_RGB_COLORS));                       // 创建并显示位图
```

20.9.3　PSD 文件浏览模块实现过程

PSD 文件浏览模块实现过程如下。

（1）新建一个对话框类，类名为 CPsdBrown。

（2）向对话框中添加按钮、编辑框、群组框、单选按钮、静态文本和图像等控件。

（3）设置主要控件属性，如表 20.4 所示。

表 20.4　控件属性设置

控件 ID	控件属性	对应变量
IDC_BMPNAME	默认	CEdit m_BmpName
IDC_LAYERCOUNT	Read only：TRUE	int m_LayerCount
IDC_PANEL	Type：Frame Color：Black	CStatic m_Panel
IDC_IMAGE	Type：Bitmap	CStatic m_Image

（4）引用 libpsd 库的头文件，代码如下。

```
#include "PsdLib\libpsd.h"
#include "PsdLib\psd_bitmap.h"
```

（5）处理 "…" 按钮的单击事件，加载 PSD 文件，读取 PSD 文件信息，例如，图层数和当前图层名称，读取 PSD 解压后的图像数据，将其转换为位图数据，代码如下。

```cpp
void CPsdBrown::OnBtLoad()
{
    CFileDialog flDlg(TRUE,"","",OFN_HIDEREADONLY | OFN_OVERWRITEPROMPT,
        "PSD 文件 |*.psd||");                          // 定义文件打开对话框
    if (flDlg.DoModal()==IDOK)
    {
        CString csFileName = flDlg.GetPathName();           // 获取文件名称
        psd_context * context = NULL;                       // 定义一个 PSD 内容上下文的指针
        psd_status status;                                  // 定义状态变量，记录函数的返回状态
        psd_argb_color * pTmpData;                          // 定义一个颜色数据指针
        psd_layer_record* lyRecord;                         // 定义一个图层指针
        status = psd_image_load(&context, csFileName.GetBuffer(0));   // 加载 PSD 文件
        if (status != psd_status_done)                      // 判断是否加载成功
        {
            psd_image_free(context);                        // 释放加载的 PSD 文件
            MessageBox("PSD 文件读取错误 !"," 提示 ");
            return;

        }
        csFileName.ReleaseBuffer();                         // 释放字符串缓冲区
        pTmpData = context->merged_image_data;              // 获取解压后的图像数据
        m_bLoaded = TRUE;
        int nBmpWidth = context->width;                     // 读取图像的宽度
        int nBmpHeight = context->height;                   // 读取图像的高度
        m_LayerHeight = nBmpHeight;
        m_LayerWidth = nBmpWidth;
        m_LayerCount = context->layer_count;                // 读取图层的数量
        m_LayerName = context->layer_records->layer_name;   // 读取图层的名称
        UpdateData(FALSE);
        // 计算由于字节对齐每行需要填充的字节
        int nByteAlign;                                     // 定义一个整型变量，计算字节对齐
        if (nBmpWidth %4 != 0)
            nByteAlign = 4- ((nBmpWidth*3L) % 4);
        else
            nByteAlign = 0;
        int nBmpSize = (nBmpWidth*3 + nByteAlign) * nBmpHeight; // 计算图像数据大小
        m_bmFileHeader.bfReserved1 = m_bmFileHeader.bfReserved2 = 0; // 设置位图文件头
        m_bmFileHeader.bfOffBits = 54;
        m_bmFileHeader.bfSize = 54+ nBmpSize;
        m_bmFileHeader.bfType = 0x4d42;                     // 设置位图的类型，即 BMP
        memset(&m_bmInfoHeader,0,sizeof(BITMAPINFOHEADER)); // 初始化位图信息头
        m_bmInfoHeader.biBitCount = 24;                     // 真彩色位图
        m_bmInfoHeader.biHeight = nBmpHeight;               // 设置位图高度
        m_bmInfoHeader.biWidth = nBmpWidth;                 // 设置位图宽度
        m_bmInfoHeader.biPlanes = 1;                        // 设置调色板数量
        m_bmInfoHeader.biXPelsPerMeter = m_bmInfoHeader.biYPelsPerMeter = 2834;
        m_bmInfoHeader.biSize = 40;                         // 设置位图信息头的结构大小
        m_bmInfoHeader.biSizeImage = nBmpSize;              // 设置位图数据的实际大小
        BYTE* pFactData = new BYTE[nBmpSize];               // 为位图数据分配空间
        memset(pFactData,255,nBmpSize);                     // 初始化内存空间
        BYTE* pTmp,*pSrc,*pData;
        pData = (BYTE*)pTmpData;                            // 指向 PSD 文件中的图像数据
```

```
            pSrc = pData + ((nBmpHeight-1)*nBmpWidth*4);          // 指向第一行图像数据（图像数据为倒序）
            // 对位图数据进行处理，将第 4 位去掉
            for(int i =0;  i < nBmpHeight; i++)                   // 按行遍历
            {
                 pTmp = pFactData+(i*(nBmpWidth*3+nByteAlign)); // 根据坐标获取对应目的数据的指针
                 for (int j=0 ; j<nBmpWidth; j++)                // 按行遍历
                 {
                     pTmp[0] = pSrc[0];                          // 为目标数据赋值
                     pTmp[1] = pSrc[1];
                     pTmp[2] = pSrc[2];
                     pTmp += 3;                                  // 指向下一个像素数据
                     pSrc += 4;                                  // 指向下一个像素数据
                 }
                 pTmp -= 3;
                 for(j=0; j<nByteAlign; j++)
                 {
                     pTmp+=1;
                     pTmp[0] = 0;
                 }
                 pSrc -= 2L *nBmpWidth*4;                        // 指向上一行数据
            }
            BITMAPINFO bmpInfo;                                  // 定义位图信息对象
            bmpInfo.bmiHeader = m_bmInfoHeader;                  // 设置位图信息头
            CDC *pDC = m_Image.GetDC();                          // 获取设备上下文指针
            m_Image.SetBitmap(CreateDIBitmap(pDC->m_hDC,&m_bmInfoHeader,CBM_INIT,
                 pFactData,&bmpInfo,DIB_RGB_COLORS));            // 创建并显示位图
            if (m_pBmpData != NULL)                              // 判断之前是否存在位图数据
            {
                 delete [] m_pBmpData;                           // 删除位图数据
                 m_pBmpData = NULL;
            }
            m_pBmpData = new BYTE[nBmpSize];                     // 为位图数据分配空间
            memcpy(m_pBmpData,pFactData,nBmpSize);              // 复制位图数据
            delete [] pFactData;                                // 释放临时的位图数据
            psd_image_free(context);                            // 释放 PSD 内容上下文
            CRect bmpRC,wndRC;
            m_ImagePanel.GetClientRect(wndRC);                  // 获取面板的客户区域
            m_Image.GetClientRect(bmpRC);                       // 获取图像控件的客户区域
            m_ImagePanel.OnHScroll(SB_LEFT, 1, NULL);
            m_ImagePanel.OnVScroll(SB_LEFT, 1, NULL);
            // 设置滚动范围
            m_ImagePanel.SetScrollRange(SB_VERT,0,bmpRC.Height()-wndRC.Height());
            m_ImagePanel.SetScrollRange(SB_HORZ,0,bmpRC.Width()-wndRC.Width());
      }
}
```

（6）处理"保存"按钮的单击事件，将 PSD 文件保存为位图或 JPEG 图像。由于在加载 PSD 文件时已将 PSD 图像数据转换为位图数据，因此保存图像的操作也就相对简单了。

```
void CPsdBrown::OnBtSave()
{
      if (m_bLoaded)
      {
            CButton * pButton = (CButton *)GetDlgItem(IDC_BMP);// 获取位图单选按钮
```

```
        int nSelState = 0;
        if (pButton != NULL)
        {
            nSelState = pButton->GetCheck();                        // 判断是否处于选中状态
        }
        if (nSelState)                                              // 保存位图格式
        {
            CFileDialog flDlg(FALSE,"","Demo.bmp",OFN_HIDEREADONLY |
                OFN_OVERWRITEPROMPT," 位图文件 |*.bmp||");             // 定义文件保存对话框
            if (flDlg.DoModal() == IDOK)
            {
                CString csSaveName = flDlg.GetPathName();           // 获取文件名称
                CFile file;                                         // 定义文件对象
                file.Open(csSaveName,CFile::modeCreate|CFile::modeReadWrite); // 创建并打开文件
                file.Write(&m_bmFileHeader,sizeof(BITMAPFILEHEADER)); // 写入位图文件头
                file.Write(&m_bmInfoHeader,sizeof(BITMAPINFOHEADER)); // 写入位图信息头
                file.WriteHuge(m_pBmpData,m_bmInfoHeader.biSizeImage); // 写入位图数据
                file.Close();                                       // 关闭文件
            }
        }
        else                                                       // 保存 JPEG 格式
        {
            CFileDialog flDlg(FALSE,"","Demo.jpg",OFN_HIDEREADONLY |
                OFN_OVERWRITEPROMPT,"JPG 文件 |*.jpg;*.jpeg||");      // 定义文件保存对话框
            if (flDlg.DoModal() == IDOK)
            {
                // 根据图像句柄获取位图
                Bitmap *pBmp = Bitmap::FromHBITMAP(m_Image.GetBitmap(),0);
                if (pBmp)
                {
                    CString csSaveName = flDlg.GetPathName();       // 获取保存的文件名称
                    CLSID clsid;                                    // 定义类 ID
                    GetCodecClsid(L"image/jpeg", &clsid);           // 获取 JPEG 类 ID
                    pBmp->Save(csSaveName .AllocSysString(),&clsid); // 保存图像
                }
            }
        }
    }
}
```

视频讲解

20.10 照片版式处理模块设计

20.10.1 照片版式处理模块概述

照片版式处理模块的主要功能是将图像按照照片大小或自定义大小进行剪裁，并且可以将剪裁的图像保存到磁盘文件中，以便于冲洗为照片。照片版式处理模块的运行效果如图 20.19 所示。

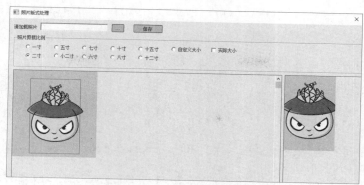

图 20.19　照片版式处理模块

20.10.2　照片版式处理模块技术分析

在设计本模块的照片版式处理功能时，需要利用窗口来选择一个图像区域，效果如图 20.20 所示。

图 20.20　局部选择窗口

在设计如图 20.20 所示的局部选择窗口时，可以采用 CStatic 类派生的子类来实现，但是由于用户可以调整选择窗口的大小，使用 CStatic 相对麻烦。这里可以改为对话框，由于对话框本身就具有动态调整大小的功能，将对话框作为子窗口，就可以实现想要的选择窗口的功能了。下面介绍其具体实现过程。

（1）创建一个对话框类，类名为 CClipDlg，设置对话框属性，如图 20.21 所示。

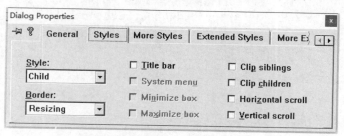

图 20.21　对话框属性窗口

（2）处理对话框的 WM_CTLCOLOR 消息，将设备上下文的背景设置为透明，代码如下。

```
HBRUSH CClipDlg::OnCtlColor(CDC* pDC, CWnd* pWnd, UINT nCtlColor)
{
    HBRUSH hbr = CDialog::OnCtlColor(pDC, pWnd, nCtlColor);
    pDC->SetBkMode(TRANSPARENT);                              // 设置背景模式为透明
```

547

```
        return hbr;
}
```

（3）在初始化对话框时设置对话框的风格，代码如下。

```
BOOL CClipDlg::OnInitDialog()
{
    CDialog::OnInitDialog();
    // 设置对话框风格
    SetWindowLong(GetSafeHwnd(),GWL_EXSTYLE,GetWindowLong(GetSafeHwnd(),
        GWL_EXSTYLE)|0x80000);
    ModifyStyleEx(WS_EX_CLIENTEDGE|WS_EX_STATICEDGE|WS_EX_WINDOWEDGE,0);
    return TRUE;
}
```

（4）处理对话框的 WM_LBUTTONDOWN 消息，允许用户通过鼠标拖动对话框，代码如下。

```
void CClipDlg::OnLButtonDown(UINT nFlags, CPoint point)
{
    // 用户可以通过拖动客户区域拖动对话框
    SendMessage(WM_SYSCOMMAND,SC_MOVE+HTCAPTION,0);
    CDialog::OnLButtonDown(nFlags, point);
}
```

（5）处理对话框的 WM_NCPAINT 消息，绘制对话框的红色边框，代码如下。

```
void CClipDlg::OnNcPaint()
{
    CRect rc,FrameRC,WndRC;
    GetClientRect(FrameRC);                              // 获取客户区域大小
    CBrush brush;                                        // 定义画刷
    brush.CreateSolidBrush(RGB(255,0,0));                // 创建红色画刷
    CDC *pWindowDC = GetWindowDC();                      // 获取窗口设备上下文
    GetWindowRect(WndRC);                                // 获取窗口区域
    ScreenToClient(WndRC);                               // 将屏幕坐标转换为窗口坐标
    int x = WndRC.left ;
    int y = WndRC.top;
    WndRC.InflateRect(x,y,-x,-y);
    pWindowDC->FrameRect(WndRC,&brush);                  // 根据画刷绘制边框
}
```

（6）处理对话框的 WM_WINDOWPOSCHANGING 消息，在对话框位置将要改变时限制对话框的位置，目的是防止窗口超出其父窗口，代码如下。

```
void CClipDlg::OnWindowPosChanging(WINDOWPOS FAR* lpwndpos)
{
    if (m_PosChanged )
    {
        if (lpwndpos->x <0 )
                lpwndpos->x =0;
        if (lpwndpos->y < 0)
```

```
                    lpwndpos->y = 0;
            CWnd* pParent = GetParent();                              // 获取父窗口
            CRect rc,ParentRC;
            pParent->GetWindowRect(ParentRC);                        // 获取父窗口的窗口区域
            GetWindowRect(rc);                                        // 获取当前窗口的窗口区域
            // 判断当前位置的改变是否超出父窗口宽度
            if (lpwndpos->x+lpwndpos->cx >ParentRC.Width())
                    lpwndpos->x = ParentRC.Width()-rc.Width();
            // 判断当前位置的改变是否超出父窗口高度
            if (lpwndpos->y+lpwndpos->cy >ParentRC.Height())
                    lpwndpos->y = ParentRC.Height()-rc.Height();
        }
        CDialog::OnWindowPosChanging(lpwndpos);
}
```

（7）处理对话框的 WM_WINDOWPOSCHANGED 消息，在对话框位置改变时更新父窗口，在父窗口中根据当前窗口的区域截取图像，将其显示在另一个窗口中，代码如下。

```
void CClipDlg::OnWindowPosChanged(WINDOWPOS FAR* lpwndpos)
{
        CDialog::OnWindowPosChanged(lpwndpos);
        if (m_PosChanged)
        {
                // 向父窗口发送位置改变时的消息
                GetParent()->GetParent()->GetParent()->SendMessage(CM_POSCHANGED,0,0);
        }
        GetParent()->Invalidate();
}
```

（8）处理对话框的 WM_SIZING 消息，在调整对话框大小时判断是否按宽度和高度的比例缩放。如果是，则以宽度或高度为基准，适当调整对话框的宽度或高度，代码如下。

```
void CClipDlg::OnSizing(UINT fwSide, LPRECT pRect)
{
//m_Rate==0 表示随机调整大小，不进行比例限制
    if (m_Rate != 0)
    {
            // 只调整窗口高度
            if (fwSide == WMSZ_TOP || fwSide == WMSZ_BOTTOM)
            {
                    int nHeight = pRect->bottom - pRect->top;        // 获取区域高度
                    int nWidth = (int)(nHeight * m_Rate + 0.5);       // 获取区域应该调整的宽度
                    CRect ImgRC;
                    GetParent()->GetWindowRect(ImgRC);               // 获取父窗口区域
                    pRect->right= pRect->left + nWidth;
                    if (pRect->right > ImgRC.right)                    // 超出了图像范围
                    {
                            pRect->right = ImgRC.right;               // 设置窗口应该显示的区域
                            nWidth = pRect->right-pRect->left;
                            nHeight = (int) (nWidth / m_Rate+0.5);
```

```
                    pRect->bottom = pRect->top + nHeight;
                }
            }
            else                                                    // 同时调整宽度和高度
            {
                int nWidth = pRect->right-pRect->left;              // 获取区域宽度
                int nHeight = (int) (nWidth / m_Rate+0.5);          // 获取区域高度
                pRect->bottom = pRect->top + nHeight;
                CRect ImgRC;
                GetParent()->GetWindowRect(ImgRC);                  // 获取父窗口区域
                if (pRect->bottom > ImgRC.bottom)                   // 超出了图像范围
                {
                    pRect->bottom = ImgRC.bottom;                   // 设置窗口应该显示的区域
                    nHeight = pRect->bottom-pRect->top;
                    nWidth = (int) (nHeight * m_Rate+0.5);
                    pRect->right = pRect->left + nWidth;
                }
            }
        }
        CDialog::OnSizing(fwSide, pRect);
}
```

（9）处理对话框的 WM_SIZE 消息，在对话框大小改变后更新父窗口，代码如下。

```
void CClipDlg::OnSize(UINT nType, int cx, int cy)
{
    CDialog::OnSize(nType, cx, cy);
    GetParent()->Invalidate();
}
```

20.10.3 照片版式处理模块实现过程

照片版式处理模块的实现过程如下。

（1）新建一个对话框类，类名为 CPsdBrown。

（2）向对话框中添加按钮、编辑框、群组框、单选按钮、静态文本和图像等控件。

（3）设置主要控件属性，如表 20.5 所示。

表 20.5　控件属性设置

控件 ID	控件属性	对应变量
IDC_BMPNAME	默认	CEdit m_BmpName
IDC_LAYERCOUNT	Read only：TRUE	int m_LayerCount
IDC_PANEL	Type：Frame Color：Black	CStatic m_Panel
IDC_IMAGE	Type：Bitmap	CStatic m_Image

（4）处理"…"按钮的单击事件，加载图像文件，读取图像数据到流中，设置窗口的滚动范围，初始化单选按钮的状态，代码如下。

```cpp
void CPhotoHandle::OnBtLoad()
{
    CFileDialog flDlg(TRUE,"","",OFN_HIDEREADONLY | OFN_OVERWRITEPROMPT,
        " 图像文件 |*.bmp;*.jpg;*.jpeg||");                    // 定义文件打开对话框
    if (flDlg.DoModal()==IDOK)
    {
        if (m_hData != NULL)                                   // 判断之前是否加载了图像
        {
            GlobalFree(m_hData);                               // 释放图像数据
            m_hData = NULL;
        }
        CString csFileName = flDlg.GetPathName();              // 获取文件名称
        CFile file;                                            // 定义文件对象
        file.Open(csFileName,CFile::modeReadWrite);            // 打开文件
        DWORD dwLen = file.GetLength();                        // 获取文件长度
        m_hData = GlobalAlloc(GMEM_MOVEABLE,dwLen);            // 在堆中分配指定大小的空间
        BYTE* pData = (BYTE*) GlobalLock(m_hData);             // 锁定堆空间，获取指向堆空间的指针
        file.ReadHuge(pData,dwLen);                            // 向堆中写入数据
        GlobalUnlock(m_hData);                                 // 解除对堆空间的锁定
        IStream *pIStream = NULL;                              // 定义流对象指针
        // 在堆中创建流
        CreateStreamOnHGlobal(m_hData,TRUE,(IStream**)&pIStream);
        // 根据流加载图像
        pBmp = Bitmap::FromStream(pIStream);
        file.Close();                                          // 关闭文件
        if (pBmp != NULL)
        {
            Color clr;
            HBITMAP hBmp ;                                     // 定义位图句柄
            pBmp->GetHBITMAP(clr,&hBmp);                       // 获取位图句柄
            m_Image.SetBitmap(hBmp);                           // 显示位图
            CRect bmpRC,wndRC;
            m_ImagePanel.GetClientRect(wndRC);                 // 获取面板的客户区域
            m_Image.GetClientRect(bmpRC);                      // 获取图像控件的客户区域
            m_ImagePanel.OnHScroll(SB_LEFT, 1, NULL);
            m_ImagePanel.OnVScroll(SB_LEFT, 1, NULL);
            // 设置滚动范围
            m_ImagePanel.SetScrollRange(SB_VERT,0,bmpRC.Height()-wndRC.Height());
            m_ImagePanel.SetScrollRange(SB_HORZ,0,bmpRC.Width()-wndRC.Width());
            m_bLoaded = TRUE;
            CRect rc;
            m_Image.GetWindowRect(rc);
            m_Image.ScreenToClient(rc);
            m_ClipDlg.MoveWindow(rc);
            m_ClipDlg.ShowWindow(SW_SHOW);
            m_ClipDlg.m_PosChanged = TRUE;
            // 利用循环遍历单选按钮，初始化按钮的状态
```

```
                for (UINT i = IDC_INCH1; i<IDC_CUSTOM+1 ; i++)
                {
                    CButton * pButton = (CButton *)GetDlgItem(i);
                    if (pButton != NULL && i != IDC_CUSTOM)
                    {
                        pButton->SetCheck(FALSE);                        // 设置非选中状态
                    }
                    else if (i==IDC_CUSTOM)
                    {
                        pButton->SetCheck(TRUE);                         // 设置选中状态
                    }
                }
                m_FactSize.SetCheck(FALSE);                              // 设置复选框为非选中状态
        }
    }
}
```

（5）处理照片选择窗口位置改变时的事件，获取其当前选择窗口区域的位图，将其显示在单独的区域中，代码如下。

```
void CPhotoHandle::OnPosChanged()
{
    CRect rc;
    m_ClipDlg.GetWindowRect(rc);                                         // 获取选择窗口的区域
    m_ClipDlg.ScreenToClient(rc);                                        // 将区域转换为客户区域坐标
    m_ClipDlg.MapWindowPoints(&m_Image,rc);
    if (pBmp != NULL)
    {
        // 复制位图对象
        pPreBmp = pBmp->Clone(rc.left,rc.top,rc.Width(),rc.Height(),PixelFormat24bppRGB);
        if (pPreBmp != NULL)
        {
            // 对图像按指定的版式进行缩放
            // 首先获取目标图像的大小
            for (UINT i = IDC_INCH1; i<IDC_CUSTOM+1 ; i++)
            {
                int nState = 0;
                CButton* pButton = (CButton *)GetDlgItem(i);
                nState = pButton->GetCheck();
                if (nState)
                {
                    int nIndex = i-IDC_INCH1;
                    // 设置实际的照片大小，将厘米转换为像素
                    //1 英寸等于 2.54 厘米
                    double x = m_Inch[nIndex].x;
                    double y = m_Inch[nIndex].y;
                    // 将厘米转换为英寸
                    double InchX = x / 2.54;
                    double InchY = y / 2.54;
                    // 获取当前设备每英寸像素数
```

```
                              int nLogInchX = GetDeviceCaps(GetDC()->m_hDC,LOGPIXELSX);
                              int nLogInchY = GetDeviceCaps(GetDC()->m_hDC,LOGPIXELSY);
                              int nWidth = (int)(InchX * nLogInchX + 0.5);
                              int nHeight = (int)(InchY * nLogInchY + 0.5);
                              m_PreviewBmp = (Bitmap*)pPreBmp->GetThumbnailImage(nWidth,
                                  nHeight,NULL,NULL);                          // 截取图像
                              if (m_PreviewBmp != NULL)
                              {
                                  Color clr;
                                  if (i==IDC_CUSTOM)
                                  {
                                      pPreBmp->GetHBITMAP(clr,&m_hBmp);       // 获取图像的句柄
                                  }
                                  else
                                  {
                                      // 获取图像的句柄
                                      m_PreviewBmp->GetHBITMAP(clr,&m_hBmp);
                                  }
                                  m_DemoImage.SetBitmap(m_hBmp);

                                  CRect bmpRC,wndRC;
                                  m_DemoImgPanel.GetClientRect(wndRC);        // 获取面板的客户区域
                                  m_DemoImage.GetClientRect(bmpRC);           // 获取图像控件的客户区域
                                  m_DemoImgPanel.OnHScroll(SB_LEFT, 1, NULL);
                                  m_DemoImgPanel.OnVScroll(SB_LEFT, 1, NULL);
                                  // 设置滚动范围
                                  m_DemoImgPanel.SetScrollRange(SB_VERT,0,
                                      bmpRC.Height()-wndRC.Height());
                                  m_DemoImgPanel.SetScrollRange(SB_HORZ,0,
                                      bmpRC.Width()-wndRC.Width());
                              }
                              break;
                          }
                      }
                  }
              }
      }
```

（6）处理单选按钮的单击事件，根据用户选择的照片版式截取图像。代码首先遍历单选按钮，判断用户选中了哪个单选按钮，然后根据用户选择的版式确定截取图像的大小，最后截取并显示图像，代码如下。

```
void CPhotoHandle::OnLBtnRadio(UINT nID)
{
    for (UINT i = IDC_INCH1; i<IDC_CUSTOM+1; i++)                            // 遍历单选按钮
    {
        CButton* pButton = (CButton*)GetDlgItem(i);
        if (i==nID)
        {
            pButton->SetCheck(TRUE);                                         // 将按钮设置为选中状态
```

```
                  if (m_bLoaded)
                  {
                      int nIndex = i-IDC_INCH1;
                      m_ClipDlg.m_Rate = m_Inch[nIndex].rate;
                      // 设置实际的照片大小，将厘米转换为像素
                      //1 英寸等于 2.54 厘米
                      double x = m_Inch[nIndex].x;
                      double y = m_Inch[nIndex].y;
                      // 将厘米转换为英寸
                      double InchX = x / 2.54;
                      double InchY = y / 2.54;
                      // 获取当前设备每英寸像素数
                      int nLogInchX = GetDeviceCaps(GetDC()->m_hDC,LOGPIXELSX);
                      int nLogInchY = GetDeviceCaps(GetDC()->m_hDC,LOGPIXELSY);
                      int nWidth = (int)(InchX * nLogInchX + 0.5);
                      int nHeight = (int)(InchY * nLogInchY + 0.5);
                      int nBmpWidth = pBmp->GetWidth();          // 获取当前图像的宽度
                      int nBmpHeight = pBmp->GetHeight();         // 获取当前图像的高度
                      CRect rc;
                      m_Image.GetWindowRect(rc);
                      m_Image.ScreenToClient(rc);
                      if (i != IDC_CUSTOM )                        // 当前是否为自定义单选按钮
                      {
                          if (!(nWidth > nBmpWidth || nHeight > nBmpHeight))
                          {
                              rc.right = rc.left + nWidth;
                              rc.bottom = rc.top + nHeight;
                          }
                          else
                          {
                              MessageBox(" 当前图像太小 !"," 提示 ");
                          }
                      }
                      m_ClipDlg.MoveWindow(rc);                    // 移动图像选择窗口
                      m_ClipDlg.ShowWindow(SW_SHOW);               // 显示图像选择窗口
                      m_ClipDlg.m_PosChanged = TRUE;
                  }
              }
              else
              {
                  pButton->SetCheck(FALSE);
              }
          }
      }
}
```

（7）处理"实际大小"复选框选中时的事件。如果选中该复选框，将根据用户设置的图像选择窗口的位置来截取图像，代码如下。

```
void CPhotoHandle::OnFactSize()
{
```

```
int nState = m_FactSize.GetCheck();              // 获取"实际大小"复选框是否处于选中状态
if (nState && m_bLoaded)                          // 设置实际像素大小
{
    m_ClipDlg.ModifyStyle(WS_SIZEBOX,0);          // 修改选择窗口的风格
    for (UINT i = IDC_INCH1; i<IDC_CUSTOM+1 ; i++) // 获取用户选中的照片版式大小
    {
        CButton *pButton = (CButton*)GetDlgItem(i);  // 获取单选按钮
        if (pButton != NULL && pButton->GetCheck())  // 是否为选中状态
        {
            int nIndex = i-IDC_INCH1;
            m_ClipDlg.m_Rate = m_Inch[nIndex].rate;
            // 设置实际的照片大小，将厘米转换为像素
            //1 英寸等于 2.54 厘米
            double x = m_Inch[nIndex].x;
            double y = m_Inch[nIndex].y;
            // 将厘米转换为英寸
            double InchX = x / 2.54;
            double InchY = y / 2.54;
            // 获取当前设备每英寸像素数
            int nLogInchX = GetDeviceCaps(GetDC()->m_hDC,LOGPIXELSX);
            int nLogInchY = GetDeviceCaps(GetDC()->m_hDC,LOGPIXELSY);
            int nWidth = (int)(InchX * nLogInchX + 0.5);
            int nHeight = (int)(InchY * nLogInchY + 0.5);
            int nBmpWidth = pBmp->GetWidth();        // 获取当前图像的宽度
            int nBmpHeight = pBmp->GetHeight();      // 获取当前图像的高度
            if (nWidth > nBmpWidth || nHeight > nBmpHeight)
            {
                m_ClipDlg.ModifyStyle(0,WS_SIZEBOX); // 设置图像选择对话框的属性
                CRect rc;
                m_ClipDlg.GetWindowRect(rc);         // 获取图像选择对话框的窗口区域
                m_ClipDlg.ScreenToClient(rc);        // 转换窗口区域为客户区域
                rc.DeflateRect(1,1,1,1);
                m_ClipDlg.MoveWindow(rc);
                rc.InflateRect(1,1,1,1);
                m_ClipDlg.MoveWindow(rc);            // 设置图像选择对话框的位置
                m_FactSize.SetCheck(FALSE);
                MessageBox(" 当前图像太小 !"," 提示 ");
            }
            else
            {
                CRect rc;
                m_Image.GetWindowRect(rc);           // 获取图像控件的窗口区域
                m_Image.ScreenToClient(rc);          // 将窗口区域转换为客户区域
                if (i != IDC_CUSTOM)
                {
                    rc.right = rc.left + nWidth;
                    rc.bottom = rc.top + nHeight;
                }
                m_ClipDlg.MoveWindow(rc);            // 设置图像选择对话框的位置
                m_ClipDlg.ShowWindow(SW_SHOW);       // 显示图像选择对话框
```

```
                        m_ClipDlg.m_PosChanged = TRUE;
                }
                break;
            }
        }
    }
    else if (nState==0)
    {
        m_ClipDlg.ModifyStyle(0,WS_SIZEBOX);              // 修改对话框的风格
        CRect rc;
        m_ClipDlg.GetWindowRect(rc);
        m_ClipDlg.ScreenToClient(rc);
        rc.DeflateRect(1,1,1,1);
        m_ClipDlg.MoveWindow(rc);
        rc.InflateRect(1,1,1,1);
        m_ClipDlg.MoveWindow(rc);                         // 设置图像选择对话框的位置
    }
}
```

20.11　开发技巧与难点分析

20.11.1　位图数据的存储形式

进行图像处理时，首先要解决的问题是实现对位图数据的直接操作。当然，可以通过设置图像的像素来实现图像处理，但是这样做有很多局限性。例如，当图像较大，需要使用滚动条来浏览图像时，通常只能处理当前可见部分，并且在滚动图像后会出现问题。因此，在进行图像处理时，通常是针对位图数据进行的。

在实现对位图的数据操作前，需要了解位图数据的存储形式。位图文件主要由 4 个部分构成，分别为位图文件头、位图信息头、调色板和实际的位图数据，如图 20.22 所示。

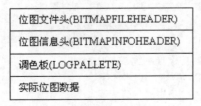

| 位图文件头(BITMAPFILEHEADER) |
| 位图信息头(BITMAPINFOHEADER) |
| 调色板(LOGPALLETE) |
| 实际位图数据 |

图 20.22　位图结构

其中，位图文件头对应的结构为 BITMAPFILEHEADER，共占用 14 个字节，其定义如下。

```
typedef struct tagBITMAPFILEHEADER
{
```

```
    WORD bfType;
    DWORD bfSize;
    WORD bfReserved1;
    WORD bfReserved2;
    DWORD bfOffBits;
} BITMAPFILEHEADER;
```

参数说明：

☑　bfType：表示文件的类型，值为 0x4d42，即字符串 BM。

☑　bfSize：表示文件的大小，也就是图 20.22 中描述的 4 个部分的大小。

☑　bfReserved1、bfReserved2：是保留字。

☑　bfOffBits：表示从文件头到实际的位图数据的偏移字节数，即图 20.22 中前 3 部分长度之和。

位图信息头对应的结构为 BITMAPINFOHEADER，共占用 40 个字节，其定义如下：

```
typedef struct tagBITMAPINFOHEADER
{
    DWORD biSize;
    LONG biWidth;
    LONG biHeight;
    WORD biPlanes;
    WORD biBitCount;
    DWORD biCompression;
    DWORD biSizeImage;
    LONG biXPelsPerMeter;
    LONG biYPelsPerMeter;
    DWORD biClrUsed;
    DWORD biClrImportant;
} BITMAPINFOHEADER;
```

参数说明：

☑　biSize：表示该结构的大小，固定值为 40。

☑　biWidth：表示图像的宽度，单位为像素。

☑　biHeight：表示图像的高度，单位为像素。

☑　biPlanes：表示调色板的数量，必须为 1。

☑　biBitCount：指定表示颜色使用的位（Bit）数。如果为 1，表示黑白二色图；如果为 4，表示 16 色图；为 8，表示 256 色图；为 24，表示真彩色图。

☑　biCompression：表示位图是否压缩。通常为 BI_RGB，即不压缩。

☑　biSizeImage：表示实际位图数据的大小。

☑　biXPelsPerMeter：表示目标设备的水平分辨率，单位是像素数 / 米。

☑　biYPelsPerMeter：表示目标设备的垂直分辨率，单位是像素数 / 米。

☑　biClrUsed：指定图像实际用到的颜色数。如果为 0，表示用到了 2 的 biBitCount 次方。

☑　biClrImportant：表示图像中重要的颜色数。如果为 0，表示所有颜色都是重要的。

调色板是一种 GDI 对象，可以认为它是一个颜色数组，列举了图像用到的所有颜色。对于真彩色位图来说，是没有调色板的，此时，在位图信息之后直接是位图的实际数据。调色板的结构为

LOGPALETTE，其定义如下。

```
typedef struct tagLOGPALETTE
{
    WORD palVersion;
    WORD palNumEntries;
    PALETTEENTRY palPalEntry[1];
} LOGPALETTE;
```

参数说明：

☑　palVersion：表示系统的版本号。

☑　palNumEntries：表示调色板中包含的项目数，每个项目表示一个颜色。

☑　palPalEntry[1]：表示 PALETTEENTRY 数组中的第一个颜色。

PALETTEENTRY 结构描述了颜色信息，其定义如下。

```
typedef struct tagPALETTEENTRY
{
    BYTE peRed;
    BYTE peGreen;
    BYTE peBlue;
    BYTE peFlags;
} PALETTEENTRY;
```

参数说明：

☑　peRed：表示红色分量。

☑　peGreen：表示绿色分量。

☑　peBlue：表示蓝色分量。

☑　peFlags：表示调色板中的项目如何被使用，可以为 NULL。

对于使用了调色板的位图，位图实际数据描述的是像素值在调色板中的索引值，如果没有使用调色板，位图实际数据就是实际的 RGB 颜色值。

为了便于对图像进行操作，本章对位图的操作都是针对真彩色位图进行的。对于真彩色位图来说，没有调色板，一个像素需要 3 个字节来表示。在对位图数据进行操作时应注意以下问题。

☑　位图数据每行的字节数必须是 4 的整数倍。

以真彩色位图为例，如果位图的宽度为 150，由于一个像素需要 3 个字节，因此一行需要 450 个字节。由于 450 并不是 4 的整数倍，需要填充 2 个字节，变为 452，为 4 的整数倍，这样一行需要填充 2 个字节。正是这个原因，在旋转位图时会导致源位图与目标位图的大小不一致。以 150×100 大小的位图为例，旋转后的图像大小为 100×150，旋转后的宽度为 100，每行需要 300 个字节，正好是 4 的整数倍，因此不再需要填充字节，这样就导致转换后的位图比原来的位图小。

☑　位图数据是从下向上存储的。

对于位图数据来说，最低端的数据表示的是位图第一行的颜色数据，最上方的数据表示的是位图最后一行的颜色数据。每一行数据表示的颜色仍是按照从左向右存储的。

☑　对于真彩色位图来说，每一行数据是按照 BGR 的颜色顺序表示的。

真彩色位图每一行数据表示的颜色都是按照绿、红、蓝顺序，而非红、绿、蓝顺序。例如，每行

第 1 个字节表示蓝色分量，第 2 个字节表示绿色分量，第 3 个字节表示红色分量，第 4 个字节表示蓝色分量，以此类推。

20.11.2　在 Visual C++ 中使用 GDI+

在 Visual C++ 6.0 中，实现各种类型的图像转换是比较复杂的，有时还需要用户了解图像的各种格式，以及图像的编码、解码算法。使用 GDI+，则可以非常方便地实现图像类型的转换。在设计图像类型转换时，采用的就是 GDI+ 技术。

GDI+ 是微软 .net 类库的一个组成部分，它并没有集成在 Visual C++ 6.0 开发环境中，但却可以在 Visual C++ 6.0 环境下使用 GDI+。下面介绍如何在 Visual C++ 6.0 中使用 GDI+。

（1）下载 GDI+ 包文件。

（2）引用 Gdiplus.h 头文件。

（3）引用 Gdiplus 命名空间，代码如下。

```
using namespace Gdiplus;                                    // 引用命名空间
```

（4）定义两个全局变量，代码如下。

```
GdiplusStartupInput m_Gdiplus;
ULONG_PTR m_pGdiToken;
```

（5）在应用程序或对话框初始化时加载 GDI+，代码如下。

```
GdiplusStartup(&m_pGdiToken,&m_Gdiplus,NULL);              // 初始化 GDI+
```

（6）在应用程序结束时卸载 GDI+，代码如下。

```
GdiplusShutdown(m_pGdiToken);                              // 卸载 GDI+
```

（7）在程序中链接 gdiplus.lib 库文件，代码如下。

```
#pragma comment (lib,"gdiplus.lib")                       // 链接库文件
```

20.12　小　　结

使用 Visual C++ 进行图像处理具有先天性的优势，但是对于初学者来说也可以称之为不足。因为 Visual C++ 中没有现成的控件进行图像处理。要进行图像处理必须了解图像的文件格式和各种图像处理算法，这无疑增加了初学者的学习难度。本章通过 20 多个小模块实现图形图像处理系统，虽然由于篇幅的限制，仅对几个重要和典型模块进行了讲解，但是能够充分地向读者说明图像处理系统是如何开发的。学完本章以后，读者可以对图像进行简单的处理，以及对图像进行格式转换等操作。

软件项目开发全程实录

◎ 当前流行技术+10个真实软件项目+完整开发过程

◎ 94集教学微视频，手机扫码随时随地学习

◎ 160小时在线课程，海量开发资源库资源

◎ 项目开发快用思维导图

（以《Java项目开发全程实录（第4版）》为例）

软件工程师开发大系

◎　603 个典型实例及源码分析，涵盖 24 个应用方向

◎　工作应用速查+项目开发参考+学习实战练习

◎　应用·训练·拓展·速查·宝典，面面俱到

◎　在线解答，高效学习

（以《Java 开发实例大全（基础卷）》为例）